普通高等教育数学基础课程教材

线性代数

（第3版）

主　编　孙玉虎　朱金艳　李　媛
主　审　王升瑞

同济大学 出版社
TONGJI UNIVERSITY PRESS
· 上海 ·

内 容 提 要

本书根据高等工程教育的办学定位和工程技术型人才培养的目标，参考“高等院校线性代数教学大纲与基本要求”，结合编者多年教学实践经验编写而成.

本书的主要内容包括行列式、矩阵、线性方程组和相似矩阵与二次型. 每节后有习题，每章后有自测题，所有习题和自测题均配有答案，并附有多媒体课件. 本书在编写过程中，坚持“理论体系完整，重在实际应用”的原则，注重培养学生分析问题的能力和运算能力，取材少而精，文字叙述通俗易懂；深入浅出，循序渐进；重点突出，难点分散；例题较多，典型性强；深广度合适，便于教与学.

本书可作为高等院校(尤其是独立学院、民办高校、应用技术学院、网络学院)理工类(或经管类)专业应用型人才培养的教材，也可以作为高等技术教育、成人教育的本科教材，以及自学者学习线性代数的参考书.

图书在版编目(CIP)数据

线性代数 / 孙玉虎，朱金艳，李媛主编. -- 3 版. -- 上海：同济大学出版社，2023. 8
ISBN 978-7-5765-0708-9

Ⅰ. ①线… Ⅱ. ①孙… ②朱…③李… Ⅲ. ①线性代数—高等学校—教材 Ⅳ. ①O151. 2

中国国家版本馆 CIP 数据核字(2023)第 018293 号

普通高等教育数学基础课程教材

线性代数(第 3 版)

主　编　孙玉虎　朱金艳　李　媛　　**主　审**　王升瑞

责任编辑　陈佳蔚　**责任校对**　徐逢乔　**封面设计**　潘向蓁

出版发行　同济大学出版社　www. tongjipress. com. cn
(地址：上海市四平路 1239 号　邮编：200092　电话：021-65985622)
经　销　全国各地新华书店
印　刷　常熟市大宏印刷有限公司
开　本　710 mm×960 mm　1/16
印　张　14. 75
字　数　295 000
版　次　2023 年 8 月第 3 版
印　次　2025 年 1 月第 2 次印刷
书　号　ISBN 978-7-5765-0708-9

定　价　46. 00 元

前　言

随着社会对高素质应用型人才需求增加，目前我国高等工程技术教育日益强化，迫切需要编写与这种教学层次特征相适应的优秀教材，其中包含针对高等院校(尤其是独立学院、民办高校、应用技术学院、网络学院)的数学教材.

“线性代数”是理、工、文、管、经济、农、医等学科各专业广泛开设的一门数学类公共基础课程，其内容在各行各业有着广泛的应用.

本书在编写的过程中，根据“线性代数”课程教学大纲与基本要求，参考了兄弟院校的有关资料，结合编者多年教学实践经验，在适度注意本课程自身的系统性与逻辑性的同时，把握“理论体系完整，重在实际应用”的原则，侧重于使学生完整、全面地掌握基本概念、基本方法，强调培养和提高学生基本运算能力. 本书取材少而精，文字叙述通俗易懂，论述确切，对超出基本要求的内容一般不编入. 对一些理论性较强的内容尽量做好背景知识的铺垫，并通过典型的例题和简明的解题方法帮助学生掌握本课程的知识.

本书由朱开永组织策划，制定编写计划和思路. 第 1、2 章由孙玉虎编写，第 3 章由朱金艳编写，第 4 章由李媛编写. 全书由王升瑞统稿、定稿、制作多媒体课件，并对本书进行了全面的审核. 本书的编者都是在教学第一线工作多年、教学经验丰富的教师，他们在编写和审定教材时，紧扣指导思想和编写原则，准确定位，注重构建教材的体系和特色，并严谨、细致地对内容进行排序，深入探讨例题和习题的选择，倾注了大量的心血，为本书的质量提供了重要的保障.

由于编者水平有限，书中如有不足及错误之处，欢迎读者批评指正.

编　者

2023 年 6 月

目　录

第1章　行　列　式

在现实世界中，变量与变量之间的关系多种多样，可以把它们分成线性和非线性的两大类.变量之间的关系中最简单的是线性关系，线性关系主要由加法和数乘来表现.在解析几何中，直线和平面是比较简单的图形，其坐标变量之间就存在线性关系.一些力学量之间也存在这种关系.在研究非线性关系时，一个重要的方法就是把问题线性化，即把问题化为解线性代数方程之类的运算.

1.1　行列式的概念

首先考察用消元法求解二元一次方程组和三元一次方程组，从中引出二阶和三阶行列式的概念，然后把这些概念推广，得到高阶(n 阶，$n\geqslant 4$)行列式的概念.

1.1.1　二阶行列式

考察两个未知量 x_1，x_2 的线性方程组

$$\begin{cases} a_{11}x_1+a_{12}x_2=b_1, & ① \\ a_{21}x_1+a_{22}x_2=b_2. & ② \end{cases} \tag{1}$$

其中，a_{11}，a_{12}，a_{21}，a_{22} 是未知量的系数，简记为 $a_{ij}(i, j=1, 2)$. a_{ij} 有两个下标 i，j，a_{ij} 是第 i 个方程中第 j 个未知量 x_j 的系数.例如，a_{21} 就是方程②中第一个未知量 x_1 的系数. b_1，b_2 是常数项.

现在采用消元法求解方程组(1)，为了消去 x_2，用 a_{22} 乘方程①，a_{12} 乘方程②，即

$$\begin{cases} a_{11}a_{22}x_1+a_{12}a_{22}x_2=b_1a_{22}, \\ a_{12}a_{21}x_1+a_{12}a_{22}x_2=a_{12}b_2. \end{cases}$$

两式相减，得到只含 x_1 的方程

$$(a_{11}a_{22}-a_{12}a_{21})x_1=b_1a_{22}-a_{12}b_2. \tag{2}$$

为消去 x_1，用 a_{21} 乘方程①，a_{11} 乘方程②，即

$$\begin{cases} a_{11}a_{21}x_1+a_{12}a_{21}x_2=b_1a_{21}, \\ a_{11}a_{21}x_1+a_{11}a_{22}x_2=a_{11}b_2. \end{cases}$$

两式相减，得到只含 x_2 的方程

$$(a_{11}a_{22}-a_{12}a_{21})x_2=a_{11}b_2-b_1a_{21}. \tag{3}$$

由式(2)和式(3)可知，若

$$D=a_{11}a_{22}-a_{12}a_{21}\neq 0, \tag{4}$$

则方程组(1)有唯一解，即

$$x_1=\frac{b_1a_{22}-a_{12}b_2}{a_{11}a_{22}-a_{12}a_{21}},\quad x_2=\frac{a_{11}b_2-b_1a_{21}}{a_{11}a_{22}-a_{12}a_{21}}. \tag{5}$$

由式(5)给出的 x_1 与 x_2 的表达式，分母都是 D，它只依赖于方程组(1)的 4 个系数. 为了便于记住 D 的表达式，下面引入二阶行列式的概念.

定义 1 称

$$\begin{vmatrix} a_{11} & a_{12} \\ a_{21} & a_{22} \end{vmatrix}=a_{11}a_{22}-a_{12}a_{21} \tag{6}$$

为**二阶行列式**.

它含有两行、两列. 横写的称为**行**，竖写的称为**列**. 行列式中的数 $a_{ij}(i,\ j=1,\ 2)$称为行列式的**元素**，i 表示 a_{ij} 所在的**行数**，j 表示 a_{ij} 所在的**列数**. a_{ij} 表示位于行列式第 i 行第 j 列的元素，如 a_{12} 表示位于第 1 行第 2 列的元素.

二阶行列式表示一个**数**，此数为 2! 项的代数和：一个是在从左上角到右下角的对角线(又称为行列式的主对角线)上两个元素的乘积，取正号；另一个是从右上角到左下角的对角线上两个元素的乘积，取负号. 例如，

$$\begin{vmatrix} 1 & -2 \\ 3 & 5 \end{vmatrix}=1\times 5-(-2)\times 3=11,$$

其中，$a_{11}=1,\ a_{12}=-2,\ a_{21}=3,\ a_{22}=5$. 又如，

$$\begin{vmatrix} a+b & a \\ a & a-b \end{vmatrix}=(a+b)(a-b)-a\cdot a=-b^2,$$

其中，$a_{11}=a+b,\ a_{12}=a,\ a_{21}=a,\ a_{22}=a-b$.

根据定义，容易得知式(5)中两个分子可以分别写成

$$b_1a_{22}-a_{12}b_2=\begin{vmatrix} b_1 & a_{12} \\ b_2 & a_{22} \end{vmatrix},\quad a_{11}b_2-b_1a_{21}=\begin{vmatrix} a_{11} & b_1 \\ a_{21} & b_2 \end{vmatrix}.$$

如果记

$$D=\begin{vmatrix} a_{11} & a_{12} \\ a_{21} & a_{22} \end{vmatrix},\quad D_1=\begin{vmatrix} b_1 & a_{12} \\ b_2 & a_{22} \end{vmatrix},\quad D_2=\begin{vmatrix} a_{11} & b_1 \\ a_{21} & b_2 \end{vmatrix}, \tag{7}$$

那么，方程组(1)的唯一解可以表示为

$$x_1=\frac{D_1}{D}=\frac{\begin{vmatrix} b_1 & a_{12} \\ b_2 & a_{22} \end{vmatrix}}{\begin{vmatrix} a_{11} & a_{12} \\ a_{21} & a_{22} \end{vmatrix}},\quad x_2=\frac{D_2}{D}=\frac{\begin{vmatrix} a_{11} & b_1 \\ a_{21} & b_2 \end{vmatrix}}{\begin{vmatrix} a_{11} & a_{12} \\ a_{21} & a_{22} \end{vmatrix}}. \tag{8}$$

其中，D 是由方程组(1)的系数确定的二阶行列式，与右端常数项无关，故称 D 为方程组(1)的**系数行列式**.

D_1 是把 D 中第 1 列(x_1 的系数)a_{11}，a_{21} 换成了常数项 b_1，b_2，D_2 是把 D 的第 2 列(x_2 的系数)a_{12}，a_{22} 换成了常数项 b_1，b_2. 这样求解二元一次方程组就归结为求 3 个二阶行列式的值. 像这样用行列式来表示解的形式简便，容易记忆.

例 1 解线性方程组

$$\begin{cases} 2x_1+x_2=7, \\ x_1-3x_2=-2. \end{cases}$$

解 这里

$$D=\begin{vmatrix} 2 & 1 \\ 1 & -3 \end{vmatrix}=-7,$$

$$D_1=\begin{vmatrix} 7 & 1 \\ -2 & -3 \end{vmatrix}=-19,\quad D_2=\begin{vmatrix} 2 & 7 \\ 1 & -2 \end{vmatrix}=-11.$$

因此，所给方程组的唯一解是

$$x_1=\frac{D_1}{D}=\frac{-19}{-7}=\frac{19}{7},\quad x_2=\frac{D_2}{D}=\frac{-11}{-7}=\frac{11}{7}.$$

1.1.2 三阶行列式

对于含有 3 个未知量 x_1，x_2，x_3 的线性方程组

$$\begin{cases} a_{11}x_1+a_{12}x_2+a_{13}x_3=b_1, & ① \\ a_{21}x_1+a_{22}x_2+a_{23}x_3=b_2, & ② \\ a_{31}x_1+a_{32}x_2+a_{33}x_3=b_3 & ③ \end{cases} \tag{9}$$

也可以用消元法求解.为了求 x_1,需要消去 x_3 和 x_2.消元过程可以分两步进行:第一步,从方程组(9)的前两个方程和后两个方程中消去 x_3,得到含有 x_1 和 x_2 的线性方程.第二步,消去 x_2.由第一步(方程①乘 a_{23},减去方程②乘 a_{13};方程②乘 a_{33},减去方程③乘 a_{23}),得

$$\begin{cases} (a_{11}a_{23}-a_{13}a_{21})x_1+(a_{12}a_{23}-a_{13}a_{22})x_2=b_1a_{23}-a_{13}b_2, & ④ \\ (a_{21}a_{33}-a_{23}a_{31})x_1+(a_{22}a_{33}-a_{23}a_{32})x_2=b_2a_{33}-a_{23}b_3. & ⑤ \end{cases}$$

再由第二步[方程④乘$(a_{22}a_{33}-a_{23}a_{32})$减去方程⑤乘$(a_{12}a_{23}-a_{13}a_{22})$]整理得

$$\begin{aligned} &(a_{11}a_{22}a_{33}-a_{11}a_{32}a_{23}+a_{21}a_{32}a_{13}-a_{21}a_{12}a_{33}+a_{31}a_{12}a_{23}-a_{31}a_{22}a_{13})x_1 \\ &=b_1a_{22}a_{33}-b_1a_{32}a_{23}+b_2a_{32}a_{13}-b_2a_{12}a_{33}+b_3a_{12}a_{23}-b_3a_{22}a_{13}. \end{aligned}$$

若 x_1 的系数不为零,得

$$x_1=\frac{D_1}{D}.$$

其中

$$\begin{aligned} D &=a_{11}a_{22}a_{33}-a_{11}a_{32}a_{23}+a_{21}a_{32}a_{13}-a_{21}a_{12}a_{33}+a_{31}a_{12}a_{23}-a_{31}a_{22}a_{13} \\ &=\begin{vmatrix} a_{11} & a_{12} & a_{13} \\ a_{21} & a_{22} & a_{23} \\ a_{31} & a_{32} & a_{33} \end{vmatrix}, \end{aligned}$$

$$\begin{aligned} D_1 &=b_1a_{22}a_{33}-b_1a_{32}a_{23}+b_2a_{32}a_{13}-b_2a_{12}a_{33}+b_3a_{12}a_{23}-b_3a_{22}a_{13} \\ &=\begin{vmatrix} b_1 & a_{12} & a_{13} \\ b_2 & a_{22} & a_{23} \\ b_3 & a_{32} & a_{33} \end{vmatrix}. \end{aligned} \tag{10}$$

同理可得

$$x_2=\frac{D_2}{D}, \quad x_3=\frac{D_3}{D}.$$

其中

$$D_2=\begin{vmatrix} a_{11} & b_1 & a_{13} \\ a_{21} & b_2 & a_{23} \\ a_{31} & b_3 & a_{33} \end{vmatrix},\quad D_3=\begin{vmatrix} a_{11} & a_{12} & b_1 \\ a_{21} & a_{22} & b_2 \\ a_{31} & a_{32} & b_3 \end{vmatrix}. \tag{11}$$

与解二元线性方程组一样，称 D 为方程组(9)的系数行列式，D_1，D_2，D_3 分别是用常数项来替换 D 中的第 1 列(x_1 的系数)，第 2 列(x_2 的系数)，第 3 列(x_3 的系数)得到的.

把形如$\begin{vmatrix} a_{11} & a_{12} & a_{13} \\ a_{21} & a_{22} & a_{23} \\ a_{31} & a_{32} & a_{33} \end{vmatrix}$的表示式称为**三阶行列式**. 根据二阶行列式的定义，系数行列式 D 可写成

$$\begin{vmatrix} a_{11} & a_{12} & a_{13} \\ a_{21} & a_{22} & a_{23} \\ a_{31} & a_{32} & a_{33} \end{vmatrix}=a_{11}\begin{vmatrix} a_{22} & a_{23} \\ a_{32} & a_{33} \end{vmatrix}-a_{21}\begin{vmatrix} a_{12} & a_{13} \\ a_{32} & a_{33} \end{vmatrix}+a_{31}\begin{vmatrix} a_{12} & a_{13} \\ a_{22} & a_{23} \end{vmatrix}$$

的形式. 这样便可以用二阶行列式来定义三阶行列式了.

定义 2 三阶行列式为

$$\begin{aligned} D &= \begin{vmatrix} a_{11} & a_{12} & a_{13} \\ a_{21} & a_{22} & a_{23} \\ a_{31} & a_{32} & a_{33} \end{vmatrix} \\ &= a_{11}a_{22}a_{33}+a_{21}a_{32}a_{13}+a_{31}a_{12}a_{23}-a_{11}a_{32}a_{23}-a_{21}a_{12}a_{33}-a_{31}a_{22}a_{13}. \end{aligned}$$

按第 1 行的展开式为

$$D=a_{11}\begin{vmatrix} a_{22} & a_{23} \\ a_{32} & a_{33} \end{vmatrix}-a_{12}\begin{vmatrix} a_{21} & a_{23} \\ a_{31} & a_{33} \end{vmatrix}+a_{13}\begin{vmatrix} a_{21} & a_{22} \\ a_{31} & a_{32} \end{vmatrix};$$

按第 1 列的展开式为

$$D=a_{11}\begin{vmatrix} a_{22} & a_{23} \\ a_{32} & a_{33} \end{vmatrix}-a_{21}\begin{vmatrix} a_{12} & a_{13} \\ a_{32} & a_{33} \end{vmatrix}+a_{31}\begin{vmatrix} a_{12} & a_{13} \\ a_{22} & a_{23} \end{vmatrix}. \tag{12}$$

说明 三阶行列式表示一个数，它是由 3 个二阶行列式来表示的. 若把 3 个二阶行列式展开，得到的三阶行列式则由 $3\times2=3!$ 项的代数和组成.

例 2 利用三阶行列式的定义可以计算出三阶行列式的值. 如

$$D=\begin{vmatrix}2&1&2\\-4&3&1\\-2&3&5\end{vmatrix}=2\begin{vmatrix}3&1\\3&5\end{vmatrix}+4\begin{vmatrix}1&2\\3&5\end{vmatrix}-2\begin{vmatrix}1&2\\3&1\end{vmatrix}$$

$$=2\times12+4\times(-1)-2\times(-5)=30.$$

例 3 用行列式解线性方程组

$$\begin{cases}2x_1-\ x_2+\ x_3=0,\\3x_1+2x_2-5x_3=1,\\\ x_1+3x_2-2x_3=4.\end{cases}$$

解 因为

$$D=\begin{vmatrix}2&-1&1\\3&2&-5\\1&3&-2\end{vmatrix}=2\begin{vmatrix}2&-5\\3&-2\end{vmatrix}-3\begin{vmatrix}-1&1\\3&-2\end{vmatrix}+\begin{vmatrix}-1&1\\2&-5\end{vmatrix}$$

$$=2\times11-3\times(-1)+3=28,$$

$$D_1=\begin{vmatrix}0&-1&1\\1&2&-5\\4&3&-2\end{vmatrix}=13,\quad D_2=\begin{vmatrix}2&0&1\\3&1&-5\\1&4&-2\end{vmatrix}=47,\quad D_3=\begin{vmatrix}2&-1&0\\3&2&1\\1&3&4\end{vmatrix}=21.$$

因此,方程组的唯一解为

$$x_1=\frac{13}{28},\quad x_2=\frac{47}{28},\quad x_3=\frac{21}{28}=\frac{3}{4}.$$

1.1.3 n 阶行列式

比较 2 个未知量和 3 个未知量的线性方程组解的表达式可以看出,当方程的个数等于未知数的个数时,虽然方程组所含未知量的个数不同,但当引进二阶和三阶行列式后,只要系数行列式 $D\neq0$,它们的解可以表示成相同的形式,即都可以表示成两个行列式之商. 那么,对于更多个未知量(如 n 个未知量)的线性方程组来说,是否也有类似的结果呢? 下面首先定义 n 阶行列式.

仿照用二阶行列式来定义三阶行列式的方法. 可以利用三阶行列式来定义四阶行列式

$$D=\begin{vmatrix} a_{11} & a_{12} & a_{13} & a_{14} \\ a_{21} & a_{22} & a_{23} & a_{24} \\ a_{31} & a_{32} & a_{33} & a_{34} \\ a_{41} & a_{42} & a_{43} & a_{44} \end{vmatrix}=a_{11}\begin{vmatrix} a_{22} & a_{23} & a_{24} \\ a_{32} & a_{33} & a_{34} \\ a_{42} & a_{43} & a_{44} \end{vmatrix}-a_{21}\begin{vmatrix} a_{12} & a_{13} & a_{14} \\ a_{32} & a_{33} & a_{34} \\ a_{42} & a_{43} & a_{44} \end{vmatrix}+$$

$$a_{31}\begin{vmatrix} a_{12} & a_{13} & a_{14} \\ a_{22} & a_{23} & a_{24} \\ a_{42} & a_{43} & a_{44} \end{vmatrix}-a_{41}\begin{vmatrix} a_{12} & a_{13} & a_{14} \\ a_{22} & a_{23} & a_{24} \\ a_{32} & a_{33} & a_{34} \end{vmatrix}.$$

在定义了四阶行列式之后，同样可用递推式定义五阶，六阶，……，n 阶行列式，在 $n-1$ 阶行列式已经定义的情况下，n 阶行列式可以定义为

$$\begin{vmatrix} a_{11} & a_{12} & \cdots & a_{1n} \\ a_{21} & a_{22} & \cdots & a_{2n} \\ \vdots & \vdots & & \vdots \\ a_{n1} & a_{n2} & \cdots & a_{nn} \end{vmatrix}=a_{11}\begin{vmatrix} a_{22} & a_{23} & \cdots & a_{2n} \\ a_{32} & a_{33} & \cdots & a_{3n} \\ \vdots & \vdots & & \vdots \\ a_{n2} & a_{n3} & \cdots & a_{nn} \end{vmatrix}-a_{21}\begin{vmatrix} a_{12} & a_{13} & \cdots & a_{1n} \\ a_{32} & a_{33} & \cdots & a_{3n} \\ \vdots & \vdots & & \vdots \\ a_{n2} & a_{n3} & \cdots & a_{nn} \end{vmatrix}+\cdots+$$

$$(-1)^{n+1}a_{n1}\begin{vmatrix} a_{12} & a_{13} & \cdots & a_{1n} \\ a_{22} & a_{23} & \cdots & a_{2n} \\ \vdots & \vdots & & \vdots \\ a_{n-1,2} & a_{n-1,3} & \cdots & a_{n-1,n} \end{vmatrix}. \tag{13}$$

说明 (1) n 阶行列式是由 n^2 个数 $a_{ij}(i, j=1, 2, \cdots, n)$排成 n 行 n 列的表构成，横写的称为行，竖写的称为列. a_{ij} 表示位于行列式第 i 行第 j 列的元素.

(2) n 阶行列式表示一个数，它是由 n 个$(n-1)$阶行列式表示.

(3) 式(13)右端的书写规律是：$(n-1)$阶行列式前面的系数是 n 阶行列式的第 1 列元素 $a_{11}, a_{21}, \cdots, a_{n1}$，其符号是正号与负号相间. 第一个$(n-1)$阶行列式是原 n 阶行列式中划去 a_{11} 所在的行(第 1 行)和所在的列(第 1 列)后剩下的行列式，……，第 i 个$(n-1)$阶行列式是原 n 阶行列式中划去 a_{i1} 所在的行(第 i 行)和所在的列(第 1 列)后剩下的行列式，$i=1, 2, \cdots, n$.

(4) 特定阶行列式$|a|=a$，这里的$|a|$不是 a 的绝对值，如$|-3|=-3$.

例 4 计算行列式

$$D=\begin{vmatrix} a & 0 & 0 & 0 \\ 0 & b & 0 & 0 \\ 0 & 0 & c & 0 \\ 0 & 0 & 0 & d \end{vmatrix}.$$

解 $D=\begin{vmatrix} a & 0 & 0 & 0 \\ 0 & b & 0 & 0 \\ 0 & 0 & c & 0 \\ 0 & 0 & 0 & d \end{vmatrix}=a\begin{vmatrix} b & 0 & 0 \\ 0 & c & 0 \\ 0 & 0 & d \end{vmatrix}=ab\begin{vmatrix} c & 0 \\ 0 & d \end{vmatrix}=abcd.$

说明 此行列式 D 的特点是,主对角线(即自左上角到右下角的那条对角线)的元素不完全为零,其他元素均为零.这种形式的行列式称为对角形行列式.

习 题 1.1

1. 计算下列行列式.

(1) $\begin{vmatrix} 1 & 2 \\ -1 & 3 \end{vmatrix}$; (2) $\begin{vmatrix} 2 & 0 & 1 \\ 4 & 2 & -3 \\ 5 & 3 & 1 \end{vmatrix}$;

(3) $\begin{vmatrix} 1 & 0 & 2 & 0 \\ 0 & -2 & 3 & 1 \\ 0 & 0 & 4 & 5 \\ 0 & 0 & 0 & -1 \end{vmatrix}$; (4) $\begin{vmatrix} x & y & 0 & 0 \\ 0 & x & y & 0 \\ 0 & 0 & x & y \\ y & 0 & 0 & x \end{vmatrix}$.

2. 用行列式解下列线性方程组.

(1) $\begin{cases} ax_1-2bx_2=c, \\ 3ax_1-5bx_2=2c \end{cases}$ $(a,\ b\neq 0)$; (2) $\begin{cases} 2x_1+3x_2-x_3=1, \\ 3x_1+5x_2+2x_3=8, \\ x_1-2x_2-3x_3=-1. \end{cases}$

1.2 行列式的性质

根据行列式的定义可以计算行列式,但是这对于计算高阶行列式是很困难的.如计算五阶行列式就要计算 5 个四阶行列式,即要计算 20 个三阶行列式,计算量很大.所以一般不采用行列式的定义计算行列式.为了解决行列式的计算问题,就要先讨论行列式的性质,利用这些性质简化行列式的计算.

定义 设 n 阶行列式 $D=\begin{vmatrix} a_{11} & a_{12} & \cdots & a_{1n} \\ a_{21} & a_{22} & \cdots & a_{2n} \\ \vdots & \vdots & & \vdots \\ a_{n1} & a_{n2} & \cdots & a_{nn} \end{vmatrix}$,依次互换行列,得到的 n 阶

行列式称为**转置行列式**，记为 D^{T}，即 $D^{\mathrm{T}}=\begin{vmatrix} a_{11} & a_{21} & \cdots & a_{n1} \\ a_{12} & a_{22} & \cdots & a_{n2} \\ \vdots & \vdots & & \vdots \\ a_{1n} & a_{2n} & \cdots & a_{nn} \end{vmatrix}$.

1.2.1 三阶行列式的性质

性质 1 行列式和它的转置行列式相等，即 $D=D^{\mathrm{T}}$.

例如，设

$$D=\begin{vmatrix} 3 & 2 & -1 \\ 1 & 0 & 5 \\ 2 & -3 & 4 \end{vmatrix},$$

则 D 的转置行列式为

$$D^{\mathrm{T}}=\begin{vmatrix} 3 & 1 & 2 \\ 2 & 0 & -3 \\ -1 & 5 & 4 \end{vmatrix}.$$

利用 1.1 节定义 2 可以算出 $D=D^{\mathrm{T}}=60$.

说明 (1) $(D^{\mathrm{T}})^{\mathrm{T}}=D$，因此 D 与 D^{T} 互为转置行列式.

(2) 由性质 1 可知，在行列式中行与列所处地位相同，因此凡是对行成立的性质对列也成立，反之亦然. 故下面只讨论行列式关于行的性质，对列的性质不再赘述.

例 1 计算行列式

$$D=\begin{vmatrix} a & 0 & 0 & 0 \\ e & b & 0 & 0 \\ f & g & c & 0 \\ h & i & j & d \end{vmatrix}.$$

解 $D=D^{\mathrm{T}}=\begin{vmatrix} a & e & f & h \\ 0 & b & g & i \\ 0 & 0 & c & j \\ 0 & 0 & 0 & d \end{vmatrix}=a\begin{vmatrix} b & g & i \\ 0 & c & j \\ 0 & 0 & d \end{vmatrix}=ab\begin{vmatrix} c & j \\ 0 & d \end{vmatrix}=abcd.$

说明 (1) 上式中 D 为下三角形行列式，其主对角线右上方的元素全为零. D^{T} 为上三角形行列式，其主对角线左下方的元素全为零. 上、下三角形行列式统称为**三角形行列式**.

(2) 三角形行列式的值等于其主对角线上诸元素的乘积，即

$$D=\begin{vmatrix} a_{11} & 0 & 0 & \cdots & 0 \\ a_{21} & a_{22} & 0 & \cdots & 0 \\ \vdots & \vdots & \vdots & & \vdots \\ a_{n1} & a_{n2} & a_{n3} & \cdots & a_{nn} \end{vmatrix}=a_{11}a_{22}\cdots a_{nn}$$

或

$$D=\begin{vmatrix} a_{11} & a_{12} & \cdots & a_{1n} \\ 0 & a_{22} & \cdots & a_{2n} \\ \vdots & \vdots & & \vdots \\ 0 & 0 & \cdots & a_{nn} \end{vmatrix}=a_{11}a_{22}\cdots a_{nn}.$$

性质 2 行列式任意两行(列)互换后行列式变号.

证明 设 $D=\begin{vmatrix} a_{11} & a_{12} & a_{13} \\ a_{21} & a_{22} & a_{23} \\ a_{31} & a_{32} & a_{33} \end{vmatrix}$，将其第 1 行与第 2 行互换(记为 $r_1 \leftrightarrow r_2$)，得到新行列式并按第 1 列展开为

$$\begin{aligned} D_1=\begin{vmatrix} a_{21} & a_{22} & a_{23} \\ a_{11} & a_{12} & a_{13} \\ a_{31} & a_{32} & a_{33} \end{vmatrix} &= a_{21}\begin{vmatrix} a_{12} & a_{13} \\ a_{32} & a_{33} \end{vmatrix}-a_{11}\begin{vmatrix} a_{22} & a_{23} \\ a_{32} & a_{33} \end{vmatrix}+a_{31}\begin{vmatrix} a_{22} & a_{23} \\ a_{12} & a_{13} \end{vmatrix} \\ &= a_{21}a_{12}a_{33}-a_{21}a_{13}a_{32}-a_{11}a_{22}a_{33}+a_{11}a_{23}a_{32}+ \\ &\quad a_{31}a_{22}a_{13}-a_{31}a_{23}a_{12} \\ &= -\begin{vmatrix} a_{11} & a_{12} & a_{13} \\ a_{21} & a_{22} & a_{23} \\ a_{31} & a_{32} & a_{33} \end{vmatrix}\text{，即 } D_1=-D. \end{aligned}$$

说明 (1) 为了运算方便，以 $r_i \leftrightarrow r_j$ 表示行列式中第 i 行与第 j 行互换，以 $c_i \leftrightarrow c_j$ 表示行列式中第 i 列与第 j 列互换.

(2) 计算时要注意每互换一次则变一次正负号.

练习 互换行列式

$$D=\begin{vmatrix} 3 & 2 & -1 \\ 2 & -3 & 4 \\ 1 & 0 & 5 \end{vmatrix}$$

的第 2 行与第 3 行，验证性质 2 成立.

推论 行列式 D 两行(列)对应元素相等,则 $D=0$.

因为对换相同的两行(列)的对应元素的位置后,出现 $D=-D$,则 $D=0$.

下面的性质 3 至性质 7 请读者自证.

性质 3 行列式某一行的所有元素同乘以常数 k,其结果等于用 k 乘这个行列式,或者说,如果行列式某一行的所有元素有公因数 k,那么,可以把 k 提到行列式的前面.

设
$$D=\begin{vmatrix} a_{11} & a_{12} & a_{13} \\ a_{21} & a_{22} & a_{23} \\ a_{31} & a_{32} & a_{33} \end{vmatrix},$$

则
$$D_1=\begin{vmatrix} a_{11} & a_{12} & a_{13} \\ ka_{21} & ka_{22} & ka_{23} \\ a_{31} & a_{32} & a_{33} \end{vmatrix}=k\begin{vmatrix} a_{11} & a_{12} & a_{13} \\ a_{21} & a_{22} & a_{23} \\ a_{31} & a_{32} & a_{33} \end{vmatrix}=kD.$$

例 2 设 $D=\begin{vmatrix} a_{11} & a_{12} & a_{13} \\ a_{21} & a_{22} & a_{23} \\ a_{31} & a_{32} & a_{33} \end{vmatrix}=3$, 计算行列式

$$D_1=\begin{vmatrix} 12a_{11} & -4a_{12} & -20a_{13} \\ -3a_{21} & a_{22} & 5a_{23} \\ -3a_{31} & a_{32} & 5a_{33} \end{vmatrix}$$

的值.

解 $D_1=3\begin{vmatrix} 4a_{11} & -4a_{12} & -20a_{13} \\ -a_{21} & a_{22} & 5a_{23} \\ -a_{31} & a_{32} & 5a_{33} \end{vmatrix}=3\times(-4)\times 5\begin{vmatrix} -a_{11} & a_{12} & a_{13} \\ -a_{21} & a_{22} & a_{23} \\ -a_{31} & a_{32} & a_{33} \end{vmatrix}$

$=180.$

由性质 3 可得到下面的性质 4.

性质 4 行列式中如果有两行的对应元素成比例,则行列式的值等于零.

例如,

$$D_1=\begin{vmatrix} a_{11} & a_{12} & a_{13} \\ ka_{11} & ka_{12} & ka_{13} \\ a_{31} & a_{32} & a_{33} \end{vmatrix}=0.$$

练习 用性质 4 计算行列式

$$D=\begin{vmatrix}1&2&3\\5&1&5\\5&10&15\end{vmatrix}.$$

性质 5 如果行列式某行的各元素是两项之和,那么这个行列式等于两个行列式的和.

例如,

$$D=\begin{vmatrix}a_{11}&a_{12}&a_{13}\\a_{21}&a_{22}&a_{23}\\a_{31}+b_{31}&a_{32}+b_{32}&a_{33}+b_{33}\end{vmatrix}=\begin{vmatrix}a_{11}&a_{12}&a_{13}\\a_{21}&a_{22}&a_{23}\\a_{31}&a_{32}&a_{33}\end{vmatrix}+\begin{vmatrix}a_{11}&a_{12}&a_{13}\\a_{21}&a_{22}&a_{23}\\b_{31}&b_{32}&b_{33}\end{vmatrix}.$$

注 上述结果可以推广到有限个数和的情形.

练习 用行列式

$$D=\begin{vmatrix}2&1&2\\-4&3&1\\1+1&1+2&1+3\end{vmatrix}$$

验证性质 5 成立.

说明 $\begin{vmatrix}a_{11}+b_{11}&a_{12}+b_{12}\\a_{21}+b_{21}&a_{22}+b_{22}\end{vmatrix}=\begin{vmatrix}a_{11}&a_{12}\\a_{21}+b_{21}&a_{22}+b_{22}\end{vmatrix}+\begin{vmatrix}b_{11}&b_{12}\\a_{21}+b_{21}&a_{22}+b_{22}\end{vmatrix}$

$$=\begin{vmatrix}a_{11}&a_{12}\\a_{21}&a_{22}\end{vmatrix}+\begin{vmatrix}a_{11}&a_{12}\\b_{21}&b_{22}\end{vmatrix}+\begin{vmatrix}b_{11}&b_{12}\\a_{21}&a_{22}\end{vmatrix}+\begin{vmatrix}b_{11}&b_{12}\\b_{21}&b_{22}\end{vmatrix}.$$

性质 6 把行列式的任一行的元素乘以同一个数后,加到另一行的对应元素上去,行列式的值不变.

例如,

$$D=\begin{vmatrix}a_{11}&a_{12}&a_{13}\\a_{21}&a_{22}&a_{23}\\a_{31}&a_{32}&a_{33}\end{vmatrix}$$

的第 2 行各元素乘以数 k 加到第 1 行中的对应元素上去(记为 r_1+kr_2),其值不变,即

$$D\overset{r_1+kr_2}{=\!=\!=}\begin{vmatrix}a_{11}+ka_{21}&a_{12}+ka_{22}&a_{13}+ka_{23}\\a_{21}&a_{22}&a_{23}\\a_{31}&a_{32}&a_{33}\end{vmatrix}.$$

说明 这个性质特别重要.在运用此性质时,要彻底弄清哪一行不变,哪一行变.即 r_i+kr_j 表示第 j 行各元素乘以 k 加到第 i 行的对应元素上去.变化以后的行列式中第 j 行不变,第 i 行变.例如,

$$D=\begin{vmatrix}1&2&3\\3&4&5\\5&6&7\end{vmatrix}\xlongequal{r_2-3r_1}\begin{vmatrix}1&2&3\\3+(-3)\times1&4+(-3)\times2&5+(-3)\times3\\5&6&7\end{vmatrix}$$

$$=\begin{vmatrix}1&2&3\\0&-2&-4\\5&6&7\end{vmatrix}\xlongequal{r_3-5r_1}\begin{vmatrix}1&2&3\\0&-2&-4\\5+(-5)\times1&6+(-5)\times2&7+(-5)\times3\end{vmatrix}$$

$$=\begin{vmatrix}1&2&3\\0&-2&-4\\0&-4&-8\end{vmatrix}=0.$$

1.2.2 n 阶行列式的性质

可以将三阶行列式的 6 条性质推广到 n 阶行列式,所以上面的 6 条性质对 n 阶行列式完全适用.

性质 7 $D=\begin{vmatrix}a_{11}&\cdots&a_{1n}&0&\cdots&0\\\vdots&&\vdots&\vdots&&\vdots\\a_{n1}&\cdots&a_{nn}&0&\cdots&0\\c_{11}&\cdots&c_{1n}&b_{11}&\cdots&b_{1m}\\\vdots&&\vdots&\vdots&&\vdots\\c_{m1}&\cdots&c_{mn}&b_{m1}&\cdots&b_{mm}\end{vmatrix}=\begin{vmatrix}a_{11}&\cdots&a_{1n}\\\vdots&&\vdots\\a_{n1}&\cdots&a_{nn}\end{vmatrix}\begin{vmatrix}b_{11}&\cdots&b_{1m}\\\vdots&&\vdots\\b_{m1}&\cdots&b_{mm}\end{vmatrix}.$

(证明略.)

例 3 当 k 为何值时 $D=\begin{vmatrix}1&2&0&0\\1&k&0&0\\3&5&k&3\\7k&4&3&k\end{vmatrix}\neq0$?

解 $D=\begin{vmatrix}1&2&0&0\\1&k&0&0\\3&5&k&3\\7k&4&3&k\end{vmatrix}=\begin{vmatrix}1&2\\1&k\end{vmatrix}\begin{vmatrix}k&3\\3&k\end{vmatrix}$

$$=(k-2)(k^2-9)=(k-2)(k-3)(k+3).$$

所以，当 $k\neq 2,\ 3,\ -3$ 时，$D\neq 0$.

1.2.3 利用行列式的性质计算行列式的值

由于三角形行列式的值可直接得出. 对一般行列式则利用性质化为三角形行列式即可求其值，即

$$\begin{vmatrix} a_{11} & a_{12} & \cdots & a_{1n} \\ a_{21} & a_{22} & \cdots & a_{2n} \\ \vdots & \vdots & & \vdots \\ a_{n1} & a_{n2} & \cdots & a_{nn} \end{vmatrix} \xlongequal{\text{利用性质}} \begin{vmatrix} c_{11} & c_{12} & \cdots & c_{1n} \\ 0 & c_{22} & \cdots & c_{2n} \\ \vdots & \vdots & & \vdots \\ 0 & 0 & \cdots & c_{nn} \end{vmatrix} = c_{11}c_{22}\cdots c_{nn}.$$

这个方法极其重要. 不仅是计算行列式的重要方法，而且对以后各章的学习具有普遍意义.

例 4 求下列行列式的值.

(1) $D=\begin{vmatrix} 1 & 2 & 0 & 1 \\ 1 & 3 & 5 & 0 \\ 0 & 1 & 5 & 6 \\ 1 & 2 & 3 & 4 \end{vmatrix}$；　　(2) $D=\begin{vmatrix} 4 & 1 & 1 & 1 \\ 1 & 4 & 1 & 1 \\ 1 & 1 & 4 & 1 \\ 1 & 1 & 1 & 4 \end{vmatrix}$；

(3) $D=\begin{vmatrix} 1 & 1 & -1 & -1 \\ 1 & -1 & -1 & 1 \\ 1 & -1 & 1 & -1 \\ 2 & 3 & 4 & 5 \end{vmatrix}$；　　(4) $D=\begin{vmatrix} c & a & d & b \\ a & c & d & b \\ a & c & b & d \\ c & a & b & d \end{vmatrix}$；

(5) $D=\begin{vmatrix} 1 & 1 & 1 & 1 \\ a_1 & a & a_2 & a_2 \\ a_2 & a_2 & a & a_3 \\ a_3 & a_3 & a_3 & a \end{vmatrix}$.

解 (1) 将其化为上三角形行列式

$$D \xlongequal[r_4-r_1]{r_2-r_1} \begin{vmatrix} 1 & 2 & 0 & 1 \\ 0 & 1 & 5 & -1 \\ 0 & 1 & 5 & 6 \\ 0 & 0 & 3 & 3 \end{vmatrix} \xlongequal{r_3-r_2} 3\begin{vmatrix} 1 & 2 & 0 & 1 \\ 0 & 1 & 5 & -1 \\ 0 & 0 & 0 & 7 \\ 0 & 0 & 1 & 1 \end{vmatrix}$$

$$\xlongequal{r_3\leftrightarrow r_4}-3\begin{vmatrix}1&2&0&1\\0&1&5&-1\\0&0&1&1\\0&0&0&7\end{vmatrix}=-21.$$

(2) **分析** 此行列式的特点是各行四个元素之和均为 7，把第 2，3，4 列元素都加到第 1 列对应元素上去，那么，第 1 列元素均变为 7，提取公因数 7 后，不难把对角线以下的元素全化为零，即

$$D\xlongequal{c_1+c_2+c_3+c_4}\begin{vmatrix}7&1&1&1\\7&4&1&1\\7&1&4&1\\7&1&1&4\end{vmatrix}=7\begin{vmatrix}1&1&1&1\\1&4&1&1\\1&1&4&1\\1&1&1&4\end{vmatrix}\xlongequal[\substack{r_3-r_1\\r_4-r_1}]{r_2-r_1}7\begin{vmatrix}1&1&1&1\\0&3&0&0\\0&0&3&0\\0&0&0&3\end{vmatrix}$$

$$=7\times27=189.$$

(3) $$D\xlongequal{c_1+c_2+c_3+c_4}\begin{vmatrix}0&1&-1&-1\\0&-1&-1&1\\0&-1&1&-1\\14&3&4&5\end{vmatrix}=-14\begin{vmatrix}1&-1&-1\\-1&-1&1\\-1&1&-1\end{vmatrix}$$

$$\xlongequal[r_3+r_1]{r_2+r_1}-14\begin{vmatrix}1&-1&-1\\0&-2&0\\0&0&-2\end{vmatrix}=-56.$$

(4) $$D\xlongequal{c_1+c_2+c_3+c_4}\begin{vmatrix}a+b+c+d&a&d&b\\a+b+c+d&c&d&b\\a+b+c+d&c&b&d\\a+b+c+d&a&b&d\end{vmatrix}=(a+b+c+d)\begin{vmatrix}1&a&d&b\\1&c&d&b\\1&c&b&d\\1&a&b&d\end{vmatrix}$$

$$\xlongequal[\substack{r_2-r_1\\r_4-r_1}]{r_3-r_2}(a+b+c+d)\begin{vmatrix}1&a&d&b\\0&c-a&0&0\\0&0&b-d&d-b\\0&0&b-d&d-b\end{vmatrix}$$

$$\xlongequal{\text{性质 4}}(a+b+c+d)\times0=0.$$

(5) 根据性质 6，用 $-a_1$，$-a_2$，$-a_3$ 分别乘第 1 行后再分别加到第 2，3，4 各行，得

$$D=\begin{vmatrix}1 & 1 & 1 & 1\\0 & a-a_1 & a_2-a_1 & a_2-a_1\\0 & 0 & a-a_2 & a_3-a_2\\0 & 0 & 0 & a-a_3\end{vmatrix}=(a-a_1)(a-a_2)(a-a_3).$$

小结 (1) 从上面几个例子看出,求解行列式一般习惯于利用性质化为上三角形行列式求解.

(2) 行列式化为上三角形行列式的步骤:首先,将第 1 列第 2, 3, …, n 行的元素(即 a_{21}, a_{31}, …, a_{n1})化为零;其次,再将新行列式中第 2 列第 3, 4, …, n 行的元素化为零,依次进行下去就可化为上三角形行列式.

下面再举例说明利用行列式的性质化简行列式.

例 5 试证

$$D=\begin{vmatrix}a^2 & (a+1)^2 & (a+2)^2 & (a+3)^2\\b^2 & (b+1)^2 & (b+2)^2 & (b+3)^2\\c^2 & (c+1)^2 & (c+2)^2 & (c+3)^2\\d^2 & (d+1)^2 & (d+2)^2 & (d+3)^2\end{vmatrix}=0.$$

证明 设法化简行列式,使其两列成比例. 把平方项展开,得

$$D=\begin{vmatrix}a^2 & a^2+2a+1 & a^2+4a+4 & a^2+6a+9\\b^2 & b^2+2b+1 & b^2+4b+4 & b^2+6b+9\\c^2 & c^2+2c+1 & c^2+4c+4 & c^2+6c+9\\d^2 & d^2+2d+1 & d^2+4d+4 & d^2+6d+9\end{vmatrix}$$

$$\xlongequal[c_2-c_1]{\substack{c_4-c_3\\c_3-c_2}}\begin{vmatrix}a^2 & 2a+1 & 2a+3 & 2a+5\\b^2 & 2b+1 & 2b+3 & 2b+5\\c^2 & 2c+1 & 2c+3 & 2c+5\\d^2 & 2d+1 & 2d+3 & 2d+5\end{vmatrix}$$

$$\xlongequal[c_3-c_2]{c_4-c_3}\begin{vmatrix}a^2 & 2a+1 & 2 & 2\\b^2 & 2b+1 & 2 & 2\\c^2 & 2c+1 & 2 & 2\\d^2 & 2d+1 & 2 & 2\end{vmatrix}\xlongequal{\text{性质 4}}0.$$

例 6 求证

$$D=\begin{vmatrix} b+c & c+a & a+b \\ q+r & r+p & p+q \\ y+z & z+x & x+y \end{vmatrix}=2\begin{vmatrix} a & b & c \\ p & q & r \\ x & y & z \end{vmatrix}.$$

证明 利用性质 5、性质 6，有

$$\begin{aligned}\text{左边}&=\begin{vmatrix} b & c+a & a+b \\ q & r+p & p+q \\ y & z+x & x+y \end{vmatrix}+\begin{vmatrix} c & c+a & a+b \\ r & r+p & p+q \\ z & z+x & x+y \end{vmatrix} \\ &=\begin{vmatrix} b & c+a & a \\ q & r+p & p \\ y & z+x & x \end{vmatrix}+\begin{vmatrix} c & a & a+b \\ r & p & p+q \\ z & x & x+y \end{vmatrix} \\ &=\begin{vmatrix} b & c & a \\ q & r & p \\ y & z & x \end{vmatrix}+\begin{vmatrix} c & a & b \\ r & p & q \\ z & x & y \end{vmatrix}=2\begin{vmatrix} a & b & c \\ p & q & r \\ x & y & z \end{vmatrix}.\end{aligned}$$

习 题 1.2

1. 利用行列式的性质计算下列各式.

(1) $\begin{vmatrix} 1 & 1 & 1 & 1 \\ 1 & 1 & -1 & 1 \\ 1 & -1 & 1 & 1 \\ -1 & 1 & 1 & 1 \end{vmatrix}$； (2) $\begin{vmatrix} 0 & 1 & 1 & 1 \\ 1 & 0 & 1 & 1 \\ 1 & 1 & 0 & 1 \\ 1 & 1 & 1 & 0 \end{vmatrix}$；

(3) $\begin{vmatrix} 1 & 1 & -1 & 3 \\ -1 & -1 & 2 & 1 \\ 2 & 5 & 2 & 4 \\ 1 & 2 & 3 & 2 \end{vmatrix}$； (4) $\begin{vmatrix} a & b & b & b \\ a & b & a & b \\ a & a & b & a \\ b & b & b & a \end{vmatrix}$；

(5) $\begin{vmatrix} a-b-c & 2a & 2a \\ 2b & b-c-a & 2b \\ 2c & 2c & c-a-b \end{vmatrix}$； (6) $\begin{vmatrix} -ab & ac & ae \\ bd & -cd & de \\ bf & cf & -ef \end{vmatrix}$；

(7) $\begin{vmatrix} 2 & 1 & 4 \\ -4 & 3 & 8 \\ 7 & 0 & 9 \end{vmatrix}$； (8) $\begin{vmatrix} 4 & 2 & -4 \\ 502 & 201 & 298 \\ 5 & 2 & 3 \end{vmatrix}$；

(9) $\begin{vmatrix} 3 & 7 & 0 & 0 & 0 \\ 5 & 5 & 0 & 0 & 0 \\ 3 & 4 & 1 & 1 & 2 \\ 7 & -5 & 3 & 0 & 1 \\ 6 & 2 & 4 & 7 & 5 \end{vmatrix}$；　　(10) $\begin{vmatrix} 1 & 2 & 2 & 2 & 2 \\ 2 & 2 & 2 & 2 & 2 \\ 2 & 2 & 3 & 2 & 2 \\ 2 & 2 & 2 & 4 & 2 \\ 2 & 2 & 2 & 2 & 5 \end{vmatrix}$.

2. 不通过计算三阶行列式，利用行列式的性质证明：

$$\begin{vmatrix} 2 & 5 & 4 \\ -1 & 3 & 1 \\ 3 & 2 & 3 \end{vmatrix} + \begin{vmatrix} -1 & 2 & 3 \\ 3 & 5 & 2 \\ 1 & 4 & 3 \end{vmatrix} = 0.$$

3. 证明下列等式.

(1) $\begin{vmatrix} a & b & c \\ a & a+b & a+b+c \\ a & 2a+b & 3a+2b+c \end{vmatrix} = a^3$；

(2) $\begin{vmatrix} by+az & bz+ax & bx+ay \\ bx+ay & by+az & bz+ax \\ bz+ax & bx+ay & by+az \end{vmatrix} = (a^3+b^3)\begin{vmatrix} x & y & z \\ z & x & y \\ y & z & x \end{vmatrix}$.

1.3 行列式的计算

我们知道行列式的阶数越低越容易计算，下面主要通过将行列式展开为低一阶的行列式来进行计算. 为此，首先引入余子式和代数余子式的概念.

1.3.1 余子式和代数余子式

定义 1 在 n 阶行列式

$$D = \begin{vmatrix} a_{11} & a_{12} & \cdots & a_{1j-1} & a_{1j} & a_{1j+1} & \cdots & a_{1n} \\ \vdots & \vdots & & \vdots & \vdots & \vdots & & \vdots \\ a_{i-1,1} & a_{i-1,2} & \cdots & a_{i-1,j-1} & a_{i-1,j} & a_{i-1,j+1} & \cdots & a_{i-1,n} \\ a_{i1} & a_{i2} & \cdots & a_{i,j-1} & a_{ij} & a_{i,j+1} & \cdots & a_{in} \\ a_{i+1,1} & a_{i+1,2} & \cdots & a_{i+1,j-1} & a_{i+1,j} & a_{i+1,j+1} & \cdots & a_{i+1,n} \\ \vdots & \vdots & & \vdots & \vdots & \vdots & & \vdots \\ a_{n1} & a_{n2} & \cdots & a_{n,j-1} & a_{nj} & a_{n,j+1} & \cdots & a_{nn} \end{vmatrix}$$

中，把元素 a_{ij} 所在的第 i 行和第 j 列划去，剩下的 $(n-1)^2$ 个元素按原来的排列法构成一个 $(n-1)$ 阶行列式，称为元素 a_{ij} 的**余子式**，记为 M_{ij}，即

$$M_{ij}=\begin{vmatrix} a_{11} & a_{12} & \cdots & a_{1j-1} & a_{1j+1} & \cdots & a_{1n} \\ \vdots & \vdots & & \vdots & \vdots & & \vdots \\ a_{i-1,1} & a_{i-1,2} & \cdots & a_{i-1,j-1} & a_{i-1,j+1} & \cdots & a_{i-1,n} \\ a_{i+1,1} & a_{i+1,2} & \cdots & a_{i+1,j-1} & a_{i+1,j+1} & \cdots & a_{i+1,n} \\ \vdots & \vdots & & \vdots & \vdots & & \vdots \\ a_{n1} & a_{n2} & \cdots & a_{n,j-1} & a_{n,j+1} & \cdots & a_{nn} \end{vmatrix}.$$

定义 2 在 n 阶行列式 D 中，元素 a_{ij} 的余子式 M_{ij} 乘以 $(-1)^{i+j}$ 得 $(-1)^{i+j}M_{ij}$，称为元素 a_{ij} 的**代数余子式**，记为 A_{ij}，即

$$A_{ij}=(-1)^{i+j}M_{ij}.$$

例 1 设四阶行列式

$$D=\begin{vmatrix} a_{11} & a_{12} & a_{13} & a_{14} \\ a_{21} & a_{22} & a_{23} & a_{24} \\ a_{31} & a_{32} & a_{33} & a_{34} \\ a_{41} & a_{42} & a_{43} & a_{44} \end{vmatrix},$$

求 a_{23}，a_{42} 的余子式和代数余子式.

解 $M_{23}=\begin{vmatrix} a_{11} & a_{12} & a_{14} \\ a_{31} & a_{32} & a_{34} \\ a_{41} & a_{42} & a_{44} \end{vmatrix}$，$A_{23}=(-1)^{2+3}M_{23}=-\begin{vmatrix} a_{11} & a_{12} & a_{14} \\ a_{31} & a_{32} & a_{34} \\ a_{41} & a_{42} & a_{44} \end{vmatrix}$；

$M_{42}=\begin{vmatrix} a_{11} & a_{13} & a_{14} \\ a_{21} & a_{23} & a_{24} \\ a_{31} & a_{33} & a_{34} \end{vmatrix}$，$A_{42}=(-1)^{4+2}M_{42}=\begin{vmatrix} a_{11} & a_{13} & a_{14} \\ a_{21} & a_{23} & a_{24} \\ a_{31} & a_{33} & a_{34} \end{vmatrix}$，

可见 $A_{23}=-M_{23}$，$A_{42}=M_{42}$.

下面讨论行列式按某一行(列)展开的问题.

1.3.2 行列式按某一行(列)展开

由三阶行列式的定义有

$$\begin{vmatrix} a_{11} & a_{12} & a_{13} \\ a_{21} & a_{22} & a_{23} \\ a_{31} & a_{32} & a_{33} \end{vmatrix}=a_{11}\begin{vmatrix} a_{22} & a_{23} \\ a_{32} & a_{33} \end{vmatrix}-a_{21}\begin{vmatrix} a_{12} & a_{13} \\ a_{32} & a_{33} \end{vmatrix}+a_{31}\begin{vmatrix} a_{12} & a_{13} \\ a_{22} & a_{23} \end{vmatrix}$$

$$=a_{11}M_{11}-a_{21}M_{21}+a_{31}M_{31}=a_{11}A_{11}+a_{21}A_{21}+a_{31}A_{31}.$$

这就是三阶行列式按第 1 列展开,按此种思想再进一步推广. 先看下面的例子.

例 2 化简下列行列式.

(1) $\begin{vmatrix} a_{11} & a_{12} & a_{13} \\ 0 & a_{22} & a_{23} \\ 0 & a_{32} & a_{33} \end{vmatrix}$; (2) $\begin{vmatrix} a_{11} & 0 & a_{13} \\ a_{21} & a_{22} & a_{23} \\ a_{31} & 0 & a_{33} \end{vmatrix}$; (3) $\begin{vmatrix} a_{11} & a_{12} & a_{13} \\ 0 & a_{22} & 0 \\ a_{31} & a_{32} & a_{33} \end{vmatrix}$.

解 (1) $\begin{vmatrix} a_{11} & a_{12} & a_{13} \\ 0 & a_{22} & a_{23} \\ 0 & a_{32} & a_{33} \end{vmatrix}=a_{11}\begin{vmatrix} a_{22} & a_{23} \\ a_{32} & a_{33} \end{vmatrix}=a_{11}A_{11}.$

(2) $\begin{vmatrix} a_{11} & 0 & a_{13} \\ a_{21} & a_{22} & a_{23} \\ a_{31} & 0 & a_{33} \end{vmatrix}\overset{r_1\leftrightarrow r_2}{=\!=\!=}-\begin{vmatrix} a_{21} & a_{22} & a_{23} \\ a_{11} & 0 & a_{13} \\ a_{31} & 0 & a_{33} \end{vmatrix}\overset{c_1\leftrightarrow c_2}{=\!=\!=}\begin{vmatrix} a_{22} & a_{21} & a_{23} \\ 0 & a_{11} & a_{13} \\ 0 & a_{31} & a_{33} \end{vmatrix}=a_{22}A_{22}.$

(3) $\begin{vmatrix} a_{11} & a_{12} & a_{13} \\ 0 & a_{22} & 0 \\ a_{31} & a_{32} & a_{33} \end{vmatrix}\overset{\text{转置}}{=\!=\!=}\begin{vmatrix} a_{11} & 0 & a_{31} \\ a_{12} & a_{22} & a_{32} \\ a_{13} & 0 & a_{33} \end{vmatrix}=a_{22}\begin{vmatrix} a_{11} & a_{31} \\ a_{13} & a_{33} \end{vmatrix}$

$$\overset{\text{转置}}{=\!=\!=}a_{22}\begin{vmatrix} a_{11} & a_{13} \\ a_{31} & a_{33} \end{vmatrix}=a_{22}A_{22}.$$

现将行列式按某一行(列)展开推广到 n 阶行列式情形,当行列式 D 中第 i 行的元素除 $a_{ij}\neq 0$ 外,其余元素均为零,则

$$D=\begin{vmatrix} a_{11} & \cdots & a_{1,j-1} & a_{1,j} & a_{1,j+1} & \cdots & a_{1n} \\ \vdots & & \vdots & \vdots & \vdots & & \vdots \\ a_{i+1} & \cdots & a_{i-1,j-1} & a_{i-1,j} & a_{i-1,j+1} & \cdots & a_{i-1n} \\ 0 & \cdots & 0 & a_{ij} & 0 & \cdots & 0 \\ a_{i+1,1} & \cdots & a_{i+1,j-1} & a_{i+1,j} & a_{i+1,j+1} & \cdots & a_{i+1,n} \\ \vdots & & \vdots & \vdots & \vdots & & \vdots \\ a_{n1} & \cdots & a_{n,j-1} & a_{nj} & a_{n,j+1} & \cdots & a_{nn} \end{vmatrix}=a_{ij}A_{ij}. \quad (1)$$

当行列式 D 中第 j 列的元素除 $a_{ij}\neq 0$ 外,其余元素均为零,则

$$D=\begin{vmatrix} a_{11} & \cdots & a_{1j-1} & 0 & a_{1j+1} & \cdots & a_{1n} \\ \vdots & & \vdots & \vdots & \vdots & & \vdots \\ a_{i-1,1} & \cdots & a_{i-1,j-1} & 0 & a_{i-1,j+1} & \cdots & a_{i-1,n} \\ a_{i1} & \cdots & a_{i,j-1} & a_{ij} & a_{i,j+1} & \cdots & a_{in} \\ a_{i+1,1} & \cdots & a_{i+1,j-1} & 0 & a_{i+1,j+1} & \cdots & a_{i+1,n} \\ \vdots & & \vdots & \vdots & \vdots & & \vdots \\ a_{n1} & \cdots & a_{n,j-1} & 0 & a_{n,j+1} & \cdots & a_{nn} \end{vmatrix}=a_{ij}A_{ij}. \qquad (2)$$

定理 1　若 n 阶行列式 D 中，第 i 行(列)除去第 j 列(行)的元素 $a_{ij}(a_{ji})$ 外，其余元素全为零，那么

$$D=a_{ij}A_{ij}(=a_{ji}A_{ji}),$$

其中 $A_{ij}(A_{ji})$ 是元素 $a_{ij}(a_{ji})$ 的代数余子式.

例 3　计算行列式

$$D=\begin{vmatrix} 1 & 4 & 3 & 0 \\ -1 & 2 & 0 & 4 \\ 0 & 2 & 0 & 0 \\ 3 & 1 & 6 & -5 \end{vmatrix}.$$

解　行列式 D 中第 3 行中除了第 2 列元素为 2 外，其余元素全为零，根据定理 1 得

$$D=(-1)^{3+2}2\begin{vmatrix} 1 & 3 & 0 \\ -1 & 0 & 4 \\ 3 & 6 & -5 \end{vmatrix}=-2\begin{vmatrix} 1 & 3 & 0 \\ -1 & 0 & 4 \\ 3 & 6 & -5 \end{vmatrix}\overset{c_2-3c_1}{=\!=\!=}-2\begin{vmatrix} 1 & 0 & 0 \\ -1 & 3 & 4 \\ 3 & -3 & -5 \end{vmatrix}$$

$$=-2\begin{vmatrix} 3 & 4 \\ -3 & -5 \end{vmatrix}=6\begin{vmatrix} 1 & 4 \\ 1 & 5 \end{vmatrix}=6\times(5-4)=6.$$

例 4　求证一副对角线行列式

$$\begin{vmatrix} & & & a_1 \\ & & a_2 & \\ & \iddots & & \\ a_n & & & \end{vmatrix}=(-1)^{\frac{n(n-1)}{2}}a_1a_2\cdots a_n.$$

证明　对行列式的阶数用数学归纳法证明：

当 $k=1$ 时，$D=a_1$；

当 $k=n-1$ 时，结论成立，即设

$$\begin{vmatrix} & & & a_1 \\ & & a_2 & \\ & \iddots & & \\ a_{n-1} & & & \end{vmatrix}=(-1)^{\frac{(n-2)(n-1)}{2}}a_1a_2\cdots a_{n-1};$$

当 $k=n$ 时，按最后一行展开 n 阶行列式，得

$$\begin{aligned}\begin{vmatrix} & & & a_1 \\ & & a_2 & \\ & \iddots & & \\ a_n & & & \end{vmatrix}&=(-1)^{n+1}a_n\begin{vmatrix} & & & a_1 \\ & & a_2 & \\ & \iddots & & \\ a_{n-1} & & & \end{vmatrix}\\ &=(-1)^{n+1}\cdot a_n\cdot(-1)^{\frac{(n-2)(n-1)}{2}}a_1a_2\cdots a_{n-1}\\ &=(-1)^{\frac{n(n-1)}{2}+2}a_1a_2\cdots a_n=(-1)^{\frac{n(n-1)}{2}}a_1a_2\cdots a_n.\end{aligned}$$

对于一般的 n 阶行列式能不能进行降阶计算呢？下面的定理 2 推广了定理 1 的结论.

定理 2 n 阶行列式

$$D=\begin{vmatrix} a_{11} & a_{12} & \cdots & a_{1j} & \cdots & a_{1n} \\ a_{21} & a_{22} & \cdots & a_{2j} & \cdots & a_{2n} \\ \vdots & \vdots & & \vdots & & \vdots \\ a_{i1} & a_{i2} & \cdots & a_{ij} & \cdots & a_{in} \\ \vdots & \vdots & & \vdots & & \vdots \\ a_{n1} & a_{n2} & \cdots & a_{nj} & \cdots & a_{nn} \end{vmatrix}$$

等于它的任意一行(列)的所有元素和它们各自对应的代数余子式的乘积之和，即行列式 D 可按第 i 行展开为

$$D=a_{i1}A_{i1}+a_{i2}A_{i2}+\cdots+a_{in}A_{in}\quad(i=1,\ 2,\ \cdots,\ n).\tag{3}$$

其中，a_{i1}，a_{i2}，…，a_{in} 与 A_{i1}，A_{i2}，…，A_{in} 分别是行列式 D 中第 i 行的各元素及其对应的代数余子式.

行列式 D 也可按第 j 列展开为

$$D=a_{1j}A_{1j}+a_{2j}A_{2j}+\cdots+a_{nj}A_{nj}\quad(j=1,\ 2,\ \cdots,\ n).\tag{4}$$

其中，a_{1j}，a_{2j}，…，a_{nj} 与 A_{1j}，A_{2j}，…，A_{nj} 分别是行列式 D 中第 j 列的各元素及其对应的代数余子式.

证明　首先把 D 改写成

$$D=\begin{vmatrix} a_{11} & a_{12} & \cdots & a_{1n} \\ \vdots & \vdots & & \vdots \\ a_{i1}+0+\cdots+0 & 0+a_{i2}+0+\cdots+0 & \cdots & 0+0+\cdots+0+a_{in} \\ \vdots & \vdots & & \vdots \\ a_{n1} & a_{n2} & \cdots & a_{nn} \end{vmatrix}.$$

由行列式的性质 5，有

$$D=\begin{vmatrix} a_{11} & a_{12} & \cdots & a_{1n} \\ \vdots & \vdots & & \vdots \\ a_{i1} & 0 & \cdots & 0 \\ \vdots & \vdots & & \vdots \\ a_{n1} & a_{n2} & \cdots & a_{nn} \end{vmatrix}+\begin{vmatrix} a_{11} & a_{12} & \cdots & a_{1n} \\ \vdots & \vdots & & \vdots \\ 0 & a_{i2} & \cdots & 0 \\ \vdots & \vdots & & \vdots \\ a_{n1} & a_{n2} & \cdots & a_{nn} \end{vmatrix}+\cdots+\begin{vmatrix} a_{11} & a_{12} & \cdots & a_{1n-1} & a_{1n} \\ \vdots & \vdots & & \vdots & \vdots \\ 0 & 0 & \cdots & 0 & a_{in} \\ \vdots & \vdots & & \vdots & \vdots \\ a_{11} & a_{n2} & \cdots & a_{n,\,n-1} & a_{nn} \end{vmatrix}$$

$$=a_{i1}A_{i1}+a_{i2}A_{i2}+\cdots+a_{in}A_{in}\quad (i=1,\ 2,\ \cdots,\ n).$$

推论　若行列式某行(列)的元素为零，则 $D=0$.

证明　按这个全为零的行展开即得推论.

定理 3　n 阶行列式 D 的某一行(列)的元素与另一行(列)对应元素的代数余子式乘积的和等于零，即

$$a_{i1}A_{s1}+a_{i2}A_{s2}+\cdots+a_{in}A_{sn}=0\qquad (i\neq s)$$

或

$$a_{1j}A_{1l}+a_{2j}A_{2l}+\cdots+a_{nj}A_{nl}=0\qquad (j\neq l).$$

证明　设将行列式 D 中第 s 行的元素换为第 i 行 $(i\neq s)$ 的对应元素，得到有两行相同的行列式 D_1，则 $D_1=0$，再将 D_1 按 s 行展开，有

$$D_1=a_{i1}A_{s1}+a_{i2}A_{s2}+\cdots+a_{in}A_{sn}=0\qquad (i\neq s).$$

同理，可证 D_1 按列展开的情形.

综合上面两个定理的结论，得

$$\sum_{j=1}^{n}a_{ij}A_{sj}=\begin{cases}D, & i=s,\\ 0, & i\neq s\end{cases}\quad (i=1,\ 2,\ \cdots,\ n);$$

$$\sum_{i=1}^{n} a_{ij}A_{il} = \begin{cases} D, & j = l, \\ 0, & j \neq l \end{cases} \quad (j = 1, 2, \cdots, n).$$

在实际计算行列式时，总是按照含零最多的行或列展开，因为零的代数余子式不用计算.

例 5 计算行列式

$$D=\begin{vmatrix} 1 & 0 & -2 \\ 1 & 1 & 3 \\ -2 & 3 & 1 \end{vmatrix}.$$

解 **方法 1** 按第 1 行展开行列式

$$D=1\times\begin{vmatrix} 1 & 3 \\ 3 & 1 \end{vmatrix}+(-2)\times\begin{vmatrix} 1 & 1 \\ -2 & 3 \end{vmatrix}=1\times(-8)-2\times5=-18.$$

方法 2 按第 2 列展开行列式

$$D=1\times\begin{vmatrix} 1 & -2 \\ -2 & 1 \end{vmatrix}-3\begin{vmatrix} 1 & -2 \\ 1 & 3 \end{vmatrix}=1\times(-3)-3\times5=-18.$$

例 6 计算行列式

$$D=\begin{vmatrix} 1 & 2 & 3 & 4 \\ 1 & 0 & 1 & 2 \\ 3 & -1 & -1 & 0 \\ 1 & 2 & 0 & -5 \end{vmatrix}.$$

解 **方法 1** 按第 2 行展开得

$$D=a_{21}A_{21}+a_{22}A_{22}+a_{23}A_{23}+a_{24}A_{24},$$

其中 $a_{21}=1,\quad a_{22}=0,\quad a_{23}=1,\quad a_{24}=2.$

$$A_{21}=(-1)^{2+1}\begin{vmatrix} 2 & 3 & 4 \\ -1 & -1 & 0 \\ 2 & 0 & -5 \end{vmatrix}\xlongequal{c_2-c_1}-\begin{vmatrix} 2 & 1 & 4 \\ -1 & 0 & 0 \\ 2 & -2 & -5 \end{vmatrix}$$

$$=-\begin{vmatrix} 1 & 4 \\ -2 & -5 \end{vmatrix}=-3.$$

因为 $a_{22}=0$，所以对 A_{22} 不需要求值.

$$A_{23}=(-1)^{2+3}\begin{vmatrix}1&2&4\\3&-1&0\\1&2&-5\end{vmatrix}\xlongequal{c_1+3c_2}-\begin{vmatrix}7&2&4\\0&-1&0\\7&2&-5\end{vmatrix}$$

$$=\begin{vmatrix}7&4\\7&-5\end{vmatrix}=7\begin{vmatrix}1&4\\1&-5\end{vmatrix}=7\times(-9)=-63.$$

$$A_{24}=(-1)^{2+4}\begin{vmatrix}1&2&3\\3&-1&-1\\1&2&0\end{vmatrix}\xlongequal{r_1+3r_2}\begin{vmatrix}10&-1&0\\3&-1&-1\\1&2&0\end{vmatrix}$$

$$=(-1)\times(-1)^{2+3}\begin{vmatrix}10&-1\\1&2\end{vmatrix}=21.$$

所以 $$D=-3-63+2\times21=-24.$$

方法 2 计算行列式时，可以先用行列式的性质将行列式中某一行(列)化为仅含有一个非零元素，再按此行(列)展开，变为低一阶的行列式.

$$D=\begin{vmatrix}1&2&3&4\\1&0&1&2\\3&-1&-1&0\\1&2&0&-5\end{vmatrix}\xlongequal[c_4-2c_1]{c_3-c_1}\begin{vmatrix}1&2&2&2\\1&0&0&0\\3&-1&-4&-6\\1&2&-1&-7\end{vmatrix}$$

$$=-\begin{vmatrix}2&2&2\\-1&-4&-6\\2&-1&-7\end{vmatrix}=2\begin{vmatrix}1&1&1\\1&4&6\\2&-1&-7\end{vmatrix}$$

$$\xlongequal[r_3-2r_1]{r_2-r_1}2\begin{vmatrix}1&1&1\\0&3&5\\0&-3&-9\end{vmatrix}=-6\begin{vmatrix}1&5\\1&9\end{vmatrix}=-24.$$

例 7 设 $D=\begin{vmatrix}1&-5&1&3\\1&1&3&4\\1&1&2&3\\2&2&3&4\end{vmatrix}$，计算 $A_{41}+A_{42}+A_{43}+A_{44}$ 和 $M_{11}+M_{21}+M_{31}+M_{41}$. 其中 A_{4j} 和 $M_{j1}(j=1, 2, 3, 4)$ 分别是 D 中的元素 a_{4j}，a_{j1} 的代数余子式和余子式.

解 因为 D 中第 4 行元素的代数余子式均与 D 的第 4 行元素无关，将 D 中第 4 行元素换为 1, 1, 1, 1 后得到的行列式按第 4 行展开，得到的行列式计

算得

$$A_{41}+A_{42}+A_{43}+A_{44}=\begin{vmatrix}1&-5&1&3\\1&1&3&4\\1&1&2&3\\1&1&1&1\end{vmatrix}=\begin{vmatrix}1&-6&0&2\\1&0&2&3\\1&0&1&2\\1&0&0&0\end{vmatrix}$$

$$=6\begin{vmatrix}1&2&3\\1&1&2\\1&0&0\end{vmatrix}=6\begin{vmatrix}2&3\\1&2\end{vmatrix}=6.$$

按定义可知

$$M_{11}+M_{21}+M_{31}+M_{41}=A_{11}-A_{21}+A_{31}-A_{41}=\begin{vmatrix}1&-5&1&3\\-1&1&3&4\\1&1&2&3\\-1&2&3&4\end{vmatrix}$$

$$=\begin{vmatrix}1&-5&1&3\\0&-4&4&7\\0&6&1&0\\0&-3&4&7\end{vmatrix}=\begin{vmatrix}-4&4&7\\6&1&0\\-3&4&7\end{vmatrix}=\begin{vmatrix}-4&4&7\\6&1&0\\1&0&0\end{vmatrix}=-7.$$

注 按照例 7 的求解方法可知:求行列式的代数余子式的和可以转化为相应的行列式求值;余子式求和先转化为代数余子式,进而转化为行列式求值.

例 8 已知行列式

$$D=\begin{vmatrix}2&2&2&1&1\\7&5&4&3&8\\3&2&5&4&2\\5&5&5&3&3\\4&6&5&2&3\end{vmatrix}=2,$$

分别求 $A_{41}+A_{42}+A_{43}$, $A_{44}+A_{45}$ 的值.

解 将第 1 行各元素分别与第 4 行元素的代数余子式相乘后相加,得

$$2(A_{41}+A_{42}+A_{43})+(A_{44}+A_{45})=0,$$

将第 4 行展开为

$$5(A_{41}+A_{42}+A_{43})+3(A_{44}+A_{45})=2,$$

联立求解,得

$$A_{41}+A_{42}+A_{43}=-2,\quad A_{44}+A_{45}=4.$$

1.3.3 范德蒙行列式的计算

称行列式

$$D=\begin{vmatrix} 1 & 1 & \cdots & 1 \\ a_1 & a_2 & \cdots & a_n \\ a_1^2 & a_2^2 & \cdots & a_n^2 \\ \vdots & \vdots & & \vdots \\ a_1^{n-1} & a_2^{n-1} & \cdots & a_n^{n-1} \end{vmatrix}$$

为 n 阶范德蒙行列式.

例 9 证明四阶范德蒙行列式

$$D=\begin{vmatrix} 1 & 1 & 1 & 1 \\ a_1 & a_2 & a_3 & a_4 \\ a_1^2 & a_2^2 & a_3^2 & a_4^2 \\ a_1^3 & a_2^3 & a_3^3 & a_4^3 \end{vmatrix}=(a_2-a_1)(a_3-a_1)(a_4-a_1)(a_3-a_2)(a_4-a_2)(a_4-a_3).$$

证明 先把行列式第 1 列第 2，3，4 行中的元素化为零,然后按第 1 列展开,再重复上述过程直至得到所需的结论.

$$D=\begin{vmatrix} 1 & 1 & 1 & 1 \\ a_1 & a_2 & a_3 & a_4 \\ a_1^2 & a_2^2 & a_3^2 & a_4^2 \\ a_1^3 & a_2^3 & a_3^3 & a_4^3 \end{vmatrix}\xlongequal[r_2-a_1r_1]{\substack{r_4-a_1r_3 \\ r_3-a_1r_2}}\begin{vmatrix} 1 & 1 & 1 & 1 \\ 0 & a_2-a_1 & a_3-a_1 & a_4-a_1 \\ 0 & a_2(a_2-a_1) & a_3(a_3-a_1) & a_4(a_4-a_1) \\ 0 & a_2^2(a_2-a_1) & a_3^2(a_3-a_1) & a_4^2(a_4-a_1) \end{vmatrix}$$

$$\xlongequal{\text{按 } c_1 \text{ 展开}}\begin{vmatrix} a_2-a_1 & a_3-a_1 & a_4-a_1 \\ a_2(a_2-a_1) & a_3(a_3-a_1) & a_4(a_4-a_1) \\ a_2^2(a_2-a_1) & a_3^2(a_3-a_1) & a_4^2(a_4-a_1) \end{vmatrix}$$

$$\xlongequal{\text{提取公因子}}(a_2-a_1)(a_3-a_1)(a_4-a_1)\begin{vmatrix} 1 & 1 & 1 \\ a_2 & a_3 & a_4 \\ a_2^2 & a_3^2 & a_4^2 \end{vmatrix}$$

$$\xlongequal[r_2-a_2r_1]{r_3-a_2r_2}(a_2-a_1)(a_3-a_1)(a_4-a_1)\begin{vmatrix} 1 & 1 & 1 \\ 0 & a_3-a_2 & a_4-a_2 \\ 0 & a_3(a_3-a_2) & a_4(a_4-a_2) \end{vmatrix}$$

$$\xlongequal{\text{按 } c_1 \text{ 展开}}(a_2-a_1)(a_3-a_1)(a_4-a_1)\begin{vmatrix} a_3-a_2 & a_4-a_2 \\ a_3(a_3-a_2) & a_4(a_4-a_2) \end{vmatrix}$$

$$\xlongequal{\text{提取公因子}}(a_2-a_1)(a_3-a_1)(a_4-a_1)(a_3-a_2)(a_4-a_2)\begin{vmatrix} 1 & 1 \\ a_3 & a_4 \end{vmatrix}$$

$$=(a_2-a_1)(a_3-a_1)(a_4-a_1)(a_3-a_2)(a_4-a_2)(a_4-a_3)$$

$$=\prod_{1\leqslant j<i\leqslant 4}(a_i-a_j).$$

其中,$1\leqslant j<i\leqslant 4$ 表示:①$j<i$;②j 可取 1, 2, 3;i 可取 2, 3, 4. 于是有:

当 j 取 1 时,则 i 可从 2 取到 4,故有因子(a_2-a_1),(a_3-a_1),(a_4-a_1);

当 j 取 2 时,则 i 可取 3, 4,故有因子(a_3-a_2),(a_4-a_2);

当 j 取 3 时,则 i 只能取 4,故只有因子(a_4-a_3).

符号 $\prod$ 是连乘号,表示将上面 6 个因子连乘.

这个结论可推广到 n 阶范德蒙行列式,则

$$\begin{vmatrix} 1 & 1 & \cdots & 1 \\ a_1 & a_2 & \cdots & a_n \\ a_1^2 & a_2^2 & \cdots & a_n^2 \\ \vdots & \vdots & & \vdots \\ a_1^{n-1} & a_2^{n-1} & \cdots & a_n^{n-1} \end{vmatrix}=\prod_{1\leqslant j<i\leqslant n}(a_i-a_j).$$

例 10 计算下列行列式.

$$(1)\ D=\begin{vmatrix} 1 & 1 & 1 & 1 \\ 2 & 5 & 4 & 3 \\ 4 & 25 & 16 & 9 \\ 8 & 125 & 64 & 27 \end{vmatrix};\quad (2)\ D=\begin{vmatrix} a^3 & (a-1)^3 & (a-2)^3 & (a-3)^3 \\ a^2 & (a-1)^2 & (a-2)^2 & (a-3)^2 \\ a & a-1 & a-2 & a-3 \\ 1 & 1 & 1 & 1 \end{vmatrix}.$$

解 (1) 此行列式为四阶范德蒙行列式,其中 $a_1=2$, $a_2=5$, $a_3=4$, $a_4=3$. 于是

$$D=\prod_{1\leqslant j<i\leqslant 4}(a_i-a_j)$$
$$=(5-2)\times(4-2)\times(3-2)\times(4-5)\times(3-5)\times(3-4)=-12.$$

(2) 观察可见,若 $r_1\leftrightarrow r_4$, $r_2\leftrightarrow r_3$ 后,此行列式就为范德蒙行列式,则

$$D\xlongequal[r_2\leftrightarrow r_3]{r_1\leftrightarrow r_4}\begin{vmatrix}1&1&1&1\\a&a-1&a-2&a-3\\a^2&(a-1)^2&(a-2)^2&(a-3)^2\\a^3&(a-1)^3&(a-2)^3&(a-3)^3\end{vmatrix}$$

$$=[(a-1)-a][(a-2)-a][(a-3)-a][(a-2)-(a-1)]$$

$$[(a-3)-(a-1)][(a-3)-(a-2)]$$

$$=(-1)\times(-2)\times(-3)\times(-1)\times(-2)\times(-1)=12.$$

习 题 1.3

1. 计算下列行列式.

(1) $\begin{vmatrix}a_1&-a_1&0&0\\0&a_2&-a_2&0\\0&0&a_3&-a_3\\1&3&4&6\end{vmatrix}$; (2) $\begin{vmatrix}1&-2&0&4\\2&-5&1&-3\\4&1&-2&6\\-3&2&7&1\end{vmatrix}$;

(3) $\begin{vmatrix}1&1&1&1\\5&8&6&2\\5^2&8^2&6^2&2^2\\5^3&8^3&6^3&2^3\end{vmatrix}$; (4) $\begin{vmatrix}1&2&3&4\\2&3&4&1\\3&4&1&2\\4&1&2&3\end{vmatrix}$;

(5) $\begin{vmatrix}6&-1&3&32\\5&-3&3&27\\3&-1&-1&17\\4&-1&3&19\end{vmatrix}$; (6) $\begin{vmatrix}1&2&1&1\\0&2&1&11\\-2&-1&4&4\\-2&-1&1&10\end{vmatrix}$;

(7) $\begin{vmatrix}-2&2&-4&0\\4&-1&3&5\\3&1&-2&-3\\2&0&5&1\end{vmatrix}$; (8) $\begin{vmatrix}1+x&1&1&1\\1&1-x&1&1\\1&1&1+y&1\\1&1&1&1-y\end{vmatrix}$.

2. 求下列行列式中 x 的取值.

(1) $\begin{vmatrix}1&1&1&1\\x&1&2&3\\x^2&1&4&9\\x^3&1&8&27\end{vmatrix}=0$; (2) $\begin{vmatrix}1&1&2&3\\1&2-x^2&2&3\\2&2&6&0\\2&2&6&9-x^2\end{vmatrix}=0$.

3. 已知四阶行列式 D 的第 1 行元素分别为 $-1,1,0,2$,第 4 行元素对应的代数余子式依次为 $5,x,7,4$,求 x.

4. 设 $f(x)=\begin{vmatrix}1&1&1&1\\1&2&4&8\\1&1&4&15\\1&x&x^2&x^3\end{vmatrix}+\begin{vmatrix}1&1&1&1\\1&2&4&8\\0&2&5&12\\1&x&x^2&x^3\end{vmatrix}$,求 $f(x)=0$ 的根.

5. 设 $D=\begin{vmatrix}1&2&-3&6\\2&2&2&2\\2&1&0&7\\3&4&1&8\end{vmatrix}$,求(1) $A_{31}+A_{32}+A_{33}+A_{34}$;(2) $M_{41}+M_{42}+M_{43}+M_{44}$;(3) $A_{41}+A_{44}$.

1.4 克拉默法则

含有 n 个未知量的 n 个线性方程组成的方程组的解是否可以用两个 n 阶行列式之比来表示?下面的定理对此问题给出了肯定的答案.

1.4.1 克拉默法则

含有 n 个方程的 n 元线性方程组的一般形式为

$$\begin{cases}a_{11}x_1+a_{12}x_2+\cdots+a_{1n}x_n=b_1,\\a_{21}x_1+a_{22}x_2+\cdots+a_{2n}x_n=b_2,\\\qquad\vdots\\a_{n1}x_1+a_{n2}x_2+\cdots+a_{nn}x_n=b_n.\end{cases}\tag{1}$$

它的系数 $a_{ij}(i,j=1,2,\cdots,n)$构成的行列式为

$$D=\begin{vmatrix}a_{11}&a_{12}&\cdots&a_{1n}\\a_{21}&a_{22}&\cdots&a_{2n}\\\vdots&\vdots&&\vdots\\a_{n1}&a_{n2}&\cdots&a_{nn}\end{vmatrix},\tag{2}$$

上式称为方程组(1)的**系数行列式**.

定理 1(克拉默法则) 当系数行列式 $D\neq0$ 时,线性方程组(1)有且仅有唯一解为

$$x_j=\frac{D_j}{D}\qquad(j=1,2,\cdots,n).\tag{3}$$

其中，$D_j(j=1, 2, \cdots, n)$是将系数行列式中第 j 列元素 $a_{1j}, a_{2j}, \cdots, a_{nj}$ 对应地换为方程组的常数项 $b_1, b_2, \cdots, b_n$ 后得到的行列式.

证明 以行列式 D 的第 $j(j=1, 2, \cdots, n)$列的代数余子式 $A_{1j}, A_{2j}, \cdots, A_{nj}$ 分别乘方程组(1)的第 1 个，第 2 个，……，第 n 个方程，然后相加，得

$$\begin{aligned}&(a_{11}A_{1j}+a_{21}A_{2j}+\cdots+a_{n1}A_{nj})x_1+\cdots+\\&(a_{1j}A_{1j}+a_{2j}A_{2j}+\cdots+a_{nj}A_{nj})x_j+\cdots+\\&(a_{1n}A_{1j}+a_{2n}A_{2j}+\cdots+a_{nn}A_{nj})x_n\\&=b_1A_{1j}+b_2A_{2j}+\cdots+b_nA_{nj}.\end{aligned}$$

可见，x_j 的系数等于 D，$x_s(s\neq j)$的系数等于零.

等号右端等于 D 中第 j 列元素以常数 $b_1, b_2, \cdots, b_n$ 替换后所得的行列式，即

$$Dx_j=D_j \qquad (j=1, 2, \cdots, n). \tag{4}$$

如果方程组(1)有解，则其解必满足方程组(4)，而当 $D\neq 0$ 时，方程组(4)只有形式为方程组(3)的解.

另外，将式(3)代入方程组(1)，容易验证它满足方程组(1)，所以式(3)是方程组(1)的解.

综上所述，当方程组(1)的系数行列式 $D\neq 0$ 时，有且仅有唯一解为

$$x_j=\frac{D_j}{D} \qquad (j=1, 2, \cdots, n).$$

注意 用克拉默法则解线性方程组有两个前提条件：一是未知量个数等于方程的个数；二是系数行列式 $D\neq 0$.

说明 用克拉默法则解 n 元线性方程组，需要计算 $n+1$ 个 n 阶行列式，计算量很大，实际使用中一般不用克拉默法则求解线性方程组. 但是克拉默法则在理论上相当重要，因为它告诉我们，当方程组(1)的系数行列式 $D\neq 0$ 时，方程组存在唯一解，这表明可以直接从原方程组的系数来讨论解的情况；又从式(3)可直接看到，方程组(1)的唯一解与它们系数、常数项的依赖关系；此外，克拉默法则还可以用于一般线性方程组的讨论.

例 1 解线性方程组

$$\begin{cases}x_1+x_2+x_3=5,\\2x_1+x_2-x_3+x_4=1,\\x_1+2x_2-x_3+x_4=2,\\x_2+2x_3+3x_4=3.\end{cases}$$

解 因为

$$D=\begin{vmatrix}1&1&1&0\\2&1&-1&1\\1&2&-1&1\\0&1&2&3\end{vmatrix}=\begin{vmatrix}1&1&1&0\\0&-1&-3&1\\0&1&-2&1\\0&0&4&2\end{vmatrix}$$

$$=2\begin{vmatrix}1&1&1&0\\0&-1&-3&1\\0&0&-5&2\\0&0&2&1\end{vmatrix}=2\begin{vmatrix}1&1\\0&-1\end{vmatrix}\begin{vmatrix}-5&2\\2&1\end{vmatrix}=18\neq 0,$$

所以方程组有唯一解.又因为

$$D_1=\begin{vmatrix}5&1&1&0\\1&1&-1&1\\2&2&-1&1\\3&1&2&3\end{vmatrix}=18,\quad D_2=\begin{vmatrix}1&5&1&0\\2&1&-1&1\\1&2&-1&1\\0&3&2&3\end{vmatrix}=36,$$

$$D_3=\begin{vmatrix}1&1&5&0\\2&1&1&1\\1&2&2&1\\0&1&3&3\end{vmatrix}=36,\quad D_4=\begin{vmatrix}1&1&1&5\\2&1&-1&1\\1&2&-1&2\\0&1&2&3\end{vmatrix}=-18,$$

则 $$x_1=\frac{D_1}{D}=1,\quad x_2=\frac{D_2}{D}=2,\quad x_3=\frac{D_3}{D}=2,\quad x_4=\frac{D_4}{D}=-1.$$

1.4.2 齐次线性方程组有非零解的充要条件

如果线性方程组(1)的常数项均为零,则

$$\begin{cases}a_{11}x_1+a_{12}x_2+\cdots+a_{1n}x_n=0,\\a_{21}x_1+a_{22}x_2+\cdots+a_{2n}x_n=0,\\\qquad\vdots\\a_{n1}x_1+a_{n2}x_2+\cdots+a_{nn}x_n=0\end{cases}\tag{5}$$

称为**齐次线性方程组**.

定理 2 如果齐次线性方程组(5)的系数行列式 $D\neq 0$,则它仅有零解.

证明 因为 $D\neq 0$,根据克拉默法则,齐次线性方程组(5)有唯一解为

$$x_j=\frac{D_j}{D}\quad(j=1,\ 2,\ \cdots,\ n).$$

又由于行列式 D_j($j=1, 2, \cdots, n$)中某一列的元素全为零，即 $D_j=0$($j=1, 2, \cdots, n$)，所以齐次线性方程组(5)仅有零解，即

$$x_j=0 \quad (j=1, 2, \cdots, n).$$

显然，齐次线性方程组(5)一定有零解 $x_j=0$($j=1, 2, \cdots, n$). 对于齐次线性方程组除零解外是否还有非零解，可由以下定理判定.

定理 3　如果齐次线性方程组(5)有非零解，则其系数行列式 $D=0$.

定理 4　如果齐次线性方程组(5)的系数行列式 $D=0$，则齐次线性方程组(5)有非零解.

于是得到**重要结论**：齐次线性方程组(5)有非零解的充要条件是其系数行列式 $D=0$.

例 2　解齐次线性方程组

$$\begin{cases} x_1+3x_2+2x_3=0, \\ 2x_1-x_2+3x_3=0, \\ 3x_1+2x_2-x_3=0. \end{cases}$$

解　因为系数行列式

$$D=\begin{vmatrix} 1 & 3 & 2 \\ 2 & -1 & 3 \\ 3 & 2 & -1 \end{vmatrix}=42\neq 0,$$

所以该齐次线性方程组只有零解，即 $x_1=x_2=x_3=0$.

例 3　如果下列齐次线性方程组有非零解，k 应取何值？

$$\begin{cases} kx_1 + x_4=0, \\ x_1+2x_2 - x_4=0, \\ (k+2)x_1-x_2 +4x_4=0, \\ 2x_1+x_2+3x_3+kx_4=0. \end{cases}$$

解　$$D=\begin{vmatrix} k & 0 & 0 & 1 \\ 1 & 2 & 0 & -1 \\ k+2 & -1 & 0 & 4 \\ 2 & 1 & 3 & k \end{vmatrix}=-3\begin{vmatrix} k & 0 & 1 \\ 1 & 2 & -1 \\ k+2 & -1 & 4 \end{vmatrix}$$

$$=-3\begin{vmatrix} k & 0 & 1 \\ 2k+5 & 0 & 7 \\ k+2 & -1 & 4 \end{vmatrix}=-3\begin{vmatrix} k & 1 \\ 2k+5 & 7 \end{vmatrix}$$

$$=-3(7k-2k-5)=15(1-k).$$

如果齐次线性方程组有非零解,则 $D=0$,即 $k=1$.

例 4 求过三点$(1, 1)$,$(-1, 9)$,$(2, 3)$且对称轴平行于 y 轴的抛物线方程.

解 设所求抛物线方程为 $y=ax^2+bx+c$.

将三点坐标分别代入所设方程,得三元一次方程组

$$\begin{cases} a+b+c=1, \\ a-b+c=9, \\ 4a+2b+c=3. \end{cases}$$

解之,因 $D=\begin{vmatrix} 1 & 1 & 1 \\ 1 & -1 & 1 \\ 4 & 2 & 1 \end{vmatrix}=\begin{vmatrix} 1 & 1 & 1 \\ 0 & -2 & 0 \\ 0 & -2 & -3 \end{vmatrix}=6\neq 0$. 由克拉默法则得

$$D_1=\begin{vmatrix} 1 & 1 & 1 \\ 9 & -1 & 1 \\ 3 & 2 & 1 \end{vmatrix}=\begin{vmatrix} 1 & 1 & 1 \\ 0 & -7 & -2 \\ 0 & -1 & -2 \end{vmatrix}=12,$$

$$D_2=\begin{vmatrix} 1 & 1 & 1 \\ 1 & 9 & 1 \\ 4 & 3 & 1 \end{vmatrix}=\begin{vmatrix} 1 & 1 & 1 \\ 0 & 8 & 0 \\ 0 & -1 & -3 \end{vmatrix}=-24,$$

$$D_3=\begin{vmatrix} 1 & 1 & 1 \\ 1 & -1 & 9 \\ 4 & 2 & 3 \end{vmatrix}=\begin{vmatrix} 1 & 1 & 1 \\ 0 & -2 & 8 \\ 0 & -2 & -1 \end{vmatrix}=18.$$

所以
$$a=\frac{D_1}{D}=2,\quad b=\frac{D_2}{D}=-4,\quad c=\frac{D_3}{D}=3.$$

所求抛物线方程为 $y=2x^2-4x+3$.

习 题 1.4

1. 解下列线性方程组.

(1) $\begin{cases} -2x_1+3x_2-x_3=1, \\ x_1+2x_2-x_3=4, \\ -2x_1-x_2+x_3=-3; \end{cases}$

(2) $\begin{cases} x_1+ax_2+a^2x_3=1, \\ x_1+bx_2+b^2x_3=1, \\ x_1+cx_2+c^2x_3=1; \end{cases}$

(3) $\begin{cases} x_1+x_2+2x_3+3x_4=1, \\ 3x_1-x_2-x_3-2x_4=-4, \\ 2x_1+3x_2-x_3-x_4=-6, \\ x_1+2x_2+3x_3-x_4=-4. \end{cases}$

2. 下列方程组均有非零解，求 λ 的值.

(1) $\begin{cases} \lambda x_1+x_2+x_3=0, \\ x_1+\lambda x_2+x_3=0, \\ x_1+x_2+\lambda x_3=0; \end{cases}$　　(2) $\begin{cases} (1-\lambda)x_1-2x_2+4x_3=0, \\ 2x_1+(3-\lambda)x_2+x_3=0, \\ x_1+x_2+(1-\lambda)x_3=0. \end{cases}$

自 测 题 1

1. 计算下列行列式.

(1) $\begin{vmatrix} 1 & -2 & 5 & 0 \\ -2 & 3 & -8 & -1 \\ 3 & 1 & -2 & 4 \\ 1 & 4 & 2 & -5 \end{vmatrix}$;　　(2) $\begin{vmatrix} 0 & a & b & a \\ a & 0 & a & b \\ b & a & 0 & a \\ a & b & a & 0 \end{vmatrix}$;

(3) $\begin{vmatrix} 3 & 4 & 5 & 6 \\ 2 & 5 & 5 & 6 \\ 2 & 4 & 6 & 6 \\ 2 & 4 & 5 & 7 \end{vmatrix}$;　　(4) $\begin{vmatrix} 7 & 6 & 3 & 7 \\ 3 & 5 & 7 & 2 \\ 5 & 4 & 3 & 5 \\ 5 & 6 & 5 & 4 \end{vmatrix}$;

(5) $\begin{vmatrix} 103 & 100 & 204 \\ 199 & 200 & 395 \\ 301 & 300 & 600 \end{vmatrix}$;　　(6) $\begin{vmatrix} 2 & 1 & -5 & 1 \\ 1 & -3 & 0 & -6 \\ 0 & 2 & -1 & 2 \\ 1 & 4 & -7 & 6 \end{vmatrix}$.

2. 已知函数 $f(x)=\begin{vmatrix} 2x & 1 & 1 \\ -x & -x & x \\ 1 & 2 & x \end{vmatrix}$，求 x^3 的系数.

3. 设 $D=\begin{vmatrix} 3 & -5 & 2 & 1 \\ 1 & 1 & 0 & -5 \\ -1 & 3 & 1 & 3 \\ 2 & -4 & -1 & -3 \end{vmatrix}$，$D$ 中的元素 a_{ij} 的代数余子式和余子式依次记为 A_{ij} 和 M_{ij}，计算 $A_{11}+A_{12}+A_{13}+A_{14}$ 和 $M_{41}+M_{42}+M_{43}+M_{44}$.

4. 用克拉默法则求解下列方程组.

(1) $\begin{cases} x+\quad y+\quad z=a+b+c, \\ ax+\ by+\ cz=a^2+b^2+c^2, \\ bcx+cay+abz=3abc; \end{cases}$ (2) $\begin{cases} x_1+\ x_2+\ x_3+\ \ x_4=5, \\ x_1+2x_2-\ x_3+\ \ x_4=-2, \\ 2x_1-3x_2-\ x_3-\ 5x_4=-2, \\ 3x_1+\ x_2+2x_3+11x_4=0. \end{cases}$

5. 如果$\begin{cases} 3x_1+kx_2+x_3=0, \\ \qquad 4x_2+x_3=0, \\ kx_1-5x_2-x_3=0 \end{cases}$有非零解,求 k 的值.

6. 如果$\begin{cases} kx_1\qquad +x_3=0, \\ 2x_1+kx_2+x_3=0, \\ kx_1-2x_2+x_3=0 \end{cases}$只有零解,求 k 的值.

7. 设曲线 $y=k_0+k_1x+k_2x^2+k_3x^3$ 通过 4 个点(1,3),(2,4),(3,3),(4,−3),求曲线的方程.

第 2 章　矩　阵

在第 1 章可以看到，一个 n 元线性方程组的解由其中的系数和常数项所确定. 对于方程的个数等于未知量的个数的线性方程组，当系数行列式 $D \neq 0$ 时，可利用行列式解线性方程组. 对于方程个数不等于未知量个数的一般线性方程，或系数行列式 $D=0$ 的线性方程组，只利用行列式这个工具就不够了，为此要引进矩阵的概念.

矩阵在线性代数中既是重要的研究对象，又是重要的计算工具，它贯穿于线性代数的各个方面.

2.1 矩阵的概念

为了进一步研究线性方程组的结构，我们把 n 元线性方程组

$$\begin{cases} a_{11}x_1 + a_{12}x_2 + \cdots + a_{1n}x_n = b_1, \\ a_{21}x_1 + a_{22}x_2 + \cdots + a_{2n}x_n = b_2, \\ \qquad\qquad \vdots \\ a_{m1}x_1 + a_{m2}x_2 + \cdots + a_{mn}x_n = b_m \end{cases}$$

的系数写成如下形式的一个 m 行 n 列的数表：

$$\begin{pmatrix} a_{11} & a_{12} & \cdots & a_{1n} \\ a_{21} & a_{22} & \cdots & a_{2n} \\ \vdots & \vdots & & \vdots \\ a_{m1} & a_{m2} & \cdots & a_{mn} \end{pmatrix}. \tag{1}$$

注意　数表两边是圆括号，与行列式的竖线不同. 同样也可把方程组的右端的常数项写成如下的形式：

$$\begin{pmatrix} b_1 \\ b_2 \\ \vdots \\ b_m \end{pmatrix}, \tag{2}$$

这是一个 m 行一列的数表.

表 2-1 记录着某公司 1—3 月份各项物品的库存量.

表 2-1　某公司 1—3 月份各项物品的库存量　　单位:t

月份	库存量				
	＃1	＃2	＃3	＃4	＃5
1	201	0	24	72	14
2	316	41	26	65	3
3	224	31	23	49	0

表 2-1 中库存量的数值也可以写成如下形式:

$$\begin{pmatrix} 201 & 0 & 24 & 72 & 14 \\ 316 & 41 & 26 & 65 & 3 \\ 224 & 31 & 23 & 49 & 0 \end{pmatrix}. \tag{3}$$

显然,上面所列举的三个数表,其中各个元素或数是不能互换位置的,因为每个位置的内涵不同. 抛开数表的具体含义,抽象成数学概念,称这种数表为矩阵.

2.1.1　矩阵的概念

定义 1　由 $m \times n$ 个数 a_{ij} $(i=1, 2, \cdots, m;\ j=1, 2, \cdots, n)$ 按一定的次序排成 m 行 n 列的数表

$$\begin{pmatrix} a_{11} & a_{12} & \cdots & a_{1n} \\ a_{21} & a_{22} & \cdots & a_{2n} \\ \vdots & \vdots & & \vdots \\ a_{m1} & a_{m2} & \cdots & a_{mn} \end{pmatrix}$$

称为 ***m* 行 *n* 列矩阵**,或称为 ***m*×*n* 矩阵**(简称**矩阵**). 其中 a_{ij} $(i=1, 2, \cdots, m;\ j=1, 2, \cdots, n)$ 称为矩阵的**元素**,第一个下标 i 表示元素所在的行,第二个下标 j 表示元素所在的列. 一般用大写字母 $\boldsymbol{A}, \boldsymbol{B}, \boldsymbol{C}, \cdots$ 表示矩阵. 为了标明矩阵行和列的

个数，可把矩阵表示为 $\boldsymbol{A}_{m\times n}$，$\boldsymbol{B}_{m\times n}$，…，或者 $(a_{ij})_{m\times n}$，$(b_{ij})_{m\times n}$，….

当 $m=n$ 时，则 $\boldsymbol{A}=(a_{ij})_{n\times n}$ 称为 n 阶**方阵**，其从左上角到右下角对角线上的元素 a_{11}，a_{22}，…，a_{ii}，…，a_{nn} 称为**主对角线元素**.

如果 $\boldsymbol{A}$，$\boldsymbol{B}$ 都是 $m\times n$ 矩阵或同是 n 阶方阵，则称 $\boldsymbol{A}$ 与 $\boldsymbol{B}$ 是**同型**的.

从外表上看，行列式似乎也是一个"数表"，可是按行列式的定义，它仅仅是将元素按一定规则相乘相加而为一个数，并不是数表. 行列式与矩阵是两个不同的概念，应严加区别.

当 $n=1$ 时，$\boldsymbol{A}=\begin{pmatrix}a_1\\a_2\\\vdots\\a_m\end{pmatrix}$ 称为**列矩阵**，或称为**列矢量**（m 维**列矢量**）；

当 $m=1$ 时，$\boldsymbol{A}=(a_1, a_2, \cdots, a_n)$ 称为**行矩阵**或**行矢量**（n 维**行矢量**）.

它们中的元素 $a_i(i=1, 2, \cdots, n)$ 有时又称为**分量**. 后者就是空间解析几何中以坐标原点为起点的矢量 (a_x, a_y, a_z) 的推广.

2.1.2 几种特殊形式的矩阵

在一个矩阵中出现零元素，常常能简化对矩阵的处理和研究. 具有某些特定的零元素分布的矩阵是十分重要的，它们有一些专门的名称.

1. 零矩阵

元素全为零，即 $a_{ij}=0\ (i=1, 2, \cdots, m;\ j=1, 2, \cdots, n)$ 的矩阵称为**零矩阵**，记作 $\boldsymbol{O}$.

2. 对角形矩阵

如果一个 n 阶方阵的非主对角线元素全部为零，即

$$a_{ij}=0\quad(i\neq j),$$

则称这个 n 阶方阵为**对角形矩阵**，简称**对角阵**，记为 $\boldsymbol{\Lambda}$. 对角阵一般表示为

$$\boldsymbol{\Lambda}=\begin{pmatrix}a_{11} & & & \\ & a_{22} & & \\ & & \ddots & \\ & & & a_{nn}\end{pmatrix},$$

简记为 $\boldsymbol{\Lambda}=\mathrm{diag}(a_{11}, a_{22}, \cdots, a_{nn})$. 例如，

$$\boldsymbol{\Lambda}=\begin{pmatrix}3 & 0 & 0\\ 0 & -5 & 0\\ 0 & 0 & 2\end{pmatrix},\quad 记为\boldsymbol{\Lambda}=\mathrm{diag}(3,-5,2);$$

$$\boldsymbol{\Lambda}=\begin{pmatrix}a & 0 & 0\\ 0 & 0 & 0\\ 0 & 0 & b\end{pmatrix},\quad 记为\boldsymbol{\Lambda}=\mathrm{diag}(a,0,b).$$

注意 记号 diag(　　)表示对角方阵，切勿看成矢量.

3. 单位阵

对角形矩阵中最重要的一种是其主对角线元素都是 1 的**单位阵**，记为 $\boldsymbol{E}$(有的书上记为 $\boldsymbol{I}$)，即

$$\boldsymbol{E}=\begin{pmatrix}1 & 0 & \cdots & 0\\ 0 & 1 & \cdots & 0\\ \vdots & \vdots & & \vdots\\ 0 & 0 & \cdots & 1\end{pmatrix}.$$

有时为了说明其阶数，把 n 阶单位阵记作 $\boldsymbol{E}_n$. 例如，

$$\boldsymbol{E}_2=\begin{pmatrix}1 & 0\\ 0 & 1\end{pmatrix},\quad \boldsymbol{E}_3=\begin{pmatrix}1 & 0 & 0\\ 0 & 1 & 0\\ 0 & 0 & 1\end{pmatrix},\quad \boldsymbol{E}_4=\begin{pmatrix}1 & 0 & 0 & 0\\ 0 & 1 & 0 & 0\\ 0 & 0 & 1 & 0\\ 0 & 0 & 0 & 1\end{pmatrix}$$

分别为二阶、三阶和四阶单位阵. 单位阵在矩阵运算中的作用相当于数 1 在数的运算中的作用.

4. 三角阵

在 n 阶方阵中，如果主对角阵左下方元素全为零，即

$$a_{ij}=0\quad(i>j;\ j=1,2,\cdots,n-1),$$

则称此方阵为**上三角形矩阵**，简称**上三角阵**，其一般形式为

$$\begin{pmatrix}a_{11} & a_{12} & \cdots & a_{1n}\\ 0 & a_{22} & \cdots & a_{2n}\\ \vdots & \vdots & & \vdots\\ 0 & 0 & \cdots & a_{nn}\end{pmatrix},$$

例如 $\begin{pmatrix} 2 & 5 & 1 & 0 \\ 0 & 4 & 2 & 1 \\ 0 & 0 & 0 & 3 \\ 0 & 0 & 0 & -1 \end{pmatrix}$.

若主对角阵右上方元素全为零,即

$$a_{ij}=0 \quad (j>i;\ i=1,\ 2,\ \cdots,\ n-1),$$

则称此方阵为**下三角形矩阵**,简称**下三角阵**,其一般形式为

$$\begin{pmatrix} a_{11} & 0 & \cdots & 0 \\ a_{21} & a_{22} & \cdots & 0 \\ \vdots & \vdots & & \vdots \\ a_{n1} & a_{n2} & \cdots & a_{nn} \end{pmatrix},$$

例如 $\begin{pmatrix} 5 & 0 & 0 & 0 \\ 3 & 7 & 0 & 0 \\ -1 & 0 & 2 & 0 \\ 4 & 6 & -5 & 8 \end{pmatrix}$.

上三角阵和下三角阵统称为**三角阵**.

5. 上阶梯形矩阵

如果在 m 行 n 列矩阵中,其左下方的元素全为零,则称此矩阵为 m 行 n 列上阶梯形矩阵,简称**上阶梯形阵**. 其一般形式为

$$\begin{pmatrix} a_{11} & a_{12} & \cdots & a_{1m} & \cdots & a_{1n} \\ & a_{22} & \cdots & a_{2m} & \cdots & a_{2n} \\ & & \ddots & \vdots & & \vdots \\ & & & a_{mm} & \cdots & a_{mn} \end{pmatrix}, \quad \begin{pmatrix} a_{11} & a_{12} & \cdots & a_{1j} & \cdots & a_{1n} \\ 0 & a_{22} & \cdots & a_{2j} & \cdots & a_{2n} \\ \vdots & \vdots & & \vdots & & \vdots \\ 0 & 0 & \cdots & a_{rj} & \cdots & a_{rn} \\ 0 & 0 & \cdots & 0 & \cdots & 0 \\ \vdots & \vdots & & \vdots & & \vdots \\ 0 & 0 & \cdots & 0 & \cdots & 0 \end{pmatrix}.$$

上阶梯形阵中的非零元素在矩阵的上方形成一个梯形.

上阶梯形矩阵基本上都具有下列特点.

(1) 每个“阶梯”上仅有一行;

(2) 它的任一行从第一个元素起到该行的第一个非零元素的左下方的每个元素都为零;

(3) 如果某行的元素全为零,则该行以下每行的元素也全为零.

例如,$\boldsymbol{A}=\begin{pmatrix}1 & -2 & -1 & 3 & 2\\ 0 & 3 & 5 & 7 & 6\\ 0 & 0 & 4 & 2 & 1\\ 0 & 0 & 0 & 5 & 3\end{pmatrix}$, $\boldsymbol{B}=\begin{pmatrix}2 & 3 & 4 & 2 & 5\\ 0 & 7 & 6 & 5 & 2\\ 0 & 0 & 0 & 4 & 3\\ 0 & 0 & 0 & 0 & 0\end{pmatrix}$ 均为上阶梯形矩阵.

显然,上三角阵是上阶梯形矩阵的特殊情形.

注意 在阶梯形矩阵中,

$$\begin{pmatrix}1 & 0 & 0 & \cdots & 0 & a_{1r+1} & \cdots & a_{1n}\\ 0 & 1 & 0 & \cdots & 0 & a_{2r+1} & \cdots & a_{2n}\\ & & \ddots & & & \vdots & & \vdots\\ 0 & 0 & 0 & \cdots & 1 & a_{rr+1} & \cdots & a_{rn}\\ 0 & 0 & 0 & \cdots & 0 & \cdots & 0 & 0\\ 0 & \cdots & 0 & \cdots & 0 & \cdots & \cdots & \cdots\\ 0 & 0 & 0 & \cdots & 0 & \cdots & 0 & 0\end{pmatrix}$$

称为**最简行阶梯形矩阵**.

最简行阶梯形矩阵的特点除了上阶梯形矩阵的特点外,还有一个特点是:每个非零行上至少有一个元素为 1,并且这个 1 所在列的其他元素均为零.例如,

$$\boldsymbol{A}=\begin{pmatrix}1 & 0 & 3 & 0 & 7\\ 0 & 1 & 4 & 0 & 5\\ 0 & 0 & 0 & 1 & 2\\ 0 & 0 & 0 & 0 & 0\end{pmatrix},\quad \boldsymbol{B}=\begin{pmatrix}1 & 0 & 5 & 0 & 4\\ 0 & 1 & 2 & 0 & 1\\ 0 & 0 & 3 & 1 & 5\\ 0 & 0 & 0 & 0 & 0\end{pmatrix}$$

均为最简行阶梯形矩阵.

2.1.3 负矩阵

定义 2 若

$$\boldsymbol{A}=\begin{pmatrix}a_{11} & a_{12} & \cdots & a_{1n}\\ a_{21} & a_{22} & \cdots & a_{2n}\\ \vdots & \vdots & & \vdots\\ a_{m1} & a_{m2} & \cdots & a_{mn}\end{pmatrix},$$

则称矩阵

$$\begin{pmatrix} -a_{11} & -a_{12} & \cdots & -a_{1n} \\ -a_{21} & -a_{22} & \cdots & -a_{2n} \\ \vdots & \vdots & & \vdots \\ -a_{m1} & -a_{m2} & \cdots & -a_{mn} \end{pmatrix}$$

为 $\boldsymbol{A}$ 的**负矩阵**,记为$-\boldsymbol{A}$,即 $-\boldsymbol{A}=(-a_{ij})_{m\times n}$.

注意 $\boldsymbol{A}$ 的每一个元素均变号才得到$-\boldsymbol{A}$.

2.1.4 矩阵相等

定义 3 若两个同型矩阵 $\boldsymbol{A}=(a_{ij})_{m\times n}$, $\boldsymbol{B}=(b_{ij})_{m\times n}$ 对应位置上的元素相等,即

$$a_{ij}=b_{ij}\quad (i=1, 2, \cdots, m; j=1, 2, \cdots, n),$$

则称矩阵 $\boldsymbol{A}$ 与矩阵 $\boldsymbol{B}$ **相等**,记为 $\boldsymbol{A}=\boldsymbol{B}$.

注意 只有两个行数、列数均相等的同型矩阵,才有可能相等.

例 1 求 a, b, c,使

$$\begin{pmatrix} a & 2 & 5b \\ 1 & b-c & 3 \end{pmatrix}=\begin{pmatrix} 3 & 2 & -5 \\ 1 & 0 & 3 \end{pmatrix}.$$

解 由两个矩阵相等的定义,有

$$a=3, \quad 5b=-5, \quad b-c=0,$$

得 $a=3, b=-1, c=-1$.

2.1.5 矩阵的转置

定义 4 若把 m 行 n 列矩阵

$$\boldsymbol{A}=\begin{pmatrix} a_{11} & a_{12} & \cdots & a_{1n} \\ a_{21} & a_{22} & \cdots & a_{2n} \\ \vdots & \vdots & & \vdots \\ a_{m1} & a_{m2} & \cdots & a_{mn} \end{pmatrix}$$

的行依次变为列,便得到 n 行 m 列矩阵

$$\boldsymbol{A}^{\mathrm{T}}=\begin{pmatrix} a_{11} & a_{21} & \cdots & a_{m1} \\ a_{12} & a_{22} & \cdots & a_{m2} \\ \vdots & \vdots & & \vdots \\ a_{1n} & a_{2n} & \cdots & a_{mn} \end{pmatrix},$$

则称 $\boldsymbol{A}^{\mathrm{T}}$ 为 $\boldsymbol{A}$ 的**转置矩阵**.

注意 在一般情况下 $\boldsymbol{A} \neq \boldsymbol{A}^{\mathrm{T}}$. 例如,

$$\boldsymbol{A}=\begin{pmatrix}3 & 5\\ 2 & -4\\ -1 & 0\end{pmatrix},\quad \boldsymbol{A}^{\mathrm{T}}=\begin{pmatrix}3 & 2 & -1\\ 5 & -4 & 0\end{pmatrix}.$$

显然, $(\boldsymbol{A}^{\mathrm{T}})^{\mathrm{T}}=\boldsymbol{A}$.

2.1.6 对称矩阵

定义 5 如果方阵 $\boldsymbol{A}$ 与其转置矩阵相等,即 $\boldsymbol{A}=\boldsymbol{A}^{\mathrm{T}}$,则称 $\boldsymbol{A}$ 为**对称矩阵**. 这种矩阵的元素具有以下特点:

$$a_{ij}=a_{ji}\quad (i,\ j=1,\ 2,\ \cdots,\ n),$$

即对称矩阵的元素关于主对角线是对称的.

注意 对称矩阵的行数与列数必须相等,即对称矩阵必须是方阵. 例如,

$$\boldsymbol{A}=\begin{pmatrix}2 & -5 & 6 & 7\\ -5 & 3 & 4 & 1\\ 6 & 4 & 0 & 8\\ 7 & 1 & 8 & -1\end{pmatrix}$$

为四阶对称矩阵.

例 2 举例说明方阵 $\boldsymbol{A}$, $\boldsymbol{B}$ 是同阶对称矩阵,但 $\boldsymbol{AB}$ 不是对称矩阵.

解 设 $\boldsymbol{A}=\begin{pmatrix}1 & 3\\ 3 & 2\end{pmatrix}$, $\boldsymbol{B}=\begin{pmatrix}1 & 2\\ 2 & 3\end{pmatrix}$, 显然 $\boldsymbol{A}$, $\boldsymbol{B}$ 都是对称矩阵,但 $\boldsymbol{AB}=\begin{pmatrix}7 & 11\\ 7 & 12\end{pmatrix}$ 不是对称矩阵.

可以证明,若方阵 $\boldsymbol{A}$ 与 $\boldsymbol{B}$ 是同阶对称矩阵,k 是一个实数,则 $\boldsymbol{A}+\boldsymbol{B}$, $\boldsymbol{A}-\boldsymbol{B}$, $k\boldsymbol{A}$ 仍是对称矩阵.

2.1.7 非奇异矩阵

1. 矩阵行列式

矩阵和行列式是两个不同的概念,但是当给定了一个 n 阶方阵 $\boldsymbol{A}$ 时,可以按 $\boldsymbol{A}$ 的元素的原有位置作出一个 n 阶行列式,记为 $|\boldsymbol{A}|$ 或 $\det \boldsymbol{A}$,称 $|\boldsymbol{A}|$ 为**方阵 $\boldsymbol{A}$ 的行列式**. 设 $\boldsymbol{A}$ 为 n 阶方阵

$$A=\begin{pmatrix} a_{11} & a_{12} & \cdots & a_{1n} \\ a_{21} & a_{22} & \cdots & a_{2n} \\ \vdots & \vdots & & \vdots \\ a_{n1} & a_{n2} & \cdots & a_{nn} \end{pmatrix},$$

即称 n 阶行列式

$$|A|=\begin{vmatrix} a_{11} & a_{12} & \cdots & a_{1n} \\ a_{21} & a_{22} & \cdots & a_{2n} \\ \vdots & \vdots & & \vdots \\ a_{n1} & a_{n2} & \cdots & a_{nn} \end{vmatrix}$$

为方阵 A 的行列式.

例如,$A=\begin{pmatrix} 1 & 4 \\ 3 & 2 \end{pmatrix}$ 对应的行列式为 $|A|=\begin{vmatrix} 1 & 4 \\ 3 & 2 \end{vmatrix}=-10$,

$$|E_n|=\begin{vmatrix} 1 & 0 & \cdots & 0 \\ 0 & 1 & \cdots & 0 \\ \vdots & \vdots & & \vdots \\ 0 & 0 & \cdots & 1 \end{vmatrix}=1.$$

当 A 为 n 阶方阵时,则有 $|A^{\mathrm{T}}|=|A|$.

2. 非奇异矩阵

定义 6 设方阵 A,当 $|A|\neq 0$ 时,称 A 为**非奇异矩阵**(又称**非退化矩阵**或**满秩矩阵**);当 $|A|=0$ 时,称 A 为**奇异矩阵**(又称**退化矩阵**或**降秩矩阵**).

例如,单位阵 E_n 是非奇异的,因为 $|E_n|=1$,而矩阵

$$A=\begin{pmatrix} 2 & & & \\ & 3 & & \\ & & 0 & \\ & & & 7 \end{pmatrix}$$

是奇异的,因为 $|A|=0$.

习 题 2.1

1. 求 a, b, c, d,使

$$\begin{pmatrix} 3 & 2c+d \\ a-b & 4 \end{pmatrix} = \begin{pmatrix} a+b & 5 \\ 1 & c-d \end{pmatrix}.$$

2. 写出下列矩阵的转置矩阵.

(1) $\boldsymbol{A}=\begin{pmatrix} 4 & 0 & 1 \\ 1 & 3 & 0 \\ 5 & 7 & 6 \end{pmatrix}$； (2) $\boldsymbol{B}=\begin{pmatrix} 1 & 7 & 8 & 2 \\ 6 & 9 & 4 & 5 \\ 7 & 7 & 5 & 3 \end{pmatrix}$；

(3) $\boldsymbol{\alpha}=(2, 0, -1, 8)$； (4) $\boldsymbol{\beta}=\begin{pmatrix} 8 \\ 2 \\ -3 \\ 4 \end{pmatrix}$.

3. 判断下列矩阵是否为对称矩阵.

(1) $\boldsymbol{A}=\begin{pmatrix} a & d & e \\ d & b & f \\ e & f & c \end{pmatrix}$； (2) $\boldsymbol{B}=\begin{pmatrix} 1 & 3 & 4 & 5 \\ 2 & 1 & 5 & 3 \\ 3 & 3 & 7 & 3 \end{pmatrix}$.

4. 判断下列矩阵是否为非奇异矩阵.

(1) $\boldsymbol{A}=\begin{pmatrix} 0 & 1 & 2 \\ 3 & 0 & 3 \\ 2 & 1 & 0 \end{pmatrix}$； (2) $\boldsymbol{B}=\begin{pmatrix} 1 & 1 & 1 & 1 \\ 1 & -1 & 1 & -1 \\ 1 & 1 & 1 & 1 \\ 2 & 3 & 4 & 3 \end{pmatrix}$； (3) $\boldsymbol{C}=\begin{pmatrix} 1 & 2 & 3 & 5 \\ 3 & 5 & 2 & 1 \\ 4 & 7 & 6 & 8 \end{pmatrix}$.

2.2 矩阵的运算

引例 设某企业有两个仓库,它们的库存量分别用矩阵表示为

$$\boldsymbol{A}=\begin{pmatrix} 201 & 0 & 24 & 72 & 14 \\ 316 & 41 & 26 & 65 & 3 \\ 224 & 31 & 23 & 49 & 0 \end{pmatrix}, \quad \boldsymbol{B}=\begin{pmatrix} 123 & 20 & 9 & 62 & 2 \\ 100 & 28 & 17 & 55 & 8 \\ 205 & 26 & 21 & 39 & 4 \end{pmatrix}.$$

求该企业的总库存量表.

该企业的总库存量显然就是两个仓库库存量之和,其总库存量表示为

$$\boldsymbol{C}=\begin{pmatrix} 201+123 & 0+20 & 24+9 & 72+62 & 14+2 \\ 316+100 & 41+28 & 26+17 & 65+55 & 3+8 \\ 224+205 & 31+26 & 23+21 & 49+39 & 0+4 \end{pmatrix}$$

$$= \begin{pmatrix} 324 & 20 & 33 & 134 & 16 \\ 416 & 69 & 43 & 120 & 11 \\ 429 & 57 & 44 & 88 & 4 \end{pmatrix}.$$

2.2.1 矩阵的加法

定义 1 设 $\boldsymbol{A}$, $\boldsymbol{B}$ 为 m 行 n 列的同型矩阵

$$\boldsymbol{A} = \begin{pmatrix} a_{11} & a_{12} & \cdots & a_{1n} \\ a_{21} & a_{22} & \cdots & a_{2n} \\ \vdots & \vdots & & \vdots \\ a_{m1} & a_{m2} & \cdots & a_{mn} \end{pmatrix}, \quad \boldsymbol{B} = \begin{pmatrix} b_{11} & b_{12} & \cdots & b_{1n} \\ b_{21} & b_{22} & \cdots & b_{2n} \\ \vdots & \vdots & & \vdots \\ b_{m1} & b_{m2} & \cdots & b_{mn} \end{pmatrix},$$

则以 $m \times n$ 个元素 $a_{ij} + b_{ij}$ $(i = 1, 2, \cdots, m;\ j = 1, 2, \cdots, n)$ 所构成的矩阵称为 $\boldsymbol{A}$ 与 $\boldsymbol{B}$ 之和，记为 $\boldsymbol{A} + \boldsymbol{B}$，即

$$\boldsymbol{A} + \boldsymbol{B} = \begin{pmatrix} a_{11} + b_{11} & a_{12} + b_{12} & \cdots & a_{1n} + b_{1n} \\ a_{21} + b_{21} & a_{22} + b_{22} & \cdots & a_{2n} + b_{2n} \\ \vdots & \vdots & & \vdots \\ a_{m1} + b_{m1} & a_{m2} + b_{m2} & \cdots & a_{mn} + b_{mn} \end{pmatrix}.$$

注意 只有当 $\boldsymbol{A}$ 与 $\boldsymbol{B}$ 的行数和列数对应相等时才能相加，否则不能相加. 特别地，有

$$\begin{pmatrix} a_1 & & & \\ & a_2 & & \\ & & \ddots & \\ & & & a_n \end{pmatrix} + \begin{pmatrix} b_1 & & & \\ & b_2 & & \\ & & \ddots & \\ & & & b_n \end{pmatrix} = \begin{pmatrix} a_1 + b_1 & & & \\ & a_2 + b_2 & & \\ & & \ddots & \\ & & & a_n + b_n \end{pmatrix}.$$

例 1 将两种物资由 3 个产地运往 4 个销地的调运方案分别见表 2-2 和表 2-3.

表 2-2 物资一的调运方案 单位：t

产地	销地			
	A_1	A_2	A_3	A_4
B_1	3	7	5	2
B_2	0	2	1	4
B_3	1	3	0	6

表 2-3　　**物资二的调运方案**　　单位：t

产地	销地			
	A_1	A_2	A_3	A_4
B_1	1	0	1	2
B_2	3	2	4	3
B_3	0	1	5	2

用矩阵 $\boldsymbol{A}$ 表示物资一的调运方案为

$$\boldsymbol{A}=\begin{pmatrix}3&7&5&2\\0&2&1&4\\1&3&0&6\end{pmatrix}.$$

用矩阵 $\boldsymbol{B}$ 表示物资二的调运方案为

$$\boldsymbol{B}=\begin{pmatrix}1&0&1&2\\3&2&4&3\\0&1&5&2\end{pmatrix}.$$

则各产地运往各销地两种物资的总运量的矩阵表示为

$$\boldsymbol{A}+\boldsymbol{B}=\begin{pmatrix}3+1&7+0&5+1&2+2\\0+3&2+2&1+4&4+3\\1+0&3+1&0+5&6+2\end{pmatrix}=\begin{pmatrix}4&7&6&4\\3&4&5&7\\1&4&5&8\end{pmatrix}.$$

根据定义 1,可以得到如下结论:

(1) 对任一矩阵 $\boldsymbol{A}$ 与同型零矩阵 $\boldsymbol{O}$,有

$$\boldsymbol{A}+\boldsymbol{O}=\boldsymbol{A}=\boldsymbol{O}+\boldsymbol{A}.$$

例如,$\begin{pmatrix}4&5&7\\2&3&6\end{pmatrix}+\begin{pmatrix}0&0&0\\0&0&0\end{pmatrix}=\begin{pmatrix}4&5&7\\2&3&6\end{pmatrix}=\begin{pmatrix}0&0&0\\0&0&0\end{pmatrix}+\begin{pmatrix}4&5&7\\2&3&6\end{pmatrix}$.

由此可见,零矩阵在矩阵加法中的作用相当于数字零在数的加法中的作用.

(2) $\boldsymbol{A}+(-\boldsymbol{A})=(-\boldsymbol{A})+\boldsymbol{A}=\boldsymbol{O}$.

例 2　求 a, b, c, d,使

$$\begin{pmatrix}3a&b\\c&d\end{pmatrix}=\begin{pmatrix}a&6\\-1&2d\end{pmatrix}+\begin{pmatrix}4&a+2b\\3c+d&3\end{pmatrix}.$$

解　根据定义 1,有

$$\begin{pmatrix} 3a & b \\ c & d \end{pmatrix} = \begin{pmatrix} a+4 & 6+a+2b \\ -1+3c+d & 2d+3 \end{pmatrix}.$$

由矩阵相等的定义，有

$$\begin{cases} a+4=3a, \\ a+2b+6=b, \\ 3c+d-1=c, \\ 2d+3=d. \end{cases}$$

解此方程组得 $a=2,\ b=-8,\ c=2,\ d=-3$.

一般地，两个同阶对角阵之和仍为对角阵；两个同阶上(下)三角阵之和仍为上(下)三角阵.

容易验证，若 $\boldsymbol{A},\ \boldsymbol{B},\ \boldsymbol{C}$ 为同型矩阵，则

(1) $\boldsymbol{A}+\boldsymbol{B}=\boldsymbol{B}+\boldsymbol{A}$;

(2) $(\boldsymbol{A}+\boldsymbol{B})+\boldsymbol{C}=\boldsymbol{A}+(\boldsymbol{B}+\boldsymbol{C})$.

定义 2 设 $\boldsymbol{A},\ \boldsymbol{B}$ 为 m 行 n 列的同型矩阵，则称 $\boldsymbol{A}$ 与 $\boldsymbol{B}$ 的负矩阵之和 $\boldsymbol{A}+(-\boldsymbol{B})$ 为 $\boldsymbol{A},\ \boldsymbol{B}$ 之差，记为 $\boldsymbol{A}-\boldsymbol{B}$，即

$$\begin{aligned} \boldsymbol{A}-\boldsymbol{B} &= \boldsymbol{A}+(-\boldsymbol{B}) \\ &= \begin{pmatrix} a_{11} & a_{12} & \cdots & a_{1n} \\ a_{21} & a_{22} & \cdots & a_{2n} \\ \vdots & \vdots & & \vdots \\ a_{m1} & a_{m2} & \cdots & a_{mn} \end{pmatrix} + \begin{pmatrix} -b_{11} & -b_{12} & \cdots & -b_{1n} \\ -b_{21} & -b_{22} & \cdots & -b_{2n} \\ \vdots & \vdots & & \vdots \\ -b_{m1} & -b_{m2} & \cdots & -b_{mn} \end{pmatrix} \\ &= \begin{pmatrix} a_{11}-b_{11} & a_{12}-b_{12} & \cdots & a_{1n}-b_{1n} \\ a_{21}-b_{21} & a_{22}-b_{22} & \cdots & a_{2n}-b_{2n} \\ \vdots & \vdots & & \vdots \\ a_{m1}-b_{m1} & a_{m2}-b_{m2} & \cdots & a_{mn}-b_{mn} \end{pmatrix}. \end{aligned}$$

2.2.2 数与矩阵相乘

定义 3 设 $\boldsymbol{A}$ 为 m 行 n 列矩阵，则

$$\boldsymbol{A} = \begin{pmatrix} a_{11} & a_{12} & \cdots & a_{1n} \\ a_{21} & a_{22} & \cdots & a_{2n} \\ \vdots & \vdots & & \vdots \\ a_{m1} & a_{m2} & \cdots & a_{mn} \end{pmatrix},$$

当 k 为任意实数，则称矩阵

$$\begin{pmatrix} ka_{11} & ka_{12} & \cdots & ka_{1n} \\ ka_{21} & ka_{22} & \cdots & ka_{2n} \\ \vdots & \vdots & & \vdots \\ ka_{m1} & ka_{m2} & \cdots & ka_{mn} \end{pmatrix}$$

为数与矩阵 $\boldsymbol{A}$ 的**数量乘积**，记为 $k\boldsymbol{A}$，即

$$k\boldsymbol{A} = (ka_{ij})_{m\times n}.$$

例如，

$$(-3)\begin{pmatrix} -3 & 2 & 1 \\ 4 & 7 & 5 \end{pmatrix} = \begin{pmatrix} -3\times(-3) & -3\times 2 & -3\times 1 \\ -3\times 4 & -3\times 7 & -3\times 5 \end{pmatrix} = \begin{pmatrix} 9 & -6 & -3 \\ -12 & -21 & -15 \end{pmatrix}.$$

特别地，有

$$k\begin{pmatrix} a_1 & & & \\ & a_2 & & \\ & & \ddots & \\ & & & a_n \end{pmatrix} = \begin{pmatrix} ka_1 & & & \\ & ka_2 & & \\ & & \ddots & \\ & & & ka_n \end{pmatrix}.$$

根据定义 3 可得下列结论：

(1) $1 \cdot \boldsymbol{A} = \boldsymbol{A}$；

(2) $(-1)\boldsymbol{A} = -\boldsymbol{A}$；

(3) $0 \cdot \boldsymbol{A} = \boldsymbol{O}$，其中左端的“0”为数字零，右端的 $\boldsymbol{O}$ 为零矩阵；

(4) $k \cdot \boldsymbol{O} = \boldsymbol{O}$，其中 $\boldsymbol{O}$ 为零矩阵；

(5) 若 $k \cdot \boldsymbol{A} \neq \boldsymbol{O}$，则 $k \neq 0$ 且 $\boldsymbol{A} \neq \boldsymbol{O}$；

(6) 若 $k\boldsymbol{A} = \boldsymbol{O}$，则 $k = 0$ 或 $\boldsymbol{A} = \boldsymbol{O}$；

(7) 若 $\boldsymbol{A}$ 为 n 阶方阵，则 $|k\boldsymbol{A}| = k^n |\boldsymbol{A}|$（$k$ 为任意常数）.

证明(7)　因为

$$|k\boldsymbol{A}| = \begin{vmatrix} ka_{11} & ka_{12} & \cdots & ka_{1n} \\ ka_{21} & ka_{22} & \cdots & ka_{2n} \\ \vdots & \vdots & & \vdots \\ ka_{n1} & ka_{n2} & \cdots & ka_{nn} \end{vmatrix} = k^n |\boldsymbol{A}|.$$

例 3 设 $\boldsymbol{A}$ 是三阶方阵，且 $|\boldsymbol{A}|=-3$，求 $||\boldsymbol{A}|\boldsymbol{A}|$.

解 因为 $\boldsymbol{A}$ 为三阶方阵，设 $\boldsymbol{A}=(a_{ij})_{3\times3}$，则

$$||\boldsymbol{A}|\boldsymbol{A}|=|-3\boldsymbol{A}|=\begin{vmatrix}-3a_{11} & -3a_{12} & -3a_{13}\\ -3a_{21} & -3a_{22} & -3a_{23}\\ -3a_{31} & -3a_{32} & -3a_{33}\end{vmatrix}=(-3)^3\begin{vmatrix}a_{11} & a_{12} & a_{13}\\ a_{21} & a_{22} & a_{23}\\ a_{31} & a_{32} & a_{33}\end{vmatrix}$$

$$=(-27)\times(-3)=81.$$

例 4 $\boldsymbol{A}=\begin{pmatrix}1 & 3\\ 5 & 4\\ 6 & 2\end{pmatrix}$, $\boldsymbol{B}=\begin{pmatrix}-7 & 4\\ 0 & 3\\ 5 & -4\end{pmatrix}$，求 $\boldsymbol{A}-2\boldsymbol{B}$.

解 $$\boldsymbol{A}-2\boldsymbol{B}=\begin{pmatrix}1 & 3\\ 5 & 4\\ 6 & 2\end{pmatrix}-2\begin{pmatrix}-7 & 4\\ 0 & 3\\ 5 & -4\end{pmatrix}$$

$$=\begin{pmatrix}1 & 3\\ 5 & 4\\ 6 & 2\end{pmatrix}-\begin{pmatrix}-14 & 8\\ 0 & 6\\ 10 & -8\end{pmatrix}=\begin{pmatrix}15 & -5\\ 5 & -2\\ -4 & 10\end{pmatrix}.$$

例 5 设 $\boldsymbol{A}=\begin{pmatrix}-2 & 1 & 3\\ 4 & 5 & 0\\ 3 & 2 & 7\end{pmatrix}$, $\boldsymbol{B}=\begin{pmatrix}1 & 4 & 5\\ -6 & -2 & 7\\ 0 & 4 & 3\end{pmatrix}$，若 $3\boldsymbol{A}+\boldsymbol{X}=\boldsymbol{B}$，求矩阵 $\boldsymbol{X}$.

解 **方法 1** 由 $3\boldsymbol{A}+\boldsymbol{X}=\boldsymbol{B}$，有 $\boldsymbol{X}=\boldsymbol{B}-3\boldsymbol{A}$，即

$$\boldsymbol{X}=\boldsymbol{B}-3\boldsymbol{A}=\begin{pmatrix}1 & 4 & 5\\ -6 & -2 & 7\\ 0 & 4 & 3\end{pmatrix}-3\begin{pmatrix}-2 & 1 & 3\\ 4 & 5 & 0\\ 3 & 2 & 7\end{pmatrix}$$

$$=\begin{pmatrix}1 & 4 & 5\\ -6 & -2 & 7\\ 0 & 4 & 3\end{pmatrix}-\begin{pmatrix}-6 & 3 & 9\\ 12 & 15 & 0\\ 9 & 6 & 21\end{pmatrix}$$

$$=\begin{pmatrix}7 & 1 & -4\\ -18 & -17 & 7\\ -9 & -2 & -18\end{pmatrix}.$$

方法 2 因为 $\boldsymbol{A}$, $\boldsymbol{B}$ 均为三阶方阵，所以 $\boldsymbol{X}$ 也一定是三阶方阵，故设

$$\boldsymbol{X}=\begin{pmatrix} x_{11} & x_{12} & x_{13} \\ x_{21} & x_{22} & x_{23} \\ x_{31} & x_{32} & x_{33} \end{pmatrix},$$

其中 $x_{ij}(i=1, 2, 3; j=1, 2, 3)$ 待定.

于是

$$3\boldsymbol{A}+\boldsymbol{X}=\begin{pmatrix} -6 & 3 & 9 \\ 12 & 15 & 0 \\ 9 & 6 & 21 \end{pmatrix}+\begin{pmatrix} x_{11} & x_{12} & x_{13} \\ x_{21} & x_{22} & x_{23} \\ x_{31} & x_{32} & x_{33} \end{pmatrix}$$

$$=\begin{pmatrix} -6+x_{11} & 3+x_{12} & 9+x_{13} \\ 12+x_{21} & 15+x_{22} & 0+x_{23} \\ 9+x_{31} & 6+x_{32} & 21+x_{33} \end{pmatrix}=\begin{pmatrix} 1 & 4 & 5 \\ -6 & -2 & 7 \\ 0 & 4 & 3 \end{pmatrix}.$$

利用两矩阵相等,其对应元素相等的规则,得

$$\begin{aligned} &-6+x_{11}=1, && 3+x_{12}=4, && 9+x_{13}=5, \\ &12+x_{21}=-6, && 15+x_{22}=-2, && 0+x_{23}=7, \\ &9+x_{31}=0, && 6+x_{32}=4, && 21+x_{33}=3. \end{aligned}$$

解得 $x_{11}=7, \quad x_{12}=1, \quad x_{13}=-4,$

$x_{21}=-18, \quad x_{22}=-17, \quad x_{23}=7,$

$x_{31}=-9, \quad x_{32}=-2, \quad x_{33}=-18.$

故所求矩阵为

$$\boldsymbol{X}=\begin{pmatrix} 7 & 1 & -4 \\ -18 & -17 & 7 \\ -9 & -2 & -18 \end{pmatrix}.$$

虽然方法 2 比方法 1 烦琐,但这种解题思路非常重要.

数与矩阵的乘法满足以下运算规律:

设 $\boldsymbol{A}, \boldsymbol{B}$ 都是同型矩阵,λ, μ 都是数,有

(1) $\lambda(\boldsymbol{A}+\boldsymbol{B})=\lambda\boldsymbol{A}+\lambda\boldsymbol{B}$;

(2) $(\lambda+\mu)\boldsymbol{A}=\lambda\boldsymbol{A}+\mu\boldsymbol{A}$;

(3) $(\lambda\mu)\boldsymbol{A}=\lambda(\mu\boldsymbol{A})$.

2.2.3 矩阵与矩阵的乘法

定义 4 设 $\boldsymbol{A}$ 为 m 行 s 列矩阵，$\boldsymbol{B}$ 为 s 行 n 列矩阵，则

$$\boldsymbol{A}=\begin{pmatrix} a_{11} & a_{12} & \cdots & a_{1s} \\ a_{21} & a_{22} & \cdots & a_{2s} \\ \vdots & \vdots & & \vdots \\ a_{m1} & a_{m2} & \cdots & a_{ms} \end{pmatrix},\quad \boldsymbol{B}=\begin{pmatrix} b_{11} & b_{12} & \cdots & b_{1n} \\ b_{21} & b_{22} & \cdots & b_{2n} \\ \vdots & \vdots & & \vdots \\ b_{s1} & b_{s2} & \cdots & b_{sn} \end{pmatrix}.$$

称

$$\boldsymbol{C}=\begin{pmatrix} c_{11} & c_{12} & \cdots & c_{1n} \\ c_{21} & c_{22} & \cdots & c_{2n} \\ \vdots & \vdots & & \vdots \\ c_{m1} & c_{m2} & \cdots & c_{mn} \end{pmatrix}$$

为 $\boldsymbol{A}$ 与 $\boldsymbol{B}$ 的积，记为 $\boldsymbol{AB}$，即 $\boldsymbol{C}=\boldsymbol{AB}$，同时称 $\boldsymbol{A}$ 为左乘矩阵，$\boldsymbol{B}$ 为右乘矩阵，其中

$$\begin{aligned} c_{ij} &= a_{i1}b_{1j}+a_{i2}b_{2j}+\cdots+a_{is}b_{sj} \\ &= \sum_{k=1}^{s} a_{ik}b_{kj} \quad (i=1,\,2,\,\cdots,\,m;\ j=1,\,2,\,\cdots,\,n). \end{aligned}$$

即

$$\begin{pmatrix} a_{11} & a_{12} & \cdots & a_{1s} \\ a_{21} & a_{22} & \cdots & a_{2s} \\ \vdots & \vdots & & \vdots \\ \boxed{a_{i1} \quad a_{i2} \quad \cdots \quad a_{is}} \\ \vdots & \vdots & & \vdots \\ a_{m1} & a_{m2} & \cdots & a_{ms} \end{pmatrix} \begin{pmatrix} b_{11} & b_{12} & \cdots & b_{1j} & \cdots & b_{1n} \\ b_{21} & b_{22} & \cdots & b_{2j} & \cdots & b_{2n} \\ \vdots & \vdots & & \vdots & & \vdots \\ b_{s1} & b_{s2} & \cdots & b_{sj} & \cdots & b_{sn} \end{pmatrix}$$

$$=\begin{pmatrix} c_{11} & c_{12} & \cdots & c_{1j} & \cdots & c_{1n} \\ c_{21} & c_{22} & \cdots & c_{2j} & \cdots & c_{2n} \\ \vdots & \vdots & & \vdots & & \vdots \\ c_{i1} & c_{i2} & \cdots & \boxed{c_{ij}} & \cdots & c_{in} \\ \vdots & \vdots & & \vdots & & \vdots \\ c_{m1} & c_{m2} & \cdots & c_{mj} & \cdots & c_{mn} \end{pmatrix}.$$

按定义得到乘法规则如下：

(1) 左乘矩阵 $\boldsymbol{A}$ 的列数必须等于右乘矩阵 $\boldsymbol{B}$ 的行数，此时 $\boldsymbol{A}$ 与 $\boldsymbol{B}$ 才能相乘，否则不能相乘；

(2) 乘积矩阵 $\boldsymbol{C}$ 的 c_{ij} 元素等于左乘矩阵 $\boldsymbol{A}$ 的第 i 行与右乘矩阵 $\boldsymbol{B}$ 的第 j 列对应元素乘积之和；

(3) 乘积矩阵 $\boldsymbol{C}$ 的行数为左乘矩阵 $\boldsymbol{A}$ 的行数，列数为右乘矩阵 $\boldsymbol{B}$ 的列数.

特别地，有

$$\begin{pmatrix} a_1 & & & \\ & a_2 & & \\ & & \ddots & \\ & & & a_n \end{pmatrix}\begin{pmatrix} b_1 & & & \\ & b_2 & & \\ & & \ddots & \\ & & & b_n \end{pmatrix}=\begin{pmatrix} a_1b_1 & & & \\ & a_2b_2 & & \\ & & \ddots & \\ & & & a_nb_n \end{pmatrix}.$$

同理，上(下)三角形矩阵与上(下)三角形矩阵的乘积仍是上(下)三角形矩阵.

例 6 设矩阵

$$\boldsymbol{A}=\begin{pmatrix} 1 & 3 & 5 \\ 2 & 0 & 4 \end{pmatrix},\quad \boldsymbol{B}=\begin{pmatrix} 1 & 2 \\ -3 & 1 \\ 4 & 3 \end{pmatrix},$$

求 $\boldsymbol{AB}$ 和 $\boldsymbol{BA}$.

解
$$\begin{aligned}\boldsymbol{AB} &= \begin{pmatrix} 1 & 3 & 5 \\ 2 & 0 & 4 \end{pmatrix}\begin{pmatrix} 1 & 2 \\ -3 & 1 \\ 4 & 3 \end{pmatrix} \\ &= \begin{pmatrix} 1\times 1+3\times(-3)+5\times 4 & 1\times 2+3\times 1+5\times 3 \\ 2\times 1+0\times(-3)+4\times 4 & 2\times 2+0\times 1+4\times 3 \end{pmatrix} \\ &= \begin{pmatrix} 12 & 20 \\ 18 & 16 \end{pmatrix}=2\begin{pmatrix} 6 & 10 \\ 9 & 8 \end{pmatrix};\end{aligned}$$

$$\begin{aligned}\boldsymbol{BA} &= \begin{pmatrix} 1 & 2 \\ -3 & 1 \\ 4 & 3 \end{pmatrix}\begin{pmatrix} 1 & 3 & 5 \\ 2 & 0 & 4 \end{pmatrix} \\ &= \begin{pmatrix} 1\times 1+2\times 2 & 1\times 3+2\times 0 & 1\times 5+2\times 4 \\ (-3)\times 1+1\times 2 & (-3)\times 3+1\times 0 & (-3)\times 5+1\times 4 \\ 4\times 1+3\times 2 & 4\times 3+3\times 0 & 4\times 5+3\times 4 \end{pmatrix} \\ &= \begin{pmatrix} 5 & 3 & 13 \\ -1 & -9 & -11 \\ 10 & 12 & 32 \end{pmatrix}.\end{aligned}$$

例 7 设 $\boldsymbol{A}=(3,\ 4,\ 7)$，$\boldsymbol{B}=\begin{pmatrix}2\\-1\\3\end{pmatrix}$，求 $\boldsymbol{AB}$，$\boldsymbol{BA}$.

解 $\boldsymbol{AB}=(3,\ 4,\ 7)\begin{pmatrix}2\\-1\\3\end{pmatrix}=3\times2+4\times(-1)+7\times3=23.$

这是一个 1×1 矩阵，也可以把它作为一个普通数来看待.

$$\boldsymbol{BA}=\begin{pmatrix}2\\-1\\3\end{pmatrix}(3,\ 4,\ 7)=\begin{pmatrix}2\times3 & 2\times4 & 2\times7\\(-1)\times3 & (-1)\times4 & (-1)\times7\\3\times3 & 3\times4 & 3\times7\end{pmatrix}$$

$$=\begin{pmatrix}6 & 8 & 14\\-3 & -4 & -7\\9 & 12 & 21\end{pmatrix}.$$

例 8 设矩阵

$$\boldsymbol{A}=\begin{pmatrix}1 & -1\\-1 & 1\end{pmatrix},\quad \boldsymbol{B}=\begin{pmatrix}1 & 1\\-1 & -1\end{pmatrix},\quad \boldsymbol{C}=\begin{pmatrix}2 & 0\\0 & -2\end{pmatrix},$$

求 $\boldsymbol{AB}$，$\boldsymbol{BA}$，$\boldsymbol{AC}$.

解 $\boldsymbol{AB}=\begin{pmatrix}1 & -1\\-1 & 1\end{pmatrix}\begin{pmatrix}1 & 1\\-1 & -1\end{pmatrix}=\begin{pmatrix}2 & 2\\-2 & -2\end{pmatrix}$；

$$\boldsymbol{BA}=\begin{pmatrix}1 & 1\\-1 & -1\end{pmatrix}\begin{pmatrix}1 & -1\\-1 & 1\end{pmatrix}=\begin{pmatrix}0 & 0\\0 & 0\end{pmatrix};$$

$$\boldsymbol{AC}=\begin{pmatrix}1 & -1\\-1 & 1\end{pmatrix}\begin{pmatrix}2 & 0\\0 & -2\end{pmatrix}=\begin{pmatrix}2 & 2\\-2 & -2\end{pmatrix}.$$

由上面三个例子可知，矩阵乘法与数的乘法有根本差别，具体如下：

(1) 两个矩阵相乘一般不可随便交换次序，即 $\boldsymbol{AB}\neq\boldsymbol{BA}$，因此矩阵相乘必须注意次序，$\boldsymbol{AB}$ 称为 $\boldsymbol{A}$ 左乘 $\boldsymbol{B}$；而 $\boldsymbol{BA}$ 称为 $\boldsymbol{A}$ 右乘 $\boldsymbol{B}$.

(2) 矩阵乘法一般不能随便消去同一个非零矩阵，即虽然 $\boldsymbol{A}\neq\boldsymbol{O}$，且 $\boldsymbol{AB}=\boldsymbol{AC}$，但是有可能 $\boldsymbol{B}\neq\boldsymbol{C}$.

(3) 两个非零矩阵的乘积可以是零矩阵，即虽然 $\boldsymbol{A}\neq\boldsymbol{O}$，$\boldsymbol{B}\neq\boldsymbol{O}$，但是有可能 $\boldsymbol{AB}=\boldsymbol{O}$.

例 9 设 $A=\begin{pmatrix}1&2&3\\7&8&9\\4&5&6\end{pmatrix}$，$E=\begin{pmatrix}1&0&0\\0&1&0\\0&0&1\end{pmatrix}$，求 AE 与 EA.

解 $AE=\begin{pmatrix}1&2&3\\7&8&9\\4&5&6\end{pmatrix}\begin{pmatrix}1&0&0\\0&1&0\\0&0&1\end{pmatrix}=\begin{pmatrix}1&2&3\\7&8&9\\4&5&6\end{pmatrix}$；

$$EA=\begin{pmatrix}1&0&0\\0&1&0\\0&0&1\end{pmatrix}\begin{pmatrix}1&2&3\\7&8&9\\4&5&6\end{pmatrix}=\begin{pmatrix}1&2&3\\7&8&9\\4&5&6\end{pmatrix}.$$

可见，单位矩阵 E 在矩阵的乘法中的作用相当于 1 在数的乘法中的作用.

容易验证 $E_mA_{m\times n}=A_{m\times n}$，$A_{m\times n}E_n=A_{m\times n}$，或简写成

$$EA=AE=A.$$

例 10 设 $A=\begin{pmatrix}1&0&3\\-1&-2&0\end{pmatrix}$，$B=\begin{pmatrix}0&2\\1&-2\end{pmatrix}$. 考察 AB 与 BA 是否有意义？若有意义，计算出乘积矩阵.

解 因为 A 有 3 列，B 有 2 行，即左乘矩阵 A 的列数不等于右乘矩阵 B 的行数，所以 AB 无意义. 在 BA 中，左乘矩阵 B 的列数与右乘矩阵 A 的行数相等，故 BA 有意义.

因此，

$$BA=\begin{pmatrix}0&2\\1&-2\end{pmatrix}\begin{pmatrix}1&0&3\\-1&-2&0\end{pmatrix}=\begin{pmatrix}-2&-4&0\\3&4&3\end{pmatrix}.$$

可见，AB 与 BA 不一定均有意义.

注意 对于 n 阶方阵 A，B，一般说来 $AB\neq BA$，但总有

$$|AB|=|BA|=|A|\cdot|B|.$$

当 $m\neq n$ 时，$|A_{m\times n}B_{n\times m}|$ 与 $|B_{n\times m}A_{m\times n}|$ 都有意义，但是 $|A_{m\times n}|$ 和 $|B_{n\times m}|$ 都无意义.

矩阵乘法满足以下运算规律（设矩阵 A，B，C 对涉及的运算可行）：

(1) **结合律** $(AB)C=A(BC)$，

$(\lambda A)B=A(\lambda B)=\lambda(AB)$ （λ 为实数）；

(2) **左分配律** $A(B+C)=AB+AC$；

(3) **右分配律** $(B+C)A=BA+CA$；

特别地，有 $AB+A=A(B+E)$；$AB+B=(A+E)B$.

例 11 设矩阵

$$A=\begin{pmatrix}3&2&-5\\-3&1&4\end{pmatrix},\quad B=\begin{pmatrix}2&-1&1&0\\0&2&1&3\\3&0&-1&2\end{pmatrix},\quad C=\begin{pmatrix}1&0&2\\2&-3&0\\0&0&2\\3&1&3\end{pmatrix}.$$

验证 $A(BC)=(AB)C$.

证明 $$A(BC)=\begin{pmatrix}3&2&-5\\-3&1&4\end{pmatrix}\left[\begin{pmatrix}2&-1&1&0\\0&2&1&3\\3&0&-1&2\end{pmatrix}\begin{pmatrix}1&0&2\\2&-3&0\\0&0&2\\3&1&3\end{pmatrix}\right]$$

$$=\begin{pmatrix}3&2&-5\\-3&1&4\end{pmatrix}\begin{pmatrix}0&3&6\\13&-3&11\\9&2&10\end{pmatrix}=\begin{pmatrix}-19&-7&-10\\49&-4&33\end{pmatrix};$$

$$(AB)C=\left[\begin{pmatrix}3&2&-5\\-3&1&4\end{pmatrix}\begin{pmatrix}2&-1&1&0\\0&2&1&3\\3&0&-1&2\end{pmatrix}\right]\begin{pmatrix}1&0&2\\2&-3&0\\0&0&2\\3&1&3\end{pmatrix}$$

$$=\begin{pmatrix}-9&1&10&-4\\6&5&-6&11\end{pmatrix}\begin{pmatrix}1&0&2\\2&-3&0\\0&0&2\\3&1&3\end{pmatrix}=\begin{pmatrix}-19&-7&-10\\49&-4&33\end{pmatrix}.$$

因此 $$A(BC)=(AB)C.$$

例 12 设矩阵

$$A=\begin{pmatrix}2&2&3\\3&-1&2\end{pmatrix},\quad B=\begin{pmatrix}0&0&1\\2&3&-1\end{pmatrix},\quad C=\begin{pmatrix}1&0\\2&2\\3&-1\end{pmatrix}.$$

验证 $(A+B)C=AC+BC$.

证明 $$(A+B)C=\left[\begin{pmatrix}2&2&3\\3&-1&2\end{pmatrix}+\begin{pmatrix}0&0&1\\2&3&-1\end{pmatrix}\right]\begin{pmatrix}1&0\\2&2\\3&-1\end{pmatrix}$$

$$= \begin{pmatrix} 2 & 2 & 4 \\ 5 & 2 & 1 \end{pmatrix} \begin{pmatrix} 1 & 0 \\ 2 & 2 \\ 3 & -1 \end{pmatrix} = \begin{pmatrix} 18 & 0 \\ 12 & 3 \end{pmatrix};$$

$$\boldsymbol{AC} + \boldsymbol{BC} = \begin{pmatrix} 2 & 2 & 3 \\ 3 & -1 & 2 \end{pmatrix} \begin{pmatrix} 1 & 0 \\ 2 & 2 \\ 3 & -1 \end{pmatrix} + \begin{pmatrix} 0 & 0 & 1 \\ 2 & 3 & -1 \end{pmatrix} \begin{pmatrix} 1 & 0 \\ 2 & 2 \\ 3 & -1 \end{pmatrix}$$

$$= \begin{pmatrix} 15 & 1 \\ 7 & -4 \end{pmatrix} + \begin{pmatrix} 3 & -1 \\ 5 & 7 \end{pmatrix} = \begin{pmatrix} 18 & 0 \\ 12 & 3 \end{pmatrix}.$$

因此
$$(\boldsymbol{A} + \boldsymbol{B})\boldsymbol{C} = \boldsymbol{AC} + \boldsymbol{BC}.$$

例 13 已知矩阵 $\boldsymbol{A} = \begin{pmatrix} 0 & 1 \\ -1 & 0 \end{pmatrix}$，求 $\boldsymbol{X}$，使 $\boldsymbol{AX} = \boldsymbol{XA}$.

解 由题意，设 $\boldsymbol{X} = \begin{pmatrix} x_1 & x_2 \\ x_3 & x_4 \end{pmatrix}$，则

$$\boldsymbol{AX} = \begin{pmatrix} 0 & 1 \\ -1 & 0 \end{pmatrix} \begin{pmatrix} x_1 & x_2 \\ x_3 & x_4 \end{pmatrix} = \begin{pmatrix} x_3 & x_4 \\ -x_1 & -x_2 \end{pmatrix};$$

$$\boldsymbol{XA} = \begin{pmatrix} x_1 & x_2 \\ x_3 & x_4 \end{pmatrix} \begin{pmatrix} 0 & 1 \\ -1 & 0 \end{pmatrix} = \begin{pmatrix} -x_2 & x_1 \\ -x_4 & x_3 \end{pmatrix}.$$

有
$$\begin{cases} x_3 = -x_2, \\ -x_1 = -x_4, \\ x_4 = x_1, \\ x_3 = -x_2, \end{cases} \quad \text{解得} \quad \begin{cases} x_1 = x_1, \\ x_2 = x_2, \\ x_3 = -x_2, \\ x_4 = x_1. \end{cases}$$

即
$$\boldsymbol{X} = \begin{pmatrix} x_1 & x_2 \\ -x_2 & x_1 \end{pmatrix}.$$

例 14 设矩阵

$$\boldsymbol{A} = \begin{pmatrix} 1 & -1 \\ 1 & 0 \end{pmatrix}, \quad \boldsymbol{B} = \begin{pmatrix} -1 & 0 \\ 1 & 1 \end{pmatrix}.$$

求 $\boldsymbol{A}^2\boldsymbol{B}^2$，$(\boldsymbol{AB})^2$.

解 $\boldsymbol{A}^2 = \begin{pmatrix} 1 & -1 \\ 1 & 0 \end{pmatrix} \begin{pmatrix} 1 & -1 \\ 1 & 0 \end{pmatrix} = \begin{pmatrix} 0 & -1 \\ 1 & -1 \end{pmatrix};$

$\boldsymbol{B}^2 = \begin{pmatrix} -1 & 0 \\ 1 & 1 \end{pmatrix} \begin{pmatrix} -1 & 0 \\ 1 & 1 \end{pmatrix} = \begin{pmatrix} 1 & 0 \\ 0 & 1 \end{pmatrix};$

$$A^2B^2=\begin{pmatrix}0&-1\\1&-1\end{pmatrix}\begin{pmatrix}1&0\\0&1\end{pmatrix}=\begin{pmatrix}0&-1\\1&-1\end{pmatrix};$$

$$(AB)^2=\begin{pmatrix}-2&-1\\-1&0\end{pmatrix}\begin{pmatrix}-2&-1\\-1&0\end{pmatrix}=\begin{pmatrix}5&2\\2&1\end{pmatrix}.$$

显然
$$A^2B^2\neq(AB)^2.$$

特别地，有

$$\begin{pmatrix}a_1&&&\\&a_2&&\\&&\ddots&\\&&&a_n\end{pmatrix}^n=\begin{pmatrix}a_1^n&&&\\&a_2^n&&\\&&\ddots&\\&&&a_n^n\end{pmatrix}.$$

定义 5 设 A 是 n 阶方阵，多项式 $f(x)=a_nx^n+a_{n-1}x^{n-1}+\cdots+a_1x+a_0$，称 $f(A)=a_nA^n+a_{n-1}A^{n-1}+\cdots+a_1A+a_0E$ 为方阵 A 的一个多项式.

例如，设方阵 $A=\begin{pmatrix}1&2\\3&4\end{pmatrix}$，多项式 $f(x)=2x^2-3x-4$，则

$$\begin{aligned}f(A)&=2A^2-3A-4E=2\begin{pmatrix}7&10\\15&22\end{pmatrix}-3\begin{pmatrix}1&2\\3&4\end{pmatrix}-\begin{pmatrix}4&0\\0&4\end{pmatrix}\\&=\begin{pmatrix}7&14\\21&28\end{pmatrix}=7\begin{pmatrix}1&2\\3&4\end{pmatrix}.\end{aligned}$$

例 15 方阵 $A=\begin{pmatrix}2&1\\-1&2\end{pmatrix}$，$E=\begin{pmatrix}1&0\\0&1\end{pmatrix}$，$B$ 满足 $BA=B+2E$，求 $|B|$.

解 由 $BA-B=2E$，得 $B(A-E)=2E$，两边取行列式得

$$|B||A-E|=4|E|=4,$$

因为 $|A-E|=\begin{vmatrix}1&1\\-1&1\end{vmatrix}=2$，则 $|B|=2$.

根据矩阵的乘法和矩阵相等的定义，线性方程组可以用一个矩阵方程来表示.

设 n 元线性非齐次方程组

$$\begin{cases}a_{11}x_1+a_{12}x_2+\cdots+a_{1n}x_n=b_1,\\a_{21}x_1+a_{22}x_2+\cdots+a_{2n}x_n=b_2,\\\qquad\qquad\vdots\\a_{m1}x_1+a_{m2}x_2+\cdots+a_{mn}x_n=b_m.\end{cases}\tag{1}$$

令 $\boldsymbol{A}=\begin{pmatrix} a_{11} & a_{12} & \cdots & a_{1n} \\ a_{21} & a_{22} & \cdots & a_{2n} \\ \vdots & \vdots & & \vdots \\ a_{m1} & a_{m2} & \cdots & a_{mn} \end{pmatrix}$, $\boldsymbol{x}=\begin{pmatrix} x_1 \\ x_2 \\ \vdots \\ x_n \end{pmatrix}$, $\boldsymbol{b}=\begin{pmatrix} b_1 \\ b_2 \\ \vdots \\ b_m \end{pmatrix}$,

于是上述线性方程组可以写成

$$\begin{pmatrix} a_{11} & a_{12} & \cdots & a_{1n} \\ a_{21} & a_{22} & \cdots & a_{2n} \\ \vdots & \vdots & & \vdots \\ a_{m1} & a_{m2} & \cdots & a_{mn} \end{pmatrix}\begin{pmatrix} x_1 \\ x_2 \\ \vdots \\ x_n \end{pmatrix}=\begin{pmatrix} b_1 \\ b_2 \\ \vdots \\ b_m \end{pmatrix},$$

即

$$\boldsymbol{Ax}=\boldsymbol{b}. \tag{2}$$

由线性非齐次方程组(1)可得到矩阵 $(\boldsymbol{A} \vdots \boldsymbol{b})=\begin{pmatrix} a_{11} & a_{12} & \cdots & a_{1n} & b_1 \\ a_{21} & a_{22} & \cdots & a_{2n} & b_2 \\ \vdots & \vdots & & \vdots & \vdots \\ a_{m1} & a_{m2} & \cdots & a_{mn} & b_m \end{pmatrix}$.

对这些矩阵定义如下.

定义 6 设线性非齐次方程组(1),由其全部系数组成的矩阵 $(a_{ij})_{m\times n}$ 称为该线性非齐次方程组(1)的**系数矩阵**,记为 $\boldsymbol{A}$;由未知数组成的列矩阵 $(x_i)_{n\times 1}$ 称为**未知数矩阵**,记为 $\boldsymbol{x}$;由常数项组成的列矩阵 $(b_i)_{m\times 1}$ 称为**常数项矩阵**,记为 $\boldsymbol{b}$;由系数和常数项组成的矩阵$(\boldsymbol{A} \vdots \boldsymbol{b})$称为**增广矩阵**,记为$\overline{\boldsymbol{A}}$,即 $\overline{\boldsymbol{A}}=(\boldsymbol{A} \vdots \boldsymbol{b})$.

把线性方程组写成矩阵方程形式,不仅书写简便,而且可以把线性方程组的理论与矩阵理论联系起来.

例 16 设有两个线性变换:

$$\begin{cases} y_1 = x_1 + 2x_2 - x_3, \\ y_2 = 3x_1 + 4x_2, \\ y_3 = x_2 - x_3; \end{cases} \quad \begin{cases} x_1 = t_1 - t_2, \\ x_2 = 2t_1 + t_2, \\ x_3 = -t_1. \end{cases}$$

求从 t_1, t_2 到 y_1, y_2, y_3 的线性变换.

解 两个线性变换所对应的矩阵分别为

$$\begin{pmatrix} y_1 \\ y_2 \\ y_3 \end{pmatrix}=\begin{pmatrix} 1 & 2 & -1 \\ 3 & 4 & 0 \\ 0 & 1 & -1 \end{pmatrix}\begin{pmatrix} x_1 \\ x_2 \\ x_3 \end{pmatrix}, \quad \begin{pmatrix} x_1 \\ x_2 \\ x_3 \end{pmatrix}=\begin{pmatrix} 1 & -1 \\ 2 & 1 \\ -1 & 0 \end{pmatrix}\begin{pmatrix} t_1 \\ t_2 \end{pmatrix},$$

则

$$\begin{pmatrix} y_1 \\ y_2 \\ y_3 \end{pmatrix} = \begin{pmatrix} 1 & 2 & -1 \\ 3 & 4 & 0 \\ 0 & 1 & -1 \end{pmatrix} \begin{pmatrix} 1 & -1 \\ 2 & 1 \\ -1 & 0 \end{pmatrix} \begin{pmatrix} t_1 \\ t_2 \end{pmatrix} = \begin{pmatrix} 6 & 1 \\ 11 & 1 \\ 3 & 1 \end{pmatrix} \begin{pmatrix} t_1 \\ t_2 \end{pmatrix},$$

所以
$$\begin{cases} y_1 = 6t_1 + t_2, \\ y_2 = 11t_1 + t_2, \\ y_3 = 3t_1 + t_2. \end{cases}$$

2.2.4 转置矩阵的运算

容易验证,若 $\boldsymbol{A}$, $\boldsymbol{B}$, $\boldsymbol{C}$ 为同型矩阵,则

$$(\boldsymbol{A}+\boldsymbol{B})^{\mathrm{T}} = \boldsymbol{A}^{\mathrm{T}} + \boldsymbol{B}^{\mathrm{T}}.$$

证明 设

$$\boldsymbol{A} = \begin{pmatrix} a_{11} & a_{12} & \cdots & a_{1n} \\ a_{21} & a_{22} & \cdots & a_{2n} \\ \vdots & \vdots & & \vdots \\ a_{m1} & a_{m2} & \cdots & a_{mn} \end{pmatrix}, \quad \boldsymbol{B} = \begin{pmatrix} b_{11} & b_{12} & \cdots & b_{1n} \\ b_{21} & b_{22} & \cdots & b_{2n} \\ \vdots & \vdots & & \vdots \\ b_{m1} & b_{m2} & \cdots & b_{mn} \end{pmatrix},$$

则
$$\boldsymbol{A}+\boldsymbol{B} = \begin{pmatrix} a_{11}+b_{11} & a_{12}+b_{12} & \cdots & a_{1n}+b_{1n} \\ a_{21}+b_{21} & a_{22}+b_{22} & \cdots & a_{2n}+b_{2n} \\ \vdots & \vdots & & \vdots \\ a_{m1}+b_{m1} & a_{m2}+b_{m2} & \cdots & a_{mn}+b_{mn} \end{pmatrix},$$

$$(\boldsymbol{A}+\boldsymbol{B})^{\mathrm{T}} = \begin{pmatrix} a_{11}+b_{11} & a_{21}+b_{21} & \cdots & a_{m1}+b_{m1} \\ a_{12}+b_{12} & a_{22}+b_{22} & \cdots & a_{m2}+b_{m2} \\ \vdots & \vdots & & \vdots \\ a_{1n}+b_{1n} & a_{2n}+b_{2n} & \cdots & a_{mn}+b_{mn} \end{pmatrix}$$

$$= \begin{pmatrix} a_{11} & a_{21} & \cdots & a_{m1} \\ a_{12} & a_{22} & \cdots & a_{m2} \\ \vdots & \vdots & & \vdots \\ a_{1n} & a_{2n} & \cdots & a_{mn} \end{pmatrix} + \begin{pmatrix} b_{11} & b_{21} & \cdots & b_{m1} \\ b_{12} & b_{22} & \cdots & b_{m2} \\ \vdots & \vdots & & \vdots \\ b_{1n} & b_{2n} & \cdots & b_{mn} \end{pmatrix} = \boldsymbol{A}^{\mathrm{T}} + \boldsymbol{B}^{\mathrm{T}}.$$

例 17 设 $\boldsymbol{A} = \begin{pmatrix} 1 & 0 \\ 2 & 3 \\ 4 & 5 \end{pmatrix}$, $\boldsymbol{B} = \begin{pmatrix} 2 & 1 \\ 4 & 3 \end{pmatrix}$,求 $\boldsymbol{AB}$, $(\boldsymbol{AB})^{\mathrm{T}}$, $\boldsymbol{B}^{\mathrm{T}}\boldsymbol{A}^{\mathrm{T}}$.

解 $\boldsymbol{AB}=\begin{pmatrix}1&0\\2&3\\4&5\end{pmatrix}\begin{pmatrix}2&1\\4&3\end{pmatrix}=\begin{pmatrix}2&1\\16&11\\28&19\end{pmatrix}$；$(\boldsymbol{AB})^{\mathrm{T}}=\begin{pmatrix}2&16&28\\1&11&19\end{pmatrix}$；

$$\boldsymbol{B}^{\mathrm{T}}\boldsymbol{A}^{\mathrm{T}}=\begin{pmatrix}2&4\\1&3\end{pmatrix}\begin{pmatrix}1&2&4\\0&3&5\end{pmatrix}=\begin{pmatrix}2&16&28\\1&11&19\end{pmatrix}.$$

由此例看到

$$(\boldsymbol{AB})^{\mathrm{T}}=\boldsymbol{B}^{\mathrm{T}}\boldsymbol{A}^{\mathrm{T}}\quad 且\quad (\boldsymbol{AB})^{\mathrm{T}}\neq\boldsymbol{A}^{\mathrm{T}}\boldsymbol{B}^{\mathrm{T}}.$$

矩阵的转置满足以下运算规律(设所有矩阵对涉及的运算都可行)：

(1) $(\boldsymbol{A}^{\mathrm{T}})^{\mathrm{T}}=\boldsymbol{A}$；

(2) $(\boldsymbol{A}+\boldsymbol{B})^{\mathrm{T}}=\boldsymbol{A}^{\mathrm{T}}+\boldsymbol{B}^{\mathrm{T}}$；

(3) $(\lambda\boldsymbol{A})^{\mathrm{T}}=\lambda\boldsymbol{A}^{\mathrm{T}}$ (λ 为实数)；

(4) $(\boldsymbol{AB})^{\mathrm{T}}=\boldsymbol{B}^{\mathrm{T}}\boldsymbol{A}^{\mathrm{T}}$.

(1)—(3)成立是很显然的,现在来证明(4)成立.

证明 设矩阵 $\boldsymbol{A}=(a_{ij})_{m\times s}$,$\boldsymbol{B}=(b_{ij})_{s\times n}$,那么 $\boldsymbol{AB}$ 为 $m\times n$ 矩阵,$(\boldsymbol{AB})^{\mathrm{T}}$ 就为 $n\times m$ 矩阵,$\boldsymbol{B}^{\mathrm{T}}$ 为 $n\times s$ 矩阵,$\boldsymbol{A}^{\mathrm{T}}$ 为 $s\times m$ 矩阵,于是 $\boldsymbol{B}^{\mathrm{T}}\boldsymbol{A}^{\mathrm{T}}$ 为 $n\times m$ 矩阵,则 $\boldsymbol{B}^{\mathrm{T}}\boldsymbol{A}^{\mathrm{T}}$ 与$(\boldsymbol{AB})^{\mathrm{T}}$ 的行数、列数对应相等. 又 $\boldsymbol{B}^{\mathrm{T}}\boldsymbol{A}^{\mathrm{T}}$ 的第 i 行第 j 列元素是$\boldsymbol{AB}$ 的第 j 行第 i 列元素,故

$$a_{j1}b_{1i}+a_{j2}b_{2i}+\cdots+a_{js}b_{si}=\sum_{k=1}^{s}a_{jk}b_{ki}.$$

$\boldsymbol{B}^{\mathrm{T}}\boldsymbol{A}^{\mathrm{T}}$ 的第 i 行第 j 列元素是 $\boldsymbol{B}^{\mathrm{T}}$ 的第 i 行与 $\boldsymbol{A}^{\mathrm{T}}$ 的第 j 列元素对应元素乘积之和. $\boldsymbol{B}^{\mathrm{T}}$ 的第 i 行元素为 $\boldsymbol{B}$ 的第 i 列元素 $b_{1i},b_{2i},\cdots,b_{si}$；$\boldsymbol{A}^{\mathrm{T}}$ 的第 j 列元素为 $\boldsymbol{A}$ 的第 j 行元素 $a_{j1},a_{j2},\cdots,a_{js}$. 故 $\boldsymbol{B}^{\mathrm{T}}\boldsymbol{A}^{\mathrm{T}}$ 的第 i 行第 j 列元素为

$$b_{1i}a_{j1}+b_{2i}a_{j2}+\cdots+b_{si}a_{js}=\sum_{k=1}^{s}b_{ki}a_{jk}.$$

因此,$(\boldsymbol{AB})^{\mathrm{T}}$ 与 $\boldsymbol{B}^{\mathrm{T}}\boldsymbol{A}^{\mathrm{T}}$ 对应位置上的元素相等,所以$(\boldsymbol{AB})^{\mathrm{T}}=\boldsymbol{B}^{\mathrm{T}}\boldsymbol{A}^{\mathrm{T}}$.

此结论可以推广到多个矩阵的情形,如$(\boldsymbol{ABC})^{\mathrm{T}}=\boldsymbol{C}^{\mathrm{T}}\boldsymbol{B}^{\mathrm{T}}\boldsymbol{A}^{\mathrm{T}}$.

特别地,有 $\boldsymbol{A}^{\mathrm{T}}=\boldsymbol{A}$,则 $\boldsymbol{A}$ 为对称矩阵.

例 18 已知 $\boldsymbol{A}=\begin{pmatrix}2&1\\0&2\end{pmatrix}$,$\boldsymbol{B}=\begin{pmatrix}1&0&1\\3&1&2\end{pmatrix}$,$\boldsymbol{C}=\begin{pmatrix}4&1&1\\0&2&3\end{pmatrix}$. 简化并计算 $(\boldsymbol{C}^{\mathrm{T}}-2\boldsymbol{B}^{\mathrm{T}}\boldsymbol{A})^{\mathrm{T}}+\boldsymbol{A}^{\mathrm{T}}\boldsymbol{B}$.

解 利用转置阵的性质 $(\boldsymbol{C}^{\mathrm{T}}-2\boldsymbol{B}^{\mathrm{T}}\boldsymbol{A})^{\mathrm{T}}=(\boldsymbol{C}^{\mathrm{T}})^{\mathrm{T}}+(-2\boldsymbol{B}^{\mathrm{T}}\boldsymbol{A})^{\mathrm{T}}=\boldsymbol{C}-2\boldsymbol{A}^{\mathrm{T}}\boldsymbol{B}$,则

$$(\boldsymbol{C}^{\mathrm{T}}-2\boldsymbol{B}^{\mathrm{T}}\boldsymbol{A})^{\mathrm{T}}+\boldsymbol{A}^{\mathrm{T}}\boldsymbol{B}=\boldsymbol{C}-\boldsymbol{A}^{\mathrm{T}}\boldsymbol{B}$$

$$=\begin{pmatrix}4&1&1\\0&2&3\end{pmatrix}-\begin{pmatrix}2&0\\1&2\end{pmatrix}\begin{pmatrix}1&0&1\\3&1&2\end{pmatrix}$$

$$=\begin{pmatrix}4&1&1\\0&2&3\end{pmatrix}-\begin{pmatrix}2&0&2\\7&2&5\end{pmatrix}=\begin{pmatrix}2&1&-1\\-7&0&-2\end{pmatrix}.$$

例 19 已知 $\boldsymbol{A}=(1, 2, 3)$, $\boldsymbol{B}=\left(1, \frac{1}{2}, \frac{1}{3}\right)$, $\boldsymbol{C}=\boldsymbol{A}^{\mathrm{T}}\boldsymbol{B}$,求 $\boldsymbol{C}^2$.

解 因为 $\boldsymbol{B}\boldsymbol{A}^{\mathrm{T}}=\left(1, \frac{1}{2}, \frac{1}{3}\right)\begin{pmatrix}1\\2\\3\end{pmatrix}=3$,则

$$\boldsymbol{C}^2=\boldsymbol{A}^{\mathrm{T}}\boldsymbol{B}\boldsymbol{A}^{\mathrm{T}}\boldsymbol{B}=\boldsymbol{A}^{\mathrm{T}}(\boldsymbol{B}\boldsymbol{A}^{\mathrm{T}})\boldsymbol{B}=3\boldsymbol{A}^{\mathrm{T}}\boldsymbol{B}=3\begin{pmatrix}1\\2\\3\end{pmatrix}\left(1, \frac{1}{2}, \frac{1}{3}\right)=\begin{pmatrix}3&\frac{3}{2}&1\\6&3&2\\9&\frac{9}{2}&3\end{pmatrix}.$$

习 题 2.2

1. 设矩阵

$$\boldsymbol{A}=\begin{pmatrix}2&-3&5\\1&6&4\end{pmatrix},\quad \boldsymbol{B}=\begin{pmatrix}3&5&-1\\4&0&2\end{pmatrix},$$

求 $2\boldsymbol{A}+\boldsymbol{B}$, $\boldsymbol{A}-\boldsymbol{B}$, $\boldsymbol{A}\boldsymbol{B}^{\mathrm{T}}$, $\boldsymbol{A}^{\mathrm{T}}\boldsymbol{B}$.

2. 已知

$$\boldsymbol{A}=\begin{pmatrix}3&1&0\\-1&2&1\\3&4&2\end{pmatrix},\quad \boldsymbol{B}=\begin{pmatrix}1&0&2\\-1&1&1\\2&1&1\end{pmatrix},$$

求满足方程 $3\boldsymbol{A}-2\boldsymbol{X}=\boldsymbol{B}$ 中的矩阵 $\boldsymbol{X}$.

3. 计算下列各式.

(1) $\begin{pmatrix}2&4&5\\7&5&3\\1&0&2\end{pmatrix}\begin{pmatrix}2&0\\1&2\\0&3\end{pmatrix}$;　　(2) $(2, 0, 3)\begin{pmatrix}2\\4\\6\end{pmatrix}$;

(3) $\begin{pmatrix}1&0&0\\0&1&0\\3&1&2\end{pmatrix}\begin{pmatrix}2&1&1\\3&1&2\\1&1&0\end{pmatrix}$;　　(4) $\begin{pmatrix}2&5\\1&0\\3&2\end{pmatrix}\begin{pmatrix}2&7&6\\3&2&1\end{pmatrix}$;

(5) $\begin{pmatrix} a_1 \\ a_2 \\ a_3 \\ a_4 \end{pmatrix}(a_1, a_2, a_3, a_4)$； (6) $\begin{pmatrix} \cos t & -\sin t \\ \sin t & \cos t \end{pmatrix}^2$；

(7) $(x, y, z)\begin{pmatrix} a_{11} & a_{12} & a_{13} \\ a_{12} & a_{22} & a_{23} \\ a_{13} & a_{23} & a_{33} \end{pmatrix}\begin{pmatrix} x \\ y \\ z \end{pmatrix}$.

4. 有 4 名学生的某 3 门课程的平时考查成绩矩阵为 $\boldsymbol{A}=\begin{pmatrix} 90 & 78 & 92 & 66 \\ 86 & 80 & 93 & 74 \\ 95 & 70 & 96 & 75 \end{pmatrix}$，而课程考试的卷面成绩矩阵为 $\boldsymbol{B}=\begin{pmatrix} 94 & 83 & 98 & 60 \\ 90 & 85 & 95 & 70 \\ 97 & 76 & 97 & 72 \end{pmatrix}$. 规定各门课程的成绩由平时考查 30%，卷面成绩 70%构成，求这 4 名学生的成绩矩阵.

5. 求矩阵 $\boldsymbol{AB}-\boldsymbol{AC}$，其中

$$\boldsymbol{A}=\begin{pmatrix} 2 & -2 & 3 \\ 5 & 1 & 4 \end{pmatrix},\quad \boldsymbol{B}=\begin{pmatrix} 2 & 1 & 5 \\ -3 & 2 & 4 \\ 1 & 3 & 1 \end{pmatrix},\quad \boldsymbol{C}=\begin{pmatrix} 1 & 1 & 5 \\ -3 & 1 & 4 \\ 1 & 3 & 0 \end{pmatrix}.$$

6. 设矩阵

$$\boldsymbol{A}=\begin{pmatrix} a_1 & b_1 & c_1 \\ a_2 & b_2 & c_2 \\ a_3 & b_3 & c_3 \end{pmatrix},\quad \boldsymbol{B}=\begin{pmatrix} d_1 & b_1 & c_1 \\ d_2 & b_2 & c_2 \\ d_3 & b_3 & c_3 \end{pmatrix},$$

且 $|\boldsymbol{A}|=2$，$|\boldsymbol{B}|=3$，求 $|\boldsymbol{A}+2\boldsymbol{B}|$.

7. 设 $\boldsymbol{A}$ 为实对称矩阵，且 $\boldsymbol{A}^2=\boldsymbol{O}$，证明：$\boldsymbol{A}=\boldsymbol{O}$.

8. 设 $\boldsymbol{A}$ 是矩阵，k 是数，证明：$k\boldsymbol{A}=\boldsymbol{O}$，则 $k=0$ 或 $\boldsymbol{A}=\boldsymbol{O}$.

9. 已知矩阵 $\boldsymbol{A}=\left(\frac{1}{2}, 0, 0, \frac{1}{2}\right)$，矩阵 $\boldsymbol{B}=\boldsymbol{E}-\boldsymbol{A}^{\mathrm{T}}\boldsymbol{A}$，$\boldsymbol{C}=\boldsymbol{E}+2\boldsymbol{A}^{\mathrm{T}}\boldsymbol{A}$，其中 $\boldsymbol{E}$ 为四阶单位矩阵，求 $\boldsymbol{BC}$.

10. 设有两个线性变换：

$$\begin{cases} x_1 = y_1 - y_2 + 2y_3, \\ x_2 = y_1 + 3y_2, \\ x_3 = 4y_2 - y_3; \end{cases}\qquad \begin{cases} y_1 = z_1 + z_3, \\ y_2 = 2z_2 - 5z_3, \\ y_3 = 3z_1 + 7z_2. \end{cases}$$

求从 z_1, z_2, z_3 到 x_1, x_2, x_3 的线性变换.

11. 设 $\boldsymbol{A}$ 与 $\boldsymbol{B}$ 均为 n 阶对称矩阵，试证明 $\boldsymbol{AB}$ 为对称矩阵的充分必要条件是 $\boldsymbol{AB}=\boldsymbol{BA}$.

12. 已知 $\boldsymbol{A}=\begin{pmatrix}2 & -1\\ -3 & 3\end{pmatrix}$, $f(x)=x^2-5x+3$, 求 $f(\boldsymbol{A})$.

2.3 分块矩阵

在矩阵运算中,对于某些阶数较高的矩阵,往往采用分块方法将矩阵分成若干小块,这使矩阵之间的关系可以看得更清楚,可化高阶矩阵的运算为低价矩阵的运算.

2.3.1 分块矩阵

设矩阵 $\boldsymbol{A}=(a_{ij})_{m\times n}$,用若干条横线和竖线把矩阵分成若干小块,每个小块所构成的矩阵称为 $\boldsymbol{A}$ 的**子矩阵**(简称**子块**),在进行矩阵运算时,可以把 $\boldsymbol{A}$ 的每一个子块作为一个元素,这种以子矩阵为元素的矩阵称为**分块矩阵**.

例如,将矩阵

$$\boldsymbol{A}=\begin{pmatrix}a_{11} & a_{12} & a_{13} & a_{14}\\ a_{21} & a_{22} & a_{23} & a_{24}\\ a_{31} & a_{32} & a_{33} & a_{34}\end{pmatrix}$$

分成子矩阵的分法有很多,如

(1) $\left(\begin{array}{cc:cc}a_{11} & a_{12} & a_{13} & a_{14}\\ a_{21} & a_{22} & a_{23} & a_{24}\\ \hdashline a_{31} & a_{32} & a_{33} & a_{34}\end{array}\right)$; (2) $\left(\begin{array}{c:cc:c}a_{11} & a_{12} & a_{13} & a_{14}\\ a_{21} & a_{22} & a_{23} & a_{24}\\ \hdashline a_{31} & a_{32} & a_{33} & a_{34}\end{array}\right)$;

(3) $\left(\begin{array}{c:c:c:c}a_{11} & a_{12} & a_{13} & a_{14}\\ a_{21} & a_{22} & a_{23} & a_{24}\\ a_{31} & a_{32} & a_{33} & a_{34}\end{array}\right)$; (4) $\left(\begin{array}{cccc}a_{11} & a_{12} & a_{13} & a_{14}\\ \hdashline a_{21} & a_{22} & a_{23} & a_{24}\\ \hdashline a_{31} & a_{32} & a_{33} & a_{34}\end{array}\right)$.

分法(1)可记为

$$\boldsymbol{A}=\begin{pmatrix}\boldsymbol{A}_{11} & \boldsymbol{A}_{12}\\ \boldsymbol{A}_{21} & \boldsymbol{A}_{22}\end{pmatrix},$$

其中 $$\boldsymbol{A}_{11}=\begin{pmatrix}a_{11} & a_{12}\\ a_{21} & a_{22}\end{pmatrix},\quad \boldsymbol{A}_{12}=\begin{pmatrix}a_{13} & a_{14}\\ a_{23} & a_{24}\end{pmatrix},$$

$$\boldsymbol{A}_{21}=(a_{31}\quad a_{32}),\quad \boldsymbol{A}_{22}=(a_{33}\quad a_{34}).$$

即 $\boldsymbol{A}_{11}$, $\boldsymbol{A}_{12}$, $\boldsymbol{A}_{21}$, $\boldsymbol{A}_{22}$ 是 $\boldsymbol{A}$ 的子块,而 $\boldsymbol{A}$ 形式上成为以这些子块为元素的分块

矩阵.

分法(3)可记为
$$\boldsymbol{A}=(\boldsymbol{\alpha}_1,\boldsymbol{\alpha}_2,\boldsymbol{\alpha}_3,\boldsymbol{\alpha}_4),$$
其中
$$\boldsymbol{\alpha}_j=\begin{pmatrix}a_{1j}\\a_{2j}\\a_{3j}\end{pmatrix}\quad(j=1,2,3,4).$$
即 $\boldsymbol{\alpha}_1,\boldsymbol{\alpha}_2,\boldsymbol{\alpha}_3,\boldsymbol{\alpha}_4$ 是 $\boldsymbol{A}$ 的子块,均为列矩阵.

分法(2),(4)的分块矩阵由读者自己完成.

矩阵的分块是非常灵活的,究竟采用哪种分块比较合理,要从以下两方面考虑:

(1) 要满足运算条件;

(2) 充分利用矩阵的特点分块,使表达式简洁,运算简便.

例如,可将矩阵
$$\boldsymbol{A}=\begin{pmatrix}3&0&0&0&0&0\\0&3&0&0&0&0\\0&0&5&2&0&0\\0&0&0&5&2&0\\0&0&0&0&5&0\\0&0&0&0&0&7\end{pmatrix}$$
表示为分块对角阵,即
$$\boldsymbol{A}=\begin{pmatrix}3\boldsymbol{E}&0&0\\0&\boldsymbol{A}_2&0\\0&0&\boldsymbol{A}_3\end{pmatrix},$$
其中
$$\boldsymbol{E}=\begin{pmatrix}1&0\\0&1\end{pmatrix},\quad\boldsymbol{A}_2=\begin{pmatrix}5&2&0\\0&5&2\\0&0&5\end{pmatrix},\quad\boldsymbol{A}_3=(7).$$

可以看出,若 $\boldsymbol{A}$ 为 n 阶方阵,且 $\boldsymbol{A}$ 的分块矩阵只有主对角线上有非零子块,其余子块均为零矩阵,即
$$\boldsymbol{A}=\begin{pmatrix}\boldsymbol{A}_1&&&\\&\boldsymbol{A}_2&&\\&&\ddots&\\&&&\boldsymbol{A}_s\end{pmatrix},$$

其中 $\boldsymbol{A}_k(k=1, 2, \cdots, s)$ 都是方阵,则称方阵 $\boldsymbol{A}$ 为**分块对角阵**,简记为

$$\boldsymbol{A}=\operatorname{diag}(\boldsymbol{A}_1, \boldsymbol{A}_2, \cdots, \boldsymbol{A}_s).$$

关于分块对角矩阵有下列运算性质:

设 $\boldsymbol{A}=\operatorname{diag}(\boldsymbol{A}_1, \boldsymbol{A}_2, \cdots, \boldsymbol{A}_s)$, $\boldsymbol{B}=\operatorname{diag}(\boldsymbol{B}_1, \boldsymbol{B}_2, \cdots, \boldsymbol{B}_s)$,其中 $\boldsymbol{A}_i$, $\boldsymbol{B}_i(i=1, 2, \cdots, s)$为同型矩阵,则

(1) $\boldsymbol{A}\pm\boldsymbol{B}=\operatorname{diag}(\boldsymbol{A}_1\pm\boldsymbol{B}_1, \boldsymbol{A}_2\pm\boldsymbol{B}_2, \cdots, \boldsymbol{A}_s\pm\boldsymbol{B}_s)$;

(2) $\boldsymbol{AB}=\operatorname{diag}(\boldsymbol{A}_1\boldsymbol{B}_1, \boldsymbol{A}_2\boldsymbol{B}_2, \cdots, \boldsymbol{A}_s\boldsymbol{B}_s)$;

(3) $\boldsymbol{A}^k=\operatorname{diag}(\boldsymbol{A}_1^k, \boldsymbol{A}_2^k, \cdots, \boldsymbol{A}_s^k)$;

(4) $\boldsymbol{A}^{\mathrm{T}}=\operatorname{diag}(\boldsymbol{A}_1^{\mathrm{T}}, \boldsymbol{A}_2^{\mathrm{T}}, \cdots, \boldsymbol{A}_s^{\mathrm{T}})$;

(5) $|\boldsymbol{A}|=|\boldsymbol{A}_1|\cdot|\boldsymbol{A}_2|\cdot\cdots\cdot|\boldsymbol{A}_s|$.

2.3.2 分块矩阵的运算

分块矩阵的运算与矩阵的运算类似,并满足:

(1) 每个子块作为一个元素参加运算要满足矩阵的运算规则;

(2) 每个子块之间的运算也要满足矩阵的运算规则.

1. 分块矩阵的加减法

设 $\boldsymbol{A}$ 与 $\boldsymbol{B}$ 都是 $m\times n$ 矩阵,并且以相同的方式分块,即

$$\boldsymbol{A}=\begin{pmatrix}\boldsymbol{A}_{11} & \boldsymbol{A}_{12} & \cdots & \boldsymbol{A}_{1s}\\ \boldsymbol{A}_{21} & \boldsymbol{A}_{22} & \cdots & \boldsymbol{A}_{2s}\\ \vdots & \vdots & & \vdots\\ \boldsymbol{A}_{r1} & \boldsymbol{A}_{r2} & \cdots & \boldsymbol{A}_{rs}\end{pmatrix}, \quad \boldsymbol{B}=\begin{pmatrix}\boldsymbol{B}_{11} & \boldsymbol{B}_{12} & \cdots & \boldsymbol{B}_{1s}\\ \boldsymbol{B}_{21} & \boldsymbol{B}_{22} & \cdots & \boldsymbol{B}_{2s}\\ \vdots & \vdots & & \vdots\\ \boldsymbol{B}_{r1} & \boldsymbol{B}_{r2} & \cdots & \boldsymbol{B}_{rs}\end{pmatrix}.$$

其中,$\boldsymbol{A}_{ij}$ 与 $\boldsymbol{B}_{ij}(i=1, 2, \cdots, r;\ j=1, 2, \cdots, s)$ 都是同型矩阵,则

$$\boldsymbol{A}\pm\boldsymbol{B}=\begin{pmatrix}\boldsymbol{A}_{11}\pm\boldsymbol{B}_{11} & \boldsymbol{A}_{12}\pm\boldsymbol{B}_{12} & \cdots & \boldsymbol{A}_{1s}\pm\boldsymbol{B}_{1s}\\ \boldsymbol{A}_{21}\pm\boldsymbol{B}_{21} & \boldsymbol{A}_{22}\pm\boldsymbol{B}_{22} & \cdots & \boldsymbol{A}_{2s}\pm\boldsymbol{B}_{2s}\\ \vdots & \vdots & & \vdots\\ \boldsymbol{A}_{r1}\pm\boldsymbol{B}_{r1} & \boldsymbol{A}_{r2}\pm\boldsymbol{B}_{r2} & \cdots & \boldsymbol{A}_{rs}\pm\boldsymbol{B}_{rs}\end{pmatrix}.$$

例 1 设矩阵

$$\boldsymbol{A}=\begin{pmatrix}-1 & 0 & 0 & 0\\ 0 & -1 & 0 & 0\\ 1 & 3 & 1 & 0\\ 5 & -2 & 0 & 1\end{pmatrix}, \quad \boldsymbol{B}=\begin{pmatrix}1 & 0 & 1 & 0\\ 0 & 1 & 0 & 1\\ 0 & 0 & 1 & 2\\ 0 & 0 & 2 & 1\end{pmatrix},$$

求 $\boldsymbol{A}+\boldsymbol{B}$, $\boldsymbol{A}-\boldsymbol{B}$.

解 首先将 $\boldsymbol{A}$, $\boldsymbol{B}$ 分块,则

$$\boldsymbol{A}=\left(\begin{array}{cc:cc}-1 & 0 & 0 & 0\\ 0 & -1 & 0 & 0\\ \hdashline 1 & 3 & 1 & 0\\ 5 & -2 & 0 & 1\end{array}\right)=\begin{pmatrix}-\boldsymbol{E} & \boldsymbol{O}\\ \boldsymbol{A}_{21} & \boldsymbol{E}\end{pmatrix},$$

$$\boldsymbol{B}=\left(\begin{array}{cc:cc}1 & 0 & 1 & 0\\ 0 & 1 & 0 & 1\\ \hdashline 0 & 0 & 1 & 2\\ 0 & 0 & 2 & 1\end{array}\right)=\begin{pmatrix}\boldsymbol{E} & \boldsymbol{E}\\ \boldsymbol{O} & \boldsymbol{B}_{22}\end{pmatrix}.$$

其中 $$\boldsymbol{A}_{21}=\begin{pmatrix}1 & 3\\ 5 & -2\end{pmatrix},\quad \boldsymbol{B}_{22}=\begin{pmatrix}1 & 2\\ 2 & 1\end{pmatrix},$$

则 $$\boldsymbol{A}+\boldsymbol{B}=\begin{pmatrix}-\boldsymbol{E}+\boldsymbol{E} & \boldsymbol{O}+\boldsymbol{E}\\ \boldsymbol{A}_{21}+\boldsymbol{O} & \boldsymbol{E}+\boldsymbol{B}_{22}\end{pmatrix}=\begin{pmatrix}\boldsymbol{O} & \boldsymbol{E}\\ \boldsymbol{A}_{21} & \boldsymbol{E}+\boldsymbol{B}_{22}\end{pmatrix},$$

$$\boldsymbol{E}+\boldsymbol{B}_{22}=\begin{pmatrix}1 & 0\\ 0 & 1\end{pmatrix}+\begin{pmatrix}1 & 2\\ 2 & 1\end{pmatrix}=\begin{pmatrix}2 & 2\\ 2 & 2\end{pmatrix}.$$

所以

$$\boldsymbol{A}+\boldsymbol{B}=\begin{pmatrix}0 & 0 & 1 & 0\\ 0 & 0 & 0 & 1\\ 1 & 3 & 2 & 2\\ 5 & -2 & 2 & 2\end{pmatrix}.$$

类似地,有

$$\boldsymbol{A}-\boldsymbol{B}=\begin{pmatrix}-\boldsymbol{E}-\boldsymbol{E} & \boldsymbol{O}-\boldsymbol{E}\\ \boldsymbol{A}_{21}-\boldsymbol{O} & \boldsymbol{E}-\boldsymbol{B}_{22}\end{pmatrix}=\begin{pmatrix}-2\boldsymbol{E} & -\boldsymbol{E}\\ \boldsymbol{A}_{21} & \boldsymbol{E}-\boldsymbol{B}_{22}\end{pmatrix}$$

$$=\begin{pmatrix}-2 & 0 & -1 & 0\\ 0 & -2 & 0 & -1\\ 1 & 3 & 0 & -2\\ 5 & -2 & -2 & 0\end{pmatrix}.$$

2. 数与分块矩阵的乘法

用数 k 乘分块矩阵 $\boldsymbol{A}$ 时,等于用数 k 乘矩阵 $\boldsymbol{A}$ 的每一个子块,即设

$$\boldsymbol{A}=\begin{pmatrix}\boldsymbol{A}_{11} & \boldsymbol{A}_{12} & \cdots & \boldsymbol{A}_{1s}\\ \boldsymbol{A}_{21} & \boldsymbol{A}_{22} & \cdots & \boldsymbol{A}_{2s}\\ \vdots & \vdots & & \vdots\\ \boldsymbol{A}_{r1} & \boldsymbol{A}_{r2} & \cdots & \boldsymbol{A}_{rs}\end{pmatrix},$$

k 是数,则

$$k\boldsymbol{A}=\begin{pmatrix}k\boldsymbol{A}_{11} & k\boldsymbol{A}_{12} & \cdots & k\boldsymbol{A}_{1s}\\ k\boldsymbol{A}_{21} & k\boldsymbol{A}_{22} & \cdots & k\boldsymbol{A}_{2s}\\ \vdots & \vdots & & \vdots\\ k\boldsymbol{A}_{r1} & k\boldsymbol{A}_{r2} & \cdots & k\boldsymbol{A}_{rs}\end{pmatrix}.$$

3. 分块矩阵的转置

设

$$\boldsymbol{A}=\begin{pmatrix}\boldsymbol{A}_{11} & \boldsymbol{A}_{12} & \cdots & \boldsymbol{A}_{1t}\\ \boldsymbol{A}_{21} & \boldsymbol{A}_{22} & \cdots & \boldsymbol{A}_{2t}\\ \vdots & \vdots & & \vdots\\ \boldsymbol{A}_{s1} & \boldsymbol{A}_{s2} & \cdots & \boldsymbol{A}_{st}\end{pmatrix},$$

则

$$\boldsymbol{A}^{\mathrm{T}}=\begin{pmatrix}\boldsymbol{A}_{11}^{\mathrm{T}} & \boldsymbol{A}_{21}^{\mathrm{T}} & \cdots & \boldsymbol{A}_{s1}^{\mathrm{T}}\\ \boldsymbol{A}_{12}^{\mathrm{T}} & \boldsymbol{A}_{22}^{\mathrm{T}} & \cdots & \boldsymbol{A}_{s2}^{\mathrm{T}}\\ \vdots & \vdots & & \vdots\\ \boldsymbol{A}_{1t}^{\mathrm{T}} & \boldsymbol{A}_{2t}^{\mathrm{T}} & \cdots & \boldsymbol{A}_{st}^{\mathrm{T}}\end{pmatrix}.$$

注意 分块矩阵的转置运算除了按普通矩阵求转置外,还要对子块再转置.

4. 分块矩阵的乘法

设 $\boldsymbol{A}$ 为 $m\times s$ 矩阵,$\boldsymbol{B}$ 为 $s\times n$ 矩阵,若它们的分块矩阵分别为

$$\boldsymbol{A}=\begin{pmatrix}\boldsymbol{A}_{11} & \boldsymbol{A}_{12} & \cdots & \boldsymbol{A}_{1t}\\ \boldsymbol{A}_{21} & \boldsymbol{A}_{22} & \cdots & \boldsymbol{A}_{2t}\\ \vdots & \vdots & & \vdots\\ \boldsymbol{A}_{s1} & \boldsymbol{A}_{s2} & \cdots & \boldsymbol{A}_{st}\end{pmatrix},\quad \boldsymbol{B}=\begin{pmatrix}\boldsymbol{B}_{11} & \boldsymbol{B}_{12} & \cdots & \boldsymbol{B}_{1r}\\ \boldsymbol{B}_{21} & \boldsymbol{B}_{22} & \cdots & \boldsymbol{A}_{2r}\\ \vdots & \vdots & & \vdots\\ \boldsymbol{B}_{t1} & \boldsymbol{B}_{t2} & \cdots & \boldsymbol{B}_{tr}\end{pmatrix}.$$

其中，子块 $\boldsymbol{A}_{i1}$，$\boldsymbol{A}_{i2}$，…，$\boldsymbol{A}_{it}$（$i=1, 2, \cdots, s$）中的列数分别等于子块 $\boldsymbol{B}_{1j}$，$\boldsymbol{B}_{2j}$，…，$\boldsymbol{B}_{tj}$（$j=1, 2, \cdots, r$）中的行数，即矩阵 $\boldsymbol{A}$ 的列的分法与矩阵 $\boldsymbol{B}$ 的行的分法一致，则

$$\boldsymbol{AB}=\begin{pmatrix}\boldsymbol{C}_{11} & \boldsymbol{C}_{12} & \cdots & \boldsymbol{C}_{1r}\\ \boldsymbol{C}_{21} & \boldsymbol{C}_{22} & \cdots & \boldsymbol{C}_{2r}\\ \vdots & \vdots & & \vdots\\ \boldsymbol{C}_{s1} & \boldsymbol{C}_{s2} & \cdots & \boldsymbol{C}_{sr}\end{pmatrix}.$$

其中，$\boldsymbol{C}_{ij}=\boldsymbol{A}_{i1}\boldsymbol{B}_{1j}+\boldsymbol{A}_{i2}\boldsymbol{B}_{2j}+\cdots+\boldsymbol{A}_{it}\boldsymbol{B}_{tj}$（$i=1, 2, \cdots, s$；$j=1, 2, \cdots, r$）.

例如，例 1 中的分块矩阵 $\boldsymbol{A}$，$\boldsymbol{B}$，有

$$\boldsymbol{AB}=\begin{pmatrix}-\boldsymbol{E} & \boldsymbol{O}\\ \boldsymbol{A}_{21} & \boldsymbol{E}\end{pmatrix}\begin{pmatrix}\boldsymbol{E} & \boldsymbol{E}\\ \boldsymbol{O} & \boldsymbol{B}_{22}\end{pmatrix}=\begin{pmatrix}-\boldsymbol{E} & -\boldsymbol{E}\\ \boldsymbol{A}_{21} & \boldsymbol{A}_{21}+\boldsymbol{B}_{22}\end{pmatrix},$$

其中

$$\boldsymbol{A}_{21}+\boldsymbol{B}_{22}=\begin{pmatrix}1 & 3\\ 5 & -2\end{pmatrix}+\begin{pmatrix}1 & 2\\ 2 & 1\end{pmatrix}=\begin{pmatrix}2 & 5\\ 7 & -1\end{pmatrix},$$

则

$$\boldsymbol{AB}=\begin{pmatrix}-1 & 0 & -1 & 0\\ 0 & -1 & 0 & -1\\ 1 & 3 & 2 & 5\\ 5 & -2 & 7 & -1\end{pmatrix}.$$

例 2 设 $\boldsymbol{A}$ 是三阶方阵，$\boldsymbol{A}=(\boldsymbol{A}_1, \boldsymbol{A}_2, \boldsymbol{A}_3)$，$|\boldsymbol{A}|=4$，计算 $|3\boldsymbol{A}_1-\boldsymbol{A}_3, \boldsymbol{A}_1+\boldsymbol{A}_3, \boldsymbol{A}_3+\boldsymbol{A}_2|$.

解 $|3\boldsymbol{A}_1-\boldsymbol{A}_3, \boldsymbol{A}_1+\boldsymbol{A}_3, \boldsymbol{A}_3+\boldsymbol{A}_2|$

$$\xlongequal{c_1+c_2}|4\boldsymbol{A}_1, \boldsymbol{A}_1+\boldsymbol{A}_3, \boldsymbol{A}_3+\boldsymbol{A}_2|=4|\boldsymbol{A}_1, \boldsymbol{A}_1+\boldsymbol{A}_3, \boldsymbol{A}_3+\boldsymbol{A}_2|$$

$$\xlongequal{c_2-c_1}4|\boldsymbol{A}_1, \boldsymbol{A}_3, \boldsymbol{A}_3+\boldsymbol{A}_2|\xlongequal{c_3-c_2}4|\boldsymbol{A}_1, \boldsymbol{A}_3, \boldsymbol{A}_2|$$

$$=-4|\boldsymbol{A}_1, \boldsymbol{A}_2, \boldsymbol{A}_3|=-16.$$

例 3 设 $\boldsymbol{AB}$ 是三阶方阵，且 $\boldsymbol{A}=\begin{pmatrix}\boldsymbol{A}_1\\ 2\boldsymbol{A}_2\\ 3\boldsymbol{A}_3\end{pmatrix}$，$\boldsymbol{B}=\begin{pmatrix}\boldsymbol{B}_1\\ \boldsymbol{A}_2\\ \boldsymbol{A}_3\end{pmatrix}$，其中 $\boldsymbol{A}_1$，$\boldsymbol{A}_2$，$\boldsymbol{A}_3$，$\boldsymbol{B}_1$ 均为行矩阵，$|\boldsymbol{A}|=15$，$|\boldsymbol{B}|=3$，求 $|\boldsymbol{A}-\boldsymbol{B}|$.

解 $$|\boldsymbol{A}-\boldsymbol{B}|=\begin{vmatrix}\boldsymbol{A}_1-\boldsymbol{B}_1\\\boldsymbol{A}_2\\2\boldsymbol{A}_3\end{vmatrix}=2\begin{vmatrix}\boldsymbol{A}_1-\boldsymbol{B}_1\\\boldsymbol{A}_2\\\boldsymbol{A}_3\end{vmatrix}=2\begin{vmatrix}\boldsymbol{A}_1\\\boldsymbol{A}_2\\\boldsymbol{A}_3\end{vmatrix}-2\begin{vmatrix}\boldsymbol{B}_1\\\boldsymbol{A}_2\\\boldsymbol{A}_3\end{vmatrix}$$

$$=\frac{1}{3}\begin{vmatrix}\boldsymbol{A}_1\\2\boldsymbol{A}_2\\3\boldsymbol{A}_3\end{vmatrix}-2\begin{vmatrix}\boldsymbol{B}_1\\\boldsymbol{A}_2\\\boldsymbol{A}_3\end{vmatrix}=\frac{1}{3}|\boldsymbol{A}|-2|\boldsymbol{B}|=\frac{1}{3}\times 15-2\times 3=-1.$$

例 4 设 $\boldsymbol{A}=\begin{pmatrix}1&2&3\\1&1&1\\0&3&3\end{pmatrix}$，$\boldsymbol{B}=\begin{pmatrix}1&2\\3&4\end{pmatrix}$，$\boldsymbol{C}=\begin{pmatrix}\boldsymbol{A}&\boldsymbol{O}\\\boldsymbol{O}&\boldsymbol{B}\end{pmatrix}$. 求$|\boldsymbol{C}|$.

解 $$|\boldsymbol{C}|=\begin{vmatrix}\boldsymbol{A}&\boldsymbol{O}\\\boldsymbol{O}&\boldsymbol{B}\end{vmatrix}=|\boldsymbol{A}||\boldsymbol{B}|=3\times(-2)=-6.$$

例 5 已知矩阵 $\boldsymbol{A}=\begin{pmatrix}3&4&0&0\\4&-3&0&0\\0&0&2&0\\0&0&-2&-2\end{pmatrix}$，求 $|\boldsymbol{A}^8|$ 及 $\boldsymbol{A}^4$.

解 设

$$\boldsymbol{A}=\begin{pmatrix}\boldsymbol{A}_1&\boldsymbol{O}\\\boldsymbol{O}&\boldsymbol{A}_2\end{pmatrix},\quad |\boldsymbol{A}_1|=\begin{vmatrix}3&4\\4&-3\end{vmatrix}=-25,\quad |\boldsymbol{A}_2|=-4\begin{vmatrix}1&0\\1&1\end{vmatrix}=-4,$$

则 $$|\boldsymbol{A}^8|=|\boldsymbol{A}|^8=(|\boldsymbol{A}_1||\boldsymbol{A}_2|)^8=100^8,$$

$$\boldsymbol{A}_1^2=\begin{pmatrix}25&0\\0&25\end{pmatrix},\quad \boldsymbol{A}_2^2=\begin{pmatrix}4&0\\0&4\end{pmatrix},\quad \boldsymbol{A}_1^4=\begin{pmatrix}625&0\\0&625\end{pmatrix},\quad \boldsymbol{A}_2^4=\begin{pmatrix}16&0\\0&16\end{pmatrix},$$

$$\boldsymbol{A}^4=\begin{pmatrix}\boldsymbol{A}_1^4&\boldsymbol{O}\\\boldsymbol{O}&\boldsymbol{A}_2^4\end{pmatrix}=\begin{pmatrix}625&0&0&0\\0&625&0&0\\0&0&16&0\\0&0&0&16\end{pmatrix}.$$

2.3.3 利用矩阵表示线性方程组

设线性方程组

$$\begin{cases}a_{11}x_1+a_{12}x_2+\cdots+a_{1n}x_n=b_1,\\a_{21}x_1+a_{22}x_2+\cdots+a_{2n}x_n=b_2,\\\qquad\vdots\\a_{m1}x_1+a_{m2}x_2+\cdots+a_{mn}x_n=b_m,\end{cases}\tag{1}$$

利用矩阵的乘法,有

$$\begin{pmatrix} a_{11} & a_{12} & \cdots & a_{1n} \\ a_{21} & a_{22} & \cdots & a_{2n} \\ \vdots & \vdots & & \vdots \\ a_{m1} & a_{m2} & \cdots & a_{mn} \end{pmatrix}\begin{pmatrix} x_1 \\ x_2 \\ \vdots \\ x_n \end{pmatrix} = \begin{pmatrix} b_1 \\ b_2 \\ \vdots \\ b_m \end{pmatrix},$$

即

$$\boldsymbol{Ax} = \boldsymbol{b}. \tag{2}$$

如果把系数矩阵 $\boldsymbol{A}$ 按列分块,则

$$(\boldsymbol{\alpha}_1, \boldsymbol{\alpha}_2, \cdots, \boldsymbol{\alpha}_n)\begin{pmatrix} x_1 \\ x_2 \\ \vdots \\ x_n \end{pmatrix} = \boldsymbol{b},$$

其中

$$\boldsymbol{\alpha}_j = \begin{pmatrix} a_{1j} \\ a_{2j} \\ \vdots \\ a_{mj} \end{pmatrix} \quad (j = 1, 2, \cdots, n),$$

得

$$x_1\boldsymbol{\alpha}_1 + x_2\boldsymbol{\alpha}_2 + \cdots + x_n\boldsymbol{\alpha}_n = \boldsymbol{b}. \tag{3}$$

可见式(1),(2),(3)为线性方程组的三种不同的表示形式.在涉及有关问题讨论时,将用到不同的形式.

习 题 2.3

1. 设矩阵

$$\boldsymbol{E} = \begin{pmatrix} 1 & 0 \\ 0 & 1 \end{pmatrix},\quad \boldsymbol{A} = \begin{pmatrix} 0 & 1 \\ 1 & 0 \end{pmatrix},\quad \boldsymbol{B} = \begin{pmatrix} 1 & 0 \\ -1 & 1 \end{pmatrix},\quad \boldsymbol{C} = \begin{pmatrix} 2 & 0 \\ 0 & 2 \end{pmatrix},\quad \boldsymbol{O} = \begin{pmatrix} 0 & 0 \\ 0 & 0 \end{pmatrix},$$

$$\boldsymbol{D} = \begin{pmatrix} \boldsymbol{D}_{11} & \boldsymbol{D}_{12} \\ \boldsymbol{D}_{21} & \boldsymbol{D}_{22} \end{pmatrix} = \left(\begin{array}{cc:cc} 1 & 1 & 1 & 1 \\ 1 & 2 & 1 & 1 \\ \hdashline 3 & 1 & 1 & 1 \\ 3 & 2 & 1 & 2 \end{array}\right).$$

试求下列分块矩阵的乘积.

(1) $\begin{pmatrix} \boldsymbol{O} & \boldsymbol{E} \\ \boldsymbol{E} & \boldsymbol{O} \end{pmatrix}\begin{pmatrix} \boldsymbol{D}_{11} & \boldsymbol{D}_{12} \\ \boldsymbol{D}_{21} & \boldsymbol{D}_{22} \end{pmatrix}$; (2) $\begin{pmatrix} \boldsymbol{O} & \boldsymbol{E} \\ \boldsymbol{E} & \boldsymbol{E} \end{pmatrix}\begin{pmatrix} \boldsymbol{D}_{11} & \boldsymbol{D}_{12} \\ \boldsymbol{D}_{21} & \boldsymbol{D}_{22} \end{pmatrix}$;

(3) $\begin{pmatrix} \boldsymbol{C} & \boldsymbol{O} \\ \boldsymbol{O} & \boldsymbol{E} \end{pmatrix}\begin{pmatrix} \boldsymbol{D}_{11} & \boldsymbol{D}_{12} \\ \boldsymbol{D}_{21} & \boldsymbol{D}_{22} \end{pmatrix}$; (4) $\begin{pmatrix} \boldsymbol{D}_{11} & \boldsymbol{D}_{12} \\ \boldsymbol{D}_{21} & \boldsymbol{D}_{22} \end{pmatrix}\begin{pmatrix} \boldsymbol{A} & \boldsymbol{O} \\ \boldsymbol{B} & \boldsymbol{C} \end{pmatrix}$.

2. 设矩阵

$$\boldsymbol{A}=\left(\begin{array}{cc:cc} 1 & 0 & 0 & 0 \\ 0 & 1 & 0 & 0 \\ \hdashline -1 & 2 & 1 & 0 \\ 1 & 1 & 0 & 1 \end{array}\right),\quad \boldsymbol{B}=\left(\begin{array}{cc:cc} 1 & 0 & 1 & 0 \\ 0 & 1 & 0 & 1 \\ \hdashline 1 & 0 & 4 & 1 \\ -1 & -1 & 2 & 0 \end{array}\right).$$

利用分块矩阵乘法计算 $\boldsymbol{AB}$.

3. 设矩阵

$$\boldsymbol{A}=\begin{pmatrix} 3 & 4 & 0 & 0 \\ 4 & -3 & 0 & 0 \\ 0 & 0 & 2 & 2 \\ 0 & 0 & 0 & 2 \end{pmatrix},$$

求 $\boldsymbol{A}^4$，$|\boldsymbol{A}|^6$.

4. 设矩阵

$$\boldsymbol{A}=\begin{pmatrix} 1 & 1 & 0 & 0 \\ 1 & 1 & 0 & 0 \\ 0 & 0 & 1 & 0 \\ 0 & 0 & 1 & 1 \end{pmatrix},$$

求 $\boldsymbol{A}^k$.

5. 矩阵 $\boldsymbol{A}$ 是四阶方阵，$\boldsymbol{A}_1$，$\boldsymbol{A}_2$，$\boldsymbol{A}_3$，$\boldsymbol{A}_4$ 是它的行矩阵. 设 $|\boldsymbol{A}|=2$，$\boldsymbol{B}=\begin{pmatrix} \boldsymbol{A}_4 \\ 2\boldsymbol{A}_2 \\ -3\boldsymbol{A}_1 \\ \boldsymbol{A}_3 \end{pmatrix}$，求 $|\boldsymbol{B}|$.

2.4 矩阵的初等变换

矩阵的初等变换在矩阵的运算中非常重要，解线性方程组，求矩阵的秩、逆等都要用到. 故要正确理解矩阵初等变换的含义，并在计算时加倍小心，若有一个数字算错也就前功尽弃.

2.4.1 矩阵的初等变换

我们知道,一个线性方程组可以用其系数与常数项组成的增广矩阵表示,即

$$\begin{cases}2x_1-x_2+2x_3=4, & ①\\ x_1+x_2+2x_3=1, & ②\\ 4x_1+x_2+4x_3=2. & ③\end{cases} \xrightleftharpoons{\text{对应}} \overline{\boldsymbol{A}}=\begin{pmatrix}2 & -1 & 2 & 4\\ 1 & 1 & 2 & 1\\ 4 & 1 & 4 & 2\end{pmatrix}.$$

用消元法解此方程组的具体做法如下:

(1) 互换两个方程的位置;

(2) 用一个非零常数乘一个方程;

(3) 把一个方程的倍数加到另一个方程上去.

现用矩阵表示线性方程组后,解题过程可以写成如下的形式.

第一步,互换式①与式②的位置,即

$$\begin{cases}x_1+x_2+2x_3=1, & ①\\ 2x_1-x_2+2x_3=4, & ②\\ 4x_1+x_2+4x_3=2. & ③\end{cases} \xrightleftharpoons{r_1\leftrightarrow r_2} \begin{pmatrix}1 & 1 & 2 & 1\\ 2 & -1 & 2 & 4\\ 4 & 1 & 4 & 2\end{pmatrix}.$$

第二步,式②-式①×2,式③-式①×4,即

$$\begin{cases}x_1+x_2+2x_3=1, & ①\\ -3x_2-2x_3=2, & ②\\ -3x_2-4x_3=-2. & ③\end{cases} \xrightleftharpoons[r_3-4r_1]{r_2-2r_1} \begin{pmatrix}1 & 1 & 2 & 1\\ 0 & -3 & -2 & 2\\ 0 & -3 & -4 & -2\end{pmatrix}.$$

第三步,式③-式②,即

$$\begin{cases}x_1+x_2+2x_3=1, & ①\\ -3x_2-2x_3=2, & ②\\ -2x_3=-4. & ③\end{cases} \xrightleftharpoons{r_3-r_2} \begin{pmatrix}1 & 1 & 2 & 1\\ 0 & -3 & -2 & 2\\ 0 & 0 & -2 & -4\end{pmatrix}.$$

这样可以将方程组化为阶梯形方程组,相对应的矩阵化为行阶梯形矩阵.

以下的计算过程称为"回代过程".

第四步,式③$\times\left(-\dfrac{1}{2}\right)$,式②$\times(-1)$,即

$$\begin{cases}x_1+x_2+2x_3=1, & ①\\ 3x_2+2x_3=-2, & ②\\ x_3=2. & ③\end{cases} \xrightleftharpoons[(-1)\cdot r_2]{-\frac{1}{2}r_3} \begin{pmatrix}1 & 1 & 2 & 1\\ 0 & 3 & 2 & -2\\ 0 & 0 & 1 & 2\end{pmatrix}.$$

第五步，式①－式③×2，式②－式③×2，即

$$\begin{cases} x_1 + x_2 \quad = -3, & ① \\ \quad 3x_2 \quad = -6, & ② \\ \qquad x_3 = 2. & ③ \end{cases} \xrightleftharpoons[r_2-2r_3]{r_1-2r_3} \begin{pmatrix} 1 & 1 & 0 & -3 \\ 0 & 3 & 0 & -6 \\ 0 & 0 & 1 & 2 \end{pmatrix}.$$

第六步，式②$\times\dfrac{1}{3}$，即

$$\begin{cases} x_1 + x_2 \quad = -3, & ① \\ \quad x_2 \quad = -2, & ② \\ \qquad x_3 = 2. & ③ \end{cases} \xrightleftharpoons{\frac{1}{3}r_2} \begin{pmatrix} 1 & 1 & 0 & -3 \\ 0 & 1 & 0 & -2 \\ 0 & 0 & 1 & 2 \end{pmatrix}.$$

第七步，式①－式②，即

$$\begin{cases} x_1 \qquad = -1, & ① \\ \quad x_2 \quad = -2, & ② \\ \qquad x_3 = 2. & ③ \end{cases} \xrightleftharpoons{r_1-r_2} \begin{pmatrix} 1 & 0 & 0 & -1 \\ 0 & 1 & 0 & -2 \\ 0 & 0 & 1 & 2 \end{pmatrix}.$$

回代过程结束，对应的矩阵化为最简阶梯阵. 故原方程组的解为

$$x_1 = -1, \quad x_2 = -2, \quad x_3 = 2.$$

可见，这样左边解方程组的过程，就是将其所对应的右边增广矩阵进行一系列演变化为最简阶梯阵，从而可直接写出该方程组的解.

将矩阵化为梯形阵的过程就是对矩阵反复施行三种变换：互换某两行；用一个非零数乘某行；把某行的倍数加到另一行上去. 这三种行变换称为矩阵的初等行变换.

定义 1 下列三种变换都称为矩阵的**初等行变换**：

(1) 对换矩阵的某两行，记作 $r_i \leftrightarrow r_j$，表示第 i 行与第 j 行对换；

(2) 用不等于零的数乘矩阵某一行的每一个元素，记作 kr_i，表示第 i 行乘以 k；

(3) 用一个数乘矩阵的 j 行加到 i 行上去，记作 $r_i + kr_j$，表示用数 k 乘第 j 行每个元素加到第 i 行对应元素上去.

注意 (1) 对矩阵施行初等行变换后得到的是一个新矩阵，它和原矩阵并不相同，仅是矩阵的演变. 故这两个矩阵之间不能写等号，只能写"→"(表示等价的意思).

(2) 对一个矩阵反复施行初等行变换后一定可以化为梯形矩阵，这种演算方法很重要.

(3) 将定义中的"行"换成"列"，就得到矩阵的初等列变换的定义. 将"r"换成"c"，就得到初等列变换的表示方法. 矩阵的初等行变换和初等列变换统称为矩阵

的**初等变换**. 如果矩阵 $\boldsymbol{A}$ 经过有限次初等变换变成矩阵 $\boldsymbol{B}$，则称矩阵 $\boldsymbol{A}$ 与矩阵 $\boldsymbol{B}$ 等价，记作 $\boldsymbol{A}\to\boldsymbol{B}$.

定理 1 每个矩阵都可以经过有限次初等行变换化为行阶梯形矩阵，进而化为行最简阶梯形矩阵.

例 1 用初等行变换，将矩阵

$$\boldsymbol{A}=\begin{pmatrix}0 & 0 & 0 & 6 & -2\\ 1 & -2 & -1 & 1 & 2\\ 2 & -1 & 0 & 4 & 3\\ 3 & 3 & 3 & 6 & 4\end{pmatrix}$$

化为行阶梯阵，进而化为最简阶梯阵.

解
$$\boldsymbol{A}\xrightarrow{r_1\leftrightarrow r_2}\begin{pmatrix}1 & -2 & -1 & 1 & 2\\ 0 & 0 & 0 & 6 & -2\\ 2 & -1 & 0 & 4 & 3\\ 3 & 3 & 3 & 6 & 4\end{pmatrix}\xrightarrow{\frac{1}{2}r_2}\begin{pmatrix}1 & -2 & -1 & 1 & 2\\ 0 & 0 & 0 & 3 & -1\\ 2 & -1 & 0 & 4 & 3\\ 3 & 3 & 3 & 6 & 4\end{pmatrix}$$

$$\xrightarrow[r_4-3r_1]{r_3-2r_1}\begin{pmatrix}1 & -2 & -1 & 1 & 2\\ 0 & 0 & 0 & 3 & -1\\ 0 & 3 & 2 & 2 & -1\\ 0 & 9 & 6 & 3 & -2\end{pmatrix}\xrightarrow[r_2\leftrightarrow r_3]{r_4-3r_3}\begin{pmatrix}1 & -2 & -1 & 1 & 2\\ 0 & 3 & 2 & 2 & -1\\ 0 & 0 & 0 & 3 & -1\\ 0 & 0 & 0 & -3 & 1\end{pmatrix}$$

$$\xrightarrow{r_4+r_3}\begin{pmatrix}1 & -2 & -1 & 1 & 2\\ 0 & 3 & 2 & 2 & -1\\ 0 & 0 & 0 & 3 & -1\\ 0 & 0 & 0 & 0 & 0\end{pmatrix}=\boldsymbol{B}.$$

$\boldsymbol{B}$ 为行阶梯阵，继续使用初等行变换，将 $\boldsymbol{B}$ 化为最简阶梯形矩阵.

$$\boldsymbol{B}\xrightarrow{\frac{1}{3}r_3}\begin{pmatrix}1 & -2 & -1 & 1 & 2\\ 0 & 3 & 2 & 2 & -1\\ 0 & 0 & 0 & 1 & -\frac{1}{3}\\ 0 & 0 & 0 & 0 & 0\end{pmatrix}\xrightarrow[r_1-r_3]{r_2-2r_3}\begin{pmatrix}1 & -2 & -1 & 0 & \frac{7}{3}\\ 0 & 3 & 4 & 0 & -\frac{1}{3}\\ 0 & 0 & 0 & 1 & -\frac{1}{3}\\ 0 & 0 & 0 & 0 & 0\end{pmatrix}$$

$$\xrightarrow{\frac{1}{3}r_2}\begin{pmatrix}1 & -2 & -1 & 0 & \frac{7}{3}\\ 0 & 1 & \frac{2}{3} & 0 & -\frac{1}{9}\\ 0 & 0 & 0 & 1 & -\frac{1}{3}\\ 0 & 0 & 0 & 0 & 0\end{pmatrix}\xrightarrow{r_1+2r_2}\begin{pmatrix}1 & 0 & \frac{1}{3} & 0 & \frac{19}{9}\\ 0 & 1 & \frac{2}{3} & 0 & -\frac{1}{9}\\ 0 & 0 & 0 & 1 & -\frac{1}{3}\\ 0 & 0 & 0 & 0 & 0\end{pmatrix}.$$

矩阵的初等行变换是可逆的，即如果矩阵 $\boldsymbol{A}$ 经过一次（或有限次）初等行变换变成矩阵 $\boldsymbol{B}$，则 $\boldsymbol{B}$ 经过一次（或有限次）初等行变换也能变成 $\boldsymbol{A}$，即有

$$\boldsymbol{A}\xrightarrow{r_i\to r_j}\boldsymbol{B}\xrightarrow{r_j\to r_i}\boldsymbol{A};\quad \boldsymbol{A}\xrightarrow{kr_i}\boldsymbol{B}\xrightarrow{\frac{1}{k}r_i}\boldsymbol{A};\quad \boldsymbol{A}\xrightarrow{r_i+kr_j}\boldsymbol{B}\xrightarrow{r_i-kr_j}\boldsymbol{A}.$$

2.4.2 初等矩阵

初等变换是矩阵的一种十分重要的运算，为了充分发挥其作用，有必要对它进一步探讨.

先看矩阵相乘的例子：

$$设\quad \boldsymbol{A}=\begin{pmatrix}a_{11} & a_{12} & a_{13}\\ a_{21} & a_{22} & a_{23}\\ a_{31} & a_{32} & a_{33}\end{pmatrix},$$

$$有\quad \begin{pmatrix}0 & 1 & 0\\ 1 & 0 & 0\\ 0 & 0 & 1\end{pmatrix}\begin{pmatrix}a_{11} & a_{12} & a_{13}\\ a_{21} & a_{22} & a_{23}\\ a_{31} & a_{32} & a_{33}\end{pmatrix}=\begin{pmatrix}a_{21} & a_{22} & a_{23}\\ a_{11} & a_{12} & a_{13}\\ a_{31} & a_{32} & a_{33}\end{pmatrix},$$

$$\begin{pmatrix}1 & 0 & 0\\ 0 & k & 0\\ 0 & 0 & 1\end{pmatrix}\begin{pmatrix}a_{11} & a_{12} & a_{13}\\ a_{21} & a_{22} & a_{23}\\ a_{31} & a_{32} & a_{33}\end{pmatrix}=\begin{pmatrix}a_{11} & a_{12} & a_{13}\\ ka_{21} & ka_{22} & ka_{23}\\ a_{31} & a_{32} & a_{33}\end{pmatrix}\quad (k\neq 0),$$

$$\begin{pmatrix}1 & 0 & 0\\ 0 & 1 & 0\\ k & 0 & 1\end{pmatrix}\begin{pmatrix}a_{11} & a_{12} & a_{13}\\ a_{21} & a_{22} & a_{23}\\ a_{31} & a_{32} & a_{33}\end{pmatrix}=\begin{pmatrix}a_{11} & a_{12} & a_{13}\\ a_{21} & a_{22} & a_{23}\\ ka_{11}+a_{31} & ka_{12}+a_{32} & ka_{13}+a_{33}\end{pmatrix}.$$

由上面三个等式可以看出，分别用三个三阶方阵左乘 $\boldsymbol{A}$ 的结果，相当于对 $\boldsymbol{A}$ 分别作了三种初等行变换：对换矩阵 $\boldsymbol{A}$ 的第 1，2 两行；用数 $k\neq 0$ 乘矩阵 $\boldsymbol{A}$ 的第 2 行；矩阵 $\boldsymbol{A}$ 的第 1 行的 k 倍加到第 3 行上去. 可见矩阵的初等变换、初等阵与矩阵的乘法运算有着密切的关系，矩阵的初等变换可以转换为矩阵的乘法.

下面建立初等矩阵的概念.

1. 初等矩阵的定义

定义 2 n 阶单位矩阵 $\boldsymbol{E}$ 经过一次初等行变换后得到的方阵称为**初等矩阵**.

初等行变换有三种，因此有下列三类初等矩阵：

(1) 对换 $\boldsymbol{E}$ 的第 i，j 两行后得到的初等矩阵，记作 $\boldsymbol{E}(i,\ j)$，即

$$\boldsymbol{E}\xrightarrow{r_i\leftrightarrow r_j}\boldsymbol{E}(i,\ j)=\begin{pmatrix}1&&&&&&&&&\\&\ddots&&&&&&&&\\&&1&&&&&&&\\&&&0&&&1&&&\\&&&&1&&&&&\\&&&&&\ddots&&&&\\&&&&&&1&&&\\&&&1&&&0&&&\\&&&&&&&1&&\\&&&&&&&&\ddots&\\&&&&&&&&&1\end{pmatrix}\begin{matrix}\\\\\\\leftarrow\text{第 } i \text{ 行}\\\\\\\\\leftarrow\text{第 } j \text{ 行}\\\\\\\\\end{matrix},$$

$\boldsymbol{E}(i,\ j)$称为**互换阵**.

(2) 用数 k $(k\neq 0)$乘 $\boldsymbol{E}$ 的第 i 行后得到的初等矩阵，记作$\boldsymbol{E}(i(k))$，即

$$\boldsymbol{E}\xrightarrow{kr_i}\boldsymbol{E}(i(k))=\begin{pmatrix}1&&&&&&\\&\ddots&&&&&\\&&1&&&&\\&&&k&&&\\&&&&1&&\\&&&&&\ddots&\\&&&&&&1\end{pmatrix},\leftarrow\text{第 } i \text{ 行}$$

$\boldsymbol{E}(i(k))$称为**倍乘阵**.

(3) 用数 k 乘 $\boldsymbol{E}$ 的第 j 行，再加到 $\boldsymbol{E}$ 的第 i 行上去，所得到的初等矩阵，记作

$\boldsymbol{E}(i,\ j(k))$，即

$$\boldsymbol{E} \xrightarrow{r_i + kr_j} \boldsymbol{E}(i,\ j(k)) = \begin{pmatrix} 1 & & & & & & \\ & \ddots & & & & & \\ & & 1 & \cdots & k & & \\ & & & \ddots & \vdots & & \\ & & & & 1 & & \\ & & & & & \ddots & \\ & & & & & & 1 \end{pmatrix} \begin{matrix} \\ \\ \leftarrow \text{第}\ i\ \text{行} \\ \\ \leftarrow \text{第}\ j\ \text{行} \\ \\ \\ \end{matrix},$$

$\boldsymbol{E}(i,\ j(k))$称为**倍加阵**.

因为初等矩阵都是由单位矩阵经过一次初等变换得到的，依据行列式的性质知道，初等方阵的行列式都不等于零，且有

$$|\boldsymbol{E}(i,\ j)| = -1, \quad |\boldsymbol{E}(i(k))| = k, \quad |\boldsymbol{E}(i,\ j(k))| = 1.$$

2.4.3 初等变换与初等矩阵的关系

定理 2 设矩阵 $\boldsymbol{A} = (a_{ij})_{m \times n}$，则对 $\boldsymbol{A}$ 施行一次初等行变换，相当于用一个 m 阶的同类型初等矩阵(单位矩阵经过相同初等变换而得到的初等矩阵)左乘矩阵 $\boldsymbol{A}$；对 $\boldsymbol{A}$ 施行一次初等列变换，相当于用一个 n 阶的同类型初等矩阵右乘矩阵 $\boldsymbol{A}$：

$$\boldsymbol{A}_{m \times n} \xrightarrow{r_i \leftrightarrow r_j} \boldsymbol{E}(i,j)\boldsymbol{A}_{m \times n}; \qquad \boldsymbol{A}_{m \times n} \xrightarrow{c_i \leftrightarrow c_j} \boldsymbol{A}_{m \times n}\boldsymbol{E}(i,j);$$

$$\boldsymbol{A}_{m \times n} \xrightarrow{kr_i} \boldsymbol{E}(i(k))\boldsymbol{A}_{m \times n}; \qquad \boldsymbol{A}_{m \times n} \xrightarrow{kc_i} \boldsymbol{A}_{m \times n}\boldsymbol{E}(i(k));$$

$$\boldsymbol{A}_{m \times n} \xrightarrow{r_i + kr_j} \boldsymbol{E}(i,j(k))\boldsymbol{A}_{m \times n}; \qquad \boldsymbol{A}_{m \times n} \xrightarrow{c_i + kc_j} \boldsymbol{A}_{m \times n}\boldsymbol{E}(i,j(k)).$$

证明 将 $\boldsymbol{A} = (a_{ij})_{m \times n}$ 按行分块得到分块矩阵 $\boldsymbol{A} = \begin{pmatrix} \boldsymbol{A}_1 \\ \boldsymbol{A}_2 \\ \vdots \\ \boldsymbol{A}_m \end{pmatrix}$，于是

$$\boldsymbol{E}(i,j)\boldsymbol{A} = \begin{pmatrix} 1 & & & & & & \\ & \ddots & & & & & \\ & & 0 & \cdots & 1 & & \\ & & \vdots & \ddots & \vdots & & \\ & & 1 & \cdots & 0 & & \\ & & & & & \ddots & \\ & & & & & & 1 \end{pmatrix} \begin{pmatrix} \boldsymbol{A}_1 \\ \vdots \\ \boldsymbol{A}_i \\ \vdots \\ \boldsymbol{A}_j \\ \vdots \\ \boldsymbol{A}_m \end{pmatrix} = \begin{pmatrix} \boldsymbol{A}_1 \\ \vdots \\ \boldsymbol{A}_j \\ \vdots \\ \boldsymbol{A}_i \\ \vdots \\ \boldsymbol{A}_m \end{pmatrix},$$

即乘积的结果等同于直接把矩阵 $\boldsymbol{A}$ 的 r_i, r_j 两行对调；

$$\boldsymbol{E}(i(k))\boldsymbol{A}=\begin{pmatrix}1 & & & & \\ & \ddots & & & \\ & & k & & \\ & & & \ddots & \\ & & & & 1\end{pmatrix}\begin{pmatrix}\boldsymbol{A}_1\\ \\ \boldsymbol{A}_i\\ \\ \boldsymbol{A}_m\end{pmatrix}=\begin{pmatrix}\boldsymbol{A}_1\\ \\ k\boldsymbol{A}_i\\ \\ \boldsymbol{A}_m\end{pmatrix},$$

即乘积的结果等同于直接把矩阵 $\boldsymbol{A}$ 的 r_i 行各元素乘以 k 倍；

$$\boldsymbol{E}(j,i(k))\boldsymbol{A}=\begin{pmatrix}1 & & & & & \\ & \ddots & & & & \\ & & 1 & \cdots & 0 & \\ & & \vdots & \ddots & \vdots & \\ & & k & \cdots & 1 & \\ & & & & & \ddots \\ & & & & & & 1\end{pmatrix}\begin{pmatrix}\boldsymbol{A}_1\\ \vdots\\ \boldsymbol{A}_i\\ \vdots\\ \boldsymbol{A}_j\\ \vdots\\ \boldsymbol{A}_m\end{pmatrix}=\begin{pmatrix}\boldsymbol{A}_1\\ \vdots\\ \boldsymbol{A}_i\\ \vdots\\ \boldsymbol{A}_j+k\boldsymbol{A}_i\\ \vdots\\ \boldsymbol{A}_m\end{pmatrix},$$

即乘积的结果等同于直接把矩阵 $\boldsymbol{A}$ 的 r_j 行的各元素分别加上 r_i 行各元素的 k 倍.

关于右乘关系的相关结论可以类似证得.

例 2 设矩阵

$$\boldsymbol{A}=\begin{pmatrix}a_{11} & a_{12} & a_{13} & a_{14}\\ a_{21} & a_{22} & a_{23} & a_{24}\\ a_{31} & a_{32} & a_{33} & a_{34}\\ a_{41} & a_{42} & a_{43} & a_{44}\end{pmatrix},$$

求 $\boldsymbol{E}(2, 4)\boldsymbol{A}$，$\boldsymbol{E}(3(-5))\boldsymbol{A}$，$\boldsymbol{E}(4, 3(-2))\boldsymbol{A}$，并把所得结果与 $\boldsymbol{A}$ 进行比较.

解 由矩阵乘法规则有

$$\boldsymbol{E}(2, 4)\boldsymbol{A}=\begin{pmatrix}1 & 0 & 0 & 0\\ 0 & 0 & 0 & 1\\ 0 & 0 & 1 & 0\\ 0 & 1 & 0 & 0\end{pmatrix}\begin{pmatrix}a_{11} & a_{12} & a_{13} & a_{14}\\ a_{21} & a_{22} & a_{23} & a_{24}\\ a_{31} & a_{32} & a_{33} & a_{34}\\ a_{41} & a_{42} & a_{43} & a_{44}\end{pmatrix}=\begin{pmatrix}a_{11} & a_{12} & a_{13} & a_{14}\\ a_{41} & a_{42} & a_{43} & a_{44}\\ a_{31} & a_{32} & a_{33} & a_{34}\\ a_{21} & a_{22} & a_{23} & a_{24}\end{pmatrix}.$$

由此可见，用初等矩阵 $\boldsymbol{E}(2, 4)$ 左乘 $\boldsymbol{A}$，相当于交换 $\boldsymbol{A}$ 的第 2，4 行. 同样

$$\boldsymbol{E}(3(-5))\boldsymbol{A}=\begin{pmatrix}1&0&0&0\\0&1&0&0\\0&0&-5&0\\0&0&0&1\end{pmatrix}\begin{pmatrix}a_{11}&a_{12}&a_{13}&a_{14}\\a_{21}&a_{22}&a_{23}&a_{24}\\a_{31}&a_{32}&a_{33}&a_{34}\\a_{41}&a_{42}&a_{43}&a_{44}\end{pmatrix}$$

$$=\begin{pmatrix}a_{11}&a_{12}&a_{13}&a_{14}\\a_{21}&a_{22}&a_{23}&a_{24}\\-5a_{31}&-5a_{32}&-5a_{33}&-5a_{34}\\a_{41}&a_{42}&a_{43}&a_{44}\end{pmatrix}.$$

上式右端矩阵恰好是用(−5)乘矩阵 $\boldsymbol{A}$ 的第 3 行. 这就是说,初等矩阵 $\boldsymbol{E}(3(-5))$ 左乘 $\boldsymbol{A}$,相当于用(−5)乘 $\boldsymbol{A}$ 的第 3 行. 同样

$$\boldsymbol{E}(4,\ 3(-2))\boldsymbol{A}=\begin{pmatrix}1&0&0&0\\0&1&0&0\\0&0&1&0\\0&0&-2&1\end{pmatrix}\begin{pmatrix}a_{11}&a_{12}&a_{13}&a_{14}\\a_{21}&a_{22}&a_{23}&a_{24}\\a_{31}&a_{32}&a_{33}&a_{34}\\a_{41}&a_{42}&a_{43}&a_{44}\end{pmatrix}$$

$$=\begin{pmatrix}a_{11}&a_{12}&a_{13}&a_{14}\\a_{21}&a_{22}&a_{23}&a_{24}\\a_{31}&a_{32}&a_{33}&a_{34}\\a_{41}-2a_{31}&a_{42}-2a_{32}&a_{43}-2a_{33}&a_{44}-2a_{34}\end{pmatrix}.$$

上式右端的矩阵是用(−2)乘 $\boldsymbol{A}$ 的第 3 行加到第 4 行上去. 故用初等矩阵 $\boldsymbol{E}(4,\ 3(-2))$ 左乘 $\boldsymbol{A}$,相当于对 $\boldsymbol{A}$ 施行一次初等行变换.

$$\begin{pmatrix}a_{11}&a_{12}&a_{13}\\a_{21}&a_{22}&a_{23}\\a_{31}&a_{32}&a_{33}\end{pmatrix}\begin{pmatrix}1&0&0\\0&1&2\\0&0&1\end{pmatrix}=\begin{pmatrix}a_{11}&a_{12}&2a_{12}+a_{13}\\a_{21}&a_{22}&2a_{22}+a_{23}\\a_{31}&a_{32}&2a_{23}+a_{33}\end{pmatrix}.$$

习 题 2.4

1. 设矩阵

$$\boldsymbol{A}=\begin{pmatrix}1&2&1&2\\3&1&2&-1\\2&1&2&-1\end{pmatrix},$$

求 $\boldsymbol{E}(1,2)\boldsymbol{A}$, $\boldsymbol{E}(2(-2))\boldsymbol{A}$, $\boldsymbol{E}(3,1(3))\boldsymbol{A}$.

2. 用矩阵

$$\boldsymbol{A}=\begin{pmatrix}a_{11}&a_{12}&a_{13}\\a_{21}&a_{22}&a_{23}\\a_{31}&a_{32}&a_{33}\end{pmatrix},\quad \boldsymbol{E}(1,3)=\begin{pmatrix}0&0&1\\0&1&0\\1&0&0\end{pmatrix},\quad \boldsymbol{E}(2,3(k))=\begin{pmatrix}1&0&0\\0&1&0\\0&k&1\end{pmatrix}$$

的乘积表示矩阵 $\boldsymbol{B}=\begin{pmatrix}a_{31}&a_{32}+ka_{33}&a_{33}\\a_{21}&a_{22}+ka_{23}&a_{23}\\a_{11}&a_{12}+ka_{13}&a_{13}\end{pmatrix}$.

3. 将下列矩阵化为梯形阵及最简阶梯阵.

(1) $\boldsymbol{A}=\begin{pmatrix}1&-2&3&-1\\2&-1&2&2\\3&1&2&3\end{pmatrix}$;　(2) $\boldsymbol{B}=\begin{pmatrix}1&5&-1&-1&-1\\1&-2&1&3&3\\3&8&-1&1&1\\1&-9&3&7&7\end{pmatrix}$.

4. 设矩阵

$$\boldsymbol{A}=\begin{pmatrix}0&1&7&8\\1&3&3&8\\-2&-5&1&-8\end{pmatrix},$$

(1) 用初等行变换化矩阵 $\boldsymbol{A}$ 为阶梯形矩阵 $\boldsymbol{B}$;(2) 求初等矩阵 $\boldsymbol{P}_1$, $\boldsymbol{P}_2$, $\boldsymbol{P}_3$, 并表示成 $\boldsymbol{B}=\boldsymbol{P}_3\boldsymbol{P}_2\boldsymbol{P}_1\boldsymbol{A}$ 的形式.

2.5 矩阵的秩及其求法

秩是矩阵的一个很重要的概念,它是利用矩阵进一步研究线性方程组和二次型的基础.

2.5.1 矩阵的秩的概念

定义 1 在矩阵 $\boldsymbol{A}_{m\times n}$ 中任取 k 行 k 列 $(1\leqslant k\leqslant \min\{m,n\})$,位于 k 行 k 列交叉位置上的 k^2 个元素,按原有的次序组成的 k 阶方阵称为矩阵 $\boldsymbol{A}$ 的 **k 阶子方阵**, $\boldsymbol{A}$ 的 k 阶子方阵的行列式称为 $\boldsymbol{A}$ 的 **k 阶子式**.

例 1 设矩阵

$$\boldsymbol{A}=\begin{pmatrix}1&2&3&-1\\4&6&5&-4\\1&0&-1&-1\\3&-4&-2&6\end{pmatrix},$$

于是，由 $\boldsymbol{A}$ 的第 1，2 行，第 1，3 列相交处元素组成的一个二阶子式为

$$D_2 = \begin{vmatrix} 1 & 3 \\ 4 & 5 \end{vmatrix}.$$

由 $\boldsymbol{A}$ 的第 1，4 行，第 2，4 列相交处元素组成的一个二阶子式为

$$D_2 = \begin{vmatrix} 2 & -1 \\ -4 & 6 \end{vmatrix}.$$

可见，$\boldsymbol{A}$ 中共有 $C_4^2 \cdot C_4^2 = 36$ 个二阶子式.

同样，由矩阵 $\boldsymbol{A}$ 的第 1，3，4 行及第 1，3，4 列相交处元素组成的 $\boldsymbol{A}$ 的一个三阶子式为

$$D_3 = \begin{vmatrix} 1 & 3 & -1 \\ 1 & -1 & -1 \\ 3 & -2 & -6 \end{vmatrix}.$$

可见，$\boldsymbol{A}$ 中共有 $C_4^3 \cdot C_4^3 = 16$ 个三阶子式.

又由于 $\boldsymbol{A}$ 是四阶方阵，所以 $\boldsymbol{A}$ 的四阶子式只有 1 个，即 $|\boldsymbol{A}|$.

定义 2 矩阵 $\boldsymbol{A}_{m\times n}$ 的所有不为零的子式的最高阶数称为矩阵 $\boldsymbol{A}$ 的**秩**，记为 $R(\boldsymbol{A})$，并规定零矩阵的秩等于零.

在矩阵 $\boldsymbol{A}$ 中，当所有 $(r+1)$ 阶子式全等于零时，根据行列式的定义可以推知，所有高于 $(r+1)$ 阶子式（如果存在的话）也全为零. 因此，$\boldsymbol{A}$ 的秩 $R(\boldsymbol{A})=r$，r 就是 $\boldsymbol{A}$ 中不等于零的子式的最高阶数. 显然，$m\times n$ 矩阵 $\boldsymbol{A}$ 的秩 $R(\boldsymbol{A}) \leqslant \min\{m, n\}$.

由于 $\boldsymbol{A}$ 的每一个子式的转置都是 $\boldsymbol{A}$ 的转置矩阵 $\boldsymbol{A}^{\mathrm{T}}$ 中的一个子式，由矩阵秩的定义可知，转置矩阵的秩等于原矩阵的秩，即

$$R(\boldsymbol{A}^{\mathrm{T}}) = R(\boldsymbol{A}).$$

例如，

$$\boldsymbol{A} = \begin{pmatrix} 0 & 0 \\ 0 & 0 \\ 0 & 0 \end{pmatrix},\quad \boldsymbol{B} = \begin{pmatrix} 0 & 1 & 0 \\ 0 & 0 & 0 \\ 0 & 0 & 0 \end{pmatrix},\quad \boldsymbol{C} = \begin{pmatrix} 1 & 0 & 0 \\ 0 & 0 & 1 \\ 0 & 0 & 0 \end{pmatrix},\quad \boldsymbol{D} = \begin{pmatrix} 3 & 0 & 0 \\ 0 & 1 & 0 \\ 0 & 0 & 2 \end{pmatrix}.$$

则 $R(\boldsymbol{A}) = 0$，$R(\boldsymbol{B}) = 1$，$R(\boldsymbol{C}) = 2$，$R(\boldsymbol{D}) = 3$.

2.5.2 矩阵的秩的求法

1. 按定义求矩阵的秩

根据定义 2，在求矩阵的秩时，采用如下步骤：

第一步，依次寻找矩阵 $\boldsymbol{A}$ 的 1, 2, …阶不为零的子式.

第二步，在找到不为零的 r 阶子式后，再判断 $(r+1)$ 阶子式是否全为零. 若全为零，则 $R(\boldsymbol{A})=r$；若有一个不为零，则再判断 $(r+2)$ 阶子式是否全为零. 如此下去，即可求出 $R(\boldsymbol{A})$.

为了减少计算行列式的个数，给出下面的定理.

定理 1 设矩阵 $\boldsymbol{A}$ 有一个 r 阶子式 $D \neq 0$，但所有 $(r+1)$ 阶子式(如果存在)都等于零，则 $\boldsymbol{A}$ 的秩为 r.

(证明略)

例 2 求下列矩阵的秩.

$$(1)\ \boldsymbol{A}=\begin{pmatrix} a_{11} & & & & & & \\ & a_{22} & & & & & \\ & & \ddots & & & & \\ & & & a_{rr} & & & \\ & & & & 0 & & \\ & & & & & \ddots & \\ & & & & & & 0 \end{pmatrix};$$

$$(2)\ \boldsymbol{B}=\begin{pmatrix} a_{11} & a_{12} & \cdots & a_{1r} & \cdots & a_{1n} \\ & a_{22} & \cdots & a_{2r} & \cdots & a_{2n} \\ & & \ddots & & & \\ & & & a_{rr} & \cdots & a_{rn} \\ & & & 0 & \cdots & 0 \\ & & & & \ddots & \\ & & & & & 0 \end{pmatrix},$$

其中，$a_{ii} \neq 0\ (i=1, 2, \cdots, r)$.

解 (1) 因为 $$D=\begin{vmatrix} a_{11} & & & \\ & a_{22} & & \\ & & \ddots & \\ & & & a_{rr} \end{vmatrix}=a_{11}a_{22}\cdots a_{rr} \neq 0,$$

而含 D 的 $(r+1)$ 阶子式均为零，所以 $R(\boldsymbol{A})=r$.

(2) 因为

$$D=\begin{vmatrix} a_{11} & a_{12} & \cdots & a_{1r} \\ & a_{21} & \cdots & a_{2r} \\ & & \ddots & \\ \vdots & & & \\ & & & a_{rr} \end{vmatrix}=a_{11}a_{22}\cdots a_{rr}\neq 0,$$

而含 D 的 $(r+1)$ 阶子式均为零，所以 $R(\boldsymbol{B})=r$.

由此例看到：对角形矩阵的秩等于对角线上不为零的元素的个数；阶梯形矩阵的秩等于其非零行的行数.

例 3 求矩阵 $\boldsymbol{A}$ 的秩，其中

$$\boldsymbol{A}=\begin{pmatrix} 2 & -4 & 3 & 1 & 6 \\ 1 & -2 & 1 & -4 & 2 \\ 0 & 1 & -1 & 3 & 1 \\ 4 & -7 & 4 & -4 & 11 \end{pmatrix}.$$

解 因为二阶子式

$$D_2=\begin{vmatrix} -4 & 3 \\ -2 & 1 \end{vmatrix}=2\neq 0.$$

三阶子式

$$D_3=\begin{vmatrix} 2 & -4 & 3 \\ 1 & -2 & 1 \\ 0 & 1 & -1 \end{vmatrix}=1\neq 0.$$

四阶子式

$$\begin{vmatrix} 2 & -4 & 3 & 1 \\ 1 & -2 & 1 & -4 \\ 0 & 1 & -1 & 3 \\ 4 & -7 & 4 & -4 \end{vmatrix}=0;\quad \begin{vmatrix} 2 & -4 & 3 & 6 \\ 1 & -2 & 1 & 2 \\ 0 & 1 & -1 & 1 \\ 4 & -7 & 4 & 11 \end{vmatrix}=0;\ \cdots.$$

可得所有四阶子式均为零，所以 $R(\boldsymbol{A})=3$.

例 4 已知方阵 $\boldsymbol{A}=\begin{pmatrix} k & 1 & 1 \\ 1 & k & 1 \\ 1 & 1 & k \end{pmatrix}$，且 $R(\boldsymbol{A})<3$，求常数 k.

解 由题意可知

$$|\boldsymbol{A}|=\begin{vmatrix}k&1&1\\1&k&1\\1&1&k\end{vmatrix}=(k+2)\begin{vmatrix}1&1&1\\0&k-1&0\\0&0&k-1\end{vmatrix}=(k+2)(k-1)^2=0.$$

则
$$k=-2 \quad 或 \quad k=1.$$

例 5 已知方阵 $\boldsymbol{A}=\begin{pmatrix}k&1&1&1\\1&k&1&1\\1&1&k&1\\1&1&1&k\end{pmatrix}$，$R(\boldsymbol{A})=3$，求常数 k.

解 $|\boldsymbol{A}|=(k+3)\begin{vmatrix}1&1&1&1\\1&k&1&1\\1&1&k&1\\1&1&1&k\end{vmatrix}=(k+3)\begin{vmatrix}1&1&1&1\\0&k-1&0&0\\0&0&k-1&0\\0&0&0&k-1\end{vmatrix}$

$$=(k+3)(k-1)^3.$$

因为 $R(\boldsymbol{A})=3$，则 $|\boldsymbol{A}|=0$，有 $k=-3$ 或 $k=1$(舍去).

因为当 $k=1$ 时，$R(\boldsymbol{A})=1$（不合题意)，所以取 $k=-3$.

上述求矩阵的秩的方法，需要计算很多行列式，故此法只适用于低阶矩阵，一般很少用. 下面介绍一种求矩阵秩的主要方法.

2. 用初等变换求矩阵的秩

我们知道，一个矩阵通过初等变换一定可以化为阶梯形矩阵. 而阶梯形矩阵的秩等于其非零行的行数. 下面只要证明矩阵经过初等变换后其秩不变的问题，这样就可以将矩阵 $\boldsymbol{A}$ 通过初等变换化为阶梯形矩阵 $\boldsymbol{B}$，由 $R(\boldsymbol{B})$ 即可得 $R(\boldsymbol{A})$.

定理 2 矩阵经初等变换后它的秩不变(即等价矩阵的秩相等).

证明 先证矩阵 $\boldsymbol{A}$ 经过一次行初等变换后得到矩阵 $\boldsymbol{B}$，有 $R(\boldsymbol{A})=R(\boldsymbol{B})$.

对矩阵 $\boldsymbol{A}$ 施行三种初等行变换：

(1) $r_i \leftrightarrow r_j$，只会改变 $\boldsymbol{A}$ 中子行列式的符号；

(2) kr_i，是 $\boldsymbol{A}$ 中对应子行列式的 k 倍；

(3) r_i+kr_j，是利用行列式的运算性质，行列式的值不变.

所以，对矩阵 $\boldsymbol{A}$ 施行初等行变换不改变其子行列式是否为零，若矩阵 $\boldsymbol{A}$ 经过初等行变换得到矩阵 $\boldsymbol{B}$，有 $R(\boldsymbol{A})=R(\boldsymbol{B})$.

注意 设 $\boldsymbol{A}$ 是 n 阶方阵，对 $\boldsymbol{A}$ 施行初等行变换后得 n 阶方阵 $\boldsymbol{B}$，其所对应的行

列式的运算关系如下：

(1) 若 $A \xrightarrow{r_i \leftrightarrow r_j} B$，则 $|B| = -|A|$；

(2) 若 $A \xrightarrow{kr_i} B$，则 $|B| = k|A|$；

(3) 若 $A \xrightarrow{r_i + kr_j} B$，则 $|B| = |A|$.

由于初等变换不改变矩阵的秩，而任一矩阵 $A_{m\times n}$ 都等价于行阶梯阵，其秩 $R(A)$ 等于它的非零行的行数，所以可以用初等行变换化 A 为阶梯形矩阵来求 A 的秩.

例 6 利用初等变换求例 3 的秩 $R(A)$.

解

$$A = \begin{pmatrix} 2 & -4 & 3 & 1 & 6 \\ 1 & -2 & 1 & -4 & 2 \\ 0 & 1 & -1 & 3 & 1 \\ 4 & -7 & 4 & -4 & 11 \end{pmatrix} \xrightarrow[r_4 - 2r_3]{\substack{r_1 \leftrightarrow r_2 \\ r_2 \leftrightarrow r_3}} \begin{pmatrix} 1 & -2 & 1 & -4 & 2 \\ 0 & 1 & -1 & 3 & 1 \\ 2 & -4 & 3 & 1 & 6 \\ 0 & 1 & -2 & -6 & -1 \end{pmatrix}$$

$$\xrightarrow[r_4 - r_2]{r_3 - 2r_1} \begin{pmatrix} 1 & -2 & 1 & -4 & 2 \\ 0 & 1 & -1 & 3 & 1 \\ 0 & 0 & 1 & 9 & 2 \\ 0 & 0 & -1 & -9 & -2 \end{pmatrix} \xrightarrow{r_4 + r_3} \begin{pmatrix} 1 & -2 & 1 & -4 & 2 \\ 0 & 1 & -1 & 3 & 1 \\ 0 & 0 & 1 & 9 & 2 \\ 0 & 0 & 0 & 0 & 0 \end{pmatrix}.$$

则 $R(A) = 3$.

例 7 已知矩阵

$$B = \begin{pmatrix} 1 & 2 & -1 & 5 & 13 \\ 2 & -1 & 3 & 0 & 11 \\ 1 & 5 & -3 & 6 & 39 \\ 0 & 7 & 0 & -1 & 85 \\ -3 & 2 & -2 & 2 & -8 \end{pmatrix},$$

求 $R(B)$.

解 对 B 作行初等变换，即

$$B \to \begin{pmatrix} 1 & 2 & -1 & 5 & 13 \\ 0 & -5 & 5 & -10 & -15 \\ 0 & 3 & -2 & 1 & 26 \\ 0 & 7 & 0 & -1 & 85 \\ 0 & 8 & -5 & 17 & 31 \end{pmatrix} \to \begin{pmatrix} 1 & 2 & -1 & 5 & 13 \\ 0 & 1 & -1 & 2 & 3 \\ 0 & 0 & 1 & -5 & 17 \\ 0 & 0 & 7 & -15 & 64 \\ 0 & 0 & 3 & 1 & 7 \end{pmatrix}$$

$$\rightarrow \begin{pmatrix} 1 & 2 & -1 & 5 & 13 \\ 0 & 1 & -1 & 2 & 3 \\ 0 & 0 & 1 & -5 & 17 \\ 0 & 0 & 0 & 20 & -55 \\ 0 & 0 & 0 & 16 & -44 \end{pmatrix} \rightarrow \begin{pmatrix} 1 & 2 & -1 & 5 & 13 \\ 0 & 1 & -1 & 2 & 3 \\ 0 & 0 & 1 & -5 & 17 \\ 0 & 0 & 0 & 4 & -11 \\ 0 & 0 & 0 & 0 & 0 \end{pmatrix}.$$

故 $R(\boldsymbol{B}) = 4$.

例 8 设 $\boldsymbol{A} = \begin{pmatrix} 1 & 1 & 1 & 1 \\ 0 & 1 & -1 & b \\ 2 & 3 & a & b+1 \\ 3 & 5 & 1 & 7 \end{pmatrix}$，讨论矩阵 $\boldsymbol{A}$ 的秩与 a，b 取值的关系.

解 $\boldsymbol{A} \rightarrow \begin{pmatrix} 1 & 1 & 1 & 1 \\ 0 & 1 & -1 & b \\ 0 & 1 & a-2 & b-1 \\ 0 & 2 & -2 & 4 \end{pmatrix} \rightarrow \begin{pmatrix} 1 & 1 & 1 & 1 \\ 0 & 1 & -1 & 2 \\ 0 & 0 & a-1 & -1 \\ 0 & 0 & 0 & b-2 \end{pmatrix}.$

当 $a \neq 1$，$b \neq 2$ 时，$R(\boldsymbol{A}) = 4$；当 $a = 1$ 或 $b = 2$ 时，$R(\boldsymbol{A}) = 3$.

2.5.3 满秩矩阵

定义 3 如果 n 阶方阵 $\boldsymbol{A}$ 的秩与阶数 n 相等，那么称 $\boldsymbol{A}$ 为**满秩矩阵**；否则，称 $\boldsymbol{A}$ 为**降秩矩阵**.

判别方阵 $\boldsymbol{A}$ 是否为满秩方阵的主要方法是按照定义求 $R(\boldsymbol{A})$，看 $R(\boldsymbol{A})$ 是否等于 $\boldsymbol{A}$ 的阶数 n，下面的判别法也很有用.

定理 3 n 阶方阵 $\boldsymbol{A}$ 为满秩方阵的充要条件是 $\boldsymbol{A}$ 为非奇异矩阵.

证明 必要性. 设 n 阶方阵 $\boldsymbol{A}$ 为满秩矩阵，则其存在不为零的 n 阶子式，即 $|\boldsymbol{A}| \neq 0$，则 $\boldsymbol{A}$ 为非奇异矩阵.

充分性. 已知 $\boldsymbol{A}$ 为非奇异矩阵，欲证 $\boldsymbol{A}$ 是满秩方阵. 因为 $\boldsymbol{A}$ 为非奇异矩阵，故 $|\boldsymbol{A}| \neq 0$. 由定义 2 可知 $R(\boldsymbol{A}) = n$，即 $\boldsymbol{A}$ 为满秩矩阵.

定理 4 对于满秩 n 阶方阵 $\boldsymbol{A}$ 施行一系列初等行变换可以化成单位矩阵 $\boldsymbol{E}$，即

$$R(\boldsymbol{A}) = n \Longleftrightarrow \boldsymbol{A} \rightarrow \boldsymbol{E}.$$

例如，$\begin{pmatrix} 1 & 2 & 3 \\ 2 & 1 & 2 \\ 3 & 1 & 2 \end{pmatrix} \rightarrow \begin{pmatrix} 1 & 2 & 3 \\ 0 & -3 & -4 \\ 0 & -2 & -3 \end{pmatrix} \rightarrow \begin{pmatrix} 1 & 0 & 0 \\ 0 & 1 & 1 \\ 0 & 2 & 3 \end{pmatrix} \rightarrow \begin{pmatrix} 1 & 0 & 0 \\ 0 & 1 & 0 \\ 0 & 0 & 1 \end{pmatrix}.$

例 9 判断方阵 $\boldsymbol{A}=\begin{pmatrix}1&2&3\\2&1&2\\3&1&2\end{pmatrix}$ 是否为满秩矩阵.

解 $\boldsymbol{A}=\begin{pmatrix}1&2&3\\2&1&2\\3&1&2\end{pmatrix}\to\begin{pmatrix}1&2&3\\0&-3&-4\\0&-2&-3\end{pmatrix}\to\begin{pmatrix}1&0&0\\0&1&1\\0&2&3\end{pmatrix}\to\begin{pmatrix}1&0&0\\0&1&0\\0&0&1\end{pmatrix}=\boldsymbol{E}.$

因为 $R(\boldsymbol{A})=3$ 正是方阵 $\boldsymbol{A}$ 的阶数,则称方阵 $\boldsymbol{A}$ 为满秩矩阵.

关于矩阵的秩,还有以下一些重要结论.

性质 1 设 $\boldsymbol{A}, \boldsymbol{B}$ 均为 $m\times n$ 矩阵,则 $R(\boldsymbol{A}+\boldsymbol{B})\leqslant R(\boldsymbol{A})+R(\boldsymbol{B})$.

性质 2 设 $\boldsymbol{A}$ 为 $m\times n$ 矩阵,$\boldsymbol{B}$ 为 $n\times s$ 矩阵,则 $R(\boldsymbol{AB})\leqslant R(\boldsymbol{A})$, $R(\boldsymbol{AB})\leqslant R(\boldsymbol{B})$, 即 $R(\boldsymbol{AB})\leqslant \min\{R(\boldsymbol{A}), R(\boldsymbol{B})\}$.

性质 3 设 $\boldsymbol{A}$ 为 $m\times n$ 矩阵, $R(\boldsymbol{A})=n$, 如果 $\boldsymbol{AB}=\boldsymbol{O}$, 则 $\boldsymbol{B}=\boldsymbol{O}$.

性质 4 设 $\boldsymbol{A}$ 为 $m\times n$ 矩阵,$\boldsymbol{B}$ 为 $n\times s$ 矩阵,则 $R(\boldsymbol{A})+R(\boldsymbol{B})\leqslant n+R(\boldsymbol{AB})$.

性质 5 设 $\boldsymbol{A}$ 为 $m\times n$ 矩阵,$\boldsymbol{B}$ 为 $n\times s$ 矩阵,如果 $\boldsymbol{AB}=\boldsymbol{O}$, 则 $R(\boldsymbol{A})+R(\boldsymbol{B})\leqslant n$.

习 题 2.5

1. 用定义求下列各矩阵的秩.

(1) $\boldsymbol{A}=\begin{pmatrix}4&2&1&3\\2&1&0&2\\0&0&3&3\end{pmatrix}$; (2) $\boldsymbol{B}=\begin{pmatrix}1&1&1\\a_1&a_2&a_3\\a_1^2&a_2^2&a_3^2\\a_1^3&a_2^3&a_3^3\end{pmatrix}$.

2. 用行初等变换求下列各矩阵的秩.

(1) $\boldsymbol{A}=\begin{pmatrix}1&1&-1\\3&1&0\\4&4&1\\1&-2&1\end{pmatrix}$; (2) $\boldsymbol{B}=\begin{pmatrix}1&-1&2&1&0\\2&-2&4&-2&0\\3&0&6&-1&1\\2&1&4&2&1\end{pmatrix}$.

3. 判断下列方阵是否是满秩的.

(1) $\begin{pmatrix}1&1&2\\1&2&5\\5&-3&4\end{pmatrix}$; (2) $\begin{pmatrix}1&2&3&4\\0&-1&0&-2\\5&0&6&0\\-3&-3&-5&-6\end{pmatrix}$.

4. 设 $\boldsymbol{A}$ 是三阶满秩方阵，矩阵 $\boldsymbol{B}=\begin{pmatrix}1 & 2 & 3 & 4\\ 5 & 6 & 7 & 8\\ 9 & 10 & 11 & 12\end{pmatrix}$，求 $R(\boldsymbol{A})$，$R(\boldsymbol{B})$，$R(\boldsymbol{AB})$.

5. 设矩阵 $\boldsymbol{A}=\begin{pmatrix}1 & -1 & 1 & 2\\ 3 & a & -1 & 2\\ 5 & 3 & b & 6\end{pmatrix}$，且 $R(\boldsymbol{A})=2$，求 a，b 的值.

2.6 逆矩阵及其求法

逆矩阵是矩阵中的重要概念，在实际应用中非常重要.

2.6.1 逆矩阵的概念

由矩阵的代数运算可知：任一矩阵与同型零矩阵相加，结果是原矩阵；任一矩阵与单位矩阵相乘（只要乘法可行），结果还是原矩阵. 所以，零矩阵有类似数“0”的作用；单位阵 $\boldsymbol{E}$ 有类似数“1”的作用.

在数的运算中，乘法运算的逆运算是除法运算，即若 $a\neq 0$，则一定存在 a 的倒数 $\dfrac{1}{a}=a^{-1}$，使

$$aa^{-1}=a^{-1}a=1.$$

若令 $a^{-1}=b$，上式可写成

$$ab=ba=1.$$

这就是说，对于一个非零数 a，存在唯一的非零数 b，使上式成立，则称 b 为 a 的倒数，也称为逆数. 显然，a 也是 b 的倒数（逆数）.

那么，在矩阵运算中对于一个非零方阵 $\boldsymbol{A}$ 是否一定存在一个方阵 $\boldsymbol{B}$，使 $\boldsymbol{AB}=\boldsymbol{BA}=\boldsymbol{E}$？

定义 1 对于一个 n 阶方阵 $\boldsymbol{A}$，如果存在一个 n 阶方阵 $\boldsymbol{B}$，使

$$\boldsymbol{AB}=\boldsymbol{BA}=\boldsymbol{E} \tag{1}$$

成立，则称方阵 $\boldsymbol{B}$ 为 $\boldsymbol{A}$ 的**逆矩阵**，记为 $\boldsymbol{A}^{-1}$，即 $\boldsymbol{B}=\boldsymbol{A}^{-1}$. 也就是说

$$\boldsymbol{AA}^{-1}=\boldsymbol{A}^{-1}\boldsymbol{A}=\boldsymbol{E}. \tag{2}$$

此时称 $\boldsymbol{A}$ 为**可逆(方)阵**（或称 $\boldsymbol{A}$ 可逆）；否则，称 $\boldsymbol{A}$ 不可逆.

定义中方阵 $\boldsymbol{A}$ 和 $\boldsymbol{B}$ 的地位是相同的. 因而如果 $\boldsymbol{A}$ 可逆，且 $\boldsymbol{B}$ 是 $\boldsymbol{A}$ 的逆矩阵，则

$\boldsymbol{B}$ 也可逆，且 $\boldsymbol{A}$ 是 $\boldsymbol{B}$ 的逆矩阵. 例如，

(1) 设 $\boldsymbol{A}=\begin{pmatrix}3 & -2\\ -1 & 1\end{pmatrix}$，$\boldsymbol{B}=\begin{pmatrix}1 & 2\\ 1 & 3\end{pmatrix}$，可以验证 $\boldsymbol{AB}=\boldsymbol{BA}=\boldsymbol{E}$.

(2) 设 $\boldsymbol{A}=\begin{pmatrix}1 & 1\\ 0 & 0\end{pmatrix}$，则对于任意方矩阵 $\boldsymbol{B}=\begin{pmatrix}a & b\\ c & d\end{pmatrix}$，$\boldsymbol{AB}=\begin{pmatrix}1 & 1\\ 0 & 0\end{pmatrix}\begin{pmatrix}a & b\\ c & d\end{pmatrix}=$ $\begin{pmatrix}a+c & b+d\\ 0 & 0\end{pmatrix}\neq\boldsymbol{E}$，所以不存在矩阵 $\boldsymbol{B}$ 使 $\boldsymbol{AB}=\boldsymbol{E}$.

注意 (1) 方阵不一定有逆矩阵，对于方阵 $\boldsymbol{A}$ 来说，如果存在方阵 $\boldsymbol{B}$，使当 $\boldsymbol{AB}=\boldsymbol{BA}=\boldsymbol{E}$ 时，$\boldsymbol{A}$ 才可逆，此时 $\boldsymbol{B}=\boldsymbol{A}^{-1}$；若不存在这样的方阵 $\boldsymbol{B}$，则 $\boldsymbol{A}$ 不可逆. 所以对于方阵 $\boldsymbol{A}$ 来说，可能有逆矩阵，也可能没有逆矩阵.

(2) $\boldsymbol{A}^{-1}\neq\dfrac{1}{\boldsymbol{A}}$，即矩阵没有除法，不要把 $\boldsymbol{A}^{-1}$ 理解为除法. 这和数 a 的逆是不同的.

例 1 求 $\boldsymbol{A}=\begin{pmatrix}3 & -1\\ -2 & 1\end{pmatrix}$ 的逆矩阵.

解 用定义即待定法，设 $\boldsymbol{A}^{-1}=\begin{pmatrix}a_{11} & a_{12}\\ a_{21} & a_{22}\end{pmatrix}$. 由 $\boldsymbol{AA}^{-1}=\boldsymbol{E}$，有

$$\begin{pmatrix}3 & -1\\ -2 & 1\end{pmatrix}\begin{pmatrix}a_{11} & a_{12}\\ a_{21} & a_{22}\end{pmatrix}=\begin{pmatrix}3a_{11}-a_{21} & 3a_{12}-a_{22}\\ -2a_{11}+a_{21} & -2a_{12}+a_{22}\end{pmatrix}=\begin{pmatrix}1 & 0\\ 0 & 1\end{pmatrix}.$$

$$\begin{cases}3a_{11}-a_{21}=1,\\ 3a_{12}-a_{22}=0,\\ -2a_{11}+a_{21}=0,\\ -2a_{12}+a_{22}=1,\end{cases}\quad \text{解得}\quad \begin{cases}a_{11}=1,\\ a_{12}=1,\\ a_{21}=2,\\ a_{22}=3.\end{cases}$$

则 $\quad\boldsymbol{A}^{-1}=\begin{pmatrix}1 & 1\\ 2 & 3\end{pmatrix}$.

可以验证 $\quad\boldsymbol{A}^{-1}\boldsymbol{A}=\begin{pmatrix}1 & 1\\ 2 & 3\end{pmatrix}\begin{pmatrix}3 & -1\\ -2 & 1\end{pmatrix}=\begin{pmatrix}1 & 0\\ 0 & 1\end{pmatrix}$.

所以 $\boldsymbol{A}^{-1}=\begin{pmatrix}1 & 1\\ 2 & 3\end{pmatrix}$.

定理 1 可逆方阵的逆矩阵是唯一的.

证明 设 $\boldsymbol{B}$，$\boldsymbol{C}$ 都是 $\boldsymbol{A}$ 的逆矩阵，欲证 $\boldsymbol{B}=\boldsymbol{C}$.

因为 $$AB = BA = E, \quad AC = CA = E,$$
故 $$B = EB \xlongequal{CA = E} (CA)B = C(AB) = CE = C.$$

2.6.2 方阵可逆的判别

定义 2 设方阵 $A = \begin{pmatrix} a_{11} & a_{12} & \cdots & a_{1n} \\ a_{21} & a_{22} & \cdots & a_{2n} \\ \vdots & \vdots & & \vdots \\ a_{n1} & a_{n2} & \cdots & a_{nn} \end{pmatrix}$，则 A 中的元素 a_{ij} 的代数余子式 A_{ij} 所组成的 n 阶方阵

$$\begin{pmatrix} A_{11} & A_{21} & \cdots & A_{n1} \\ A_{12} & A_{22} & \cdots & A_{n2} \\ \vdots & \vdots & & \vdots \\ A_{1n} & A_{2n} & \cdots & A_{nn} \end{pmatrix}$$

称为 A 的**伴随矩阵**，记为 A^*.

比较上两式各元素的下标，可以发现它们之间有如下特点：除主对角线元素的下标相同外，其余元素的下标均不相同，A^* 中第 i 列是 A 中第 i 行各元素的代数余子式. 例如，设

$$A = \begin{pmatrix} 5 & -1 & 3 \\ 1 & 4 & 1 \\ 3 & 0 & 2 \end{pmatrix},$$

分别求出 A 中各元素的代数余子式：

$$\begin{aligned} &A_{11} = 8, && A_{12} = 1, && A_{13} = -12, \\ &A_{21} = 2, && A_{22} = 1, && A_{23} = -3, \\ &A_{31} = -13, && A_{32} = -2, && A_{33} = 21. \end{aligned}$$

则 $$A^* = \begin{pmatrix} 8 & 2 & -13 \\ 1 & 1 & -2 \\ -12 & -3 & 21 \end{pmatrix}.$$

下面的定理给出逆矩阵的求法.

定理 2 n 阶方阵 A 可逆的充要条件是 $|A| \neq 0$，且

$$A^{-1} = \frac{1}{|A|} A^*.$$

证明 必要性. 已知 A 可逆，欲证 $|A| \neq 0$.

因 $\boldsymbol{A}$ 可逆，所以存在 $\boldsymbol{A}^{-1}$，使 $\boldsymbol{A}^{-1}\boldsymbol{A}=\boldsymbol{A}\boldsymbol{A}^{-1}=\boldsymbol{E}$，故

$$|\boldsymbol{A}^{-1}\boldsymbol{A}|=|\boldsymbol{A}\boldsymbol{A}^{-1}|=|\boldsymbol{E}|,$$

即

$$|\boldsymbol{A}||\boldsymbol{A}^{-1}|=|\boldsymbol{E}|=1,\quad |\boldsymbol{A}|\neq 0.$$

充分性. 已知 $|\boldsymbol{A}|\neq 0$，欲证 $\boldsymbol{A}$ 可逆，作

$$\boldsymbol{A}\boldsymbol{A}^{*}=\begin{pmatrix} a_{11} & a_{12} & \cdots & a_{1n} \\ a_{21} & a_{22} & \cdots & a_{2n} \\ \vdots & \vdots & & \vdots \\ a_{n1} & a_{n2} & \cdots & a_{nn} \end{pmatrix}\begin{pmatrix} A_{11} & A_{21} & \cdots & A_{n1} \\ A_{12} & A_{22} & \cdots & A_{n2} \\ \vdots & \vdots & & \vdots \\ A_{1n} & A_{2n} & \cdots & A_{nn} \end{pmatrix}$$

$$=\begin{pmatrix} \sum_{k=1}^{n} a_{1k}A_{1k} & \sum_{k=1}^{n} a_{1k}A_{2k} & \cdots & \sum_{k=1}^{n} a_{1k}A_{nk} \\ \sum_{k=1}^{n} a_{2k}A_{1k} & \sum_{k=1}^{n} a_{2k}A_{2k} & \cdots & \sum_{k=1}^{n} a_{2k}A_{nk} \\ \vdots & \vdots & & \vdots \\ \sum_{k=1}^{n} a_{nk}A_{1k} & \sum_{k=1}^{n} a_{nk}A_{2k} & \cdots & \sum_{k=1}^{n} a_{nk}A_{nk} \end{pmatrix}$$

$$=\begin{pmatrix} |\boldsymbol{A}| & 0 & \cdots & 0 \\ 0 & |\boldsymbol{A}| & \cdots & 0 \\ \vdots & \vdots & & \vdots \\ 0 & 0 & \cdots & |\boldsymbol{A}| \end{pmatrix}=|\boldsymbol{A}|\begin{pmatrix} 1 & 0 & \cdots & 0 \\ 0 & 1 & \cdots & 0 \\ \vdots & \vdots & & \vdots \\ 0 & 0 & \cdots & 1 \end{pmatrix}$$

$$=|\boldsymbol{A}|\boldsymbol{E}.$$

由于 $|\boldsymbol{A}|\neq 0$，有

$$\boldsymbol{A}\frac{1}{|\boldsymbol{A}|}\boldsymbol{A}^{*}=\boldsymbol{E},$$

所以

$$\boldsymbol{A}^{-1}=\frac{1}{|\boldsymbol{A}|}\boldsymbol{A}^{*}.$$

由判别定理可知：$\boldsymbol{A}$ 可逆，$\boldsymbol{A}$ 为非奇异矩阵，$\boldsymbol{A}$ 为满秩矩阵，这些概念是等价的，并得出求 $\boldsymbol{A}$ 的逆矩阵的步骤：

第一步，求 $|\boldsymbol{A}|$，确认是否不为零；

第二步，写出伴随矩阵 $\boldsymbol{A}^{*}$；

第三步，得出 $\boldsymbol{A}^{-1}=\dfrac{1}{|\boldsymbol{A}|}\boldsymbol{A}^{*}$.

例 2 判断 $\boldsymbol{A}=\begin{pmatrix}3 & 2\\4 & 5\end{pmatrix}$ 是否可逆？若可逆，则求 $\boldsymbol{A}^{-1}$.

解 因为 $|\boldsymbol{A}|=\begin{vmatrix}3 & 2\\4 & 5\end{vmatrix}=7\neq 0$，故 $\boldsymbol{A}$ 可逆.

因为 $\boldsymbol{A}^{*}=\begin{pmatrix}5 & -2\\-4 & 3\end{pmatrix}$，则

$$\boldsymbol{A}^{-1}=\frac{1}{|\boldsymbol{A}|}\boldsymbol{A}^{*}=\frac{1}{7}\begin{pmatrix}5 & -2\\-4 & 3\end{pmatrix}=\begin{pmatrix}\frac{5}{7} & -\frac{2}{7}\\-\frac{4}{7} & \frac{3}{7}\end{pmatrix}.$$

请读者用定义验证 $\begin{pmatrix}\frac{5}{7} & -\frac{2}{7}\\-\frac{4}{7} & \frac{3}{7}\end{pmatrix}$ 是 $\begin{pmatrix}3 & 2\\4 & 5\end{pmatrix}$ 的逆矩阵.

说明 对于二阶方阵 $\begin{pmatrix}a_{11} & a_{12}\\a_{21} & a_{22}\end{pmatrix}$，其伴随矩阵可直接写出：将元素 a_{11}，a_{22} 互换，将元素 a_{12}，a_{21} 前各添加负号，即得 $\boldsymbol{A}^{*}$，即若 $\boldsymbol{A}=\begin{pmatrix}a_{11} & a_{12}\\a_{21} & a_{22}\end{pmatrix}$，则 $\boldsymbol{A}^{*}=\begin{pmatrix}a_{22} & -a_{12}\\-a_{21} & a_{11}\end{pmatrix}$.

求二阶方阵的逆，用此法比较简单，要熟记.

特别地，有

$$\boldsymbol{A}=\begin{pmatrix}a_1 & & & \\ & a_2 & & \\ & & \ddots & \\ & & & a_n\end{pmatrix},\quad 则\ \boldsymbol{A}^{-1}=\begin{pmatrix}\frac{1}{a_1} & & & \\ & \frac{1}{a_2} & & \\ & & \ddots & \\ & & & \frac{1}{a_n}\end{pmatrix}$$

$$(a_i\neq 0;\ i=1,\ 2,\ \cdots,\ n).$$

注意 上(下)三角阵的逆矩阵仍是上(下)三角阵；对称阵的逆矩阵也是对

称阵.

例 3 判断下列矩阵是否可逆？若可逆，写出其逆矩阵.

(1) $\boldsymbol{A}=\begin{pmatrix}4&2&1\\1&-3&2\\5&7&0\end{pmatrix}$；(2) $\boldsymbol{B}=\begin{pmatrix}1&2&3\\2&4&6\\3&7&-9\end{pmatrix}$；(3) $\boldsymbol{C}=\begin{pmatrix}1&2&3\\0&-1&2\\1&-3&1\\4&0&-2\end{pmatrix}$.

解 (1) $|\boldsymbol{A}|=\begin{vmatrix}4&2&1\\1&-3&2\\5&7&0\end{vmatrix}\xlongequal{r_2-2r_1}\begin{vmatrix}4&2&1\\-7&-7&0\\5&7&0\end{vmatrix}=-7\begin{vmatrix}1&1\\5&7\end{vmatrix}=-14.$

$A_{11}=\begin{vmatrix}-3&2\\7&0\end{vmatrix}=-14,\quad A_{12}=-\begin{vmatrix}1&2\\5&0\end{vmatrix}=10,\quad A_{13}=\begin{vmatrix}1&-3\\5&7\end{vmatrix}=22,$

$A_{21}=-\begin{vmatrix}2&1\\7&0\end{vmatrix}=7,\quad A_{22}=\begin{vmatrix}4&1\\5&0\end{vmatrix}=-5,\quad A_{23}=-\begin{vmatrix}4&2\\5&7\end{vmatrix}=-18,$

$A_{31}=\begin{vmatrix}2&1\\-3&2\end{vmatrix}=7,\quad A_{32}=-\begin{vmatrix}4&1\\1&2\end{vmatrix}=-7,\quad A_{33}=\begin{vmatrix}4&2\\1&-3\end{vmatrix}=-14,$

$\boldsymbol{A}^*=\begin{pmatrix}-14&7&7\\10&-5&-7\\22&-18&-14\end{pmatrix}.$

故
$$\boldsymbol{A}^{-1}=\frac{1}{-14}\begin{pmatrix}-14&7&7\\10&-5&-7\\22&-18&-14\end{pmatrix}.$$

(2) $|\boldsymbol{B}|=\begin{vmatrix}1&2&3\\2&4&6\\3&7&-9\end{vmatrix}\xlongequal{r_2-2r_1}\begin{vmatrix}1&2&3\\0&0&0\\3&7&-9\end{vmatrix}=0.$

因为 $R(\boldsymbol{B})=2<3$，则 $\boldsymbol{B}$ 不可逆.

(3) 因为 $\boldsymbol{C}$ 不是方阵，故矩阵 $\boldsymbol{C}$ 不可逆.

小结 $\boldsymbol{A}$ 可逆 $\Longleftrightarrow$ $|\boldsymbol{A}|\neq 0$ 或 $R(\boldsymbol{A})=n$；

$\boldsymbol{A}$ 不可逆 $\Longleftrightarrow$ $|\boldsymbol{A}|=0$ 或 $R(\boldsymbol{A})<n$.

2.6.3 逆矩阵的基本性质

设 $\boldsymbol{A}$, $\boldsymbol{B}$ 均为 n 阶可逆方阵.

(1) $(\boldsymbol{A}^{-1})^{-1}=\boldsymbol{A}$；

(2) 设 $\boldsymbol{A}$ 可逆, $k \neq 0$, 则 $k\boldsymbol{A}$ 也可逆,且 $(k\boldsymbol{A})^{-1} = \frac{1}{k}\boldsymbol{A}^{-1}$;

(3) 若 $\boldsymbol{A}, \boldsymbol{B}$ 均为 n 阶可逆矩阵,则 $\boldsymbol{AB}$ 也可逆,且 $(\boldsymbol{AB})^{-1} = \boldsymbol{B}^{-1}\boldsymbol{A}^{-1}$.

证明 因为

$$(\boldsymbol{AB})(\boldsymbol{B}^{-1}\boldsymbol{A}^{-1}) = \boldsymbol{A}(\boldsymbol{BB}^{-1})\boldsymbol{A}^{-1} = \boldsymbol{AEA}^{-1} = \boldsymbol{AA}^{-1} = \boldsymbol{E},$$

可以推广到 $$(\boldsymbol{A}_1\boldsymbol{A}_2\cdots\boldsymbol{A}_n)^{-1} = \boldsymbol{A}_n^{-1}\boldsymbol{A}_{n-1}^{-1}\cdots\boldsymbol{A}_2^{-1}\boldsymbol{A}_1^{-1}.$$

(4) 若 $\boldsymbol{A}$ 可逆,则 $\boldsymbol{A}^{\mathrm{T}}$ 也可逆,且 $(\boldsymbol{A}^{\mathrm{T}})^{-1} = (\boldsymbol{A}^{-1})^{\mathrm{T}}$.

证明 $(\boldsymbol{A}^{\mathrm{T}})(\boldsymbol{A}^{-1})^{\mathrm{T}} = (\boldsymbol{A}^{-1}\boldsymbol{A})^{\mathrm{T}} = \boldsymbol{E}^{\mathrm{T}} = \boldsymbol{E}$.

(5) 若 $\boldsymbol{A}$ 可逆,则 $|\boldsymbol{A}^{-1}| = \frac{1}{|\boldsymbol{A}|}$, $|\boldsymbol{A}^*| = |\boldsymbol{A}|^{n-1}$.

证明 因为 $\boldsymbol{A}^{-1}\boldsymbol{A} = \boldsymbol{E}$, 则 $|\boldsymbol{A}^{-1}\boldsymbol{A}| = |\boldsymbol{A}^{-1}||\boldsymbol{A}| = |\boldsymbol{E}| = 1$,

所以 $$|\boldsymbol{A}^{-1}| = \frac{1}{|\boldsymbol{A}|}.$$

又 $\boldsymbol{A}^{-1} = \frac{\boldsymbol{A}^*}{|\boldsymbol{A}|}$,则 $\boldsymbol{A}^* = |\boldsymbol{A}|\boldsymbol{A}^{-1}$,

有 $$|\boldsymbol{A}^*| = ||\boldsymbol{A}|\boldsymbol{A}^{-1}| = |\boldsymbol{A}|^n|\boldsymbol{A}^{-1}| = \frac{|\boldsymbol{A}|^n}{|\boldsymbol{A}|} = |\boldsymbol{A}|^{n-1}.$$

(6) 设 $\boldsymbol{A} = \begin{pmatrix} \boldsymbol{A}_1 & \boldsymbol{O} & \cdots & \boldsymbol{O} \\ \boldsymbol{O} & \boldsymbol{A}_2 & \cdots & \boldsymbol{O} \\ \vdots & \vdots & & \vdots \\ \boldsymbol{O} & \boldsymbol{O} & \cdots & \boldsymbol{A}_s \end{pmatrix}$, 当 $\boldsymbol{A}_i (i = 1, 2, \cdots, s)$ 可逆时,$\boldsymbol{A}$ 可逆,且

$$\boldsymbol{A}^{-1} = \begin{pmatrix} \boldsymbol{A}_1^{-1} & \boldsymbol{O} & \cdots & \boldsymbol{O} \\ \boldsymbol{O} & \boldsymbol{A}_2^{-1} & \cdots & \boldsymbol{O} \\ \vdots & \vdots & & \vdots \\ \boldsymbol{O} & \boldsymbol{O} & \cdots & \boldsymbol{A}_s^{-1} \end{pmatrix}.$$

例 4 设 $\boldsymbol{A} = \begin{pmatrix} 1 & 0 & 0 \\ 2 & 3 & 0 \\ 3 & 5 & 6 \end{pmatrix}$, 求 $(\boldsymbol{A}^*)^{-1}$.

解 $|\boldsymbol{A}| = 18$,

$$(\boldsymbol{A}^*)^{-1} = (|\boldsymbol{A}|\boldsymbol{A}^{-1})^{-1} = \frac{1}{|\boldsymbol{A}|}\boldsymbol{A} = \frac{1}{18}\begin{pmatrix} 1 & 0 & 0 \\ 2 & 3 & 0 \\ 3 & 5 & 6 \end{pmatrix}.$$

例 5 设 $\boldsymbol{A}$ 为三阶方阵，$\boldsymbol{A}^*$ 为伴随矩阵，$|\boldsymbol{A}|=\dfrac{1}{8}$，求 $\left|\left(\dfrac{1}{3}\boldsymbol{A}\right)^{-1}-8\boldsymbol{A}^*\right|$.

解 $\left|\left(\dfrac{1}{3}\boldsymbol{A}\right)^{-1}-8\boldsymbol{A}^*\right|=|3\boldsymbol{A}^{-1}-8|\boldsymbol{A}|\boldsymbol{A}^{-1}|=|2\boldsymbol{A}^{-1}|=8|\boldsymbol{A}^{-1}|=64.$

例 6 设 $\boldsymbol{A}$ 为三阶方阵，$|\boldsymbol{A}|=3$，$\boldsymbol{A}^*$ 为 $\boldsymbol{A}$ 的伴随矩阵，若交换 $\boldsymbol{A}$ 的第 1 行与第 2 行得矩阵 $\boldsymbol{B}$，求 $|\boldsymbol{B}\boldsymbol{A}^*|$.

解 方法 1 由于 $\boldsymbol{B}$ 是由 $\boldsymbol{A}$ 的第 1 行与第 2 行交换所得知 $|\boldsymbol{B}|=-|\boldsymbol{A}|$，$|\boldsymbol{A}^*|=|\boldsymbol{A}|^2$，故 $|\boldsymbol{B}\boldsymbol{A}^*|=|\boldsymbol{B}||\boldsymbol{A}^*|=-|\boldsymbol{A}|^3=-27.$

方法 2 依题意得

$$\boldsymbol{B}\boldsymbol{A}^*=\begin{pmatrix}0&1&0\\1&0&0\\0&0&1\end{pmatrix}\boldsymbol{A}\boldsymbol{A}^*=\begin{pmatrix}0&1&0\\1&0&0\\0&0&1\end{pmatrix}\boldsymbol{A}|\boldsymbol{A}|\boldsymbol{A}^{-1}$$

$$=3\begin{pmatrix}0&1&0\\1&0&0\\0&0&1\end{pmatrix}\boldsymbol{E}=3\begin{pmatrix}0&1&0\\1&0&0\\0&0&1\end{pmatrix},$$

则 $|\boldsymbol{B}\boldsymbol{A}^*|=|-3\boldsymbol{E}|=(-3)^3=-27.$

定理 3 设 $\boldsymbol{A}$ 为 $m\times n$ 阶矩阵，$\boldsymbol{P}$, $\boldsymbol{Q}$ 分别为 m, n 阶可逆方阵，则

$$R(\boldsymbol{A})=R(\boldsymbol{P}\boldsymbol{A})=R(\boldsymbol{A}\boldsymbol{Q})=R(\boldsymbol{P}\boldsymbol{A}\boldsymbol{Q}).$$

证明 由秩的性质 3 可知 $R(\boldsymbol{P}\boldsymbol{A})\leqslant R(\boldsymbol{A})$，又因为

$$R(\boldsymbol{A})=R(\boldsymbol{P}^{-1}\boldsymbol{P}\boldsymbol{A})\leqslant R(\boldsymbol{P}\boldsymbol{A}),$$

所以
$$R(\boldsymbol{A})=R(\boldsymbol{P}\boldsymbol{A}).$$

同理可证
$$R(\boldsymbol{A}\boldsymbol{Q})=R(\boldsymbol{A}).$$

因为 $R(\boldsymbol{P}\boldsymbol{A}\boldsymbol{Q})\leqslant R(\boldsymbol{P}\boldsymbol{A})=R(\boldsymbol{A})$，$R(\boldsymbol{A})=R(\boldsymbol{P}\boldsymbol{A})=R(\boldsymbol{P}\boldsymbol{A}\boldsymbol{Q}\boldsymbol{Q}^{-1})\leqslant R(\boldsymbol{P}\boldsymbol{A}\boldsymbol{Q})$，得 $R(\boldsymbol{P}\boldsymbol{A}\boldsymbol{Q})=R(\boldsymbol{A})$，则

$$R(\boldsymbol{A})=R(\boldsymbol{P}\boldsymbol{A})=R(\boldsymbol{A}\boldsymbol{Q})=R(\boldsymbol{P}\boldsymbol{A}\boldsymbol{Q}).$$

例 7 设 $\boldsymbol{A}$ 与 $\boldsymbol{B}$ 均为 n 阶可逆矩阵，证明

(1) $(\boldsymbol{A}\boldsymbol{B})^*=\boldsymbol{B}^*\boldsymbol{A}^*$；(2) $(\boldsymbol{A}^*)^*=|\boldsymbol{A}|^{n-2}\boldsymbol{A}$.

证明 (1) 因为 $\boldsymbol{A}$ 与 $\boldsymbol{B}$ 均为 n 阶可逆矩阵，故

$$(\boldsymbol{A}\boldsymbol{B})^{-1}=\frac{1}{|\boldsymbol{A}\boldsymbol{B}|}(\boldsymbol{A}\boldsymbol{B})^*=\frac{1}{|\boldsymbol{A}||\boldsymbol{B}|}(\boldsymbol{A}\boldsymbol{B})^*,$$

$$B^{-1}A^{-1}=\frac{1}{|B|}B^*\frac{1}{|A|}A^*=\frac{1}{|B||A|}B^*A^*,$$

所以
$$\frac{1}{|A||B|}(AB)^*=\frac{1}{|B||A|}B^*A^*,$$

两边同乘以$|A||B|$,得$(AB)^*=B^*A^*$.

(2) 因为A为n阶可逆矩阵,所以$A^*=|A|A^{-1}$,$|A^*|=|A|^{n-1}\neq 0$.

因此A^*可逆,且$(A^*)^{-1}=(|A|A^{-1})^{-1}=\frac{1}{|A|}A$.

由伴随矩阵求逆法得 $(A^*)^{-1}=\frac{1}{|A^*|}(A^*)^*$,

所以$\frac{1}{|A^*|}(A^*)^*=\frac{1}{|A|}A$,

$$(A^*)^*=|A^*|\frac{1}{|A|}A=|A|^{n-1}\frac{1}{|A|}A=|A|^{n-2}A.$$

因此$(A^*)^*=|A|^{n-2}A$.

2.6.4 用矩阵的初等行变换求逆矩阵

由求逆矩阵的公式 $A^{-1}=\frac{1}{|A|}A^*$ 求逆矩阵,对于三阶以上的方阵就比较复杂. 为了作出n阶矩阵的伴随矩阵,需要计算 n^2 个 $(n-1)$ 阶行列式,所以此公式只适宜求低阶矩阵的逆矩阵. 下面介绍利用初等行变换求逆矩阵的方法,这种方法常用于实际计算.

已知A为满秩矩阵,一个满秩方阵仅用初等行变换一定可以化为单位阵,也就是说,一个可逆矩阵(即满秩方阵)一定存在初等阵P_1, P_2, $\cdots$, P_s,使

$$P_sP_{s-1}\cdots P_2P_1A=E. \tag{1}$$

其中,$P_k(k=1,2,\cdots,s)$表示对A进行第k次初等行变换所对应的初等矩阵.

将式(1)两边右乘A^{-1},得

$$P_sP_{s-1}\cdots P_2P_1AA^{-1}=EA^{-1},$$

则
$$P_sP_{s-1}\cdots P_2P_1E=P_sP_{s-1}\cdots P_2P_1=A^{-1}. \tag{2}$$

当然直接求 $P_sP_{s-1}\cdots P_2P_1$ 较困难.

由式(1)可知:当A可逆时,对A进行一系列初等行变换化为单位阵E;由式(2)可知:对E进行与式(1)相同的一系列初等行变换把单位阵E化为A^{-1}.

定理 4　任一逆矩阵可表示成若干初等矩阵的乘积.

下面给出对 $\boldsymbol{E}$ 和 $\boldsymbol{A}$ 同时作同样的初等行变换,当 $\boldsymbol{A}$ 变成 $\boldsymbol{E}$ 时,则 $\boldsymbol{E}$ 也就变成了 $\boldsymbol{A}^{-1}$. 具体做法是,在矩阵 $\boldsymbol{A}$ 的右边添写一个同阶的单位阵 $\boldsymbol{E}$,形成新的 $n\times 2n$ 矩阵,简记为

$$(\boldsymbol{A}\vdots\boldsymbol{E}).$$

可以验明,如果以 $\boldsymbol{A}^{-1}$ 乘上面的矩阵,得

$$\boldsymbol{A}^{-1}(\boldsymbol{A}\vdots\boldsymbol{E})=(\boldsymbol{E}\vdots\boldsymbol{A}^{-1}).$$

这就是用初等行变换求逆矩阵的方法. 此法是求逆矩阵的主要方法.

例 8　如果下列矩阵可逆,求其逆矩阵.

$$(1)\ \boldsymbol{A}=\begin{pmatrix}1&4&7\\2&4&8\\3&6&13\end{pmatrix};\qquad (2)\ \boldsymbol{B}=\begin{pmatrix}1&3&4\\2&-2&0\\3&4&7\end{pmatrix}.$$

解　(1) $(\boldsymbol{A}\vdots\boldsymbol{E})=\left(\begin{array}{ccc:ccc}1&4&7&1&0&0\\2&4&8&0&1&0\\3&6&13&0&0&1\end{array}\right).$

现对 $\boldsymbol{A}$ 与 $\boldsymbol{E}$ 同时进行初等行变换:

$$(\boldsymbol{A}\vdots\boldsymbol{E})\xrightarrow[r_3-3r_1]{r_2-2r_1}\left(\begin{array}{ccc:ccc}1&4&7&1&0&0\\0&-4&-6&-2&1&0\\0&-6&-8&-3&0&1\end{array}\right)$$

$$\xrightarrow[\substack{-\frac{1}{4}r_2\\ r_3+6r_2}]{r_1+r_2}\left(\begin{array}{ccc:ccc}1&0&1&-1&1&0\\0&1&\frac{3}{2}&\frac{1}{2}&-\frac{1}{4}&0\\0&0&1&0&-\frac{3}{2}&1\end{array}\right)$$

$$\xrightarrow[r_1-r_3]{r_2-\frac{3}{2}r_3}\left(\begin{array}{ccc:ccc}1&0&0&-1&\frac{5}{2}&-1\\0&1&0&\frac{1}{2}&2&-\frac{3}{2}\\0&0&1&0&-\frac{3}{2}&1\end{array}\right)$$

$$=(\boldsymbol{E}\vdots\boldsymbol{A}^{-1}).$$

则 $$A^{-1}=\begin{pmatrix}-1 & \frac{5}{2} & -1\\ \frac{1}{2} & 2 & -\frac{3}{2}\\ 0 & -\frac{3}{2} & 1\end{pmatrix}=-\frac{1}{2}\begin{pmatrix}2 & -5 & 2\\ -1 & -4 & 3\\ 0 & 3 & -2\end{pmatrix}.$$

(2) $$(\boldsymbol{B}\vdots\boldsymbol{E})=\left(\begin{array}{ccc:ccc}1 & 3 & 4 & 1 & 0 & 0\\ 2 & -2 & 0 & 0 & 1 & 0\\ 3 & 4 & 7 & 0 & 0 & 1\end{array}\right)$$

$$\xrightarrow[r_3-3r_1]{r_2-2r_1}\left(\begin{array}{ccc:ccc}1 & 3 & 4 & 1 & 0 & 0\\ 0 & -8 & -8 & -2 & 1 & 0\\ 0 & -5 & -5 & -3 & 0 & 1\end{array}\right).$$

到此就不用再算下去了，而且可断言 $\boldsymbol{B}$ 的逆矩阵不存在. 这是因为

$$\begin{vmatrix}1 & 3 & 4\\ 0 & -8 & -8\\ 0 & -5 & -5\end{vmatrix}=0,$$

故 $|\boldsymbol{B}|=0$, 即 $\boldsymbol{B}$ 不可逆.

求逆矩阵有以下三种方法：

第一种，用定义，即用待定系数法，如例 1，此法只适用于低阶矩阵.

第二种，用公式法，即用 $\boldsymbol{A}^{-1}=\dfrac{1}{|\boldsymbol{A}|}\boldsymbol{A}^*$，此法也只适用于低阶矩阵.

第三种，用矩阵的初等行变换法，即 $(\boldsymbol{A}\vdots\boldsymbol{E})\longrightarrow(\boldsymbol{E}\vdots\boldsymbol{A}^{-1})$，这是最常用的方法.

注意 (1) 用公式法求逆矩阵，首先要求矩阵的行列式，从而判断它是否可逆. 而利用初等行变换求逆矩阵，可不必首先计算矩阵的行列式的值来判断矩阵是否可逆，而是在矩阵变换中随时判断，一旦发现矩阵行列式为零，即可判断矩阵不可逆，从而停止变换.

(2) 用初等行变换求逆矩阵时要注意 $\boldsymbol{A}$ 与 $\boldsymbol{E}$ 每一行变换必须同步.

2.6.5 利用逆矩阵可解某些方程

设 n 元线性非齐次方程组

$$\begin{cases}a_{11}x_1+a_{12}x_2+\cdots+a_{1n}x_n=b_1,\\ a_{21}x_1+a_{22}x_2+\cdots+a_{2n}x_n=b_2,\\ \qquad\vdots\\ a_{n1}x_1+a_{n2}x_2+\cdots+a_{nn}x_n=b_n.\end{cases}$$

将其写成矩阵方程

$$\begin{pmatrix} a_{11} & a_{12} & \cdots & a_{1n} \\ a_{21} & a_{22} & \cdots & a_{2n} \\ \vdots & \vdots & & \vdots \\ a_{n1} & a_{n2} & \cdots & a_{nn} \end{pmatrix} \begin{pmatrix} x_1 \\ x_2 \\ \vdots \\ x_n \end{pmatrix} = \begin{pmatrix} b_1 \\ b_2 \\ \vdots \\ b_n \end{pmatrix},$$

即
$$\boldsymbol{Ax} = \boldsymbol{b}. \tag{3}$$

若 $|\boldsymbol{A}| \neq 0$，则 $\boldsymbol{A}$ 一定有逆矩阵 $\boldsymbol{A}^{-1}$.

将式(3)两边左乘 $\boldsymbol{A}^{-1}$，得 $\quad \boldsymbol{A}^{-1}\boldsymbol{Ax} = \boldsymbol{A}^{-1}\boldsymbol{b}$,

即
$$\boldsymbol{x} = \boldsymbol{A}^{-1}\boldsymbol{b}. \tag{4}$$

式(4)就是式(3)的解，此解是用矩阵表示的.

注意 用逆矩阵解矩阵方程，要求 $\boldsymbol{A}$ 是方阵，且 $|\boldsymbol{A}| \neq 0$.

定理 5 设 $\boldsymbol{A}, \boldsymbol{B}$ 为 n 阶方阵，且 $\boldsymbol{A}$ 可逆，则

$$(\boldsymbol{A} \vdots \boldsymbol{B}) \xrightarrow{\text{初等行变换}} (\boldsymbol{E} \vdots \boldsymbol{A}^{-1}\boldsymbol{B}).$$

证明 因为 n 阶方阵 $\boldsymbol{A}$ 可逆，故

$$\boldsymbol{A} \xrightarrow{\text{有限次初等行变换}} \boldsymbol{E},$$

即存在初等方阵 $\boldsymbol{P}_1, \boldsymbol{P}_2, \cdots, \boldsymbol{P}_s$ 使

$$(\boldsymbol{P}_s\boldsymbol{P}_{s-1}\cdots\boldsymbol{P}_1)\boldsymbol{A} = \boldsymbol{E}.$$

则
$$\boldsymbol{P}_s\boldsymbol{P}_{s-1}\cdots\boldsymbol{P}_1 = \boldsymbol{A}^{-1},$$

所以
$$(\boldsymbol{P}_s\boldsymbol{P}_{s-1}\cdots\boldsymbol{P}_1)\boldsymbol{B} = \boldsymbol{A}^{-1}\boldsymbol{B},$$

即
$$(\boldsymbol{A} \vdots \boldsymbol{B}) \rightarrow (\boldsymbol{E} \vdots \boldsymbol{A}^{-1}\boldsymbol{B}).$$

若 $\quad \boldsymbol{AX} = \boldsymbol{B}$，且 $\boldsymbol{A}$ 可逆，则 $\boldsymbol{X} = \boldsymbol{A}^{-1}\boldsymbol{B}$.

例 9 求解下列矩阵方程.

(1) $\begin{pmatrix} 3 & 0 & 8 \\ 3 & -1 & 6 \\ -2 & 0 & -5 \end{pmatrix} \boldsymbol{X} = \begin{pmatrix} 1 & -1 & 2 \\ -1 & 3 & 4 \\ -2 & 0 & 5 \end{pmatrix}$;

(2) $\boldsymbol{X} \begin{pmatrix} 1 & -1 & 1 \\ 1 & 1 & 0 \\ 2 & 1 & 1 \end{pmatrix} = \begin{pmatrix} 1 & 2 & -3 \\ 2 & 0 & 4 \\ 0 & -1 & 5 \end{pmatrix}$;

(3) $\begin{pmatrix}0&1&0\\1&0&0\\0&0&1\end{pmatrix}\boldsymbol{X}\begin{pmatrix}1&0&0\\0&0&1\\0&1&0\end{pmatrix}=\begin{pmatrix}1&-4&3\\2&0&-1\\1&-2&0\end{pmatrix}$.

解 (1) 矩阵方程简写为 $\boldsymbol{AX}=\boldsymbol{B}$，则 $\boldsymbol{X}=\boldsymbol{A}^{-1}\boldsymbol{B}$，

$$(\boldsymbol{A}\vdots\boldsymbol{B})=\begin{pmatrix}3&0&8&\vdots&1&-1&2\\3&-1&6&\vdots&-1&3&4\\-2&0&-5&\vdots&-2&0&5\end{pmatrix}\to\begin{pmatrix}1&0&3&\vdots&-1&-1&7\\0&-1&-2&\vdots&-2&4&2\\0&0&1&\vdots&-4&-2&19\end{pmatrix}$$

$$\to\begin{pmatrix}1&0&0&\vdots&11&5&-50\\0&1&0&\vdots&10&0&-40\\0&0&1&\vdots&-4&-2&19\end{pmatrix}=(\boldsymbol{E}\vdots\boldsymbol{A}^{-1}\boldsymbol{B})=(\boldsymbol{E}\vdots\boldsymbol{X}),$$

则
$$\boldsymbol{X}=\begin{pmatrix}11&5&-50\\10&0&-40\\-4&-2&19\end{pmatrix}.$$

(2) 矩阵方程简写为 $\boldsymbol{XA}=\boldsymbol{B}$,则 $\boldsymbol{X}=\boldsymbol{BA}^{-1}$.

$$(\boldsymbol{A}\vdots\boldsymbol{E})=\begin{pmatrix}1&-1&1&\vdots&1&0&0\\1&1&0&\vdots&0&1&0\\2&1&1&\vdots&0&0&1\end{pmatrix}\to\begin{pmatrix}1&0&0&\vdots&1&2&-1\\0&1&0&\vdots&-1&-1&1\\0&0&1&\vdots&-1&-3&2\end{pmatrix},$$

则
$$\boldsymbol{A}^{-1}=\begin{pmatrix}1&2&-1\\-1&-1&1\\-3&-3&2\end{pmatrix}.$$

故 $$\boldsymbol{X}=\boldsymbol{BA}^{-1}=\begin{pmatrix}1&2&-3\\2&0&4\\0&-1&5\end{pmatrix}\begin{pmatrix}1&2&-1\\-1&-1&1\\-1&-3&2\end{pmatrix}=\begin{pmatrix}2&9&-5\\-2&-8&6\\-4&-14&9\end{pmatrix}.$$

(3) 矩阵方程简写为 $\boldsymbol{AXB}=\boldsymbol{C}$，则 $\boldsymbol{X}=\boldsymbol{A}^{-1}\boldsymbol{CB}^{-1}=(\boldsymbol{A}^{-1}\boldsymbol{C})\boldsymbol{B}^{-1}$.

$$(\boldsymbol{A}\vdots\boldsymbol{C})=\begin{pmatrix}0&1&0&\vdots&1&-4&3\\1&0&0&\vdots&2&0&-1\\0&0&1&\vdots&1&-2&0\end{pmatrix}\to\begin{pmatrix}1&0&0&\vdots&2&0&-1\\0&1&0&\vdots&1&-4&3\\0&0&1&\vdots&1&-2&0\end{pmatrix}$$
$$=(\boldsymbol{E}\vdots\boldsymbol{A}^{-1}\boldsymbol{C}).$$

$$(\boldsymbol{B}\vdots\boldsymbol{E})=\begin{pmatrix}1&0&0&\vdots&1&0&0\\0&0&1&\vdots&0&1&0\\0&1&0&\vdots&0&0&1\end{pmatrix}\to\begin{pmatrix}1&0&0&\vdots&1&0&0\\0&1&0&\vdots&0&0&1\\0&0&1&\vdots&0&1&0\end{pmatrix}=(\boldsymbol{E}\vdots\boldsymbol{B}^{-1}).$$

$$X=\begin{pmatrix}2&0&-1\\1&-4&3\\1&-2&0\end{pmatrix}\begin{pmatrix}1&0&0\\0&0&1\\0&1&0\end{pmatrix}=\begin{pmatrix}2&-1&0\\1&3&-4\\1&0&-2\end{pmatrix}.$$

例 10 利用逆矩阵解线性方程组

$$\begin{cases}x_1+2x_2+3x_3=4,\\2x_1+3x_2+x_3=0,\\3x_1+x_2+2x_3=5.\end{cases}$$

解 此方程组可写成 $\boldsymbol{AX}=\boldsymbol{B}$，其中

$$\boldsymbol{A}=\begin{pmatrix}1&2&3\\2&3&1\\3&1&2\end{pmatrix},\quad \boldsymbol{X}=\begin{pmatrix}x_1\\x_2\\x_3\end{pmatrix},\quad \boldsymbol{B}=\begin{pmatrix}4\\0\\5\end{pmatrix},$$

则

$$\boldsymbol{X}=\boldsymbol{A}^{-1}\boldsymbol{B}.$$

$$(\boldsymbol{A}\vdots\boldsymbol{B})=\begin{pmatrix}1&2&3&\vdots&4\\2&3&1&\vdots&0\\3&1&2&\vdots&5\end{pmatrix}\to\begin{pmatrix}1&2&3&\vdots&4\\0&-1&-5&\vdots&-8\\0&-4&-2&\vdots&1\end{pmatrix}$$

$$\to\begin{pmatrix}1&0&-7&\vdots&-12\\0&1&5&\vdots&8\\0&0&18&\vdots&33\end{pmatrix}\to\begin{pmatrix}1&0&0&\vdots&\frac{15}{18}\\0&1&0&\vdots&-\frac{21}{18}\\0&0&1&\vdots&\frac{33}{18}\end{pmatrix}$$

$$=(\boldsymbol{E}\vdots\boldsymbol{A}^{-1}\boldsymbol{B})=(\boldsymbol{E}\vdots\boldsymbol{X}),$$

则

$$x_1=\frac{5}{6},\quad x_2=-\frac{7}{6},\quad x_3=\frac{11}{6}.$$

例 11 已知 $\boldsymbol{A}^2+\boldsymbol{A}-4\boldsymbol{E}=\boldsymbol{O}$，求 $(\boldsymbol{A}-\boldsymbol{E})^{-1}$.

解 因为 $(\boldsymbol{A}-\boldsymbol{E})(\boldsymbol{A}+2\boldsymbol{E})=2\boldsymbol{E}$，所以

$$(\boldsymbol{A}-\boldsymbol{E})^{-1}=\frac{1}{2}(\boldsymbol{A}+2\boldsymbol{E}).$$

例 12 已知 $\boldsymbol{A}^2=\boldsymbol{A}$，求 $(\boldsymbol{A}+\boldsymbol{E})^{-1}$，$(\boldsymbol{A}-2\boldsymbol{E})^{-1}$.

解 因为$\boldsymbol{A}^2-\boldsymbol{A}-2\boldsymbol{E}=-2\boldsymbol{E}$，有

$$(\boldsymbol{A}-2\boldsymbol{E})(\boldsymbol{A}+\boldsymbol{E})=-2\boldsymbol{E},$$

所以
$$(\boldsymbol{A}+\boldsymbol{E})^{-1}=-\frac{1}{2}(\boldsymbol{A}-2\boldsymbol{E}),$$

$$(\boldsymbol{A}-2\boldsymbol{E})^{-1}=-\frac{1}{2}(\boldsymbol{A}+\boldsymbol{E}).$$

例 13 已知$\boldsymbol{A}^{-1}\boldsymbol{BA}=6\boldsymbol{A}+\boldsymbol{BA}$，求$\boldsymbol{B}$，其中$\boldsymbol{A}=\begin{pmatrix}\frac{1}{3}&0&0\\0&\frac{1}{4}&0\\0&0&\frac{1}{7}\end{pmatrix}$.

解 等式两边右乘$\boldsymbol{A}^{-1}$，得$\boldsymbol{A}^{-1}\boldsymbol{B}=6\boldsymbol{E}+\boldsymbol{B}$，

整理得
$$(\boldsymbol{A}^{-1}-\boldsymbol{E})\boldsymbol{B}=6\boldsymbol{E},$$

则
$$\boldsymbol{B}=6(\boldsymbol{A}^{-1}-\boldsymbol{E})^{-1}.$$

又

$$\boldsymbol{A}^{-1}=\begin{pmatrix}3&0&0\\0&4&0\\0&0&7\end{pmatrix},\quad \boldsymbol{A}^{-1}-\boldsymbol{E}=\begin{pmatrix}2&0&0\\0&3&0\\0&0&6\end{pmatrix},\quad (\boldsymbol{A}^{-1}-\boldsymbol{E})^{-1}=\begin{pmatrix}\frac{1}{2}&0&0\\0&\frac{1}{3}&0\\0&0&\frac{1}{6}\end{pmatrix},$$

所以
$$\boldsymbol{B}=6\begin{pmatrix}\frac{1}{2}&0&0\\0&\frac{1}{3}&0\\0&0&\frac{1}{6}\end{pmatrix}=\begin{pmatrix}3&0&0\\0&2&0\\0&0&1\end{pmatrix}.$$

例 14 设矩阵$\boldsymbol{X}$满足$\boldsymbol{A}^*\boldsymbol{X}=2\boldsymbol{A}^{-1}-\boldsymbol{X}$，求$\boldsymbol{X}$，其中$\boldsymbol{A}=\begin{pmatrix}0&1&0\\2&0&0\\0&0&\frac{1}{2}\end{pmatrix}$.

解 因为$|\boldsymbol{A}|=-1$，$\boldsymbol{AA}^*=|\boldsymbol{A}|\boldsymbol{E}=-\boldsymbol{E}$，

方程两边同时左乘$\boldsymbol{A}$，得
$$-\boldsymbol{X}=2\boldsymbol{E}-\boldsymbol{AX},$$

整理得
$$\boldsymbol{AX}-\boldsymbol{X}=2\boldsymbol{E},$$

即 $$X=2(A-E)^{-1}.$$

$$A-E=\begin{pmatrix}-1 & 1 & 0\\ 2 & -1 & 0\\ 0 & 0 & -\frac{1}{2}\end{pmatrix},$$

$$(A-E)^{-1}=\begin{pmatrix}\begin{pmatrix}-1 & 1\\ 2 & -1\end{pmatrix}^{-1} & 0\\ 0 & \left(-\frac{1}{2}\right)^{-1}\end{pmatrix}=\begin{pmatrix}1 & 1 & 0\\ 2 & 1 & 0\\ 0 & 0 & -2\end{pmatrix},$$

则 $$X=2\begin{pmatrix}1 & 1 & 0\\ 2 & 1 & 0\\ 0 & 0 & -2\end{pmatrix}=\begin{pmatrix}2 & 2 & 0\\ 4 & 2 & 0\\ 0 & 0 & -4\end{pmatrix}.$$

例 15 设矩阵 $A=\begin{pmatrix}2 & 1 & 0\\ 1 & 2 & 0\\ 0 & 0 & 1\end{pmatrix}$，矩阵 B 满足 $ABA^*=2BA^*+E$，求 $|B|$.

解 因为 $$|A|=3,\quad A^*=|A|A^{-1}=3A^{-1},$$
原方程整理为 $$3ABA^{-1}=6BA^{-1}+AA^{-1},$$
方程两边右乘 A，整理得
$$3AB-6B=A,\quad (A-2E)B=\frac{1}{3}A,$$
则 $$B=\frac{1}{3}(A-2E)^{-1}A.$$
又因为 $|A-2E|=1=|(A-2E)^{-1}|$，得
$$|B|=\frac{|A|}{3^3}=\frac{1}{9}.$$

例 16 设 A 为 n 阶方阵，$n\geqslant 2$，求证
$$R(A^*)=\begin{cases}n, & R(A)=n,\\ 1, & R(A)=n-1,\\ 0, & R(A)\leqslant n-2.\end{cases}$$

证明 若 $R(A)=n$，则 $|A|\neq 0$，由于 $|A^*|=|A|^{n-1}\neq 0$，则 $R(A^*)=n$；若 $R(A)<n-1$，则 $|A|$ 的所有代数余子式均为零，即 $A^*=O$，$R(A^*)=0$；

若 $R(\boldsymbol{A})=n-1$，$\boldsymbol{A}$ 中至少存在一个 $n-1$ 阶子式不为零，即 $\boldsymbol{A}^*\neq\boldsymbol{O}$，$R(\boldsymbol{A}^*)\geqslant 1$；

又由 $\boldsymbol{A}\boldsymbol{A}^*=\boldsymbol{A}^*\boldsymbol{A}=|\boldsymbol{A}|\boldsymbol{E}=\boldsymbol{O}\Rightarrow R(\boldsymbol{A})+R(\boldsymbol{A}^*)\leqslant n\Rightarrow R(\boldsymbol{A}^*)\leqslant 1$，故 $R(\boldsymbol{A}^*)=1$.

习　题　2.6

1. 用公式法求下列矩阵的逆矩阵.

(1) $\boldsymbol{A}=\begin{pmatrix}1&2\\2&3\end{pmatrix}$；　　(2) $\boldsymbol{A}=\begin{pmatrix}1&0&1\\0&1&0\\0&0&1\end{pmatrix}$；

(3) 设 $ad-bc=2$，求 $\begin{pmatrix}a&b&0\\c&d&0\\0&0&2\end{pmatrix}^{-1}$.（注意用块阵求逆的方法.）

2. 用初等行变换求下列矩阵的逆矩阵.

(1) $\boldsymbol{A}=\begin{pmatrix}1&0&-1\\2&1&3\\3&-1&2\end{pmatrix}$；　(2) $\boldsymbol{A}=\begin{pmatrix}2&2&3\\1&-1&0\\-1&2&1\end{pmatrix}$；　(3) $\boldsymbol{A}=\begin{pmatrix}0&2&-2&-4\\1&2&7&3\\0&3&2&-1\\1&1&3&0\end{pmatrix}$.

3. 求解下列矩阵方程.

(1) $\begin{pmatrix}1&2&-3\\3&2&-4\\2&-1&0\end{pmatrix}\boldsymbol{X}=\begin{pmatrix}1&-3&0\\10&2&7\\10&7&8\end{pmatrix}$；　(2) $\boldsymbol{X}\begin{pmatrix}1&-2&0\\4&-2&-1\\-3&1&2\end{pmatrix}=\begin{pmatrix}3&0&-2\\-1&4&1\end{pmatrix}$；

(3) $\begin{pmatrix}0&1\\1&0\end{pmatrix}\boldsymbol{X}\begin{pmatrix}1&1&-1\\2&1&0\\1&-1&0\end{pmatrix}=\begin{pmatrix}1&2&3\\4&5&6\end{pmatrix}$.

4. 已知

$$\boldsymbol{A}=\begin{pmatrix}111&2&1\\3&122&-4\\2&0&133\end{pmatrix},\quad \boldsymbol{B}=\begin{pmatrix}-109&-2&-1\\-3&-119&4\\-2&0&-129\end{pmatrix}.$$

求矩阵 $\boldsymbol{X}$，使 $\boldsymbol{AX}+\boldsymbol{BX}=\boldsymbol{X}+\boldsymbol{E}$.

5. 设矩阵 $\boldsymbol{C}=\boldsymbol{A}[(\boldsymbol{A}^{-1})^2+\boldsymbol{A}^*\boldsymbol{B}\boldsymbol{A}^{-1}]\boldsymbol{A}$，求 $|\boldsymbol{C}|$，其中

$$\boldsymbol{A}=\begin{pmatrix}1&1&0\\0&1&1\\1&1&1\end{pmatrix},\quad \boldsymbol{B}=\begin{pmatrix}1&2&3\\4&5&6\\7&8&9\end{pmatrix}.$$

6. 设 $\boldsymbol{A}$ 为三阶方阵，且 $|\boldsymbol{A}|=\frac{1}{2}$，求 $|(3\boldsymbol{A})^{-1}-2\boldsymbol{A}^*|$.

7. 设方阵 $\boldsymbol{A}$ 可逆，且 $\boldsymbol{A}^*\boldsymbol{X}=\boldsymbol{A}^{-1}+\boldsymbol{X}$.

(1) 证明 $\boldsymbol{X}$ 是可逆的；(2) 当 $\boldsymbol{A}=\begin{pmatrix}2&6&0\\0&2&6\\0&0&2\end{pmatrix}$ 时，求 $\boldsymbol{X}$.

8. 设 $\boldsymbol{P}^{-1}\boldsymbol{A}\boldsymbol{P}=\boldsymbol{\Lambda}$，其中 $\boldsymbol{P}=\begin{pmatrix}-1&-4\\1&1\end{pmatrix}$，$\boldsymbol{\Lambda}=\begin{pmatrix}-1&0\\0&2\end{pmatrix}$，求 $\boldsymbol{A}^{11}$.

9. 设矩阵 $\boldsymbol{A}$ 的伴随矩阵 $\boldsymbol{A}^*=\begin{pmatrix}1&0&0\\1&2&0\\0&1&2\end{pmatrix}$，且 $|\boldsymbol{A}|=2$，求矩阵 $\boldsymbol{A}$.

10. 设 $\boldsymbol{AP}=\boldsymbol{PB}$，其中 $\boldsymbol{P}=\begin{pmatrix}1&1&1\\1&0&-2\\1&-1&1\end{pmatrix}$，$\boldsymbol{B}=\begin{pmatrix}-1&0&0\\0&1&0\\0&0&5\end{pmatrix}$，求 $f(\boldsymbol{A})=\boldsymbol{A}^8(5\boldsymbol{E}-6\boldsymbol{A}+\boldsymbol{A}^2)$.

11. 已知 $\boldsymbol{A},\boldsymbol{B}$ 为三阶方阵，满足 $2\boldsymbol{A}^{-1}\boldsymbol{B}=\boldsymbol{B}-4\boldsymbol{E}$.

(1) 证明 $\boldsymbol{A}-2\boldsymbol{E}$ 可逆；(2)若 $\boldsymbol{B}=\begin{pmatrix}1&-2&0\\3&2&0\\0&0&2\end{pmatrix}$，求矩阵 $\boldsymbol{A}$.

12. 设 n 阶方阵 $\boldsymbol{A}$ 满足 $\boldsymbol{A}^2-\boldsymbol{A}=2\boldsymbol{E}$，求 $\boldsymbol{A}^{-1}$，$(\boldsymbol{A}-3\boldsymbol{E})^{-1}$.

自测题 2

1. 设 $\boldsymbol{A}=\begin{pmatrix}1&0&1\\0&1&1\\1&0&0\end{pmatrix}$，$\boldsymbol{B}=\begin{pmatrix}1&2&4\\1&0&0\\0&0&1\end{pmatrix}$，求 $3\boldsymbol{AB}-2\boldsymbol{BA}$，$4\boldsymbol{AA}^{\mathrm{T}}+\boldsymbol{BB}^{\mathrm{T}}$.

2. 设 $\boldsymbol{A}_1=\begin{pmatrix}1&2&3\\3&2&1\\2&1&3\end{pmatrix}$，$\boldsymbol{A}_2=\begin{pmatrix}1&-1&1&-1\\-1&1&1&-1\\1&1&-1&-1\\1&-1&-1&1\end{pmatrix}$，判断 $\boldsymbol{A}_1$，$\boldsymbol{A}_2$ 是否可逆？如可逆，求它们的秩.

3. 设矩阵

$$\boldsymbol{A}=\begin{pmatrix}1&4&0&0&0\\1&3&0&0&0\\0&0&1&1&0\\0&0&3&5&0\\0&0&0&0&8\end{pmatrix},\quad \boldsymbol{B}=\begin{pmatrix}1&0&2&3&0\\2&0&1&2&0\\1&1&0&0&1\end{pmatrix},$$

用矩阵分块法求 $\boldsymbol{A}^{-1}$，$\boldsymbol{A}^{-1}\boldsymbol{B}^{\mathrm{T}}$.

4. 求下列矩阵的逆矩阵.

(1) $\boldsymbol{A}=\begin{pmatrix}4 & 7\\ 11 & 10\end{pmatrix}$；　　(2) $\boldsymbol{B}=\begin{pmatrix}1 & 3 & 3\\ 1 & 4 & 3\\ 1 & 3 & 4\end{pmatrix}$.

5. 用逆矩阵的方法解矩阵方程

$$\begin{pmatrix}1 & 2 & 3\\ 2 & 2 & 1\\ 3 & 4 & 3\end{pmatrix}\begin{pmatrix}x_1\\ x_2\\ x_3\end{pmatrix}=\begin{pmatrix}1\\ -1\\ 2\end{pmatrix}.$$

6. 设 $\boldsymbol{A},\boldsymbol{B}$ 为三阶矩阵，且 $|\boldsymbol{A}|=3$，$|\boldsymbol{B}|=2$，$|\boldsymbol{A}^{-1}+\boldsymbol{B}|=2$，求 $|\boldsymbol{A}+\boldsymbol{B}^{-1}|$.

7. 解下列矩阵方程.

(1) $\boldsymbol{A}+2\boldsymbol{B}-2\boldsymbol{X}=2\boldsymbol{A}$，其中 $\boldsymbol{A}=\begin{pmatrix}8 & 0 & 5\\ 3 & 7 & 0\end{pmatrix}$，$\boldsymbol{B}=\begin{pmatrix}1 & 7 & 2\\ 2 & 0 & 3\end{pmatrix}$；

(2) $(\boldsymbol{A}-3\boldsymbol{X})\boldsymbol{B}=\boldsymbol{C}$，其中

$$\boldsymbol{A}=\begin{pmatrix}4 & -3 & 1\\ -1 & 20 & 4\\ 1 & 18 & 4\end{pmatrix},\quad \boldsymbol{B}=\begin{pmatrix}1 & 0 & 0\\ 0 & 2 & 1\\ 0 & 5 & 3\end{pmatrix},\quad \boldsymbol{C}=\begin{pmatrix}1 & -4 & 3\\ 2 & 0 & -1\\ 1 & 2 & 0\end{pmatrix};$$

(3) $\boldsymbol{X}+6\boldsymbol{B}=\boldsymbol{X}\boldsymbol{B}$，其中 $\boldsymbol{B}=\begin{pmatrix}1 & -3 & 0\\ 2 & 1 & 0\\ 0 & 0 & 2\end{pmatrix}$.

8. 若 $\boldsymbol{A}^2-\boldsymbol{A}+2\boldsymbol{E}=\boldsymbol{O}$，判别 $\boldsymbol{A}$ 及 $(\boldsymbol{A}-2\boldsymbol{E})$ 是否可逆？如可逆，求其逆矩阵.

9. 设 $\boldsymbol{A}^3-9\boldsymbol{E}=\boldsymbol{O}$，求 $(\boldsymbol{A}-2\boldsymbol{E})^{-1}$ 及 $(\boldsymbol{A}-\boldsymbol{E})^{-1}$.

10. 设 $\boldsymbol{A},\boldsymbol{B}$ 都是三阶可逆方阵，如果 $|\boldsymbol{A}|=2$，$|\boldsymbol{B}|=1$，

(1) 计算 $|(4\boldsymbol{A})^{-1}|$，$|(\boldsymbol{A}^{-1})^*|$，$|\boldsymbol{A}^*-(3\boldsymbol{A})^{-1}|$；

(2) 设 $\boldsymbol{A}=(\boldsymbol{A}_1,\boldsymbol{A}_2,\boldsymbol{A}_3)$，$\boldsymbol{B}=(\boldsymbol{A}_1,\boldsymbol{B}_2,\boldsymbol{A}_3)$，计算 $|\boldsymbol{A}+\boldsymbol{B}|$.

11. 解矩阵方程 $\left[\left(\frac{1}{2}\boldsymbol{A}\right)^*\right]^{-1}\boldsymbol{X}\boldsymbol{A}^{-1}=2\boldsymbol{A}\boldsymbol{X}+12\boldsymbol{E}$，其中 $\boldsymbol{A}=\begin{pmatrix}1 & 2 & 0 & 0\\ 1 & 3 & 0 & 0\\ 0 & 0 & 0 & 2\\ 0 & 0 & -1 & 0\end{pmatrix}$，求 $\boldsymbol{X}$.

12. 已知矩阵 $\boldsymbol{A}_{4\times 3}$，$\boldsymbol{B}_{3\times 4}$，求证 $|\boldsymbol{A}\boldsymbol{B}|=0$.

第3章　线性方程组

线性方程组在工程技术和生产实际中经常遇到，因此线性方程组的理论是数学中的一个重要的基础理论，也是线性代数的基本内容.

前面已介绍了解线性方程组的克拉默法则和求逆矩阵法，但引用这些方法要求方程组中方程的个数与未知数的个数相等，而且系数行列式不为零. 可是，由实际问题得到的方程组往往是方程的个数与未知量的个数不相等；或方程的个数与未知数的个数虽相等，但系数行列式却为零，此时这些方法就不适用了. 为此要讨论线性方程组的一般理论.

3.1　向量及其线性运算

本节主要介绍 n 元线性方程组的解法，n 维向量及其运算.

3.1.1　线性方程组的解法

设 n 元线性非齐次方程组

$$\begin{cases} a_{11}x_1+a_{12}x_2+\cdots+a_{1n}x_n=b_1, \\ a_{21}x_1+a_{22}x_2+\cdots+a_{2n}x_n=b_2, \\ \qquad\qquad\qquad\qquad\vdots \\ a_{m1}x_1+a_{m2}x_2+\cdots+a_{mn}x_n=b_m. \end{cases} \tag{1}$$

可以得到增广矩阵

$$\overline{\boldsymbol{A}}=\begin{pmatrix} a_{11} & a_{12} & \cdots & a_{1n} & b_1 \\ a_{21} & a_{22} & \cdots & a_{2n} & b_2 \\ \vdots & \vdots & & \vdots & \vdots \\ a_{m1} & a_{m2} & \cdots & a_{mn} & b_m \end{pmatrix}. \tag{2}$$

由第2章可知，对方程组(1)反复施行初等行变换可化成阶梯形方程组，从而可求出方程组的解. 这相当于对式(2)增广矩阵反复施行初等行变换化为阶梯形阵，从而求出方程组的解. 这就是用矩阵的初等行变换来求方程组的解.

下面用初等行变换求解线性方程组.

例 1 解下列非齐次线性方程组.

(1) $\begin{cases}2x_1-x_2+2x_3=4,\\ x_1+x_2+2x_3=1,\\ 4x_1+x_2+4x_3=2;\end{cases}$ (2) $\begin{cases}-3x_2-2x_3=2,\\ x_1+x_2+2x_3=1,\\ 4x_1+x_2+6x_3=6;\end{cases}$

(3) $\begin{cases}2x_1+x_2-x_3=1,\\ 4x_1+2x_2-2x_3=3,\\ 2x_1+x_2+x_3=1.\end{cases}$

解 (1) 对方程组的增广矩阵$\overline{\boldsymbol{A}}$进行初等行变换

$$\overline{\boldsymbol{A}}=\begin{pmatrix}2&-1&2&4\\1&1&2&1\\4&1&4&2\end{pmatrix}\xrightarrow{r_1\leftrightarrow r_2}\begin{pmatrix}1&1&2&1\\2&-1&2&4\\4&1&4&2\end{pmatrix}\xrightarrow[r_3-4r_1]{r_2-2r_1}\begin{pmatrix}1&1&2&1\\0&-3&-2&2\\0&-3&-4&-2\end{pmatrix}$$

$$\xrightarrow{r_3-r_2}\begin{pmatrix}1&1&2&1\\0&-3&-2&2\\0&0&-2&-4\end{pmatrix}\xrightarrow[-\frac{1}{2}r_3]{-r_2+r_3}\begin{pmatrix}1&1&2&1\\0&3&0&-6\\0&0&1&2\end{pmatrix}$$

$$\xrightarrow[r_1-2r_3]{\frac{1}{3}r_2}\begin{pmatrix}1&1&0&-3\\0&1&0&-2\\0&0&1&2\end{pmatrix}\xrightarrow{r_1-r_2}\begin{pmatrix}1&0&0&-1\\0&1&0&-2\\0&0&1&2\end{pmatrix}.$$

与最后一个矩阵(行最简梯形矩阵)相对应的同解线性方程组

$$\begin{cases}x_1=-1,\\ x_2=-2,\\ x_3=2,\end{cases}$$

即为原方程组的解

(2) 对方程组的增广矩阵$\overline{\boldsymbol{A}}$进行初等行变换：

$$\overline{\boldsymbol{A}}=\begin{pmatrix}0&-3&-2&2\\1&1&2&1\\4&1&6&6\end{pmatrix}\xrightarrow{r_1\leftrightarrow r_2}\begin{pmatrix}1&1&2&1\\0&-3&-2&2\\4&1&6&6\end{pmatrix}$$

$$\xrightarrow{r_3-4r_1}\begin{pmatrix}1&1&2&1\\0&-3&-2&2\\0&-3&-2&2\end{pmatrix}\xrightarrow{r_3-r_2}\begin{pmatrix}1&1&2&1\\0&-3&-2&2\\0&0&0&0\end{pmatrix}$$

$$\xrightarrow{-\frac{1}{3}r_2}\begin{pmatrix}1&1&2&1\\0&1&\frac{2}{3}&-\frac{2}{3}\\0&0&0&0\end{pmatrix}\xrightarrow{r_1-r_2}\begin{pmatrix}1&0&\frac{4}{3}&\frac{5}{3}\\0&1&\frac{2}{3}&-\frac{2}{3}\\0&0&0&0\end{pmatrix}.$$

与最后一个矩阵相对应的同解方程组为

$$\begin{cases}x_1=\frac{5}{3}-\frac{4}{3}x_3,\\x_2=-\frac{2}{3}-\frac{2}{3}x_3.\end{cases}$$

其中,x_3 可任意取值,称为自由未知量,故原方程组有无穷多解. 这种自由未知量表示的无穷多解称为方程组的**一般解**.

令 $x_3=3k$(k 为任意常数),则原方程组的一般解为

$$\begin{cases}x_1=\frac{5}{3}-4k,\\x_2=-\frac{2}{3}-2k,\\x_3=3k.\end{cases}$$

(3) $\overline{\mathbf{A}}=\begin{pmatrix}2&1&-1&1\\4&2&-2&3\\2&1&1&1\end{pmatrix}\longrightarrow\begin{pmatrix}2&1&-1&1\\0&0&0&1\\0&0&2&0\end{pmatrix}\longrightarrow\begin{pmatrix}2&1&0&0\\0&0&1&0\\0&0&0&1\end{pmatrix}.$

与最后一个矩阵相对应的同解方程组为

$$\begin{cases}2x_1+x_2=0,\\x_3=0,\\0=1.\end{cases}$$

因第三个方程 $0=1$ 为矛盾方程,故原方程组无解. 由此例看到,一个线性方程组的解有三种情况:有唯一解,有无穷多解以及无解.

利用矩阵的初等行变换解方程组的步骤如下:

第一步,写出线性方程组的增广矩阵 $\overline{\mathbf{A}}$;

第二步,对 $\overline{\mathbf{A}}$ 施行初等行变换,将 $\overline{\mathbf{A}}$ 化为行最简阶梯阵 $\boldsymbol{B}$;

第三步,写出以 $\boldsymbol{B}$ 为增广矩阵的同解方程组;

第四步,判别是否有解? 如有解,解此同解方程组得解.

如何判别一个非齐次线性方程组 $\boldsymbol{Ax}=\boldsymbol{b}$(其中$\overline{\boldsymbol{A}}=(\boldsymbol{A}\vdots\boldsymbol{b})$)解的类型呢？由例 1中三个方程组的最简阶梯形阵可知:若方程组中未知数的个数为 n,则

(1) 对于第一个方程组,因 $R(\boldsymbol{A})=R(\overline{\boldsymbol{A}})=3=n$,故方程组有唯一解；

(2) 对于第二个方程组,因 $R(\boldsymbol{A})=R(\overline{\boldsymbol{A}})=2<n$,故方程组有无穷多个解；

(3) 对于第三个方程组,因 $R(\boldsymbol{A})=2$, $R(\overline{\boldsymbol{A}})=3$,即 $R(\boldsymbol{A})\neq R(\overline{\boldsymbol{A}})$,故方程组无解.

例 2 解齐次线性方程组

$$\begin{cases} -3x_2-2x_3+2x_4=0, \\ x_1+x_2+2x_3+x_4=0, \\ 4x_1+x_2+6x_3+6x_4=0. \end{cases}$$

解 对方程组的系数矩阵 $\boldsymbol{A}$ 进行初等行变换：

$$\boldsymbol{A}=\begin{pmatrix} 0 & -3 & -2 & 2 \\ 1 & 1 & 2 & 1 \\ 4 & 1 & 6 & 6 \end{pmatrix} \xrightarrow{r_1\leftrightarrow r_2} \begin{pmatrix} 1 & 1 & 2 & 1 \\ 0 & -3 & -2 & 2 \\ 4 & 1 & 6 & 6 \end{pmatrix}$$

$$\xrightarrow{r_3-4r_1} \begin{pmatrix} 1 & 1 & 2 & 1 \\ 0 & -3 & -2 & 2 \\ 0 & -3 & -2 & 2 \end{pmatrix} \xrightarrow{r_3-r_2} \begin{pmatrix} 1 & 1 & 2 & 1 \\ 0 & -3 & -2 & 2 \\ 0 & 0 & 0 & 0 \end{pmatrix}$$

$$\xrightarrow{-\frac{1}{3}r_2} \begin{pmatrix} 1 & 1 & 2 & 1 \\ 0 & 1 & \frac{2}{3} & -\frac{2}{3} \\ 0 & 0 & 0 & 0 \end{pmatrix} \xrightarrow{r_1-r_2} \begin{pmatrix} 1 & 0 & \frac{4}{3} & \frac{5}{3} \\ 0 & 1 & \frac{2}{3} & -\frac{2}{3} \\ 0 & 0 & 0 & 0 \end{pmatrix}.$$

与最后一个矩阵(行最简阶梯形矩阵)相对应的同解线性方程组为

$$\begin{cases} x_1=-\frac{4}{3}x_3-\frac{5}{3}x_4, \\ x_2=-\frac{2}{3}x_3+\frac{2}{3}x_4. \end{cases}$$

取 $x_3=3k_1$, $x_4=3k_2$,则原方程的所有解为

$$\begin{cases} x_1=-4k_1-5k_2, \\ x_2=-2k_1+2k_2, \\ x_3=3k_1, \\ x_4=3k_2 \end{cases} \quad (k_1,\ k_2\text{ 为任意实数}),$$

故原方程组有无穷多组解.

由例 2 可知,当 $R(\boldsymbol{A})<n$ 时,齐次线性方程组有非零解;当 $R(\boldsymbol{A})=n$ 时,齐次方程组只有零解.

为了进一步讨论一般的线性方程组的有解性以及解的结构,先讨论向量及向量组的线性相关性.

3.1.2 n 维向量

在三维空间内的点,可分别用有序数组 (x, y, z) 来表示. 而一个 n 元线性方程 $a_1x_1+a_2x_2+\cdots+a_nx_n=b$,就可以用 $n+1$ 个有序的数组 $a_1, a_2, \cdots, a_n, b$ 来描述,即 $(a_1, a_2, \cdots, a_n, b)$. 因为这个方程完全由这 $n+1$ 个数确定,所以未知量采用什么字母表示是非本质的. 由此,引入抽象的数学概念.

定义 1 由 n 个数 $a_1, a_2, \cdots, a_n$ 组成的有序数组 $(a_1, a_2, \cdots, a_n)$ 称为 **n 维向量**. 其中 a_k 称为这个向量的**第 k 个分量**,$k=1, 2, \cdots, n$.

$(a_1, a_2, \cdots, a_n)$ 称为 n **维行向量**;$\begin{pmatrix} a_1 \\ a_2 \\ \vdots \\ a_n \end{pmatrix}$ 称为 n **维列向量**. 它们的区别只是同一个向量在写法上的不同.

一般用希腊字母 $\boldsymbol{\alpha}, \boldsymbol{\beta}, \boldsymbol{\gamma}, \boldsymbol{\eta}, \cdots$ 表示向量;用 $a, b, c, x, \cdots$ 表示数.

说明 在高等数学中把既有大小又有方向的量称为向量. 这只能在二维和三维空间适用,因为这时的"方向"有确切的含义,即方位与指向,因此称为几何向量. 对 n 维向量来说,"方向"已无意义,只能用一组有序数组来定义,如三维向量为 (x_1, y_1, z_1),其中 x_1, y_1, z_1 为向量在 x, y, z 轴上的投影. 所以现在讲的向量是几何向量的推广.

定义 2 若两个 n 维向量

$$\boldsymbol{\alpha}=(a_1, a_2, \cdots, a_n)^{\mathrm{T}}, \quad \boldsymbol{\beta}=(b_1, b_2, \cdots, b_n)^{\mathrm{T}}$$

的对应分量相等,即

$$a_k=b_k \quad (k=1, 2, \cdots, n),$$

则称这两个向量**相等**. 故

$$\boldsymbol{\alpha}=\boldsymbol{\beta} \Longleftrightarrow a_k=b_k \quad (k=1, 2, \cdots, n).$$

定义 3 分量全为零的向量称为**零向量**,记为 $\mathbf{0}$,即

$$\mathbf{0}=(0, 0, \cdots, 0)^{\mathrm{T}}.$$

定义 4 向量$\boldsymbol{\alpha}=(a_1, a_2, \cdots, a_n)^{\mathrm{T}}$的**负向量**为$(-a_1, -a_2, \cdots, -a_n)^{\mathrm{T}}$,记为$-\boldsymbol{\alpha}$,即

$$-\boldsymbol{\alpha}=-(a_1, a_2, \cdots, a_n)^{\mathrm{T}}=(-a_1, -a_2, \cdots, -a_n)^{\mathrm{T}}.$$

定义 5 设有n维向量$\boldsymbol{\alpha}=(a_1, a_2, \cdots, a_n)^{\mathrm{T}}$,称量

$$\|\boldsymbol{\alpha}\|=\sqrt{a_1^2+a_2^2+\cdots+a_n^2}$$

为向量$\boldsymbol{\alpha}$的**模**.

若$\boldsymbol{\alpha}$为非零向量,则$\|\boldsymbol{\alpha}\|>0$,只有当$\boldsymbol{\alpha}$为零向量时,$\|\boldsymbol{\alpha}\|=0$;

若$\|\boldsymbol{\alpha}\|=1$,则称$\boldsymbol{\alpha}$为**单位向量**.

例如,$\boldsymbol{i}=\begin{pmatrix}1\\0\\0\end{pmatrix}$, $\boldsymbol{j}=\begin{pmatrix}0\\1\\0\end{pmatrix}$, $\boldsymbol{k}=\begin{pmatrix}0\\0\\1\end{pmatrix}$称为**三维基本单位向量**,而$\boldsymbol{\beta}=\begin{pmatrix}-\frac{2}{3}\\\frac{2}{3}\\\frac{1}{3}\end{pmatrix}$是三维单位向量.

称n维向量中的

$$\boldsymbol{e}_1=\begin{pmatrix}1\\0\\0\\\vdots\\0\end{pmatrix}, \boldsymbol{e}_2=\begin{pmatrix}0\\1\\0\\\vdots\\0\end{pmatrix}, \cdots, \boldsymbol{e}_n=\begin{pmatrix}0\\0\\0\\\vdots\\1\end{pmatrix}$$

为n**维基本单位向量**.

当$n=3$时,$\boldsymbol{e}_1=\boldsymbol{i}$, $\boldsymbol{e}_2=\boldsymbol{j}$, $\boldsymbol{e}_3=\boldsymbol{k}$.

m个n维向量组成的集合,称为一个n维**向量组**.

3.1.3 向量的线性运算

向量的线性运算包括向量的加法及数乘.

1. 向量的加法

定义 6 设$\boldsymbol{\alpha}=(a_1, a_2, \cdots, a_n)$,$\boldsymbol{\beta}=(b_1, b_2, \cdots, b_n)$为两个$n$维向量,则称$n$维向量$(a_1+b_1, a_2+b_2, \cdots, a_n+b_n)$为向量$\boldsymbol{\alpha}$与$\boldsymbol{\beta}$之和,记为$\boldsymbol{\alpha}+\boldsymbol{\beta}$,即

$$\boldsymbol{\alpha}+\boldsymbol{\beta}=(a_1+b_1, a_2+b_2, \cdots, a_n+b_n).$$

对于任意 n 维向量 $\boldsymbol{\alpha}$，显然有

$$\boldsymbol{\alpha}+\mathbf{0}=\mathbf{0}+\boldsymbol{\alpha}=\boldsymbol{\alpha}, \quad \boldsymbol{\alpha}+(-\boldsymbol{\alpha})=\mathbf{0}.$$

利用负向量可定义向量的减法，即

$$\boldsymbol{\alpha}-\boldsymbol{\beta}=\boldsymbol{\alpha}+(-\boldsymbol{\beta})=(a_1-b_1, a_2-b_2, \cdots, a_n-b_n).$$

2. 数量与向量的乘法(简称向量的数乘)

定义 7 向量$(ka_1, ka_2, \cdots, ka_n)$称为向量 $\boldsymbol{\alpha}=(a_1, a_2, \cdots, a_n)$与数 k 的乘积，记为 $k\boldsymbol{\alpha}$，即

$$k\boldsymbol{\alpha}=k(a_1, a_2, \cdots, a_n)=(ka_1, ka_2, \cdots, ka_n).$$

例 3 求 x, y, z，使得$(2, -3, 4)=x(1, 1, 1)+y(1, 1, 0)+z(1, 0, 0)$.

解
$$\begin{aligned}(2, -3, 4)&=(x, x, x)+(y, y, 0)+(z, 0, 0)\\&=(x+y+z, x+y, x).\end{aligned}$$

因各分量对应相等，得方程组

$$\begin{cases}x+y+z=2,\\x+y=-3,\\x=4.\end{cases}$$

解方程组得 $x=4, \quad y=-7, \quad z=5.$

3. 运算律

直接由定义容易证明向量的加法和数乘运算满足以下八条运算规律：

(1) $\boldsymbol{\alpha}+\boldsymbol{\beta}=\boldsymbol{\beta}+\boldsymbol{\alpha}$； (2) $(\boldsymbol{\alpha}+\boldsymbol{\beta})+\boldsymbol{\gamma}=\boldsymbol{\alpha}+(\boldsymbol{\beta}+\boldsymbol{\gamma})$；

(3) $\boldsymbol{\alpha}+\mathbf{0}=\boldsymbol{\alpha}$； (4) $\boldsymbol{\alpha}+(-\boldsymbol{\alpha})=\mathbf{0}$；

(5) $1\boldsymbol{\alpha}=\boldsymbol{\alpha}$； (6) $k(\mu\boldsymbol{\alpha})=(k\mu)\boldsymbol{\alpha}$；

(7) $k(\boldsymbol{\alpha}+\boldsymbol{\beta})=k\boldsymbol{\alpha}+k\boldsymbol{\beta}$； (8) $(k+\mu)\boldsymbol{\alpha}=k\boldsymbol{\alpha}+\mu\boldsymbol{\alpha}$.

其中，k, μ 为常数. 满足这八条运算律的向量的加法和数乘运算称为向量的**线性运算**.

例 4 设 $\boldsymbol{\alpha}=\begin{pmatrix}1\\0\\1\end{pmatrix}$，$\boldsymbol{\beta}=\begin{pmatrix}-3\\-2\\-1\end{pmatrix}$，求向量 $\boldsymbol{\gamma}$，使 $2(\boldsymbol{\alpha}-\boldsymbol{\gamma})=\boldsymbol{\gamma}-\boldsymbol{\beta}$.

解 因为 $2(\boldsymbol{\alpha}-\boldsymbol{\gamma})=\boldsymbol{\gamma}-\boldsymbol{\beta}, \quad 2\boldsymbol{\alpha}-2\boldsymbol{\gamma}=\boldsymbol{\gamma}-\boldsymbol{\beta}$，

所以

$$\gamma = \frac{1}{3}(2\boldsymbol{\alpha} + \boldsymbol{\beta}) = \frac{1}{3}\left[2\begin{pmatrix}1\\0\\1\end{pmatrix} + \begin{pmatrix}-3\\-2\\-1\end{pmatrix}\right] = \frac{1}{3}\begin{pmatrix}-1\\-2\\1\end{pmatrix}.$$

习 题 3.1

1. 设 $\boldsymbol{\alpha} = \begin{pmatrix}1\\-3\\2\\4\end{pmatrix}$，$\boldsymbol{\beta} = \begin{pmatrix}3\\5\\-1\\-2\end{pmatrix}$，求 $\boldsymbol{\alpha}+\boldsymbol{\beta}$，$2\boldsymbol{\alpha}-3\boldsymbol{\beta}$.

2. 求向量 $\boldsymbol{\alpha}$，使

$$3(\boldsymbol{\alpha}_1 - \boldsymbol{\alpha}) + 2(\boldsymbol{\alpha}_2 + \boldsymbol{\alpha}) = 5(\boldsymbol{\alpha}_3 + \boldsymbol{\alpha}).$$

其中，$\boldsymbol{\alpha}_1 = \begin{pmatrix}2\\5\\1\\3\end{pmatrix}$，$\boldsymbol{\alpha}_2 = \begin{pmatrix}10\\1\\5\\10\end{pmatrix}$，$\boldsymbol{\alpha}_3 = \begin{pmatrix}4\\1\\-1\\1\end{pmatrix}$.

3. 利用初等变换求解下列线性方程组.

(1) $\begin{cases}2x_1 - x_2 + 3x_3 = 1,\\ 2x_1 + x_2 + x_3 = 5,\\ 4x_1 + x_2 + 2x_3 = 5;\end{cases}$ (2) $\begin{cases}x_1 - x_2 + x_3 + 2x_4 = 1,\\ 2x_1 - 3x_3 + x_4 = 0,\\ 2x_2 + x_3 - 3x_4 = 0,\\ 3x_1 + x_2 + 4x_4 = 0.\end{cases}$

3.2 向量间的线性关系

本节主要介绍向量组的线性相关性及其有关定理；向量组的最大线性无关组的几个基本概念及性质以备引用. 这些是线性代数的理论基础，学习时必须深刻理解向量组线性相关性的含义及其判别方法，在此基础上明确 n 元线性方程组解的结构. 这是学好本节的关键.

3.2.1 线性组合与线性表示

定义 1 设 $\boldsymbol{\alpha}_1$，$\boldsymbol{\alpha}_2$，…，$\boldsymbol{\alpha}_m$ 是 m 个 n 维向量，则称

$$k_1\boldsymbol{\alpha}_1 + k_2\boldsymbol{\alpha}_2 + \cdots + k_m\boldsymbol{\alpha}_m$$

为向量组 $\boldsymbol{\alpha}_1$，$\boldsymbol{\alpha}_2$，…，$\boldsymbol{\alpha}_m$ 的**线性组合**，其中 k_1，k_2，…，k_m 称为**组合系数**.

向量 $\boldsymbol{\beta}$ 如果能够表示成向量组 $\boldsymbol{\alpha}_1, \boldsymbol{\alpha}_2, \cdots, \boldsymbol{\alpha}_m$ 的某个线性组合,即存在一组数 $k_1, k_2, \cdots, k_m$,使

$$\boldsymbol{\beta} = k_1\boldsymbol{\alpha}_1 + k_2\boldsymbol{\alpha}_2 + \cdots + k_m\boldsymbol{\alpha}_m,$$

则称 $\boldsymbol{\beta}$ 可由 $\boldsymbol{\alpha}_1, \boldsymbol{\alpha}_2, \cdots, \boldsymbol{\alpha}_m$ **线性表示.**

注意 只有同维向量组才可以线性表示.

例 1 证明:任意 n 维向量 $\boldsymbol{\alpha} = \begin{pmatrix} a_1 \\ a_2 \\ \vdots \\ a_n \end{pmatrix}$ 可由 n 个 n 维单位向量

$$\boldsymbol{e}_1 = \begin{pmatrix} 1 \\ 0 \\ 0 \\ \vdots \\ 0 \end{pmatrix}, \boldsymbol{e}_2 = \begin{pmatrix} 0 \\ 1 \\ 0 \\ \vdots \\ 0 \end{pmatrix}, \cdots, \boldsymbol{e}_n = \begin{pmatrix} 0 \\ 0 \\ 0 \\ \vdots \\ 1 \end{pmatrix}$$

线性表示.

证明

$$\boldsymbol{\alpha} = \begin{pmatrix} a_1 \\ a_2 \\ a_3 \\ \vdots \\ a_n \end{pmatrix} = \begin{pmatrix} a_1 \\ 0 \\ 0 \\ \vdots \\ 0 \end{pmatrix} + \begin{pmatrix} 0 \\ a_2 \\ 0 \\ \vdots \\ 0 \end{pmatrix} + \begin{pmatrix} 0 \\ 0 \\ a_3 \\ \vdots \\ 0 \end{pmatrix} + \cdots + \begin{pmatrix} 0 \\ 0 \\ 0 \\ \vdots \\ a_n \end{pmatrix}$$

$$= a_1 \begin{pmatrix} 1 \\ 0 \\ 0 \\ \vdots \\ 0 \end{pmatrix} + a_2 \begin{pmatrix} 0 \\ 1 \\ 0 \\ \vdots \\ 0 \end{pmatrix} + a_3 \begin{pmatrix} 0 \\ 0 \\ 1 \\ \vdots \\ 0 \end{pmatrix} + \cdots + a_n \begin{pmatrix} 0 \\ 0 \\ 0 \\ \vdots \\ 1 \end{pmatrix}$$

$$= a_1\boldsymbol{e}_1 + a_2\boldsymbol{e}_2 + \cdots + a_n\boldsymbol{e}_n.$$

例 2 已知 $\boldsymbol{\alpha}_1 = \begin{pmatrix} 1 \\ 1 \\ 1 \end{pmatrix}, \boldsymbol{\alpha}_2 = \begin{pmatrix} 1 \\ 0 \\ -1 \end{pmatrix}; \boldsymbol{\beta}_1 = \begin{pmatrix} -1 \\ -3 \\ -5 \end{pmatrix}, \boldsymbol{\beta}_2 = \begin{pmatrix} 3 \\ -1 \\ 1 \end{pmatrix}$.

问:(1) $\boldsymbol{\beta}_1$ 能否由 $\boldsymbol{\alpha}_1, \boldsymbol{\alpha}_2$ 线性表示?(2) $\boldsymbol{\beta}_2$ 能否由 $\boldsymbol{\alpha}_1, \boldsymbol{\alpha}_2$ 线性表示?

解 (1) 设 $\boldsymbol{\beta}_1=k_1\boldsymbol{\alpha}_1+k_2\boldsymbol{\alpha}_2$,即

$$\begin{pmatrix}-1\\-3\\-5\end{pmatrix}=k_1\begin{pmatrix}1\\1\\1\end{pmatrix}+k_2\begin{pmatrix}1\\0\\-1\end{pmatrix}=\begin{pmatrix}k_1+k_2\\k_1\\k_1-k_2\end{pmatrix},$$

比较两边分量得线性方程组

$$\begin{cases}k_1+k_2=-1,\\k_1=-3,\\k_1-k_2=-5,\end{cases}\quad 解得\quad\begin{cases}k_1=-3,\\k_2=2.\end{cases}$$

故 $\boldsymbol{\beta}_1$ 可由 $\boldsymbol{\alpha}_1$, $\boldsymbol{\alpha}_2$ 线性表示且表示法唯一,即 $\boldsymbol{\beta}_1=-3\boldsymbol{\alpha}_1+2\boldsymbol{\alpha}_2$.

(2) 设 $\boldsymbol{\beta}_2=k_1\boldsymbol{\alpha}_1+k_2\boldsymbol{\alpha}_2$,即

$$\begin{pmatrix}3\\-1\\1\end{pmatrix}=k_1\begin{pmatrix}1\\1\\1\end{pmatrix}+k_2\begin{pmatrix}1\\0\\-1\end{pmatrix}.$$

于是得线性方程组

$$\begin{cases}k_1+k_2=3,\\k_1=-1,\\k_1-k_2=1.\end{cases}$$

将 $k_1=-1$ 代入第一个方程中,得 $k_2=4$;代入第三个方程中,得 $k_2=-2$,此方程组无解. 故 $\boldsymbol{\beta}_2$ 不可由 $\boldsymbol{\alpha}_1$, $\boldsymbol{\alpha}_2$ 线性表示.

小结 判断一个向量 $\boldsymbol{\beta}$ 是否是向量组 $\boldsymbol{\alpha}_1, \boldsymbol{\alpha}_2, \cdots, \boldsymbol{\alpha}_m$ 的线性组合(即 $\boldsymbol{\beta}$ 可否由 $\boldsymbol{\alpha}_1, \boldsymbol{\alpha}_2, \cdots, \boldsymbol{\alpha}_m$ 线性表示)的步骤如下:

第一步,设 $\boldsymbol{\beta}=k_1\boldsymbol{\alpha}_1+k_2\boldsymbol{\alpha}_2+\cdots+k_m\boldsymbol{\alpha}_m$. (5)

第二步,代入具体向量得到线性方程组,有

$$\begin{cases}a_{11}k_1+a_{12}k_2+\cdots+a_{1m}k_m=b_1,\\a_{21}k_1+a_{22}k_2+\cdots+a_{2m}k_m=b_2,\\\qquad\qquad\vdots\\a_{n1}k_1+a_{n2}k_2+\cdots+a_{nm}k_m=b_n;\end{cases}\tag{6}$$

$$\boldsymbol{\alpha}_1=\begin{pmatrix}a_{11}\\a_{21}\\\vdots\\a_{n1}\end{pmatrix},\boldsymbol{\alpha}_2=\begin{pmatrix}a_{12}\\a_{22}\\\vdots\\a_{n2}\end{pmatrix},\cdots,\boldsymbol{\alpha}_m=\begin{pmatrix}a_{1m}\\a_{2m}\\\vdots\\a_{nm}\end{pmatrix},\boldsymbol{\beta}=\begin{pmatrix}b_1\\b_2\\\vdots\\b_n\end{pmatrix}.$$

第三步，解方程组(6)，若方程组有解，则 $\boldsymbol{\beta}$ 可由 $\boldsymbol{\alpha}_1, \boldsymbol{\alpha}_2, \cdots, \boldsymbol{\alpha}_m$ 线性表示；若方程组无解，则 $\boldsymbol{\beta}$ 不可由 $\boldsymbol{\alpha}_1, \boldsymbol{\alpha}_2, \cdots, \boldsymbol{\alpha}_m$ 线性表示.

注意方程组(6)的书写规律：x_i 的系数构成列向量 $\boldsymbol{\alpha}_i(i=1, 2, \cdots, m)$，常数项构成列向量 $\boldsymbol{\beta}$.

定理 1 设 $\boldsymbol{\alpha}_1, \boldsymbol{\alpha}_2, \cdots, \boldsymbol{\alpha}_m, \boldsymbol{\beta}$ 是 n 维列向量组，$\boldsymbol{\beta}$ 可由 $\boldsymbol{\alpha}_1, \boldsymbol{\alpha}_2, \cdots, \boldsymbol{\alpha}_m$ 线性表示，则非齐次线性方程组 $\boldsymbol{Ax}=\boldsymbol{\beta}$ 有解. 即 $R(\boldsymbol{A})=R(\boldsymbol{A}, \boldsymbol{\beta})$，其中 $\boldsymbol{A}=(\boldsymbol{\alpha}_1, \boldsymbol{\alpha}_2, \cdots, \boldsymbol{\alpha}_m)$.

例 3 已知向量组

$$\boldsymbol{\alpha}_1=\begin{pmatrix}1\\0\\2\\1\end{pmatrix}, \quad \boldsymbol{\alpha}_2=\begin{pmatrix}1\\2\\0\\1\end{pmatrix}, \quad \boldsymbol{\alpha}_3=\begin{pmatrix}2\\-1\\5\\0\end{pmatrix}, \quad \boldsymbol{\beta}=\begin{pmatrix}2\\5\\-1\\4\end{pmatrix}.$$

问 $\boldsymbol{\beta}$ 是否可由 $\boldsymbol{\alpha}_1, \boldsymbol{\alpha}_2, \boldsymbol{\alpha}_3$ 线性表示？如能线性表示，写出表达式.

解 设存在数 x_1, x_2, x_3，使

$$x_1\boldsymbol{\alpha}_1+x_2\boldsymbol{\alpha}_2+x_3\boldsymbol{\alpha}_3=\boldsymbol{\beta}.$$

即

$$\overline{\boldsymbol{A}}=(\boldsymbol{\alpha}_1, \boldsymbol{\alpha}_2, \boldsymbol{\alpha}_3, \boldsymbol{\beta})=\begin{pmatrix}1&1&2&2\\0&2&-1&5\\2&0&5&-1\\1&1&0&4\end{pmatrix}\to\begin{pmatrix}1&0&0&2\\0&1&0&2\\0&0&1&-1\\0&0&0&0\end{pmatrix}.$$

因为 $R(\boldsymbol{A})=R(\overline{\boldsymbol{A}})=3$，

有唯一解

$$x_1=2, \quad x_2=2, \quad x_3=-1.$$

所以

$$\boldsymbol{\beta}=2\boldsymbol{\alpha}_1+2\boldsymbol{\alpha}_2-\boldsymbol{\alpha}_3.$$

例 4 已知向量组

$$\boldsymbol{\alpha}_1=\begin{pmatrix}-1\\0\\1\\2\end{pmatrix}, \quad \boldsymbol{\alpha}_2=\begin{pmatrix}3\\4\\-2\\5\end{pmatrix}, \quad \boldsymbol{\alpha}_3=\begin{pmatrix}1\\4\\0\\9\end{pmatrix}, \quad \boldsymbol{\beta}=\begin{pmatrix}5\\4\\-4\\1\end{pmatrix}.$$

问 $\boldsymbol{\beta}$ 是否可由 $\boldsymbol{\alpha}_1, \boldsymbol{\alpha}_2, \boldsymbol{\alpha}_3$ 线性表示？如能线性表示，写出表达式.

解 设有数 x_1, x_2, x_3，使

$$x_1\boldsymbol{\alpha}_1+x_2\boldsymbol{\alpha}_2+x_3\boldsymbol{\alpha}_3=\boldsymbol{\beta}.$$

即 $$\overline{\mathbf{A}}=(\boldsymbol{\alpha}_1,\boldsymbol{\alpha}_2,\boldsymbol{\alpha}_3,\boldsymbol{\beta})=\begin{pmatrix}-1&3&1&5\\0&4&4&4\\1&-2&0&-4\\2&5&9&1\end{pmatrix}$$

$$\rightarrow\begin{pmatrix}-1&3&1&5\\0&1&1&1\\0&0&0&0\\0&0&0&0\end{pmatrix}\rightarrow\begin{pmatrix}1&0&2&-2\\0&1&1&1\\0&0&0&0\\0&0&0&0\end{pmatrix}.$$

得同解方程组 $\begin{cases}x_1=-2x_3-2,\\x_2=-x_3+1.\end{cases}$

令 $x_3=k$（k 为任意实数），得

$$x_1=-2-2k,\quad x_2=1-k,$$

$$\boldsymbol{\beta}=(-2-2k)\boldsymbol{\alpha}_1+(1-k)\boldsymbol{\alpha}_2+k\boldsymbol{\alpha}_3.$$

例 5 判断 $\boldsymbol{\beta}=\begin{pmatrix}4\\3\\0\\11\end{pmatrix}$ 是否为向量组 $\boldsymbol{\alpha}_1=\begin{pmatrix}1\\2\\-1\\5\end{pmatrix}$，$\boldsymbol{\alpha}_2=\begin{pmatrix}2\\-1\\1\\1\end{pmatrix}$ 的线性组合.

解 设有数 x_1,x_2，使得 $x_1\boldsymbol{\alpha}_1+x_2\boldsymbol{\alpha}_2=\boldsymbol{\beta}$.

即 $$\overline{\mathbf{A}}=(\boldsymbol{\alpha}_1,\boldsymbol{\alpha}_2,\boldsymbol{\beta})=\begin{pmatrix}1&2&4\\2&-1&3\\-1&1&0\\5&1&11\end{pmatrix}\rightarrow\begin{pmatrix}1&2&4\\0&1&1\\0&0&1\\0&0&0\end{pmatrix}.$$

因为 $R(\mathbf{A})=2$，$R(\overline{\mathbf{A}})=3$，所以 $\boldsymbol{\beta}$ 不是 $\boldsymbol{\alpha}_1,\boldsymbol{\alpha}_2$ 的线性组合.

例 6 设向量组 $\boldsymbol{\alpha}_1=\begin{pmatrix}t+1\\1\\1\end{pmatrix}$，$\boldsymbol{\alpha}_2=\begin{pmatrix}1\\t+1\\1\end{pmatrix}$，$\boldsymbol{\alpha}_3=\begin{pmatrix}1\\1\\t+1\end{pmatrix}$，$\boldsymbol{\beta}=\begin{pmatrix}2\\-1\\t+2\end{pmatrix}$.

问 t 取何值时，

(1) $\boldsymbol{\beta}$ 可由 $\boldsymbol{\alpha}_1,\boldsymbol{\alpha}_2,\boldsymbol{\alpha}_3$ 线性表示，且表示法唯一；

(2) $\boldsymbol{\beta}$ 不可由 $\boldsymbol{\alpha}_1,\boldsymbol{\alpha}_2,\boldsymbol{\alpha}_3$ 线性表示；

(3) $\boldsymbol{\beta}$ 可由 $\boldsymbol{\alpha}_1,\boldsymbol{\alpha}_2,\boldsymbol{\alpha}_3$ 线性表示，表示法不唯一，并求出所有的表达式.

解 设存在数 x_1, x_2, x_3，使 $x_1\boldsymbol{\alpha}_1 + x_2\boldsymbol{\alpha}_2 + x_3\boldsymbol{\alpha}_3 = \boldsymbol{\beta}$, $\boldsymbol{A} = (\boldsymbol{\alpha}_1, \boldsymbol{\alpha}_2, \boldsymbol{\alpha}_3)$，即考察方程组 $\boldsymbol{Ax} = \boldsymbol{\beta}$ 是否有解.

$$|\boldsymbol{A}| = \begin{vmatrix} t+1 & 1 & 1 \\ 1 & t+1 & 1 \\ 1 & 1 & t+1 \end{vmatrix} = t^2(t+3).$$

(1) 当 $|\boldsymbol{A}| \neq 0$ 时，即 $t \neq 0$ 且 $t \neq -3$ 时，$\boldsymbol{Ax} = \boldsymbol{\beta}$ 有唯一的解；

(2) 当 $t=0$ 时，$\overline{\boldsymbol{A}} = (\boldsymbol{A}\ \boldsymbol{\beta}) = \begin{pmatrix} 1 & 1 & 1 & 2 \\ 1 & 1 & 1 & -1 \\ 1 & 1 & 1 & 2 \end{pmatrix} \to \begin{pmatrix} 1 & 1 & 1 & 0 \\ 0 & 0 & 0 & 1 \\ 0 & 0 & 0 & 0 \end{pmatrix}$，方程组 $\boldsymbol{Ax} = \boldsymbol{\beta}$ 无解，$\boldsymbol{\beta}$ 不可由 $\boldsymbol{\alpha}_1, \boldsymbol{\alpha}_2, \boldsymbol{\alpha}_3$ 线性表示；

(3)当 $t=-3$ 时，$\overline{\boldsymbol{A}} = \begin{pmatrix} -2 & 1 & 1 & 2 \\ 1 & -2 & 1 & -1 \\ 1 & 1 & -2 & -2 \end{pmatrix} \to \begin{pmatrix} 1 & 0 & -1 & -1 \\ 0 & 1 & -1 & 0 \\ 0 & 0 & 0 & 0 \end{pmatrix}$，

得同解方程组
$$\begin{cases} x_1 = x_3 - 1, \\ x_2 = x_3, \end{cases}$$

解得 $x_1 = k-1$, $x_2 = x_3 = k$ $(k \in \mathbf{R})$, $\boldsymbol{\beta} = (k-1)\boldsymbol{\alpha}_1 + k\boldsymbol{\alpha}_2 + k\boldsymbol{\alpha}_3$，方程组有无穷多解，$\boldsymbol{\beta}$ 可由 $\boldsymbol{\alpha}_1, \boldsymbol{\alpha}_2, \boldsymbol{\alpha}_3$ 线性表示.

3.2.2 线性相关与线性无关的概念

定义 2 设 $\boldsymbol{\alpha}_1, \boldsymbol{\alpha}_2, \cdots, \boldsymbol{\alpha}_m$ 是 m 个 n 维向量，如果有不全为零的 m 个数 $k_1, k_2, \cdots, k_m$，使

$$k_1\boldsymbol{\alpha}_1 + k_2\boldsymbol{\alpha}_2 + \cdots + k_m\boldsymbol{\alpha}_m = \mathbf{0} \tag{1}$$

成立，则称 $\boldsymbol{\alpha}_1, \boldsymbol{\alpha}_2, \cdots, \boldsymbol{\alpha}_m$ **线性相关**；如果只有当 $k_1=k_2=\cdots=k_m=0$ 时，式(1)才成立，则称向量组 $\boldsymbol{\alpha}_1, \boldsymbol{\alpha}_2, \cdots, \boldsymbol{\alpha}_m$ **线性无关**.

注意 只有同维向量才会出现线性相关问题. 一个同维向量组不是线性相关，就是线性无关.

例 7 考察两个向量组的线性相关性.

(1) $\boldsymbol{\alpha}_1 = \begin{pmatrix} 1 \\ 2 \\ 3 \end{pmatrix}$, $\boldsymbol{\alpha}_2 = \begin{pmatrix} 2 \\ 4 \\ 6 \end{pmatrix}$；　　(2) $\boldsymbol{\beta}_1 = \begin{pmatrix} 1 \\ 2 \\ 3 \end{pmatrix}$, $\boldsymbol{\beta}_2 = \begin{pmatrix} 1 \\ 2 \\ 4 \end{pmatrix}$.

解 (1) 显然 $2\boldsymbol{\alpha}_1 = \boldsymbol{\alpha}_2$，即

$$2\boldsymbol{\alpha}_1-\boldsymbol{\alpha}_2=\mathbf{0}.$$

上式表明,对于向量 $\boldsymbol{\alpha}_1$, $\boldsymbol{\alpha}_2$ 来说,有不全为零的两个数 $k_1=2$, $k_2=-1$,使

$$k_1\boldsymbol{\alpha}_1+k_2\boldsymbol{\alpha}_2=\mathbf{0}$$

成立,则称 $\boldsymbol{\alpha}_1$ 与 $\boldsymbol{\alpha}_2$ 线性相关,几何上说向量 $\boldsymbol{\alpha}_1$, $\boldsymbol{\alpha}_2$ 共线.

(2) 因为 $\boldsymbol{\beta}_1$, $\boldsymbol{\beta}_2$ 对应分量不成比例,所以 $\boldsymbol{\beta}_1$, $\boldsymbol{\beta}_2$ 不共线. 因此,对于不全为零的两个数 k_1, k_2 不能有如上的线性等式成立,即

$$k_1\boldsymbol{\beta}_1+k_2\boldsymbol{\beta}_2\neq\mathbf{0}.$$

这就说明 $\boldsymbol{\beta}_1$ 与 $\boldsymbol{\beta}_2$ 之间不存在线性关系,这时称 $\boldsymbol{\beta}_1$ 与 $\boldsymbol{\beta}_2$ 线性无关. 即说明不存在不全为零的两个数 k_1, k_2,使得 $k_1\boldsymbol{\beta}_1+k_2\boldsymbol{\beta}_2=\mathbf{0}$ 成立.

注意 定义中指出,如果有不全为零的数 k_1, k_2, …, k_m 使得式(1)成立,则称 $\boldsymbol{\alpha}_1$, $\boldsymbol{\alpha}_2$, …, $\boldsymbol{\alpha}_m$ 线性相关. 这里只要求 k_1, k_2, …, k_m 不全为零,并不是要求 k_1, k_2, …, k_m 都不等于零.

特别地,一个零向量必定线性相关,这是因为对任意不为零的数 k,都有 $k\mathbf{0}=\mathbf{0}$;任意一个非零向量 $\boldsymbol{\alpha}$ 必线性无关,这是因为对任意不为零的数 k,都有 $k\boldsymbol{\alpha}\neq\mathbf{0}$.

例 8 求证含有零向量的任一组向量必线性相关.

证明 设向量组 $\boldsymbol{\alpha}_1$, $\boldsymbol{\alpha}_2$, …, $\boldsymbol{\alpha}_k$, …, $\boldsymbol{\alpha}_m$ 中 $\boldsymbol{\alpha}_k$ 为零向量,则取 λ_1, λ_2, …, λ_k, …, λ_m,其中,$\lambda_k\neq0$, $\lambda_1=\lambda_2=\cdots=\lambda_{k-1}=\lambda_{k+1}=\cdots=\lambda_m=0$,则

$$\lambda_1\boldsymbol{\alpha}_1+\lambda_2\boldsymbol{\alpha}_2+\cdots+\lambda_k\boldsymbol{\alpha}_k+\cdots+\lambda_m\boldsymbol{\alpha}_m=\mathbf{0}.$$

故 $\boldsymbol{\alpha}_1$, $\boldsymbol{\alpha}_2$, …, $\boldsymbol{\alpha}_m$ 线性相关.

定理 2 设向量组 $\boldsymbol{\alpha}_1$, $\boldsymbol{\alpha}_2$, …, $\boldsymbol{\alpha}_\gamma$ 线性相关,则 $\boldsymbol{\alpha}_1$, $\boldsymbol{\alpha}_2$, …, $\boldsymbol{\alpha}_\gamma$, $\boldsymbol{\alpha}_{r+1}$, …, $\boldsymbol{\alpha}_m$ 也线性相关.

证明 因为 $\boldsymbol{\alpha}_1$, $\boldsymbol{\alpha}_2$, …, $\boldsymbol{\alpha}_\gamma$ 线性相关,则存在着不全为零的数 k_1, k_2, …, k_γ,使

$$k_1\boldsymbol{\alpha}_1+k_2\boldsymbol{\alpha}_2+\cdots+k_\gamma\boldsymbol{\alpha}_r=\mathbf{0}$$

成立,因此

$$k_1\boldsymbol{\alpha}_1+k_2\boldsymbol{\alpha}_2+\cdots+k_r\boldsymbol{\alpha}_\gamma+0\cdot\boldsymbol{\alpha}_{r+1}+\cdots+0\cdot\boldsymbol{\alpha}_m=\mathbf{0}.$$

其中,k_1, k_2, …, k_r 不全为零,所以 $\boldsymbol{\alpha}_1$, $\boldsymbol{\alpha}_2$, …, $\boldsymbol{\alpha}_r$, $\boldsymbol{\alpha}_{r+1}$, …, $\boldsymbol{\alpha}_m$ 线性相关.

由此定理可知:若 $\boldsymbol{\alpha}_1$, $\boldsymbol{\alpha}_2$, …, $\boldsymbol{\alpha}_\gamma$ 线性相关,再增加任意多个同维向量后仍线性相关. 即若一个向量组中的部分向量组线性相关,则整个向量组也线性相关.

定理 3 设向量组 $\boldsymbol{\alpha}_1, \boldsymbol{\alpha}_2, \cdots, \boldsymbol{\alpha}_m$ 线性无关,那么,其中任意 $\gamma(\gamma<m)$ 个向量也线性无关.

证明 可利用定理 2,用反证法.

定理 2 与定理 3 说明了全体向量组与其部分向量组之间的关系.

3.2.3 向量组线性相关性的判别

下面分别对用字母表示的抽象向量组的线性相关性和对用数字表示的具体向量组的线性相关性进行判别.

1. 用字母表示的向量组的线性相关性的判别

对于这一类抽象向量组的线性相关性的判别方法主要是用定义判别和反证法判别.

例 9 设向量组 $\boldsymbol{\alpha}_1, \boldsymbol{\alpha}_2, \boldsymbol{\alpha}_3$ 线性无关,讨论下列向量组的线性相关性.

(1) $\boldsymbol{\beta}_1=\boldsymbol{\alpha}_1+\boldsymbol{\alpha}_2, \boldsymbol{\beta}_2=\boldsymbol{\alpha}_2+\boldsymbol{\alpha}_3, \boldsymbol{\beta}_3=\boldsymbol{\alpha}_3+\boldsymbol{\alpha}_1$;

(2) $\boldsymbol{\beta}_1=\boldsymbol{\alpha}_1-\boldsymbol{\alpha}_2, \boldsymbol{\beta}_2=\boldsymbol{\alpha}_2+2\boldsymbol{\alpha}_3, \boldsymbol{\beta}_3=\boldsymbol{\alpha}_3+\frac{1}{2}\boldsymbol{\alpha}_1$.

解 (1) 用定义证明. 设有数 x_1, x_2, x_3 使

$$x_1\boldsymbol{\beta}_1+x_2\boldsymbol{\beta}_2+x_3\boldsymbol{\beta}_3=\mathbf{0}, \tag{2}$$

即 $$x_1(\boldsymbol{\alpha}_1+\boldsymbol{\alpha}_2)+x_2(\boldsymbol{\alpha}_2+\boldsymbol{\alpha}_3)+x_3(\boldsymbol{\alpha}_3+\boldsymbol{\alpha}_1)=\mathbf{0},$$

整理后得 $$(x_1+x_3)\boldsymbol{\alpha}_1+(x_1+x_2)\boldsymbol{\alpha}_2+(x_2+x_3)\boldsymbol{\alpha}_3=\mathbf{0}.$$

因为 $\boldsymbol{\alpha}_1, \boldsymbol{\alpha}_2, \boldsymbol{\alpha}_3$ 线性无关,所以只有

$$\begin{cases} x_1 + x_3=0, \\ x_1+x_2 =0, \\ x_2+x_3=0. \end{cases}$$

其系数行列式

$$D=\begin{vmatrix} 1 & 0 & 1 \\ 1 & 1 & 0 \\ 0 & 1 & 1 \end{vmatrix} \xlongequal{r_2-r_1} \begin{vmatrix} 1 & 0 & 1 \\ 0 & 1 & -1 \\ 0 & 1 & 1 \end{vmatrix}=2 \neq 0.$$

则该方程组只有零解,即当 $x_1=x_2=x_3=0$ 时,式(2)成立,所以 $\boldsymbol{\beta}_1, \boldsymbol{\beta}_2, \boldsymbol{\beta}_3$ 线性无关.

(2) 设有数 x_1, x_2, x_3,使 $x_1\boldsymbol{\beta}_1+x_2\boldsymbol{\beta}_2+x_3\boldsymbol{\beta}_3=\mathbf{0}$,即

$$x_1(\boldsymbol{\alpha}_1-\boldsymbol{\alpha}_2)+x_2(\boldsymbol{\alpha}_2+2\boldsymbol{\alpha}_3)+x_3\left(\boldsymbol{\alpha}_3+\frac{1}{2}\boldsymbol{\alpha}_1\right)=\mathbf{0},$$

整理后得 $\left(x_1+\frac{1}{2}x_3\right)\boldsymbol{\alpha}_1+(-x_1+x_2)\boldsymbol{\alpha}_2+(2x_2+x_3)\boldsymbol{\alpha}_3=\mathbf{0}.$

因为 $\boldsymbol{\alpha}_1$，$\boldsymbol{\alpha}_2$，$\boldsymbol{\alpha}_3$ 线性无关,则得齐次线性方程组

$$\begin{cases} x_1 \qquad + \frac{1}{2}x_3 = 0, \\ -x_1 + x_2 \qquad = 0, \\ \qquad + 2x_2 + x_3 = 0. \end{cases}$$

其系数行列式

$$D=\begin{vmatrix} 1 & 0 & \frac{1}{2} \\ -1 & 1 & 0 \\ 0 & 2 & 1 \end{vmatrix} \xlongequal{r_2+r_1} \begin{vmatrix} 1 & 0 & \frac{1}{2} \\ 0 & 1 & \frac{1}{2} \\ 0 & 2 & 1 \end{vmatrix} = 0.$$

则方程组有非零解,即存在不全为零的 x_1，x_2，x_3，所以 $\boldsymbol{\beta}_1$，$\boldsymbol{\beta}_2$，$\boldsymbol{\beta}_3$ 线性相关.

2. 用数字表示的向量组的线性相关性的判别

例 10 判断下列向量组

$$\boldsymbol{\alpha}_1=\begin{pmatrix} 1 \\ -2 \\ -1 \\ -2 \end{pmatrix},\quad \boldsymbol{\alpha}_2=\begin{pmatrix} 4 \\ 1 \\ 2 \\ 1 \end{pmatrix},\quad \boldsymbol{\alpha}_3=\begin{pmatrix} 2 \\ 5 \\ 4 \\ -1 \end{pmatrix},\quad \boldsymbol{\alpha}_4=\begin{pmatrix} 1 \\ 1 \\ 1 \\ 1 \end{pmatrix}$$

的线性相关性.

解 设有数 x_1，x_2，x_3，x_4 使

$$x_1\boldsymbol{\alpha}_1+x_2\boldsymbol{\alpha}_2+x_3\boldsymbol{\alpha}_3+x_4\boldsymbol{\alpha}_4=\mathbf{0}.$$

代入题干中的向量得

$$x_1\begin{pmatrix} 1 \\ -2 \\ -1 \\ -2 \end{pmatrix}+x_2\begin{pmatrix} 4 \\ 1 \\ 2 \\ 1 \end{pmatrix}+x_3\begin{pmatrix} 2 \\ 5 \\ 4 \\ -1 \end{pmatrix}+x_4\begin{pmatrix} 1 \\ 1 \\ 1 \\ 1 \end{pmatrix}=\begin{pmatrix} 0 \\ 0 \\ 0 \\ 0 \end{pmatrix},$$

即
$$\begin{cases} x_1+4x_2+2x_3+x_4=0, \\ -2x_1+x_2+5x_3+x_4=0, \\ -x_1+2x_2+4x_3+x_4=0, \\ -2x_1+x_2-x_3+x_4=0. \end{cases}$$

用矩阵的初等行变换解此齐次线性方程组

$$\boldsymbol{A}=\begin{pmatrix}1&4&2&1\\-2&1&5&1\\-1&2&4&1\\-2&1&-1&1\end{pmatrix}\longrightarrow\begin{pmatrix}1&4&2&1\\0&9&9&3\\0&6&6&2\\0&0&-6&0\end{pmatrix}$$

$$\longrightarrow\begin{pmatrix}1&4&0&1\\0&3&0&1\\0&0&1&0\\0&0&0&0\end{pmatrix}\longrightarrow\begin{pmatrix}1&1&0&0\\0&3&0&1\\0&0&1&0\\0&0&0&0\end{pmatrix}.$$

得同解方程组

$$\begin{cases}x_1=-x_2,\\x_3=0,\\x_4=-3x_2.\end{cases}$$

令 $x_2=k(k\in\mathbf{R})$,则方程组有无穷多个解

$$x_1=-k,\quad x_2=k,\quad x_3=0,\quad x_4=-3k.$$

所以向量组 $\boldsymbol{\alpha}_1,\boldsymbol{\alpha}_2,\boldsymbol{\alpha}_3,\boldsymbol{\alpha}_4$ 线性相关.

由此例可见:用定义来判别一个数字表示的向量组的线性相关性问题,可归结为求一组数 $x_1,x_2,\cdots,x_m$ 的问题,其方法步骤如下:

第一步,设存在数 $x_1,x_2,\cdots,x_m$,使

$$x_1\boldsymbol{\alpha}_1+x_2\boldsymbol{\alpha}_2+\cdots+x_m\boldsymbol{\alpha}_m=\mathbf{0}.\tag{3}$$

第二步,将 $\boldsymbol{\alpha}_1=\begin{pmatrix}a_{11}\\a_{21}\\\vdots\\a_{n1}\end{pmatrix},\boldsymbol{\alpha}_2=\begin{pmatrix}a_{12}\\a_{22}\\\vdots\\a_{n2}\end{pmatrix},\cdots,\boldsymbol{\alpha}_m=\begin{pmatrix}a_{1m}\\a_{2m}\\\vdots\\a_{nm}\end{pmatrix}$ 代入式(3),得线性齐次方程组

$$\begin{cases}a_{11}x_1+a_{12}x_2+\cdots+a_{1m}x_m=0,\\a_{21}x_1+a_{22}x_2+\cdots+a_{2m}x_m=0,\\\qquad\vdots\\a_{n1}x_1+a_{n2}x_2+\cdots+a_{nm}x_m=0.\end{cases}\tag{4}$$

方程组(4)只有零解 $\Longleftrightarrow\boldsymbol{\alpha}_1,\boldsymbol{\alpha}_2,\cdots,\boldsymbol{\alpha}_m$ 线性无关;

方程组(4)有非零解$\Longleftrightarrow \boldsymbol{\alpha}_1, \boldsymbol{\alpha}_2, \cdots, \boldsymbol{\alpha}_m$ 线性相关.

下面介绍一种利用矩阵的秩来判别向量组线性相关性的方法,它是判别向量组线性相关性的主要方法.

定理 4 m 个 n 维向量 $\boldsymbol{\alpha}_k=\begin{pmatrix}a_{1k}\\a_{2k}\\\vdots\\a_{nk}\end{pmatrix}(k=1, 2, \cdots, m)$线性相关的充要条件是以 $\boldsymbol{\alpha}_k$ 为列组成的矩阵

$$\mathbf{A}=\begin{pmatrix}a_{11} & a_{12} & \cdots & a_{1m}\\ a_{21} & a_{22} & \cdots & a_{2m}\\ \vdots & \vdots & & \vdots\\ a_{n1} & a_{n2} & \cdots & a_{nm}\end{pmatrix}$$

的秩 $R(\mathbf{A})<m$.

证明 齐次线性方程组

$$x_1\boldsymbol{\alpha}_1+x_2\boldsymbol{\alpha}_2+\cdots+x_m\boldsymbol{\alpha}_m=\mathbf{0}$$

有非零解的充分必要条件:系数矩阵的秩小于未知数的个数 m,由此定理得证.

例 11 判断下列向量组的线性相关性.

(1) $\boldsymbol{\alpha}_1=\begin{pmatrix}1\\-2\\0\end{pmatrix}, \boldsymbol{\alpha}_2=\begin{pmatrix}2\\5\\-1\end{pmatrix}, \boldsymbol{\alpha}_3=\begin{pmatrix}3\\4\\1\end{pmatrix}$;

(2) $\boldsymbol{\alpha}_1=\begin{pmatrix}3\\4\\-2\\5\end{pmatrix}, \boldsymbol{\alpha}_2=\begin{pmatrix}2\\-5\\0\\-3\end{pmatrix}, \boldsymbol{\alpha}_3=\begin{pmatrix}5\\0\\-1\\2\end{pmatrix}, \boldsymbol{\alpha}_4=\begin{pmatrix}3\\3\\-3\\5\end{pmatrix}$.

解 (1) $\mathbf{A}=(\boldsymbol{\alpha}_1, \boldsymbol{\alpha}_2, \boldsymbol{\alpha}_3)$

$$=\begin{pmatrix}1 & 2 & 3\\ -2 & 5 & 4\\ 0 & -1 & 1\end{pmatrix}\xrightarrow{r_2+2r_1}\begin{pmatrix}1 & 2 & 3\\ 0 & 9 & 10\\ 0 & -1 & 1\end{pmatrix}\xrightarrow[r_3+9r_2]{r_2\leftrightarrow r_3}\begin{pmatrix}1 & 2 & 3\\ 0 & 1 & -1\\ 0 & 0 & 19\end{pmatrix}.$$

因为 $R(\mathbf{A})=3=m$,则向量组 $\boldsymbol{\alpha}_1, \boldsymbol{\alpha}_2, \boldsymbol{\alpha}_3$ 线性无关.

(2) $\mathbf{A}=(\boldsymbol{\alpha}_1, \boldsymbol{\alpha}_2, \boldsymbol{\alpha}_3, \boldsymbol{\alpha}_4)=\begin{pmatrix}3 & 2 & 5 & 3\\ 4 & -5 & 0 & 3\\ -2 & 0 & -1 & -3\\ 5 & -3 & 2 & 5\end{pmatrix}$

$$\xrightarrow[r_2+2r_3]{\substack{r_4-r_1+r_3\\ r_1+r_3}}\begin{pmatrix}1&2&4&0\\0&-5&-2&-3\\-2&0&-1&-3\\0&-5&-4&-1\end{pmatrix}\xrightarrow[r_4-r_2]{r_3+2r_1}\begin{pmatrix}1&2&4&0\\0&-5&-2&-3\\0&4&7&-3\\0&0&-2&2\end{pmatrix}$$

$$\xrightarrow[-\frac{1}{2}r_4]{r_2+r_3}\begin{pmatrix}1&2&4&0\\0&-1&5&-6\\0&4&7&-3\\0&0&1&-1\end{pmatrix}\xrightarrow{r_3+4r_2}\begin{pmatrix}1&2&4&0\\0&-1&5&-6\\0&0&27&-27\\0&0&1&-1\end{pmatrix}$$

$$\xrightarrow[r_4-r_3]{\frac{1}{27}r_3}\begin{pmatrix}1&2&4&0\\0&-1&5&-6\\0&0&1&-1\\0&0&0&0\end{pmatrix}.$$

因为$R(\mathbf{A})=3<m$,所以向量组$\boldsymbol{\alpha}_1,\boldsymbol{\alpha}_2,\boldsymbol{\alpha}_3,\boldsymbol{\alpha}_4$线性相关.

推论 1 n个n维向量构成的方阵$\mathbf{A}$.当$|\mathbf{A}|\neq 0$时,向量组线性无关;当$|\mathbf{A}|=0$时,向量组线性相关.

例 12 试确定k的值,使向量组

$$\boldsymbol{\alpha}_1=\begin{pmatrix}1\\k\\1\end{pmatrix},\quad \boldsymbol{\alpha}_2=\begin{pmatrix}-2\\k+2\\-1\end{pmatrix},\quad \boldsymbol{\alpha}_3=\begin{pmatrix}1\\k\\2\end{pmatrix}$$

线性相关.

解 向量组构成了三阶方阵$\mathbf{A}=(\boldsymbol{\alpha}_1,\boldsymbol{\alpha}_2,\boldsymbol{\alpha}_3)$,计算$\mathbf{A}$的行列式

$$|\mathbf{A}|=\begin{vmatrix}1&-2&1\\k&k+2&k\\1&-1&2\end{vmatrix}\xlongequal{c_3-c_1}\begin{vmatrix}1&-2&0\\k&k+2&0\\1&-1&1\end{vmatrix}=3k+2.$$

由推论1知,当$3k+2=0$时,即$k=-\dfrac{2}{3}$时,$\boldsymbol{\alpha}_1,\boldsymbol{\alpha}_2,\boldsymbol{\alpha}_3$线性相关.

推论 2 当$m>n$时,m个n维向量$\boldsymbol{\alpha}_1,\boldsymbol{\alpha}_2,\cdots,\boldsymbol{\alpha}_m$线性相关.

证明 设n维向量组$\boldsymbol{\alpha}_1,\boldsymbol{\alpha}_2,\cdots,\boldsymbol{\alpha}_m(m>n)$排成矩阵$\mathbf{A}=(\boldsymbol{\alpha}_1,\boldsymbol{\alpha}_2,\cdots,\boldsymbol{\alpha}_m)$,$\mathbf{A}$是$n\times m$矩阵,而$R(\mathbf{A})\leqslant\min\{m,n\}=n<m$,由定理4可知向量组$\boldsymbol{\alpha}_1,\boldsymbol{\alpha}_2,\cdots,\boldsymbol{\alpha}_m$线性相关.

推论 3 设r维向量组$\mathbf{A}$:

$$\boldsymbol{\alpha}_i = \begin{pmatrix} a_{1i} \\ a_{2i} \\ \vdots \\ a_{ri} \end{pmatrix} \quad (i=1, 2, \cdots, m),$$

每个向量添上$(n-r)$个分量，成为 n 维向量组 $\boldsymbol{B}$：

$$\boldsymbol{\beta}_i = \begin{pmatrix} a_{1i} \\ a_{2i} \\ \vdots \\ a_{ri} \\ a_{r+1i} \\ \vdots \\ a_{ni} \end{pmatrix} \quad (i=1, 2, \cdots, m),$$

如果向量组 $\boldsymbol{A}$ 线性无关，则向量组 $\boldsymbol{B}$ 也线性无关.

证明 设向量组 $\boldsymbol{A}$ 构成 $\boldsymbol{A}=(\boldsymbol{\alpha}_1, \boldsymbol{\alpha}_2, \cdots, \boldsymbol{\alpha}_m)$ 为 $r\times m$ 矩阵，向量组 $\boldsymbol{B}$ 构成 $n\times m$矩阵，$R(\boldsymbol{B})\geqslant R(\boldsymbol{A})=m$, $R(\boldsymbol{B})\geqslant m$，而 $\boldsymbol{B}$ 只有 m 列，故 $R(\boldsymbol{B})=m$，即向量组 $\boldsymbol{B}$ 线性无关.

定理 5 m 个 n 维向量 $\boldsymbol{\alpha}_1, \boldsymbol{\alpha}_2, \cdots, \boldsymbol{\alpha}_m$ 线性相关的充分必要条件是 $\boldsymbol{\alpha}_1, \boldsymbol{\alpha}_2, \cdots, \boldsymbol{\alpha}_m$ 中至少有一个向量可由其余$(m-1)$个向量线性表示.

证明 必要性. 已知 $\boldsymbol{\alpha}_1, \boldsymbol{\alpha}_2, \cdots, \boldsymbol{\alpha}_m$ 线性相关，所以存在不全为零的数 $k_1, k_2, \cdots, k_m$，使

$$k_1\boldsymbol{\alpha}_1 + k_2\boldsymbol{\alpha}_2 + \cdots + k_m\boldsymbol{\alpha}_m = \mathbf{0}$$

成立，假设 $k_i\neq 0$，于是

$$\boldsymbol{\alpha}_i = -\frac{k_1}{k_i}\boldsymbol{\alpha}_1 - \cdots - \frac{k_{i-1}}{k_i}\boldsymbol{\alpha}_{i-1} - \frac{k_{i+1}}{k_i}\boldsymbol{\alpha}_{i+1} - \cdots - \frac{k_m}{k_i}\boldsymbol{\alpha}_m.$$

这就证明了 $\boldsymbol{\alpha}_i$ 可由 $\boldsymbol{\alpha}_i, \cdots, \boldsymbol{\alpha}_{i-1}, \boldsymbol{\alpha}_{i+1}, \cdots, \boldsymbol{\alpha}_m$ 线性表示.

充分性. 已知 $\boldsymbol{\alpha}_1, \boldsymbol{\alpha}_2, \cdots, \boldsymbol{\alpha}_m$ 中至少有一个向量可由其余$(m-1)$个向量线性表示，即

$$\boldsymbol{\alpha}_i = k_1\boldsymbol{\alpha}_1 + \cdots + k_{i-1}\boldsymbol{\alpha}_{i-1} + k_{i+1}\boldsymbol{\alpha}_{i+1} + \cdots + k_m\boldsymbol{\alpha}_m,$$

则

$$k_1\boldsymbol{\alpha}_1 + k_2\boldsymbol{\alpha}_2 + \cdots + (-1)\boldsymbol{\alpha}_i + \cdots + k_m\boldsymbol{\alpha}_m = \mathbf{0}.$$

因为系数 $k_1, k_2, \cdots, (-1), \cdots, k_m$ 不全为零，所以 $\boldsymbol{\alpha}_1, \boldsymbol{\alpha}_2, \cdots, \boldsymbol{\alpha}_m$ 线性相关.

定理 6 设向量组 $\boldsymbol{\alpha}_1, \boldsymbol{\alpha}_2, \cdots, \boldsymbol{\alpha}_m$ 线性无关,而 $\boldsymbol{\alpha}_1, \boldsymbol{\alpha}_2, \cdots, \boldsymbol{\alpha}_m, \boldsymbol{\beta}$ 线性相关,则 $\boldsymbol{\beta}$ 可由 $\boldsymbol{\alpha}_1, \boldsymbol{\alpha}_2, \cdots, \boldsymbol{\alpha}_m$ 线性表示,且表达式唯一.

证明 因为 $\boldsymbol{\alpha}_1, \boldsymbol{\alpha}_2, \cdots, \boldsymbol{\alpha}_m, \boldsymbol{\beta}$ 线性相关,则存在一组不全为零的数 $x_1, x_2, \cdots, x_m, x$,使

$$x_1\boldsymbol{\alpha}_1 + x_2\boldsymbol{\alpha}_2 + \cdots + x_m\boldsymbol{\alpha}_m + x\boldsymbol{\beta} = \mathbf{0}$$

成立,由于 $\boldsymbol{\alpha}_1, \boldsymbol{\alpha}_2, \cdots, \boldsymbol{\alpha}_m$ 线性无关,必有 $x \neq 0$.

故
$$\boldsymbol{\beta} = \left(-\frac{x_1}{x}\right)\boldsymbol{\alpha}_1 + \left(-\frac{x_2}{x}\right)\boldsymbol{\alpha}_2 + \cdots + \left(-\frac{x_m}{x}\right)\boldsymbol{\alpha}_m.$$

又设 $\boldsymbol{\beta} = k_1\boldsymbol{\alpha}_1 + k_2\boldsymbol{\alpha}_2 + \cdots + k_m\boldsymbol{\alpha}_m$ 是另一种表示形式,两式相减得

$$\left(k_1 + \frac{x_1}{x}\right)\boldsymbol{\alpha}_1 + \left(k_2 + \frac{x_2}{x}\right)\boldsymbol{\alpha}_2 + \cdots + \left(k_m + \frac{x_m}{x}\right)\boldsymbol{\alpha}_m = \mathbf{0}.$$

已知 $\boldsymbol{\alpha}_1, \boldsymbol{\alpha}_2, \cdots, \boldsymbol{\alpha}_m$ 线性无关,必有

$$k_i + \frac{x_i}{x} = 0, \quad k_i = -\frac{x_i}{x} \quad (i = 1, 2, \cdots, m).$$

故表示法唯一.

习 题 3.2

1. 判断以下结论是否正确.

(1) 如果 $\boldsymbol{\alpha}_1, \boldsymbol{\alpha}_2, \boldsymbol{\alpha}_3$ 线性相关,则对于任一组不全为零的数 k_1, k_2, k_3,使 $k_1\boldsymbol{\alpha}_1 + k_2\boldsymbol{\alpha}_2 + k_3\boldsymbol{\alpha}_3 = \mathbf{0}$;

(2) 如果对任一组不全为零的数 k_1, k_2, k_3 都有 $k_1\boldsymbol{\alpha}_1 + k_2\boldsymbol{\alpha}_2 + k_3\boldsymbol{\alpha}_3 \neq \mathbf{0}$,则 $\boldsymbol{\alpha}_1, \boldsymbol{\alpha}_2, \boldsymbol{\alpha}_3$ 线性无关;

(3) 若 $\boldsymbol{\alpha}_1, \boldsymbol{\alpha}_2, \boldsymbol{\alpha}_3$ 线性相关,则 $\boldsymbol{\alpha}_1$ 一定可由 $\boldsymbol{\alpha}_2, \boldsymbol{\alpha}_3$ 线性表示;

(4) 设三阶方阵 $\boldsymbol{A}$ 的列分块矩阵为 $\boldsymbol{A} = (\boldsymbol{\alpha}_1, \boldsymbol{\alpha}_2, \boldsymbol{\alpha}_3)$,若 $\boldsymbol{\alpha}_3 = k_1\boldsymbol{\alpha}_1 + k_2\boldsymbol{\alpha}_2$,$k_1, k_2$ 为实数,则 $|\boldsymbol{A}| = 0$.

2. 将向量 $\boldsymbol{\beta}$ 表示为 $\boldsymbol{\alpha}_1, \boldsymbol{\alpha}_2, \boldsymbol{\alpha}_3, \boldsymbol{\alpha}_4$ 的线性组合.

(1) $\boldsymbol{\alpha}_1 = \begin{pmatrix}1\\0\\0\\0\end{pmatrix}, \boldsymbol{\alpha}_2 = \begin{pmatrix}1\\1\\0\\0\end{pmatrix}, \boldsymbol{\alpha}_3 = \begin{pmatrix}1\\1\\1\\0\end{pmatrix}, \boldsymbol{\alpha}_4 = \begin{pmatrix}1\\1\\1\\1\end{pmatrix}, \boldsymbol{\beta} = \begin{pmatrix}2\\1\\-1\\3\end{pmatrix}$;

(2) $\boldsymbol{\alpha}_1 = \begin{pmatrix}1\\1\\1\\1\end{pmatrix}, \boldsymbol{\alpha}_2 = \begin{pmatrix}1\\1\\-1\\-1\end{pmatrix}, \boldsymbol{\alpha}_3 = \begin{pmatrix}1\\-1\\1\\-1\end{pmatrix}, \boldsymbol{\alpha}_4 = \begin{pmatrix}1\\-1\\-1\\1\end{pmatrix}, \boldsymbol{\beta} = \begin{pmatrix}1\\2\\1\\1\end{pmatrix}$.

3. 已知 $\boldsymbol{\alpha}_1=\begin{pmatrix}1\\1\\1\\1\end{pmatrix}$, $\boldsymbol{\alpha}_2=\begin{pmatrix}-1\\0\\2\\1\end{pmatrix}$, $\boldsymbol{\alpha}_3=\begin{pmatrix}1\\2\\4\\3\end{pmatrix}$, $\boldsymbol{\alpha}_4=\begin{pmatrix}2\\2\\2\\2\end{pmatrix}$, $\boldsymbol{\beta}=\begin{pmatrix}2\\0\\0\\3\end{pmatrix}$,问 $\boldsymbol{\beta}$ 是否可由 $\boldsymbol{\alpha}_1$, $\boldsymbol{\alpha}_2$, $\boldsymbol{\alpha}_3$, $\boldsymbol{\alpha}_4$ 线性表示?

4. 已知 $\boldsymbol{\alpha}_1=\begin{pmatrix}1\\0\\2\\3\end{pmatrix}$, $\boldsymbol{\alpha}_2=\begin{pmatrix}1\\1\\3\\5\end{pmatrix}$, $\boldsymbol{\alpha}_3=\begin{pmatrix}1\\-1\\a+2\\1\end{pmatrix}$, $\boldsymbol{\alpha}_4=\begin{pmatrix}1\\2\\4\\a+8\end{pmatrix}$, $\boldsymbol{\beta}=\begin{pmatrix}1\\1\\b+3\\5\end{pmatrix}$,问

(1) a, b 取何值时 $\boldsymbol{\beta}$ 不可由 $\boldsymbol{\alpha}_1$, $\boldsymbol{\alpha}_2$, $\boldsymbol{\alpha}_3$, $\boldsymbol{\alpha}_4$ 线性表示?

(2) a, b 取何值时 $\boldsymbol{\beta}$ 可由 $\boldsymbol{\alpha}_1$, $\boldsymbol{\alpha}_2$, $\boldsymbol{\alpha}_3$, $\boldsymbol{\alpha}_4$ 线性表示,并写出所有的表达式.

5. 判定下列向量组的线性相关性.

(1) $\begin{pmatrix}1\\-2\\4\\-8\end{pmatrix}$, $\begin{pmatrix}1\\3\\9\\27\end{pmatrix}$, $\begin{pmatrix}1\\4\\16\\64\end{pmatrix}$, $\begin{pmatrix}1\\-1\\1\\-1\end{pmatrix}$; (2) $\begin{pmatrix}1\\4\\11\\-2\end{pmatrix}$, $\begin{pmatrix}2\\-1\\7\\3\end{pmatrix}$, $\begin{pmatrix}3\\-6\\3\\8\end{pmatrix}$, $\begin{pmatrix}1\\2\\-1\\1\end{pmatrix}$.

6. 已知 $\boldsymbol{\alpha}_1=\begin{pmatrix}1\\2\\3\end{pmatrix}$, $\boldsymbol{\alpha}_2=\begin{pmatrix}3\\-1\\2\end{pmatrix}$, $\boldsymbol{\alpha}_3=\begin{pmatrix}2\\3\\k\end{pmatrix}$,问

(1) 当 k 为何值时 $\boldsymbol{\alpha}_1$, $\boldsymbol{\alpha}_2$, $\boldsymbol{\alpha}_3$ 线性无关?

(2) 当 k 为何值时 $\boldsymbol{\alpha}_1$, $\boldsymbol{\alpha}_2$, $\boldsymbol{\alpha}_3$ 线性相关?

7. 已知 $\boldsymbol{\alpha}_1$, $\boldsymbol{\alpha}_2$, $\boldsymbol{\alpha}_3$, $\boldsymbol{\alpha}_4$ 线性无关,判断下列向量组是线性相关,还是线性无关?

(1) $\boldsymbol{\beta}_1=\boldsymbol{\alpha}_1+\boldsymbol{\alpha}_2$, $\boldsymbol{\beta}_2=\boldsymbol{\alpha}_2+\boldsymbol{\alpha}_3$, $\boldsymbol{\beta}_3=\boldsymbol{\alpha}_3+\boldsymbol{\alpha}_4$, $\boldsymbol{\beta}_4=\boldsymbol{\alpha}_4+\boldsymbol{\alpha}_1$;

(2) $\boldsymbol{\beta}_1=2\boldsymbol{\alpha}_1-2\boldsymbol{\alpha}_2$, $\boldsymbol{\beta}_2=2\boldsymbol{\alpha}_1-2\boldsymbol{\alpha}_2+\boldsymbol{\alpha}_3$, $\boldsymbol{\beta}_3=\boldsymbol{\alpha}_2+4\boldsymbol{\alpha}_3$.

8. 已知向量组 $\boldsymbol{\alpha}_1$, $\boldsymbol{\alpha}_2$, $\boldsymbol{\alpha}_3$ 线性无关,且

$$\boldsymbol{\beta}_1=a\boldsymbol{\alpha}_1-\boldsymbol{\alpha}_2,\quad \boldsymbol{\beta}_2=2\boldsymbol{\alpha}_2-b\boldsymbol{\alpha}_3,\quad \boldsymbol{\beta}_3=\boldsymbol{\alpha}_3-3\boldsymbol{\alpha}_1.$$

问 a, b 满足什么条件,向量组 $\boldsymbol{\beta}_1$, $\boldsymbol{\beta}_2$, $\boldsymbol{\beta}_3$ 也线性无关?

9. 设 $\boldsymbol{\alpha}_1$, $\boldsymbol{\alpha}_2$, $\boldsymbol{\alpha}_3$ 均为三维列向量,记 $\boldsymbol{A}=(\boldsymbol{\alpha}_1,\boldsymbol{\alpha}_2,\boldsymbol{\alpha}_3)$,如果 $|\boldsymbol{A}|=1$, $\boldsymbol{B}=(\boldsymbol{\alpha}_1+\boldsymbol{\alpha}_2+\boldsymbol{\alpha}_3,\ \boldsymbol{\alpha}_1+2\boldsymbol{\alpha}_2+4\boldsymbol{\alpha}_3,\ \boldsymbol{\alpha}_1+3\boldsymbol{\alpha}_2+9\boldsymbol{\alpha}_3)$,求 $|\boldsymbol{B}|$.

3.3 向量组的秩

3.2 节讨论了一个向量组的线性相关性,本节将要揭示向量组线性相关性的本质不变量——**秩**,用它来刻画一个向量组中最多含多少个线性无关的向量. 为此

介绍两个向量组的等价性;向量组的最大线性无关组;向量组的秩与矩阵的秩的关系.

3.3.1 两个向量组的等价性

定义 1 若向量组 $\boldsymbol{B}:\boldsymbol{\beta}_1, \boldsymbol{\beta}_2, \cdots, \boldsymbol{\beta}_s$ 中的每个向量都能由向量组 $\boldsymbol{A}:\boldsymbol{\alpha}_1, \boldsymbol{\alpha}_2, \cdots, \boldsymbol{\alpha}_m$ 线性表示,则称向量组 $\boldsymbol{B}$ 能由向量组 $\boldsymbol{A}$ 线性表示.

定理 1 向量组 $\boldsymbol{B}: \boldsymbol{\beta}_1, \boldsymbol{\beta}_2, \cdots, \boldsymbol{\beta}_s$ 可由向量组 $\boldsymbol{A}: \boldsymbol{\alpha}_1, \boldsymbol{\alpha}_2, \cdots, \boldsymbol{\alpha}_m$ 线性表示的充要条件是 $R(\boldsymbol{A}) = R(\boldsymbol{A} \vdots \boldsymbol{B})$.

证明 设 $\boldsymbol{B} = (\boldsymbol{\beta}_1, \boldsymbol{\beta}_2, \cdots, \boldsymbol{\beta}_s)$, $\boldsymbol{A} = (\boldsymbol{\alpha}_1, \boldsymbol{\alpha}_2, \cdots, \boldsymbol{\alpha}_m)$, $\boldsymbol{X} = \begin{pmatrix} x_{11} & x_{12} & \cdots & x_{1s} \\ x_{21} & x_{22} & \cdots & x_{2s} \\ \vdots & \vdots & & \vdots \\ x_{m1} & x_{m2} & \cdots & x_{ms} \end{pmatrix}$. 向量组 $\boldsymbol{B}: \boldsymbol{\beta}_1, \boldsymbol{\beta}_2, \cdots, \boldsymbol{\beta}_s$ 可由向量组 $\boldsymbol{A}: \boldsymbol{\alpha}_1, \boldsymbol{\alpha}_2, \cdots, \boldsymbol{\alpha}_m$ 线性表示,即存在矩阵 $\boldsymbol{X}$, 使

$$(\boldsymbol{\beta}_1, \boldsymbol{\beta}_2, \cdots, \boldsymbol{\beta}_s) = (\boldsymbol{\alpha}_1, \boldsymbol{\alpha}_2, \cdots, \boldsymbol{\alpha}_m) \begin{pmatrix} x_{11} & x_{12} & \cdots & x_{1s} \\ x_{21} & x_{22} & \cdots & x_{2s} \\ \vdots & \vdots & & \vdots \\ x_{m1} & x_{m2} & \cdots & x_{ms} \end{pmatrix}, \tag{1}$$

其中, $\boldsymbol{\beta}_j = x_{1j}\boldsymbol{\alpha}_1 + x_{2j}\boldsymbol{\alpha}_2 + \cdots + x_{mj}\boldsymbol{\alpha}_m$ $(j = 1, 2, \cdots, s)$, 则式(1)可记为

$$\boldsymbol{AX} = \boldsymbol{B}. \tag{2}$$

向量组 $\boldsymbol{B}$ 可由向量组 $\boldsymbol{A}$ 线性表示的充分必要条件为方程(2)有解. 而方程(2)有解的充要条件为 $R(\boldsymbol{A})=R(\boldsymbol{A} \vdots \boldsymbol{B})$.

定义 2 若两个 n 维向量组 $\boldsymbol{A}: \boldsymbol{\alpha}_1, \boldsymbol{\alpha}_2, \cdots, \boldsymbol{\alpha}_m$ 与向量组 $\boldsymbol{B}: \boldsymbol{\beta}_1, \boldsymbol{\beta}_2, \cdots, \boldsymbol{\beta}_s$ 能相互表示,则称这两个向量组等价,记为 $\boldsymbol{A} \cong \boldsymbol{B}$.

定理 2 向量组 $\boldsymbol{A}: \boldsymbol{\alpha}_1, \boldsymbol{\alpha}_2, \cdots, \boldsymbol{\alpha}_m$ 与向量组 $\boldsymbol{B}: \boldsymbol{\beta}_1, \boldsymbol{\beta}_2, \cdots, \boldsymbol{\beta}_s$ 等价的充分必要条件是 $R(\boldsymbol{A}) = R(\boldsymbol{B}) = R(\boldsymbol{A} \vdots \boldsymbol{B})$.

证明 根据定理 1,向量组 $\boldsymbol{B}: \boldsymbol{\beta}_1, \boldsymbol{\beta}_2, \cdots, \boldsymbol{\beta}_s$ 可由向量组 $\boldsymbol{A}: \boldsymbol{\alpha}_1, \boldsymbol{\alpha}_2, \cdots, \boldsymbol{\alpha}_m$ 线性表示,其充分必要条件为 $R(\boldsymbol{A}) = R(\boldsymbol{A} \vdots \boldsymbol{B})$.

向量组 $\boldsymbol{A}:\boldsymbol{\alpha}_1, \boldsymbol{\alpha}_2, \cdots, \boldsymbol{\alpha}_m$ 可由向量组 $\boldsymbol{B}:\boldsymbol{\beta}_1, \boldsymbol{\beta}_2, \cdots, \boldsymbol{\beta}_s$ 线性表示的充分必要条件为 $R(\boldsymbol{B}) = R(\boldsymbol{B} \vdots \boldsymbol{A})$.

又因为 $R(\boldsymbol{A} \vdots \boldsymbol{B}) = R(\boldsymbol{B} \vdots \boldsymbol{A})$, 所以向量组 $\boldsymbol{A}: \boldsymbol{\alpha}_1, \boldsymbol{\alpha}_2, \cdots, \boldsymbol{\alpha}_m$ 与向量组 $\boldsymbol{B}:\boldsymbol{\beta}_1, \boldsymbol{\beta}_2, \cdots, \boldsymbol{\beta}_s$ 等价的充分必要条件为 $R(\boldsymbol{A}) = R(\boldsymbol{B}) = R(\boldsymbol{A} \vdots \boldsymbol{B})$.

例 1 设 $\boldsymbol{\alpha}_1=\begin{pmatrix}1\\-1\\1\\-1\end{pmatrix}$，$\boldsymbol{\alpha}_2=\begin{pmatrix}3\\1\\1\\3\end{pmatrix}$，$\boldsymbol{\beta}_1=\begin{pmatrix}2\\0\\1\\1\end{pmatrix}$，$\boldsymbol{\beta}_2=\begin{pmatrix}1\\1\\0\\2\end{pmatrix}$，$\boldsymbol{\beta}_3=\begin{pmatrix}3\\-1\\2\\0\end{pmatrix}$. 证明向量组 $\boldsymbol{\alpha}_1$，$\boldsymbol{\alpha}_2$ 与向量组 $\boldsymbol{\beta}_1$，$\boldsymbol{\beta}_2$，$\boldsymbol{\beta}_3$ 等价.

证明 记 $\boldsymbol{A}=(\boldsymbol{\alpha}_1,\boldsymbol{\alpha}_2)$，$\boldsymbol{B}=(\boldsymbol{\beta}_1,\boldsymbol{\beta}_2,\boldsymbol{\beta}_3)$，

$$(\boldsymbol{A}\vdots\boldsymbol{B})=\begin{pmatrix}1&3&\vdots&2&1&3\\-1&1&\vdots&0&1&-1\\1&1&\vdots&1&0&2\\-1&3&\vdots&1&2&0\end{pmatrix}\to\begin{pmatrix}1&3&\vdots&2&1&3\\0&2&\vdots&1&1&1\\0&0&\vdots&0&0&0\\0&0&\vdots&0&0&0\end{pmatrix},$$

可见 $R(\boldsymbol{A})=R(\boldsymbol{A}\vdots\boldsymbol{B})=2$.

$$\boldsymbol{B}=\begin{pmatrix}2&1&3\\0&1&-1\\1&0&2\\1&2&0\end{pmatrix}\to\begin{pmatrix}1&0&2\\0&1&-1\\0&0&0\\0&0&0\end{pmatrix},$$

可见 $R(\boldsymbol{B})=2$.

综上，$R(\boldsymbol{A})=R(\boldsymbol{B})=R(\boldsymbol{A}\vdots\boldsymbol{B})=2$. 向量组 $\boldsymbol{\alpha}_1$，$\boldsymbol{\alpha}_2$ 与向量组 $\boldsymbol{\beta}_1$，$\boldsymbol{\beta}_2$，$\boldsymbol{\beta}_3$ 等价.

例 2 判断下列两个向量组是否等价.

(1) $\boldsymbol{\alpha}_1=\begin{pmatrix}1\\2\\0\end{pmatrix}$，$\boldsymbol{\alpha}_2=\begin{pmatrix}2\\0\\1\end{pmatrix}$；　　(2) $\boldsymbol{e}_1=\begin{pmatrix}1\\0\\0\end{pmatrix}$，$\boldsymbol{e}_2=\begin{pmatrix}0\\1\\0\end{pmatrix}$，$\boldsymbol{e}_3=\begin{pmatrix}0\\0\\1\end{pmatrix}$.

解 设

$$\overline{\boldsymbol{A}}=(\boldsymbol{\alpha}_1,\boldsymbol{\alpha}_2,\boldsymbol{e}_1)=\begin{pmatrix}1&2&1\\2&0&0\\0&1&0\end{pmatrix}\to\begin{pmatrix}1&2&1\\0&1&0\\0&-4&-2\end{pmatrix}\to\begin{pmatrix}1&2&1\\0&1&0\\0&0&-2\end{pmatrix},$$

则 $R(\boldsymbol{A})=2$，$R(\overline{\boldsymbol{A}})=3$.

综上，$\boldsymbol{\alpha}_1$，$\boldsymbol{\alpha}_2$，$\boldsymbol{e}_1$ 线性无关，$\boldsymbol{e}_1$ 不能由 $\boldsymbol{\alpha}_1$，$\boldsymbol{\alpha}_2$ 线性表示. 向量组(2)不能由向量组(1)线性表示，则向量组(1)与向量组(2)不等价.

3.3.2 向量组的秩与其最大线性无关组

向量组的秩是反映一个向量组中线性无关向量的最多个数的一个数量特征.

设有 n 维向量组 $\boldsymbol{\alpha}_1, \boldsymbol{\alpha}_2, \cdots, \boldsymbol{\alpha}_m$. 该向量组有不全为零的向量,即至少有一个向量不为零,因而它至少有一个向量组成的部分向量组线性无关;再考察两个向量组成的部分向量组,如果有两个向量组成的向量组线性无关,则再考察三个向量的部分组;依此类推,最后总能达到向量组中有 $r(r\leqslant m)$ 个向量组成的部分向量组线性无关,而任$(r+1)$个向量(如果存在)线性相关,则向量组中 r 个向量构成的线性无关向量组,就是最大的线性无关的部分组.

1. 定义

定义 3 设有 n 维向量组 $\boldsymbol{A}:\boldsymbol{\alpha}_1, \boldsymbol{\alpha}_2, \cdots, \boldsymbol{\alpha}_r, \cdots, \boldsymbol{\alpha}_m$; 部分向量组 $\boldsymbol{B}:\boldsymbol{\alpha}_{k1}, \boldsymbol{\alpha}_{k2}, \cdots, \boldsymbol{\alpha}_{kr}$. 若满足:

(1) $\boldsymbol{B}$ 线性无关;

(2) $\boldsymbol{A}$ 中任$(r+1)$个向量(如果存在)线性相关,

则称 $\boldsymbol{B}$ 是 $\boldsymbol{A}$ 的一个**最大线性无关组**. $\boldsymbol{B}$ 中所含向量的个数称为向量组 $\boldsymbol{A}$ 的**秩**,记为$R(\boldsymbol{A})=r$.

例 3 已知 $\boldsymbol{\alpha}_1=\begin{pmatrix}1\\2\end{pmatrix}, \boldsymbol{\alpha}_2=\begin{pmatrix}2\\3\end{pmatrix}, \boldsymbol{\alpha}_3=\begin{pmatrix}3\\5\end{pmatrix}$,求 $\boldsymbol{\alpha}_1, \boldsymbol{\alpha}_2, \boldsymbol{\alpha}_3$ 的一个最大无关组.

解 由于 $\boldsymbol{\alpha}_1, \boldsymbol{\alpha}_2$ 线性无关(对应分量不成比例);$\boldsymbol{\alpha}_1, \boldsymbol{\alpha}_2, \boldsymbol{\alpha}_3$ 线性相关(向量的个数大于分量的个数),则 $\boldsymbol{\alpha}_1, \boldsymbol{\alpha}_2$ 是一个最大无关组,且 $\boldsymbol{\alpha}_3=\boldsymbol{\alpha}_1+\boldsymbol{\alpha}_2$.

同理,$\boldsymbol{\alpha}_1, \boldsymbol{\alpha}_3$ 也是一个最大线性无关组 $\boldsymbol{\alpha}_2=\boldsymbol{\alpha}_3-\boldsymbol{\alpha}_1$;$\boldsymbol{\alpha}_2, \boldsymbol{\alpha}_3$ 也是一个最大线性无关组 $\boldsymbol{\alpha}_1=\boldsymbol{\alpha}_3-\boldsymbol{\alpha}_2$.

可见,若向量组 $\boldsymbol{\alpha}_1, \boldsymbol{\alpha}_2, \cdots, \boldsymbol{\alpha}_r$ 与 $\boldsymbol{\beta}_1, \boldsymbol{\beta}_2, \cdots, \boldsymbol{\beta}_s$ 都是某个向量组的任两个不同的最大线性无关组,则 $r=s$.

2. 最大线性无关组和秩的性质

性质 1 如果向量组的秩是 r,则该向量组中任意 r 个线性无关的向量都可以作为最大线性无关组.

性质 2 矩阵 $\boldsymbol{A}$ 经过有限次的初等行(列)变换变为矩阵 $\boldsymbol{B}$,则矩阵 $\boldsymbol{A}$ 的列(行)向量组与矩阵 $\boldsymbol{B}$ 的列(行)向量组等价,且 $R(\boldsymbol{A})=R(\boldsymbol{B})$.

(证明略)

性质 3 任何向量组与其最大线性无关组等价.

证明 设向量组 $\boldsymbol{T}$: $\boldsymbol{\alpha}_1, \boldsymbol{\alpha}_2, \cdots, \boldsymbol{\alpha}_r, \cdots, \boldsymbol{\alpha}_m$,向量组 $\boldsymbol{T}_1$: $\boldsymbol{\alpha}_1, \boldsymbol{\alpha}_2, \cdots, \boldsymbol{\alpha}_r$ 为 $\boldsymbol{T}$ 的一个最大线性无关组.

首先,向量组 $\boldsymbol{T}_1$ 可由向量组 $\boldsymbol{T}$ 线性表示,显然

$$\boldsymbol{\alpha}_k=0\cdot\boldsymbol{\alpha}_1+\cdots+0\cdot\boldsymbol{\alpha}_{k-1}+\boldsymbol{\alpha}_k+0\cdot\boldsymbol{\alpha}_{k+1}+\cdots+0\cdot\boldsymbol{\alpha}_m \quad (k=1, 2, \cdots, r).$$

其次，向量组 $\boldsymbol{T}$ 可由向量组 $\boldsymbol{T}_1$ 线性表示，即

当 $k=1, 2, \cdots, r$ 时，$\boldsymbol{\alpha}_k$ 可由 $\boldsymbol{\alpha}_1, \boldsymbol{\alpha}_2, \cdots, \boldsymbol{\alpha}_r$ 线性表示；

当 $k=r+1, r+2, \cdots, m$ 时，$\boldsymbol{\alpha}_1, \boldsymbol{\alpha}_2, \cdots, \boldsymbol{\alpha}_r, \boldsymbol{\alpha}_k$ 线性相关，$\boldsymbol{\alpha}_k$ 可由 $\boldsymbol{\alpha}_1, \boldsymbol{\alpha}_2, \cdots, \boldsymbol{\alpha}_r$ 线性表示. 故 $\boldsymbol{T}\cong\boldsymbol{T}_1$.

性质 4 如果向量组 $\boldsymbol{B}$ 可由向量组 $\boldsymbol{A}$ 线性表示，则 $R(\boldsymbol{B})\leqslant R(\boldsymbol{A})$.

证明 已知向量组 $\boldsymbol{B}$ 可由向量组 $\boldsymbol{A}$ 线性表示，则方程组 $\boldsymbol{AX}=\boldsymbol{B}$ 有解，即

$$R(\boldsymbol{A})=R(\boldsymbol{A}\vdots\boldsymbol{B}),$$

因为 $R(\boldsymbol{B})\leqslant R(\boldsymbol{A}\vdots\boldsymbol{B})$，所以 $R(\boldsymbol{B})\leqslant R(\boldsymbol{A})$.

3. 最大线性无关组的求法

定理 3 矩阵的初等行变换不改变矩阵的列向量组对应的线性相关性.

证明 设 $\boldsymbol{A}=(\boldsymbol{\alpha}_1, \boldsymbol{\alpha}_2, \cdots, \boldsymbol{\alpha}_m)$，$\boldsymbol{B}=(\boldsymbol{\beta}_1, \boldsymbol{\beta}_2, \cdots, \boldsymbol{\beta}_m)$. 由于 $\boldsymbol{A}$ 经有限次初等行变换变为 $\boldsymbol{B}$，则存在可逆矩阵 $\boldsymbol{P}$，使 $\boldsymbol{B}=\boldsymbol{PA}$，这样有 $\boldsymbol{Ax}=\boldsymbol{0}$ 与 $\boldsymbol{Bx}=\boldsymbol{0}$ 为同解方程组. 即

$$x_1\boldsymbol{\alpha}_1+x_2\boldsymbol{\alpha}_2+\cdots+x_m\boldsymbol{\alpha}_m=\boldsymbol{0}$$

与 $x_1\boldsymbol{\beta}_1+x_2\boldsymbol{\beta}_2+\cdots+x_m\boldsymbol{\beta}_m=\boldsymbol{0}$ 为同解方程组.

所以列向量组 $\boldsymbol{\alpha}_1, \boldsymbol{\alpha}_2, \cdots, \boldsymbol{\alpha}_r$ 与 $\boldsymbol{\beta}_1, \boldsymbol{\beta}_2, \cdots, \boldsymbol{\beta}_r$ 有相同的线性相关性.

由此定理可知，对 $\boldsymbol{A}$ 施行有限次初等行变换后变为 $\boldsymbol{B}$，则 $\boldsymbol{B}$ 的列向量组的最大线性无关组对应 $\boldsymbol{A}$ 的列向量组的最大线性无关组. 从而可以对 $\boldsymbol{A}$ 施行初等行变换，将 $\boldsymbol{A}$ 化成阶梯形矩阵来求 $\boldsymbol{A}$ 的列向量组的秩，列向量组的最大线性无关组及各列向量之间的线性关系.

例 4 求向量组

$$\boldsymbol{\alpha}_1=\begin{pmatrix}2\\2\\1\end{pmatrix},\quad \boldsymbol{\alpha}_2=\begin{pmatrix}-3\\12\\3\end{pmatrix},\quad \boldsymbol{\alpha}_3=\begin{pmatrix}8\\-2\\1\end{pmatrix},\quad \boldsymbol{\alpha}_4=\begin{pmatrix}2\\12\\4\end{pmatrix}$$

的一个最大线性无关组，并用此最大线性无关组表示其他列向量.

解 设 $\boldsymbol{A}=(\boldsymbol{\alpha}_1, \boldsymbol{\alpha}_2, \boldsymbol{\alpha}_3, \boldsymbol{\alpha}_4)=\begin{pmatrix}2&-3&8&2\\2&12&-2&12\\1&3&1&4\end{pmatrix}\rightarrow\begin{pmatrix}1&3&1&4\\0&6&-4&4\\0&-9&6&-6\end{pmatrix}$

$$\rightarrow\begin{pmatrix}1&3&1&4\\0&6&-4&4\\0&0&0&0\end{pmatrix}\rightarrow\begin{pmatrix}1&0&3&2\\0&1&-\dfrac{2}{3}&\dfrac{2}{3}\\0&0&0&0\end{pmatrix}=(\boldsymbol{\beta}_1, \boldsymbol{\beta}_2, \boldsymbol{\beta}_3, \boldsymbol{\beta}_4)=\boldsymbol{B}.$$

因为 $R(\boldsymbol{B})=2$, $R(\boldsymbol{A})=2$, $\boldsymbol{\beta}_1$, $\boldsymbol{\beta}_2$ 是 $\boldsymbol{B}$ 的列向量组的一个最大线性无关组,从而 $\boldsymbol{\alpha}_1$, $\boldsymbol{\alpha}_2$ 是 $\boldsymbol{A}$ 的列向量组的一个最大线性无关组.

$\boldsymbol{B}$ 中列向量组的线性关系为

$$\boldsymbol{\beta}_3 = 3\boldsymbol{\beta}_1 - \frac{2}{3}\boldsymbol{\beta}_2,\quad \boldsymbol{\beta}_4 = 2\boldsymbol{\beta}_1 + \frac{2}{3}\boldsymbol{\beta}_2.$$

所以,$\boldsymbol{A}$ 的列向量组也有线性关系:

$$\boldsymbol{\alpha}_3 = 3\boldsymbol{\alpha}_1 - \frac{2}{3}\boldsymbol{\alpha}_2,\quad \boldsymbol{\alpha}_4 = 2\boldsymbol{\alpha}_1 + \frac{2}{3}\boldsymbol{\alpha}_2.$$

求最大线性无关组的步骤如下:

第一步,以向量组为列向量作矩阵 $\boldsymbol{A}$;

第二步,用初等行变换将 $\boldsymbol{A}$ 化为阶梯形矩阵,进而化为最简阶梯形矩阵;

第三步,最简阶梯形矩阵中,只含有一个非零元素 1 的列所在位置对应的向量组,构成所求的最大线性无关组.

例 5 求下列向量组的秩及一个最大线性无关组,并把剩余向量用此最大线性无关组表示.

(1) $\boldsymbol{\alpha}_1=\begin{pmatrix}1\\1\\1\\2\end{pmatrix}$, $\boldsymbol{\alpha}_2=\begin{pmatrix}3\\1\\2\\5\end{pmatrix}$, $\boldsymbol{\alpha}_3=\begin{pmatrix}2\\0\\1\\3\end{pmatrix}$, $\boldsymbol{\alpha}_4=\begin{pmatrix}1\\-1\\0\\1\end{pmatrix}$;

(2) $\boldsymbol{\alpha}_1=\begin{pmatrix}1\\2\\4\\7\end{pmatrix}$, $\boldsymbol{\alpha}_2=\begin{pmatrix}1\\3\\9\\13\end{pmatrix}$, $\boldsymbol{\alpha}_3=\begin{pmatrix}1\\4\\16\\21\end{pmatrix}$, $\boldsymbol{\alpha}_4=\begin{pmatrix}1\\5\\25\\31\end{pmatrix}$.

解 (1) 写出矩阵

$$\boldsymbol{A}=(\boldsymbol{\alpha}_1, \boldsymbol{\alpha}_2, \boldsymbol{\alpha}_3, \boldsymbol{\alpha}_4)=\begin{pmatrix}1&3&2&1\\1&1&0&-1\\1&2&1&0\\2&5&3&1\end{pmatrix}\to\begin{pmatrix}1&3&2&1\\0&-2&-2&-2\\0&-1&-1&-1\\0&-1&-1&-1\end{pmatrix}$$

$$\to\begin{pmatrix}1&0&-1&-2\\0&1&1&1\\0&0&0&0\\0&0&0&0\end{pmatrix}.$$

故 $R(\boldsymbol{A})=2$.

$\boldsymbol{\alpha}_1, \boldsymbol{\alpha}_2$ 为一个最大线性无关组，且

$$\boldsymbol{\alpha}_3=-\boldsymbol{\alpha}_1+\boldsymbol{\alpha}_2, \quad \boldsymbol{\alpha}_4=-2\boldsymbol{\alpha}_1+\boldsymbol{\alpha}_2.$$

注意 矩阵 $\boldsymbol{A}$ 是以 $\boldsymbol{\alpha}_1, \boldsymbol{\alpha}_2, \boldsymbol{\alpha}_3, \boldsymbol{\alpha}_4$ 为列向量写成，不要写成行向量，以免增加求最大线性无关组时的难度.

$$(2)\ \boldsymbol{A}=(\boldsymbol{\alpha}_1, \boldsymbol{\alpha}_2, \boldsymbol{\alpha}_3, \boldsymbol{\alpha}_3)=\begin{pmatrix}1&1&1&1\\2&3&4&5\\4&9&16&25\\7&13&21&31\end{pmatrix}\to\begin{pmatrix}1&1&1&1\\0&1&2&3\\0&3&8&15\\0&0&0&0\end{pmatrix}$$

$$\to\begin{pmatrix}1&0&-1&-2\\0&1&2&3\\0&0&2&6\\0&0&0&0\end{pmatrix}\to\begin{pmatrix}1&0&0&1\\0&1&0&-3\\0&0&1&3\\0&0&0&0\end{pmatrix}.$$

故 $R(\boldsymbol{A})=3$.

$\boldsymbol{\alpha}_1, \boldsymbol{\alpha}_2, \boldsymbol{\alpha}_3$ 为一个最大线性无关组，且

$$\boldsymbol{\alpha}_4=\boldsymbol{\alpha}_1-3\boldsymbol{\alpha}_2+3\boldsymbol{\alpha}_3.$$

3.3.3 向量组的秩与矩阵的秩的关系

定理 4 $R(\boldsymbol{A})=\boldsymbol{A}$ 的列向量的秩 $=\boldsymbol{A}$ 的行向量的秩（三秩相等）.

注意 由定理 4 知，有限向量组的秩就是其排成的矩阵的秩. 因此，前面定理中出现的矩阵的秩又可看成向量组的秩.

例 6 已知向量组 $\boldsymbol{\alpha}_1, \boldsymbol{\alpha}_2, \boldsymbol{\alpha}_3$ 线性无关，讨论下列向量组 $\boldsymbol{\beta}_1, \boldsymbol{\beta}_2, \boldsymbol{\beta}_3$ 的线性相关性.

(1) $\boldsymbol{\beta}_1=\boldsymbol{\alpha}_1+\boldsymbol{\alpha}_2, \boldsymbol{\beta}_2=\boldsymbol{\alpha}_2+\boldsymbol{\alpha}_3, \boldsymbol{\beta}_3=\boldsymbol{\alpha}_3+\boldsymbol{\alpha}_1$；

(2) $\boldsymbol{\alpha}_1=\boldsymbol{\beta}_1-\boldsymbol{\beta}_2-\boldsymbol{\beta}_3, \boldsymbol{\alpha}_2=-\boldsymbol{\beta}_1+\boldsymbol{\beta}_2-\boldsymbol{\beta}_3, \boldsymbol{\alpha}_3=-\boldsymbol{\beta}_1-\boldsymbol{\beta}_2+\boldsymbol{\beta}_3$.

解 已知矩阵 $\boldsymbol{A}$ 的列向量组：$\boldsymbol{\alpha}_1, \boldsymbol{\alpha}_2, \boldsymbol{\alpha}_3$ 线性无关，则 $R(\boldsymbol{A})=3$. $\boldsymbol{A}$ 为列满秩矩阵.

(1) 由于 $(\boldsymbol{\beta}_1, \boldsymbol{\beta}_2, \boldsymbol{\beta}_3)=(\boldsymbol{\alpha}_1, \boldsymbol{\alpha}_2, \boldsymbol{\alpha}_3)\begin{pmatrix}1&0&1\\1&1&0\\0&1&1\end{pmatrix}$，记 $\boldsymbol{B}=\boldsymbol{AC}$，其中

$$\boldsymbol{C}=\begin{pmatrix}1&0&1\\1&1&0\\0&1&1\end{pmatrix}\to\begin{pmatrix}1&0&1\\0&1&-1\\0&0&1\end{pmatrix}.$$

因为 $R(\boldsymbol{C})=3$，$\boldsymbol{C}$ 为满秩矩阵，所以 $R(\boldsymbol{B})=R(\boldsymbol{AC})=R(\boldsymbol{A})=3$，故 $\boldsymbol{\beta}_1,\boldsymbol{\beta}_2,\boldsymbol{\beta}_3$ 线性无关.

(2) 由于$(\boldsymbol{\alpha}_1\quad\boldsymbol{\alpha}_2\quad\boldsymbol{\alpha}_3)=(\boldsymbol{\beta}_1\quad\boldsymbol{\beta}_2\quad\boldsymbol{\beta}_3)\begin{pmatrix}1&-1&-1\\-1&1&-1\\-1&-1&1\end{pmatrix}$，记 $\boldsymbol{A}=\boldsymbol{BC}$，其中

$$\boldsymbol{C}=\begin{pmatrix}1&-1&-1\\-1&1&-1\\-1&-1&1\end{pmatrix}\rightarrow\begin{pmatrix}1&0&0\\0&1&0\\0&0&1\end{pmatrix}.$$

因为 $R(\boldsymbol{C})=3$，$\boldsymbol{C}$ 为满秩矩阵，所以 $R(\boldsymbol{A})=R(\boldsymbol{BC})=R(\boldsymbol{B})=3$，故 $\boldsymbol{\beta}_1,\boldsymbol{\beta}_2,\boldsymbol{\beta}_3$ 线性无关.

定理 5　设矩阵 $\boldsymbol{A}_{m\times n}$ 和矩阵 $\boldsymbol{B}_{n\times t}$，则 $R(\boldsymbol{AB})\leqslant R(\boldsymbol{A})$，$R(\boldsymbol{AB})\leqslant R(\boldsymbol{B})$，即 $R(\boldsymbol{AB})\leqslant\min\{R(\boldsymbol{A}),R(\boldsymbol{B})\}$.

证明　设 $\boldsymbol{AB}=(\boldsymbol{\eta}_1,\boldsymbol{\eta}_2,\cdots,\boldsymbol{\eta}_t)$，

$$\boldsymbol{B}=\begin{pmatrix}b_{11}&b_{12}&\cdots&b_{1t}\\b_{21}&b_{22}&\cdots&b_{2t}\\\vdots&\vdots&&\vdots\\b_{n1}&b_{n2}&\cdots&b_{nt}\end{pmatrix},$$

$$\boldsymbol{AB}=(\boldsymbol{\alpha}_1,\boldsymbol{\alpha}_2,\cdots,\boldsymbol{\alpha}_n)\begin{pmatrix}b_{11}&b_{12}&\cdots&b_{1t}\\b_{21}&b_{22}&\cdots&b_{2t}\\\vdots&\vdots&&\vdots\\b_{n1}&b_{n2}&\cdots&b_{nt}\end{pmatrix}=(\boldsymbol{\eta}_1,\boldsymbol{\eta}_2,\cdots,\boldsymbol{\eta}_t).$$

可见，矩阵 $\boldsymbol{AB}$ 的列向量可由矩阵 $\boldsymbol{A}$ 的列向量线性表示，则 $R(\boldsymbol{AB})\leqslant R(\boldsymbol{A})$，类似可以证明 $R(\boldsymbol{AB})\leqslant R(\boldsymbol{B})$.

例 7　已知向量组 $\boldsymbol{\alpha}_1,\boldsymbol{\alpha}_2,\boldsymbol{\alpha}_3$ 线性无关，判断向量组 $\boldsymbol{\beta}_1=\boldsymbol{\alpha}_1-\boldsymbol{\alpha}_2$，$\boldsymbol{\beta}_2=\boldsymbol{\alpha}_2+2\boldsymbol{\alpha}_3$，$\boldsymbol{\beta}_3=\boldsymbol{\alpha}_3+\frac{1}{2}\boldsymbol{\alpha}_1$ 的线性相关性.

解　由于　$(\boldsymbol{\beta}_1,\boldsymbol{\beta}_2,\boldsymbol{\beta}_3)=(\boldsymbol{\alpha}_1,\boldsymbol{\alpha}_2,\boldsymbol{\alpha}_3)\begin{pmatrix}1&0&\frac{1}{2}\\-1&1&0\\0&2&1\end{pmatrix}$，记 $\boldsymbol{B}=\boldsymbol{AC}$，因为

$$C=\begin{pmatrix}1&0&\frac{1}{2}\\-1&1&0\\0&2&1\end{pmatrix}\rightarrow\begin{pmatrix}1&0&\frac{1}{2}\\0&1&\frac{1}{2}\\0&0&0\end{pmatrix}.$$

由定理 5 可知,$R(\boldsymbol{B})=R(\boldsymbol{AC})\leqslant R(\boldsymbol{C})=2<3$,则 $\boldsymbol{\beta}_1$, $\boldsymbol{\beta}_2$, $\boldsymbol{\beta}_3$ 线性相关.

习　题　3.3

1. 判断下列两个向量组是否等价.

(1) $\boldsymbol{\alpha}_1=\begin{pmatrix}1\\0\\0\\1\end{pmatrix}$, $\boldsymbol{\alpha}_2=\begin{pmatrix}0\\1\\0\\2\end{pmatrix}$, $\boldsymbol{\alpha}_3=\begin{pmatrix}0\\0\\1\\3\end{pmatrix}$;

(2) $\boldsymbol{\beta}_1=\begin{pmatrix}1\\-1\\2\\5\end{pmatrix}$, $\boldsymbol{\beta}_2=\begin{pmatrix}2\\2\\-3\\-3\end{pmatrix}$, $\boldsymbol{\beta}_3=\begin{pmatrix}-1\\1\\0\\1\end{pmatrix}$, $\boldsymbol{\beta}_4=\begin{pmatrix}0\\-1\\1\\1\end{pmatrix}$.

2. 设向量组 $\boldsymbol{\alpha}_1=\begin{pmatrix}a\\3\\1\end{pmatrix}$, $\boldsymbol{\alpha}_2=\begin{pmatrix}2\\b\\3\end{pmatrix}$, $\boldsymbol{\alpha}_3=\begin{pmatrix}1\\3\\2\end{pmatrix}$, $\boldsymbol{\alpha}_4=\begin{pmatrix}2\\3\\1\end{pmatrix}$ 的秩为 2,求 a, b 的值.

3. 求下列向量组的一个最大线性无关组,并把剩余向量用该最大线性无关组表示.

(1) $\boldsymbol{\alpha}_1=\begin{pmatrix}1\\-1\\1\\1\end{pmatrix}$, $\boldsymbol{\alpha}_2=\begin{pmatrix}1\\3\\3\\5\end{pmatrix}$, $\boldsymbol{\alpha}_3=\begin{pmatrix}-3\\-1\\-5\\-7\end{pmatrix}$, $\boldsymbol{\alpha}_4=\begin{pmatrix}4\\-2\\5\\6\end{pmatrix}$, $\boldsymbol{\alpha}_5=\begin{pmatrix}1\\1\\2\\3\end{pmatrix}$;

(2) $\boldsymbol{\alpha}_1=\begin{pmatrix}1\\1\\2\\2\\1\end{pmatrix}$, $\boldsymbol{\alpha}_2=\begin{pmatrix}0\\2\\1\\5\\-1\end{pmatrix}$, $\boldsymbol{\alpha}_3=\begin{pmatrix}2\\0\\3\\-1\\3\end{pmatrix}$, $\boldsymbol{\alpha}_4=\begin{pmatrix}1\\1\\0\\4\\-1\end{pmatrix}$.

4. 已知 $\boldsymbol{\alpha}_1=\begin{pmatrix}1\\2\\-1\\0\end{pmatrix}$, $\boldsymbol{\alpha}_2=\begin{pmatrix}0\\0\\1\\1\end{pmatrix}$, $\boldsymbol{\alpha}_3=\begin{pmatrix}-2\\-4\\0\\-2\end{pmatrix}$, $\boldsymbol{\alpha}_4=\begin{pmatrix}1\\3\\0\\1\end{pmatrix}$, $\boldsymbol{\alpha}_5=\begin{pmatrix}-1\\-2\\2\\1\end{pmatrix}$. 求

(1) 向量组 $\boldsymbol{\alpha}_1$, $\boldsymbol{\alpha}_2$, $\boldsymbol{\alpha}_3$ 及 $\boldsymbol{\alpha}_1$, $\boldsymbol{\alpha}_2$, $\boldsymbol{\alpha}_4$ 的秩,并判断 $\boldsymbol{\alpha}_1$, $\boldsymbol{\alpha}_2$, $\boldsymbol{\alpha}_3$ 及 $\boldsymbol{\alpha}_1$, $\boldsymbol{\alpha}_2$, $\boldsymbol{\alpha}_4$ 的线性相关性;

(2) 向量组 $\boldsymbol{\alpha}_1, \boldsymbol{\alpha}_2, \boldsymbol{\alpha}_4$ 及 $\boldsymbol{\alpha}_1, \boldsymbol{\alpha}_2, \boldsymbol{\alpha}_3, \boldsymbol{\alpha}_4, \boldsymbol{\alpha}_5$ 的一个最大线性无关组.

5. 已知 n 维向量组 $\boldsymbol{B}: \boldsymbol{\beta}_1, \boldsymbol{\beta}_2, \cdots, \boldsymbol{\beta}_s$ 可由 n 维向量组 $\boldsymbol{A}: \boldsymbol{\alpha}_1, \boldsymbol{\alpha}_2, \cdots, \boldsymbol{\alpha}_m$ 线性表示,且 $s > m$,求证向量组 $\boldsymbol{B}$ 线性相关.

6. 已知 n 维向量组 $\boldsymbol{A}: \boldsymbol{\alpha}_1, \boldsymbol{\alpha}_2, \boldsymbol{\alpha}_3$;向量组 $\boldsymbol{B}: \boldsymbol{\alpha}_1, \boldsymbol{\alpha}_2, \boldsymbol{\alpha}_3, \boldsymbol{\alpha}_4$;向量组 $\boldsymbol{C}: \boldsymbol{\alpha}_1, \boldsymbol{\alpha}_2, \boldsymbol{\alpha}_3, \boldsymbol{\alpha}_5$,且 $R(\boldsymbol{A}) = R(\boldsymbol{B}) = 3$, $R(\boldsymbol{C}) = 4$,证明向量组 $\boldsymbol{\alpha}_1, \boldsymbol{\alpha}_2, \boldsymbol{\alpha}_3, \boldsymbol{\alpha}_5 - \boldsymbol{\alpha}_4$ 的秩为 4.

3.4 齐次线性方程组解的结构

前面已经研究了线性方程组的各种解法,并得到了关于解的存在性的一些结论. 由于线性方程组的解在理论上非常重要,下面将从向量空间的角度出发进一步系统、完整地阐述线性方程组的解的存在性定理,然后深入研究解的结构和性质.

3.4.1 齐次线性方程组非零解的存在性

对于齐次线性方程组

$$\begin{cases} a_{11}x_1 + a_{12}x_2 + \cdots + a_{1n}x_n = 0, \\ a_{21}x_1 + a_{22}x_2 + \cdots + a_{2n}x_n = 0, \\ \qquad\qquad \vdots \\ a_{m1}x_1 + a_{m2}x_2 + \cdots + a_{mn}x_n = 0. \end{cases} \tag{1}$$

令 $\boldsymbol{A} = \begin{pmatrix} a_{11} & a_{12} & \cdots & a_{1n} \\ a_{21} & a_{22} & \cdots & a_{2n} \\ \vdots & \vdots & & \vdots \\ a_{m1} & a_{m2} & \cdots & a_{mn} \end{pmatrix}$, $\boldsymbol{x} = \begin{pmatrix} x_1 \\ x_2 \\ \vdots \\ x_n \end{pmatrix}$, $\boldsymbol{0} = \begin{pmatrix} 0 \\ 0 \\ \vdots \\ 0 \end{pmatrix}$,

则齐次线性方程组(1)的矩阵方程形式为

$$\boldsymbol{Ax} = \boldsymbol{0}. \tag{2}$$

齐次线性方程组(1)的向量方程形式为

$$x_1\boldsymbol{\alpha}_1 + x_2\boldsymbol{\alpha}_2 + \cdots + x_n\boldsymbol{\alpha}_n = \boldsymbol{0}. \tag{3}$$

定理 1 齐次线性方程组(1)有非零解 $\Longleftrightarrow R(\boldsymbol{A}) < n \Longleftrightarrow \boldsymbol{A}$ 的列向量线性相关;

齐次线性方程组(1)只有零解 $\Longleftrightarrow R(\boldsymbol{A}) = n \Longleftrightarrow \boldsymbol{A}$ 的列向量线性无关.

推论 1 对齐次线性方程组(1),如果方程个数 m 小于未知数 n,则齐次线性方程组(1)必有非零解.

推论 2 若齐次线性方程组(1)中 $m = n$ 时,其系数行列式 $D = |\boldsymbol{A}|$,则齐次线性方程组(1)有非零解 $\Longleftrightarrow D = 0$.

例 1 当 k 为何值时，齐次线性方程组

$$\begin{cases}(k+3)x_1+x_2+2x_3=0,\\kx_1+(k-1)x_2+x_3=0,\\3(k+1)x_1+kx_2+(k+3)x_3=0\end{cases}$$

有非零解？并求出它的一般解.

解 $$D=\begin{vmatrix}k+3 & 1 & 2\\k & k-1 & 1\\3(k+1) & k & k+3\end{vmatrix}=k^2(k-1)=0.$$

所以，当 $k=0$ 或 $k=1$ 时，方程组有非零解；

当 $k=0$ 时，

$$\boldsymbol{A}=\begin{pmatrix}3 & 1 & 2\\0 & -1 & 1\\3 & 0 & 3\end{pmatrix}\rightarrow\begin{pmatrix}1 & 0 & 1\\0 & 1 & -1\\0 & 0 & 0\end{pmatrix},$$

得 $$\begin{cases}x_1=-x_3,\\x_2=x_3.\end{cases}$$

令自由未知量 $x_3=c_1$（c_1 为任意常数），得方程组的一般解为

$$\begin{cases}x_1=-c_1,\\x_2=c_1,\\x_3=c_1.\end{cases}$$

当 $k=1$ 时，

$$\boldsymbol{A}=\begin{pmatrix}4 & 1 & 2\\1 & 0 & 1\\6 & 1 & 4\end{pmatrix}\rightarrow\begin{pmatrix}1 & 0 & 1\\0 & 1 & -2\\0 & 0 & 0\end{pmatrix},$$

得 $$\begin{cases}x_1=-x_3,\\x_2=2x_3.\end{cases}$$

令自由未知量 $x_3=c_2$（c_2 为任意常数），得方程组的一般解为

$$\begin{cases}x_1=-c_2,\\x_2=2c_2,\\x_3=c_2.\end{cases}$$

3.4.2 齐次线性方程组解的结构

对一般的 n 元线性方程组(无论 $b_1, b_2, \cdots, b_n$ 是否全为零),如果 $x_1=a_1$, $x_2=a_2, \cdots, x_n=a_n$ 是方程组的一个解,则称向量 $\begin{pmatrix} a_1 \\ a_2 \\ \vdots \\ a_n \end{pmatrix}$ 是方程组的一个**解向量**,记为

$$\boldsymbol{\xi}=\begin{pmatrix} a_1 \\ a_2 \\ \vdots \\ a_n \end{pmatrix}.$$

设齐次线性方程组

$$\begin{cases} a_{11}x_1+a_{12}x_2+\cdots+a_{1n}x_n=0, \\ a_{21}x_1+a_{22}x_2+\cdots+a_{2n}x_n=0, \\ \qquad\vdots \\ a_{m1}x_1+a_{m2}x_2+\cdots+a_{mn}x_n=0. \end{cases} \tag{1}$$

若 $R(\boldsymbol{A})<n$,则齐次线性方程组(1)有无穷多个非零解.如何表示无穷多个非零解呢?3.3 节用自由未知量来表示无穷多个非零解,即用一般解形式来表示.本节将进一步研究这无穷多个解的结构,为此先讨论解的性质.

定理 2(解的性质) 设 $\boldsymbol{\xi}_1, \boldsymbol{\xi}_2$ 是齐次线性方程组(1)的解向量,则

(1) $\boldsymbol{\xi}_1+\boldsymbol{\xi}_2$ 也是齐次线性方程组(1)的解向量;

(2) $k\boldsymbol{\xi}_1$(k 为实数)也是齐次线性方程组(1)的解向量.

证明 由于 $\boldsymbol{A\xi}_1=\boldsymbol{0}$, $\boldsymbol{A\xi}_2=\boldsymbol{0}$,所以

$$\boldsymbol{A}(\boldsymbol{\xi}_1+\boldsymbol{\xi}_2)=\boldsymbol{A\xi}_1+\boldsymbol{A\xi}_2=\boldsymbol{0}+\boldsymbol{0}=\boldsymbol{0},$$
$$\boldsymbol{A}(k\boldsymbol{\xi}_1)=k(\boldsymbol{A\xi}_1)=k\boldsymbol{0}=\boldsymbol{0}.$$

因此,$\boldsymbol{\xi}_1+\boldsymbol{\xi}_2$, $k\boldsymbol{\xi}_1$ 都是齐次线性方程组(1)的解向量.

推论 3 设 $\boldsymbol{\xi}_1, \boldsymbol{\xi}_2$ 是齐次线性方程组(1)的解向量,则 $k_1\boldsymbol{\xi}_1+k_2\boldsymbol{\xi}_2$($k_1, k_2$ 为任意常数)也是齐次线性方程组(1)的解向量.

由性质可知齐次线性方程组(1)的解的线性组合仍是齐次线性方程组(1)的解.即若 $\boldsymbol{\xi}_1, \boldsymbol{\xi}_2, \cdots, \boldsymbol{\xi}_t$ 都是齐次线性方程组(1)的解,则对任一组数 $k_1, k_2, \cdots, k_t$,有 $k_1\boldsymbol{\xi}_1+k_2\boldsymbol{\xi}_2+\cdots+k_t\boldsymbol{\xi}_t$ 仍是齐次线性方程组(1)的解.

问题是齐次线性方程组(1)的任何一个解若可表示为有限个解 $\boldsymbol{\xi}_1, \boldsymbol{\xi}_2, \cdots, \boldsymbol{\xi}_t$

的线性组合，则齐次线性方程组(1)的全部解可表示为

$$k_1\boldsymbol{\xi}_1+k_2\boldsymbol{\xi}_2+\cdots+k_t\boldsymbol{\xi}_t.$$

其中，$k_1,k_2,\cdots,k_t\in\mathbf{R}$. 从而齐次线性方程组(1)的解的结构就清楚了. 下面引入基础解系的概念.

定义 设齐次线性方程组(1)的有限个解 $\boldsymbol{\xi}_1,\boldsymbol{\xi}_2,\cdots,\boldsymbol{\xi}_t$ 满足：

(1) $\boldsymbol{\xi}_1,\boldsymbol{\xi}_2,\cdots,\boldsymbol{\xi}_t$ 线性无关；

(2) 齐次线性方程组(1)的每个解向量都可由 $\boldsymbol{\xi}_1,\boldsymbol{\xi}_2,\cdots,\boldsymbol{\xi}_t$ 线性表示，则称 $\boldsymbol{\xi}_1,\boldsymbol{\xi}_2,\cdots,\boldsymbol{\xi}_t$ 是齐次线性方程组(1)的一个**基础解系**.

如果 $\boldsymbol{\xi}_1,\boldsymbol{\xi}_2,\cdots,\boldsymbol{\xi}_t$ 是齐次线性方程组(1)的一个基础解系，则齐次线性方程组(1)的**通解**为 $\boldsymbol{x}=k_1\boldsymbol{\xi}_1+k_2\boldsymbol{\xi}_2+\cdots+k_t\boldsymbol{\xi}_t(k_1,k_2,\cdots,k_t\in\mathbf{R})$.

可见，求齐次线性方程组通解的关键就是求基础解系.

由此定义可以看到，基础解系是齐次线性方程组(1)解向量组的最大线性无关组，所以基础解系不是唯一的. 下面讨论是否任何一个非零解的齐次线性方程组都有基础解系？如有，如何找出它的一个基础解系？它的基础解系含有多少个解？

定理 3 若齐次线性方程组(1)有非零解，则它一定有基础解系，并且它的每一个基础解系所含解向量的个数都等于 $n-r$，其中，n 是未知量的个数，r 是系数矩阵的秩.

(证明略)

注意 基础解系的选取不唯一.

例 2 求下列齐次线性方程组的通解和一个基础解系.

(1) $\begin{cases} x_1+x_2+x_3+x_4+x_5=0, \\ 3x_1+2x_2+x_3+x_4-3x_5=0, \\ x_2+2x_3+2x_4+6x_5=0, \\ 5x_1+4x_2+3x_3+3x_4-x_5=0; \end{cases}$

(2) $\begin{cases} 2x_1-x_2+3x_3+x_4=0, \\ 4x_1-2x_2+x_3=0, \\ 6x_1-3x_2+19x_3+7x_4=0. \end{cases}$

解 第一步，求一般解

$$\boldsymbol{A}=\begin{pmatrix} 1 & 1 & 1 & 1 & 1 \\ 3 & 2 & 1 & 1 & -3 \\ 0 & 1 & 2 & 2 & 6 \\ 5 & 4 & 3 & 3 & -1 \end{pmatrix}\to\begin{pmatrix} 1 & 1 & 1 & 1 & 1 \\ 0 & -1 & -2 & -2 & -6 \\ 0 & 1 & 2 & 2 & 6 \\ 0 & -1 & -2 & -2 & -6 \end{pmatrix}$$

$$\to\begin{pmatrix}1&1&1&1&1\\0&1&2&2&6\\0&0&0&0&0\\0&0&0&0&0\end{pmatrix}\to\begin{pmatrix}1&0&-1&-1&-5\\0&1&2&2&6\\0&0&0&0&0\\0&0&0&0&0\end{pmatrix}.$$

得同解方程组为
$$\begin{cases}x_1=x_3+x_4+5x_5,\\x_2=-2x_3-2x_4-6x_5.\end{cases}$$

其中,x_3, x_4, x_5 为自由未知量.

令 $x_3=k_1$, $x_4=k_2$, $x_5=k_3$(k_1, k_2, $k_3\in\mathbf{R}$),得方程组的一般解为

$$\begin{cases}x_1=\quad k_1+\ k_2+5k_3,\\x_2=-2k_1-2k_2-6k_3,\\x_3=\quad k_1,\\x_4=\qquad\quad k_2,\\x_5=\qquad\qquad\quad k_3.\end{cases}$$

写成向量组的形式,得方程组的通解为

$$\begin{pmatrix}x_1\\x_2\\x_3\\x_4\\x_5\end{pmatrix}=k_1\begin{pmatrix}1\\-2\\1\\0\\0\end{pmatrix}+k_2\begin{pmatrix}1\\-2\\0\\1\\0\end{pmatrix}+k_3\begin{pmatrix}5\\-6\\0\\0\\1\end{pmatrix}.$$

第二步,写出基础解系,即

$$\boldsymbol{x}=k_1\boldsymbol{\xi}_1+k_2\boldsymbol{\xi}_2+k_3\boldsymbol{\xi}_3.$$

其中,$\boldsymbol{\xi}_1=\begin{pmatrix}1\\-2\\1\\0\\0\end{pmatrix}$, $\boldsymbol{\xi}_2=\begin{pmatrix}1\\-2\\0\\1\\0\end{pmatrix}$, $\boldsymbol{\xi}_3=\begin{pmatrix}5\\-6\\0\\0\\1\end{pmatrix}$为方程组的一个基础解系.

(2) $\boldsymbol{A}=\begin{pmatrix}2&-1&3&1\\4&-2&1&0\\6&-3&19&7\end{pmatrix}\to\begin{pmatrix}2&-1&3&1\\0&0&-5&-2\\0&0&15&6\end{pmatrix}\to\begin{pmatrix}2&-1&0&-\frac{1}{5}\\0&0&1&\frac{2}{5}\\0&0&0&0\end{pmatrix}.$

得同解方程组为

$$\begin{cases} x_2 = 2x_1 - \dfrac{1}{5}x_4, \\ x_3 = -\dfrac{2}{5}x_4. \end{cases}$$

令自由未知量 $x_1 = k_1$，$x_4 = 5k_2(k_1, k_2 \in \mathbf{R})$，得方程组的一般解为

$$\begin{cases} x_1 = k_1, \\ x_2 = 2k_1 - k_2, \\ x_3 = -2k_2, \\ x_4 = 5k_2, \end{cases}$$

则方程组的通解为

$$\begin{pmatrix} x_1 \\ x_2 \\ x_3 \\ x_4 \end{pmatrix} = k_1 \begin{pmatrix} 1 \\ 2 \\ 0 \\ 0 \end{pmatrix} + k_2 \begin{pmatrix} 0 \\ -1 \\ -2 \\ 5 \end{pmatrix}.$$

即 $\boldsymbol{x} = k_1\boldsymbol{\xi}_1 + k_2\boldsymbol{\xi}_2$. 其中，$\boldsymbol{\xi}_1 = \begin{pmatrix} 1 \\ 2 \\ 0 \\ 0 \end{pmatrix}$，$\boldsymbol{\xi}_2 = \begin{pmatrix} 0 \\ -1 \\ -2 \\ 5 \end{pmatrix}$ 为方程组的一个基础解系.

习 题 3.4

1. 当 k 取何值时，齐次线性方程组

$$\begin{cases} (k-2)x_1 - 3x_2 - 2x_3 = 0, \\ -x_1 + (k-8)x_2 - 2x_3 = 0, \\ 2x_1 + 14x_2 + (k+3)x_3 = 0 \end{cases}$$

有非零解？并求出它的一般解.

2. 求下列齐次线性方程的通解和一个基础解系.

(1) $\begin{cases} x_1 - 3x_2 + x_3 - 2x_4 = 0, \\ -5x_1 + x_2 - 2x_3 + 3x_4 = 0, \\ -x_1 - 11x_2 + 2x_3 - 5x_4 = 0, \\ 3x_1 + 5x_2 + x_4 = 0; \end{cases}$

(2) $\begin{cases} 2x_1 - 5x_2 + x_3 - 3x_4 = 0, \\ -3x_1 + 4x_2 - 2x_3 + x_4 = 0, \\ x_1 + 2x_2 - x_3 + 3x_4 = 0, \\ -2x_1 + 15x_2 - 6x_3 + 13x_4 = 0. \end{cases}$

3. 设向量组

$$\boldsymbol{\alpha}_1=\begin{pmatrix}1\\1\\1\\3\end{pmatrix},\quad \boldsymbol{\alpha}_2=\begin{pmatrix}-1\\-3\\5\\1\end{pmatrix},\quad \boldsymbol{\alpha}_3=\begin{pmatrix}3\\2\\-1\\t+2\end{pmatrix},\quad \boldsymbol{\alpha}_4=\begin{pmatrix}-2\\-6\\10\\t\end{pmatrix}.$$

问 t 为何值时,该向量组线性相关?线性相关时,求出一组不全为零的数 k_1, k_2, k_3, k_4,使

$$k_1\boldsymbol{\alpha}_1+k_2\boldsymbol{\alpha}_2+k_3\boldsymbol{\alpha}_3+k_4\boldsymbol{\alpha}_4=\mathbf{0}.$$

4. 若 $\boldsymbol{\xi}_1, \boldsymbol{\xi}_2, \boldsymbol{\xi}_3$ 是某齐次线性方程组的一个基础解系,试证明:$\boldsymbol{\xi}_1+\boldsymbol{\xi}_2, \boldsymbol{\xi}_2+\boldsymbol{\xi}_3, \boldsymbol{\xi}_3+\boldsymbol{\xi}_1$ 也是该方程组的一个基础解系.

3.5 非齐次线性方程组解的结构

3.5.1 非齐次线性方程组解的存在性

由 3.1 节例 1 可知:对于非齐次线性方程组,当 $R(\mathbf{A})=R(\overline{\mathbf{A}})=3$ 时,方程组有唯一解;当 $R(\mathbf{A})=R(\overline{\mathbf{A}})<3$ 时,方程组有无穷多解;当 $R(\mathbf{A})\neq R(\overline{\mathbf{A}})$ 时,方程组无解.对于一般的非齐次线性方程组,上述结论是否成立?

设有非齐次线性方程组

$$\begin{cases} a_{11}x_1+a_{12}x_2+\cdots+a_{1n}x_n=b_1, \\ a_{21}x_1+a_{22}x_2+\cdots+a_{2n}x_n=b_2, \\ \qquad\qquad\vdots \\ a_{m1}x_1+a_{m2}x_2+\cdots+a_{mn}x_n=b_m. \end{cases} \tag{1}$$

令

$$\mathbf{A}=\begin{pmatrix} a_{11} & a_{12} & \cdots & a_{1n} \\ a_{21} & a_{22} & \cdots & a_{2n} \\ \vdots & \vdots & & \vdots \\ a_{m1} & a_{m2} & \cdots & a_{mn} \end{pmatrix},\quad \boldsymbol{x}=\begin{pmatrix}x_1\\x_2\\\vdots\\x_n\end{pmatrix},\quad \boldsymbol{b}=\begin{pmatrix}b_1\\b_2\\\vdots\\b_m\end{pmatrix}.$$

根据矩阵的乘法,非齐次线性方程组(1)可表示成矩阵方程形式为

$$\mathbf{A}\boldsymbol{x}=\boldsymbol{b}. \tag{2}$$

如果系数矩阵 $\mathbf{A}$ 的第 j 个列向量记为 $\boldsymbol{\alpha}_j$,即

$$\boldsymbol{\alpha}_j=\begin{pmatrix}a_{1j}\\a_{2j}\\\vdots\\a_{mj}\end{pmatrix}\quad (j=1,2,\cdots,n),$$

则非齐次线性方程组(1)可以表示成向量方程形式为

$$x_1\boldsymbol{\alpha}_1+x_2\boldsymbol{\alpha}_2+\cdots+x_n\boldsymbol{\alpha}_n=\boldsymbol{b}. \tag{3}$$

定理 1 非齐次线性方程组(1)有解

$\iff$ $R(\boldsymbol{A})=R(\boldsymbol{A}\vdots\boldsymbol{b})=r$;

$\iff$ $\boldsymbol{b}$ 可由 $\boldsymbol{A}$ 的列向量组 $\boldsymbol{\alpha}_1, \boldsymbol{\alpha}_2, \cdots, \boldsymbol{\alpha}_n$ 线性表示.

当非齐次线性方程组(1)有解时,则

(1) 有唯一解 $\iff r=n \iff \boldsymbol{b}$ 可由 $\boldsymbol{A}$ 的列向量组线性表示,且表示法唯一;

(2) 有无穷多解 $\iff r<n \iff \boldsymbol{b}$ 可由 $\boldsymbol{A}$ 的列向量组线性表示,表示法不唯一.

一般地,非齐次线性方程组若有解,则称非齐次线性方程组**相容**;否则,称非齐次线性方程组**不相容**.

例 1 问 k 取何值时,方程组

$$\begin{cases}(k+3)x_1+x_2+2x_3=k,\\ kx_1+(k-1)x_2+x_3=k,\\ 3(k+1)x_1+kx_2+(k+3)x_3=3\end{cases}$$

有唯一解,无解,无穷多解?

解 因为方程的个数等于未知量的个数,若系数行列式 $D\neq 0$,由克拉默法则可知,方程组有唯一解.

$$\begin{aligned}D&=\begin{vmatrix}k+3&1&2\\k&k-1&1\\3(k+1)&k&k+3\end{vmatrix}\\&=(k+3)\begin{vmatrix}k-1&1\\k&k+3\end{vmatrix}-k\begin{vmatrix}1&2\\k&k+3\end{vmatrix}+3(k+1)\begin{vmatrix}1&2\\k-1&1\end{vmatrix}\\&=(k+3)^2(k-1)-k(k+3)-k(k+3)+2k^2+3(k+1)-6(k+1)(k-1)\\&=(k-1)(k^2+3)+(3-3k)=k^2(k-1)\overset{令}{=\!=}0,\end{aligned}$$

得
$$k=0,\quad k=1.$$

当 $k\neq 0$, $k\neq 1$ 时,方程组有唯一解;

当 $k=0$ 时,

$$\overline{\boldsymbol{A}}=\begin{pmatrix}3&1&2&0\\0&-1&1&0\\3&0&3&3\end{pmatrix}\to\begin{pmatrix}3&1&2&0\\0&-1&1&0\\0&-1&1&3\end{pmatrix}\to\begin{pmatrix}3&1&2&0\\0&-1&1&0\\0&0&0&3\end{pmatrix}.$$

因为 $R(\mathbf{A})=2$, $R(\overline{\mathbf{A}})=3$,故方程组无解.

当 $k=1$ 时,

$$\overline{\mathbf{A}}=\begin{pmatrix}4&1&2&1\\1&0&1&1\\6&1&4&3\end{pmatrix}\to\begin{pmatrix}1&0&1&1\\4&1&2&1\\6&1&4&3\end{pmatrix}\to\begin{pmatrix}1&0&1&1\\0&1&-2&-3\\0&1&-2&-3\end{pmatrix}$$

$$\to\begin{pmatrix}1&0&1&1\\0&1&-2&-3\\0&0&0&0\end{pmatrix}.$$

因为 $R(\mathbf{A})=R(\overline{\mathbf{A}})=2<3$,故方程组有无穷多个解.

3.5.2　非齐次线性方程组解的结构

与齐次线性方程组一样,若非齐次线性方程组

$$\begin{cases}a_{11}x_1+a_{12}x_2+\cdots+a_{1n}x_n=b_1,\\a_{21}x_1+a_{22}x_2+\cdots+a_{2n}x_n=b_2,\\\qquad\qquad\vdots\\a_{m1}x_1+a_{m2}x_2+\cdots+a_{mn}x_n=b_m\end{cases}\tag{1}$$

有无穷多解,则可以用一般解(即自由未知量)来表示,也可以用解向量的线性组合来表示.下面进一步讨论非齐次线性方程组解的结构.

定义 1　若将非齐次线性方程组(1)右端常数项均换成零得到对应的齐次线性方程组,称为非齐次线性方程组(1)的**导出方程组**.

非齐次线性方程组 $\boldsymbol{Ax}=\boldsymbol{b}$ 与齐次线性方程组(导出方程组)$\boldsymbol{Ax}=\mathbf{0}$ 的解之间有密切的联系.

非齐次线性方程组 $\boldsymbol{Ax}=\boldsymbol{b}$ 的**解的性质**:

性质 1　设 $\boldsymbol{\eta}_1$, $\boldsymbol{\eta}_2$ 是 $\boldsymbol{Ax}=\boldsymbol{b}$ 的解向量,则 $\boldsymbol{\eta}_1-\boldsymbol{\eta}_2$ 是 $\boldsymbol{Ax}=\mathbf{0}$ 的解.

证明　$\boldsymbol{A}(\boldsymbol{\eta}_1-\boldsymbol{\eta}_2)=\boldsymbol{A\eta}_1-\boldsymbol{A\eta}_2=\boldsymbol{b}-\boldsymbol{b}=\mathbf{0}$.

性质 2　设 $\boldsymbol{\eta}$ 是 $\boldsymbol{Ax}=\boldsymbol{b}$ 的解,$\boldsymbol{\xi}$ 是 $\boldsymbol{Ax}=\mathbf{0}$ 的解,则 $\boldsymbol{\eta}+\boldsymbol{\xi}$ 是 $\boldsymbol{Ax}=\boldsymbol{b}$ 的解.

证明　$\boldsymbol{A}(\boldsymbol{\eta}+\boldsymbol{\xi})=\boldsymbol{A\eta}+\boldsymbol{A\xi}=\boldsymbol{b}+\mathbf{0}=\boldsymbol{b}$.

性质 3　设 $\boldsymbol{\eta}^*$ 是 $\boldsymbol{Ax}=\boldsymbol{b}$ 的一个特解,则对 $\boldsymbol{Ax}=\boldsymbol{b}$ 的任一解 $\boldsymbol{\eta}$,必存在 $\boldsymbol{Ax}=\mathbf{0}$ 的解 $\boldsymbol{\xi}$,使 $\boldsymbol{\eta}=\boldsymbol{\eta}^*+\boldsymbol{\xi}$.

定理 2　对于非齐次线性方程组(1),若 $R(\mathbf{A})=R(\overline{\mathbf{A}})=r<n$,则非齐次线性方程组(1)有无穷多解;若 $\boldsymbol{\eta}^*$ 是 $\boldsymbol{Ax}=\boldsymbol{b}$ 的一个特解,$\boldsymbol{\xi}_1$, $\boldsymbol{\xi}_2$, $\cdots$, $\boldsymbol{\xi}_{n-r}$是导出方程组 $\boldsymbol{Ax}=\mathbf{0}$ 的一个基础解系,则非齐次线性方程组(1)的通解为

$$x = \eta^* + k_1\xi_1 + k_2\xi_2 + \cdots + k_{n-r}\xi_{n-r},$$

其中，$k_1, k_2, \cdots, k_{n-r} \in \mathbf{R}$.

（证明略）

因此，求非齐次线性方程组（1）的解的关键是求 $Ax=b$ 的一个特解与 $Ax=0$ 的一个基础解系.

例 2 求下列非齐次线性方程组的通解.

(1) $\begin{cases} x_1+2x_2-x_3+3x_4=1, \\ 2x_1+5x_2+x_3-2x_4=3, \\ x_1-3x_2+2x_3-3x_4=5, \\ 3x_1+7x_2+x_4=4; \end{cases}$ (2) $\begin{cases} x_1+5x_2-x_3-x_4=-1, \\ x_1-2x_2+x_3+3x_4=3, \\ 3x_1+8x_2-x_3+x_4=1, \\ x_1-9x_2+3x_3+7x_4=7. \end{cases}$

解 (1) $\overline{A}=\begin{pmatrix} 1 & 2 & -1 & 3 & 1 \\ 2 & 5 & 1 & -2 & 3 \\ 1 & -3 & 2 & -3 & 5 \\ 3 & 7 & 0 & 1 & 4 \end{pmatrix} \xrightarrow[r_2-2r_1]{\substack{r_4-r_1-r_2 \\ r_3-r_1}} \begin{pmatrix} 1 & 2 & -1 & 3 & 1 \\ 0 & 1 & 3 & -8 & 1 \\ 0 & -5 & 3 & -6 & 4 \\ 0 & 0 & 0 & 0 & 0 \end{pmatrix}$

$$\to \begin{pmatrix} 1 & 0 & -7 & 19 & -1 \\ 0 & 1 & 3 & -8 & 1 \\ 0 & 0 & 18 & -46 & 9 \\ 0 & 0 & 0 & 0 & 0 \end{pmatrix} \to \begin{pmatrix} 1 & 0 & 0 & \frac{10}{9} & \frac{5}{2} \\ 0 & 1 & 0 & -\frac{3}{9} & -\frac{1}{2} \\ 0 & 0 & 1 & -\frac{23}{9} & \frac{1}{2} \\ 0 & 0 & 0 & 0 & 0 \end{pmatrix}.$$

得同解方程组为

$$\begin{cases} x_1=\frac{5}{2}-\frac{10}{9}x_4, \\ x_2=-\frac{1}{2}+\frac{3}{9}x_4, \\ x_3=\frac{1}{2}+\frac{23}{9}x_4. \end{cases}$$

令 $x_4=9k\ (k\in\mathbf{R})$，得方程组的通解为

$$\begin{pmatrix} x_1 \\ x_2 \\ x_3 \\ x_4 \end{pmatrix}=\frac{1}{2}\begin{pmatrix} 5 \\ -1 \\ 1 \\ 0 \end{pmatrix}+k\begin{pmatrix} -10 \\ 3 \\ 23 \\ 9 \end{pmatrix}.$$

(2) $\overline{\boldsymbol{A}}=\begin{pmatrix}1 & 5 & -1 & -1 & -1\\1 & -2 & 1 & 3 & 3\\3 & 8 & -1 & 1 & 1\\1 & -9 & 3 & 7 & 7\end{pmatrix}\to\begin{pmatrix}1 & 5 & -1 & -1 & -1\\0 & -7 & 2 & 4 & 4\\0 & -7 & 2 & 4 & 4\\0 & -14 & 4 & 8 & 8\end{pmatrix}$

$$\to\begin{pmatrix}1 & 5 & -1 & -1 & -1\\0 & -7 & 2 & 4 & 4\\0 & 0 & 0 & 0 & 0\\0 & 0 & 0 & 0 & 0\end{pmatrix}\to\begin{pmatrix}1 & \frac{3}{2} & 0 & 1 & 1\\0 & -\frac{7}{2} & 1 & 2 & 2\\0 & 0 & 0 & 0 & 0\\0 & 0 & 0 & 0 & 0\end{pmatrix}.$$

得同解方程组为

$$\begin{cases}x_1=1-\frac{3}{2}x_2-x_4,\\x_3=2+\frac{7}{2}x_2-2x_4.\end{cases}$$

令 $x_2=2k_1,\ x_4=k_2(k_1,\ k_2\in\mathbf{R})$,方程组有无穷多解,其一般解为

$$\begin{cases}x_1=1-3k_1-k_2,\\x_2=2k_1,\\x_3=2+7k_1-2k_2,\\x_4=k_2.\end{cases}$$

得方程组的通解为

$$\begin{pmatrix}x_1\\x_2\\x_3\\x_4\end{pmatrix}=\begin{pmatrix}1\\0\\2\\0\end{pmatrix}+k_1\begin{pmatrix}-3\\2\\7\\0\end{pmatrix}+k_2\begin{pmatrix}-1\\0\\-2\\1\end{pmatrix}.$$

例 3 设向量

$$\boldsymbol{\alpha}_1=\begin{pmatrix}1+k\\1\\1\end{pmatrix},\quad \boldsymbol{\alpha}_2=\begin{pmatrix}1\\1+k\\1\end{pmatrix},\quad \boldsymbol{\alpha}_3=\begin{pmatrix}1\\1\\1+k\end{pmatrix},\quad \boldsymbol{b}=\begin{pmatrix}0\\k\\k^2\end{pmatrix}.$$

问 k 为何值时,$\boldsymbol{b}$ 可由 $\boldsymbol{\alpha}_1,\ \boldsymbol{\alpha}_2,\ \boldsymbol{\alpha}_3$ 线性表示,表示法唯一,表示法不唯一?并写出其所有表达式.

解 设存在数 x_1, x_2, x_3,使

$$x_1\boldsymbol{\alpha}_1 + x_2\boldsymbol{\alpha}_2 + x_3\boldsymbol{\alpha}_3 = \boldsymbol{b},$$

即
$$\begin{cases}(1+k)x_1 + x_2 + x_3 = 0,\\ x_1 + (1+k)x_2 + x_3 = k,\\ x_1 + x_2 + (1+k)x_3 = k^2.\end{cases}$$

由克拉默法则有

$$D=\begin{vmatrix}1+k & 1 & 1\\ 1 & 1+k & 1\\ 1 & 1 & 1+k\end{vmatrix}=k^2(k+3)\overset{\text{令}}{=\!=}0,$$

得 $k_1=0$, $k_2=-3$.

当 $k\neq0$, -3 时,$D\neq0$,方程组有唯一解,即 $\boldsymbol{b}$ 可由 $\boldsymbol{\alpha}_1$, $\boldsymbol{\alpha}_2$, $\boldsymbol{\alpha}_3$ 线性表示,表示法唯一.

当 $k=-3$ 时,

$$\overline{\mathbf{A}}=\begin{pmatrix}-2 & 1 & 1 & 0\\ 1 & -2 & 1 & -3\\ 1 & 1 & -2 & 9\end{pmatrix}\to\begin{pmatrix}1 & 1 & -2 & 9\\ 0 & 3 & -3 & 18\\ 0 & 0 & 0 & 6\end{pmatrix}.$$

因为 $R(\mathbf{A})\neq R(\overline{\mathbf{A}})$,所以 $\boldsymbol{b}$ 不可由 $\boldsymbol{\alpha}_1$, $\boldsymbol{\alpha}_2$, $\boldsymbol{\alpha}_3$ 线性表示.

当 $k=0$ 时,

$$\overline{\mathbf{A}}=\begin{pmatrix}1 & 1 & 1 & 0\\ 1 & 1 & 1 & 0\\ 1 & 1 & 1 & 0\end{pmatrix}\to\begin{pmatrix}1 & 1 & 1 & 0\\ 0 & 0 & 0 & 0\\ 0 & 0 & 0 & 0\end{pmatrix}.$$

因为 $R(\mathbf{A})=R(\overline{\mathbf{A}})=1$,所以 $\boldsymbol{b}$ 可由 $\boldsymbol{\alpha}_1$, $\boldsymbol{\alpha}_2$, $\boldsymbol{\alpha}_3$ 线性表示,表示法不唯一.

同解方程组为

$$x_1 = -x_2 - x_3.$$

令 $x_2 = k_1$, $x_3 = k_2$,则 $x_1 = -k_1 - k_2$,因此

$$\boldsymbol{b} = -(k_1 + k_2)\boldsymbol{\alpha}_1 + k_1\boldsymbol{\alpha}_2 + k_2\boldsymbol{\alpha}_3,$$

其中,k_1, $k_2\in\mathbf{R}$.

例 4 已知 $\boldsymbol{\alpha}_1$, $\boldsymbol{\alpha}_2$, $\boldsymbol{\alpha}_3$ 是 $\mathbf{A}\boldsymbol{x}=\boldsymbol{b}$ 的三个线性无关的解向量,$R(\mathbf{A})=2$,且

$$\boldsymbol{\alpha}_1+2\boldsymbol{\alpha}_2=\begin{pmatrix}1\\2\\0\end{pmatrix},\quad \boldsymbol{\alpha}_2+\boldsymbol{\alpha}_3=\begin{pmatrix}1\\2\\3\end{pmatrix}.$$

求方程组 $\boldsymbol{Ax}=\boldsymbol{0}$ 的一个基础解系，并求方程组 $\boldsymbol{Ax}=\boldsymbol{b}$ 的通解.

解 因为 $\boldsymbol{\alpha}_1,\boldsymbol{\alpha}_2,\boldsymbol{\alpha}_3$ 是 $\boldsymbol{Ax}=\boldsymbol{b}$ 的三个线性无关的解向量，则

$$\boldsymbol{A\alpha}_k=\boldsymbol{b}\quad (k=1,2,3).$$

由题可得 $\boldsymbol{A}(\boldsymbol{\alpha}_1+2\boldsymbol{\alpha}_2)=\boldsymbol{A\alpha}_1+2\boldsymbol{A\alpha}_2=3\boldsymbol{b}$,

$\boldsymbol{A}(\boldsymbol{\alpha}_2+\boldsymbol{\alpha}_3)=\boldsymbol{A\alpha}_2+\boldsymbol{A\alpha}_3=2\boldsymbol{b}$.

可见 $\frac{1}{3}(\boldsymbol{\alpha}_1+2\boldsymbol{\alpha}_2)$，$\frac{1}{2}(\boldsymbol{\alpha}_2+\boldsymbol{\alpha}_3)$ 是 $\boldsymbol{Ax}=\boldsymbol{b}$ 的解向量.

根据解的性质有

$$\frac{1}{3}(\boldsymbol{\alpha}_1+2\boldsymbol{\alpha}_2)-\frac{1}{2}(\boldsymbol{\alpha}_2+\boldsymbol{\alpha}_3)=\frac{1}{3}\begin{pmatrix}1\\2\\0\end{pmatrix}-\frac{1}{2}\begin{pmatrix}1\\2\\3\end{pmatrix}=\frac{1}{6}\begin{pmatrix}-1\\-2\\9\end{pmatrix}$$

是 $\boldsymbol{Ax}=\boldsymbol{0}$ 的解.

又已知 $R(\boldsymbol{A})=2$，未知数个数为 3，则 $\boldsymbol{Ax}=\boldsymbol{0}$ 的基础解系中含有一个线性无关的解向量，可取 $\boldsymbol{\xi}=\begin{pmatrix}-1\\-2\\9\end{pmatrix}$.

所以，$\boldsymbol{Ax}=\boldsymbol{b}$ 的通解为

$$\boldsymbol{x}=\frac{1}{2}(\boldsymbol{\alpha}_2+\boldsymbol{\alpha}_3)+k\boldsymbol{\xi}=\frac{1}{2}\begin{pmatrix}1\\2\\3\end{pmatrix}+k\begin{pmatrix}-1\\-2\\9\end{pmatrix}\quad (k\in\mathbf{R}).$$

例 5 已知非齐次线性方程组

$$\begin{cases}x_1+x_2+x_3+x_4=-1,\\4x_1+3x_2+5x_3-x_4=-1,\\ax_1+x_2+3x_3+bx_4=1\end{cases}$$

有 3 个线性无关的解.

(1) 证明此方程组的系数矩阵 $\boldsymbol{A}$ 的秩为 2;

(2) 求 a,b 的值和方程组的通解.

解 (1) 设 $\boldsymbol{\alpha}_1$，$\boldsymbol{\alpha}_2$，$\boldsymbol{\alpha}_3$ 是方程组的 3 个线性无关的解，则 $\boldsymbol{\alpha}_2-\boldsymbol{\alpha}_1$，$\boldsymbol{\alpha}_3-\boldsymbol{\alpha}_1$ 是 $\boldsymbol{Ax}=\boldsymbol{0}$ 的两个线性无关的解，于是 $\boldsymbol{Ax}=\boldsymbol{0}$ 的基础解系中解的个数不少于 2，即 $4-R(\boldsymbol{A})\geqslant 2$，从而 $R(\boldsymbol{A})\leqslant 2$. 又因为系数矩阵 $\boldsymbol{A}$ 有一个二阶子式 $\begin{vmatrix}1 & 1\\ 4 & 3\end{vmatrix}\neq 0$，所以 $R(\boldsymbol{A})\geqslant 2$，两个不等式说明 $R(\boldsymbol{A})=2$.

(2) 对方程组的增广矩阵作初等变换：

$$\overline{\boldsymbol{A}}=\begin{pmatrix}1 & 1 & 1 & 1 & -1\\ 4 & 3 & 5 & -1 & -1\\ a & 1 & 3 & b & 1\end{pmatrix}\rightarrow\begin{pmatrix}1 & 1 & 1 & 1 & -1\\ 0 & -1 & 1 & -5 & 3\\ 0 & 1-a & 3-a & b-a & 1+a\end{pmatrix}$$

$$\rightarrow\begin{pmatrix}1 & 1 & 1 & 1 & -1\\ 0 & -1 & 1 & -5 & 3\\ 0 & 0 & 4-2a & 4a+b-5 & 4-2a\end{pmatrix},$$

由 $R(\boldsymbol{A})=2$，得 $a=2,b=-3$.

代入后得

$$\overline{\boldsymbol{A}}\rightarrow\begin{pmatrix}1 & 0 & 2 & -4 & 2\\ 0 & 1 & -1 & 5 & -3\\ 0 & 0 & 0 & 0 & 0\end{pmatrix},$$

得同解方程组为 $\begin{cases}x_1=2-2x_3+4x_4,\\ x_2=-3+x_3-5x_4.\end{cases}$

令 $x_3=k_1$，$x_4=k_2$，得通解为

$$\begin{pmatrix}x_1\\ x_2\\ x_3\\ x_4\end{pmatrix}=\begin{pmatrix}2\\ -3\\ 0\\ 0\end{pmatrix}+k_1\begin{pmatrix}-2\\ 1\\ 1\\ 0\end{pmatrix}+k_2\begin{pmatrix}4\\ -5\\ 0\\ 1\end{pmatrix}.$$

习 题 3.5

1. 将非齐次线性方程组

$$\begin{cases}x_1+x_2+x_3=1,\\ x_1-x_2+x_3=0,\\ 2x_1+x_2-3x_3=2\end{cases}$$

分别写成矩阵和向量表达式.

2. 当 k 取何值时,线性方程组

$$\begin{cases} kx_1+x_2+x_3=1, \\ x_1+kx_2+x_3=k, \\ x_1+x_2+kx_3=k^2 \end{cases}$$

有唯一解,无解,无穷多解?

3. 当 k 取何值时,方程组

$$\begin{cases} x_1+x_2+x_3=k, \\ kx_1+x_2+x_3=1, \\ x_1+x_2+kx_3=1 \end{cases}$$

有解?

4. 问 k 取何值时,线性方程组

$$\begin{cases} (2-k)x_1+2x_2-2x_3=1, \\ 2x_1+(5-k)x_2-4x_3=2, \\ -2x_1-4x_2+(5-k)x_3=-k-1 \end{cases}$$

有唯一解,无解,无穷多解?

5. 设 a, b, c 是互不相同的常数,证明方程组

$$\begin{cases} x_1+ax_2=a^2, \\ x_1+bx_2=b^2, \\ x_1+cx_2=c^2 \end{cases}$$

无解.

6. 求下列线性方程组的通解.

(1) $\begin{cases} 2x_1+x_2-x_3+x_4=1, \\ 3x_1-2x_2+x_3-3x_4=4, \\ x_1+4x_2-3x_3+5x_4=-2; \end{cases}$ (2) $\begin{cases} 2x_1+x_2-x_3+x_4=1, \\ 4x_1+2x_2-2x_3+2x_4=2, \\ x_1+\frac{1}{2}x_2-\frac{1}{2}x_3-\frac{1}{2}x_4=\frac{1}{2}; \end{cases}$

(3) $\begin{cases} x_1-5x_2+2x_3-3x_4=11, \\ -3x_1+x_2-4x_3+2x_4=-5, \\ -x_1-9x_2-4x_4=17, \\ 5x_1+3x_2+6x_3-x_4=-1. \end{cases}$

7. 设向量组

$$\boldsymbol{\alpha}_1=\begin{pmatrix} a \\ 2 \\ 10 \end{pmatrix}, \quad \boldsymbol{\alpha}_2=\begin{pmatrix} -2 \\ 1 \\ 5 \end{pmatrix}, \quad \boldsymbol{\alpha}_3=\begin{pmatrix} -1 \\ 1 \\ 4 \end{pmatrix}, \quad \boldsymbol{b}=\begin{pmatrix} 1 \\ b \\ c \end{pmatrix}.$$

试问：a, b, c 满足什么条件时，$\boldsymbol{b}$ 可由 $\boldsymbol{\alpha}_1, \boldsymbol{\alpha}_2, \boldsymbol{\alpha}_3$ 线性表示，表示法唯一，不唯一，$\boldsymbol{b}$ 不可由 $\boldsymbol{\alpha}_1, \boldsymbol{\alpha}_2, \boldsymbol{\alpha}_3$ 线性表示？

8. 求一个齐次线性方程组，使它的基础解系为 $\boldsymbol{\alpha}_1=\begin{pmatrix}2\\2\\1\\0\end{pmatrix}, \boldsymbol{\alpha}_2=\begin{pmatrix}0\\1\\2\\1\end{pmatrix}$.

9. 设四元非齐次线性方程组 $\boldsymbol{A}\boldsymbol{x}=\boldsymbol{b}$，$R(\boldsymbol{A})=3$，已知 $\boldsymbol{\xi}_1, \boldsymbol{\xi}_2, \boldsymbol{\xi}_3$ 是它的 3 个解向量，其中

$\boldsymbol{\xi}_1=\begin{pmatrix}4\\2\\3\\1\end{pmatrix}, \boldsymbol{\xi}_2+\boldsymbol{\xi}_3=\begin{pmatrix}2\\-2\\0\\4\end{pmatrix}$，求该非齐次线性方程组的通解.

10. 已知四元非齐次线性方程组 $\boldsymbol{A}\boldsymbol{x}=\boldsymbol{b}$，$R(\boldsymbol{A})=3$，$\boldsymbol{\alpha}_1, \boldsymbol{\alpha}_2, \boldsymbol{\alpha}_3$ 是它的 3 个解向量，其中

$$\boldsymbol{\alpha}_1+\boldsymbol{\alpha}_2=\begin{pmatrix}1\\1\\0\\2\end{pmatrix}, \quad \boldsymbol{\alpha}_2+\boldsymbol{\alpha}_3=\begin{pmatrix}1\\0\\1\\3\end{pmatrix},$$

求该非齐次线性方程组的通解.

11. 设矩阵 $\boldsymbol{A}=(\boldsymbol{\alpha}_1, \boldsymbol{\alpha}_2, \boldsymbol{\alpha}_3, \boldsymbol{\alpha}_4)$ 的秩 $R(\boldsymbol{A})=3$，且 $\boldsymbol{\alpha}_1=\boldsymbol{\alpha}_2+\boldsymbol{\alpha}_3$，设 $\boldsymbol{b}=\boldsymbol{\alpha}_1+\boldsymbol{\alpha}_2+\boldsymbol{\alpha}_3+\boldsymbol{\alpha}_4$，求线性方程组 $\boldsymbol{A}\boldsymbol{x}=\boldsymbol{b}$ 的通解.

3.6 向量空间

为了对线性方程组解的结构有更深的了解，本节将介绍向量空间.

我们知道，任意两个二维（三维）向量的和仍是二维（三维）向量；一个实数乘任一个二维（三维）向量仍是二维（三维）向量，并且这种运算满足下列运算规律：

(1) $\boldsymbol{\alpha}+\boldsymbol{\beta}=\boldsymbol{\beta}+\boldsymbol{\alpha}$；　(2) $(\boldsymbol{\alpha}+\boldsymbol{\beta})+\boldsymbol{\gamma}=\boldsymbol{\alpha}+(\boldsymbol{\beta}+\boldsymbol{\gamma})$；

(3) $\boldsymbol{\alpha}+\boldsymbol{0}=\boldsymbol{\alpha}$；　(4) $\boldsymbol{\alpha}+(-\boldsymbol{\alpha})=\boldsymbol{0}$；

(5) $1\cdot\boldsymbol{\alpha}=\boldsymbol{\alpha}$；　(6) $\lambda(\mu\boldsymbol{\alpha})=(\lambda\mu)\boldsymbol{\alpha}$；

(7) $(\lambda+\mu)\boldsymbol{\alpha}=\lambda\boldsymbol{\alpha}+\mu\boldsymbol{\alpha}$；　(8) $\lambda(\boldsymbol{\alpha}+\boldsymbol{\beta})=\lambda\boldsymbol{\alpha}+\lambda\boldsymbol{\beta}$.

其中，$\boldsymbol{\alpha}, \boldsymbol{\beta}, \boldsymbol{\gamma}$ 是任意二维（三维）向量，λ, μ 为任意实数. 现推广到 n 维向量.

3.6.1 n 维向量空间

定义 1 设 $\mathbf{R}^n$ 为所有 n 维向量组成的集合. 对于集合内的元素定义了加法和数乘两种运算. 如果任意两个 n 维向量 $\boldsymbol{\alpha}, \boldsymbol{\beta}\in\mathbf{R}^n$，有 $(\boldsymbol{\alpha}+\boldsymbol{\beta})\in\mathbf{R}^n$，$k\boldsymbol{\alpha}\in\mathbf{R}^n (k\in\mathbf{R})$，

且满足上述八条运算规律，则称集合 $\mathbf{R}^n$ 为 n 维**向量空间**.

例如，$\mathbf{R}^n=\{(a_1, a_2, \cdots, a_n)^{\mathrm{T}} \mid a_i\in\mathbf{R}\}$ 是一个向量空间，如 $\mathbf{R}^3=\{(a_1, a_2, a_3)^{\mathrm{T}} \mid a_i\in\mathbf{R}\}$；$\mathbf{R}^2=\{(a_1, a_2)^{\mathrm{T}} \mid a_i\in\mathbf{R}\}$. 又如，$\boldsymbol{V}=\{(k_1, k_2, 0)^{\mathrm{T}} \mid k_i\in\mathbf{R}\}$.

若取 $\boldsymbol{\alpha}=(a_1, a_2, 0)^{\mathrm{T}}\in\mathbf{V}$，$\boldsymbol{\beta}=(b_1, b_2, 0)^{\mathrm{T}}\in\mathbf{V}$，$\boldsymbol{\alpha}+\boldsymbol{\beta}=(a_1+b_1, a_2+b_2, 0)^{\mathrm{T}}\in\mathbf{V}$；$k\boldsymbol{\alpha}=(k\boldsymbol{\alpha}_1, k\boldsymbol{\alpha}_2, 0)^{\mathrm{T}}\in\mathbf{V}$. 故 $\mathbf{V}$ 是一个向量空间，$\mathbf{V}$ 是 $\mathbf{R}^3$ 的子空间.

3.6.2 基、维数、坐标

基(基底)、维数、坐标的概念揭示了向量空间的结构.

例如，在高等数学中学过向量的坐标表达式

$$\boldsymbol{\alpha}=a_x\boldsymbol{i}+a_y\boldsymbol{j}+a_z\boldsymbol{k}=(a_x, a_y, a_z).$$

其中，$\boldsymbol{i}, \boldsymbol{j}, \boldsymbol{k}$ 分别是空间直角坐标系 x, y, z 轴上的单位向量. 显然 $\boldsymbol{i}, \boldsymbol{j}, \boldsymbol{k}$ 是线性无关的，它们是三维空间 $\mathbf{R}^3$ 的一个最大线性无关组，称为 $\mathbf{R}^3$ 的一组**基**. a_x, a_y, a_z 称为向量 $\boldsymbol{\alpha}$ 分别在 x, y, z 轴上的投影，也称为**坐标**.

同理，设 $\boldsymbol{\alpha}_1, \boldsymbol{\alpha}_2, \boldsymbol{\alpha}_3$ 是 $\mathbf{R}^3$ 空间的一个最大线性无关组，$\mathbf{R}^3$ 的空间中的任一个向量 $\boldsymbol{\alpha}$ 可由 $\boldsymbol{\alpha}_1, \boldsymbol{\alpha}_2, \boldsymbol{\alpha}_3$ 线性表示，即

$$\boldsymbol{\alpha}=x_1\boldsymbol{\alpha}_1+x_2\boldsymbol{\alpha}_2+x_3\boldsymbol{\alpha}_3.$$

称 $\boldsymbol{\alpha}_1, \boldsymbol{\alpha}_2, \boldsymbol{\alpha}_3$ 为 $\mathbf{R}^3$ 的一组基，x_1, x_2, x_3 为向量 $\boldsymbol{\alpha}$ 在分量 $\boldsymbol{\alpha}_1, \boldsymbol{\alpha}_2, \boldsymbol{\alpha}_3$ 上的投影(坐标).

推广到一般情况，任意 n 个线性无关的 n 维向量是 $\mathbf{R}^n$ 空间的一个最大线性无关组，$\mathbf{R}^n$ 中任一个向量可由它们线性表示，这个最大线性无关组称为**基**.

定义 2 已知 $\boldsymbol{\alpha}_1, \boldsymbol{\alpha}_2, \cdots, \boldsymbol{\alpha}_r$ 为向量空间 $\mathbf{V}$ 的一组向量，满足：

(1) $\boldsymbol{\alpha}_1, \boldsymbol{\alpha}_2, \cdots, \boldsymbol{\alpha}_r$ 线性无关；

(2) $\forall\boldsymbol{\alpha}\in V$，$\boldsymbol{\alpha}$ 均可由 $\boldsymbol{\alpha}_1, \boldsymbol{\alpha}_2, \cdots, \boldsymbol{\alpha}_r$ 线性表示，

则称 $\boldsymbol{\alpha}_1, \boldsymbol{\alpha}_2, \cdots, \boldsymbol{\alpha}_r$ 为 $\mathbf{V}$ 的一组**基**(也称**基底**).

上面的 $\boldsymbol{i}, \boldsymbol{j}, \boldsymbol{k}$ 是 $\mathbf{R}^3$ 空间的一组基，当然

$$-\boldsymbol{i}=\begin{pmatrix}-1\\0\\0\end{pmatrix},\quad -\boldsymbol{j}=\begin{pmatrix}0\\-1\\0\end{pmatrix},\quad -\boldsymbol{k}=\begin{pmatrix}0\\0\\-1\end{pmatrix}$$

及

$$\boldsymbol{\xi}_1=\begin{pmatrix}1\\1\\1\end{pmatrix},\quad \boldsymbol{\xi}_2=\begin{pmatrix}1\\1\\0\end{pmatrix},\quad \boldsymbol{\xi}_3=\begin{pmatrix}1\\0\\0\end{pmatrix}$$

都是 $\mathbf{R}^3$ 空间的一组基.

$$\boldsymbol{\xi}_1=\begin{pmatrix}1\\1\\\vdots\\1\\1\end{pmatrix},\ \boldsymbol{\xi}_2=\begin{pmatrix}1\\1\\\vdots\\1\\0\end{pmatrix},\ \cdots,\ \boldsymbol{\xi}_n=\begin{pmatrix}1\\0\\\vdots\\0\\0\end{pmatrix}$$

是 $\mathbf{R}^n$ 空间的一组基.

可见,$\mathbf{R}^n$ 空间的基不唯一,实际上有无穷多组基. 这是由于 $\mathbf{R}^n$ 空间的最大线性无关组不唯一. 在 $\mathbf{R}^n$ 空间的无穷多组基中,称

$$\boldsymbol{e}_1=\begin{pmatrix}1\\0\\0\\\vdots\\0\end{pmatrix},\ \boldsymbol{e}_2=\begin{pmatrix}0\\1\\0\\\vdots\\0\end{pmatrix},\ \cdots,\ \boldsymbol{e}_n=\begin{pmatrix}0\\0\\0\\\vdots\\1\end{pmatrix}$$

为**单位坐标基**. 故 $\boldsymbol{i}$, $\boldsymbol{j}$, $\boldsymbol{k}$ 是三维空间的单位坐标基.

如果取定 $\mathbf{R}^n$ 的一组基 $\boldsymbol{\xi}_1, \boldsymbol{\xi}_2, \cdots, \boldsymbol{\xi}_n$, 它必是 $\mathbf{R}^n$ 的最大线性无关组,从而 $\mathbf{R}^n$ 中的任意向量 $\boldsymbol{\alpha}$ 都可由 $\boldsymbol{\xi}_1, \boldsymbol{\xi}_2, \cdots, \boldsymbol{\xi}_n$ 线性表示. 即存在 n 个数 $x_1, x_2, \cdots, x_n$,使

$$\boldsymbol{\alpha}=x_1\boldsymbol{\xi}_1+x_2\boldsymbol{\xi}_2+\cdots+x_n\boldsymbol{\xi}_n.$$

且这种表示法唯一,即系数 $x_1, x_2, \cdots, x_n$ 是由 $\boldsymbol{\alpha}$ 与 $\boldsymbol{\xi}_1, \boldsymbol{\xi}_2, \cdots, \boldsymbol{\xi}_n$ 唯一确定的. 因此对 $\boldsymbol{\alpha}$ 的研究可以转为对 $x_1, x_2, \cdots, x_n$ 的研究.

定义 3 设 $\boldsymbol{\xi}_1, \boldsymbol{\xi}_2, \cdots, \boldsymbol{\xi}_n$ 是 $\mathbf{R}^n$ 的一组基,$\boldsymbol{\alpha}$ 是 $\mathbf{R}^n$ 的任意向量,若 $\boldsymbol{\alpha}=x_1\boldsymbol{\xi}_1+x_2\boldsymbol{\xi}_2+\cdots+x_n\boldsymbol{\xi}_n$,则称 $x_1, x_2, \cdots, x_n$ 为 $\boldsymbol{\alpha}$ 在基 $\boldsymbol{\xi}_1, \boldsymbol{\xi}_2, \cdots, \boldsymbol{\xi}_n$ 下的**坐标**,记作

$$(x_1, x_2, \cdots, x_n).$$

需要注意的是,向量 $\boldsymbol{\alpha}$ 的坐标是与所取的基有关,不同的基下其坐标是不同的. 说 $\boldsymbol{\alpha}$ 的坐标总是对某一个基来说的,离开了基就谈不上坐标. 若只写出 $\boldsymbol{\alpha}=(x_1, x_2, \cdots, x_n)$,通常就是对单位坐标基 $\boldsymbol{e}_1, \boldsymbol{e}_2, \cdots, \boldsymbol{e}_n$ 而言.

例 1 证明:$\boldsymbol{\alpha}_1=\begin{pmatrix}1\\2\\1\end{pmatrix}$, $\boldsymbol{\alpha}_2=\begin{pmatrix}2\\3\\3\end{pmatrix}$, $\boldsymbol{\alpha}_3=\begin{pmatrix}3\\7\\1\end{pmatrix}$ 是 $\mathbf{R}^3$ 的基底,求 $\boldsymbol{\alpha}=\begin{pmatrix}1\\1\\6\end{pmatrix}$ 在该基底下的坐标.

解 因为

$$|\boldsymbol{\alpha}_1, \boldsymbol{\alpha}_2, \boldsymbol{\alpha}_3| = \begin{vmatrix} 1 & 2 & 3 \\ 2 & 3 & 7 \\ 1 & 3 & 1 \end{vmatrix} = \begin{vmatrix} 1 & 2 & 3 \\ 0 & -1 & 1 \\ 0 & 1 & -2 \end{vmatrix} = 1 \neq 0,$$

所以 $\boldsymbol{\alpha}_1, \boldsymbol{\alpha}_2, \boldsymbol{\alpha}_3$ 线性无关,则 $\boldsymbol{\alpha}_1, \boldsymbol{\alpha}_2, \boldsymbol{\alpha}_3$ 为 $\mathbf{R}^3$ 的一组基.

对 $\overline{\boldsymbol{A}} = (\boldsymbol{\alpha}_1, \boldsymbol{\alpha}_2, \boldsymbol{\alpha}_3, \boldsymbol{\alpha})$ 进行初等行变换:

$$(\boldsymbol{\alpha}_1, \boldsymbol{\alpha}_2, \boldsymbol{\alpha}_3, \boldsymbol{\alpha}) = \begin{pmatrix} 1 & 2 & 3 & 1 \\ 2 & 3 & 7 & 1 \\ 1 & 3 & 1 & 6 \end{pmatrix} \to \begin{pmatrix} 1 & 2 & 3 & 1 \\ 0 & -1 & 1 & -1 \\ 0 & 1 & -2 & 5 \end{pmatrix} \to \begin{pmatrix} 1 & 0 & 0 & 19 \\ 0 & 1 & 0 & -3 \\ 0 & 0 & 1 & -4 \end{pmatrix},$$

$$\boldsymbol{\alpha} = 19\boldsymbol{\alpha}_1 - 3\boldsymbol{\alpha}_2 - 4\boldsymbol{\alpha}_3,$$

则 $\boldsymbol{\alpha}$ 在此基下的坐标为 $(19, -3, -4)$.

定义 4 基中所含向量个数 r 称为向量空间的**维数**,记为 $\dim \boldsymbol{V} = r$.

定理 向量空间 $\boldsymbol{V}$ 中任何两个基所含向量的个数相等.

例 2 求由向量组 $\boldsymbol{\alpha}_1 = \begin{pmatrix} 2 \\ 1 \\ 1 \end{pmatrix}, \boldsymbol{\alpha}_2 = \begin{pmatrix} 2 \\ 2 \\ 0 \end{pmatrix}, \boldsymbol{\alpha}_3 = \begin{pmatrix} 2 \\ 0 \\ 2 \end{pmatrix}$ 生成的向量空间 $\boldsymbol{V}$ 的基和维数.

解 由于 $2\boldsymbol{\alpha}_1 = \boldsymbol{\alpha}_2 + \boldsymbol{\alpha}_3$, $\boldsymbol{\alpha}_2, \boldsymbol{\alpha}_3$ 线性无关,则 $\boldsymbol{\alpha}_2, \boldsymbol{\alpha}_3$ 是一个最大线性无关组,故 $\boldsymbol{\alpha}_2, \boldsymbol{\alpha}_3$ 是 $\boldsymbol{V}$ 中的一组基,维数为 2.

3.6.3 基变换与坐标变换

在 n 维线性空间 V 中,任意 n 个线性无关的向量可以作为 V 的一组基,同一个向量在不同的基下的坐标是不同的,下面讨论它们的关系.

定义 5 设 n 维向量空间 $\boldsymbol{V}$ 的两个基分别为 $\boldsymbol{\alpha}_1, \boldsymbol{\alpha}_2, \cdots, \boldsymbol{\alpha}_m$ 和 $\boldsymbol{\beta}_1, \boldsymbol{\beta}_2, \cdots, \boldsymbol{\beta}_m$,则 $\boldsymbol{\beta}_1, \boldsymbol{\beta}_2, \cdots, \boldsymbol{\beta}_m$ 可由 $\boldsymbol{\alpha}_1, \boldsymbol{\alpha}_2, \cdots, \boldsymbol{\alpha}_m$ 线性表示. 即

$$\begin{cases} \boldsymbol{\beta}_1 = p_{11}\boldsymbol{\alpha}_1 + p_{12}\boldsymbol{\alpha}_2 + \cdots + p_{1m}\boldsymbol{\alpha}_m, \\ \boldsymbol{\beta}_2 = p_{21}\boldsymbol{\alpha}_1 + p_{22}\boldsymbol{\alpha}_2 + \cdots + p_{2m}\boldsymbol{\alpha}_m, \\ \quad \vdots \\ \boldsymbol{\beta}_m = p_{m1}\boldsymbol{\alpha}_1 + p_{m2}\boldsymbol{\alpha}_2 + \cdots + p_{mm}\boldsymbol{\alpha}_m. \end{cases}$$

其矩阵表达式

$$(\boldsymbol{\beta}_1, \boldsymbol{\beta}_2, \cdots, \boldsymbol{\beta}_m) = (\boldsymbol{\alpha}_1, \boldsymbol{\alpha}_2, \cdots, \boldsymbol{\alpha}_m) \begin{pmatrix} p_{11} & p_{21} & \cdots & p_{m1} \\ p_{12} & p_{22} & \cdots & p_{m2} \\ \vdots & \vdots & & \vdots \\ p_{1m} & p_{2m} & \cdots & p_{mm} \end{pmatrix}$$

为**基变换公式**,称方阵 $\boldsymbol{P}=(p_{ij})_{m\times m}$ 为由基 $\boldsymbol{\alpha}_1, \boldsymbol{\alpha}_2, \cdots, \boldsymbol{\alpha}_m$ 到基 $\boldsymbol{\beta}_1, \boldsymbol{\beta}_2, \cdots, \boldsymbol{\beta}_m$ 的**过渡矩阵**. 易知,过渡矩阵一定是可逆矩阵,这是因为 $(\boldsymbol{\beta}_1, \boldsymbol{\beta}_2, \cdots, \boldsymbol{\beta}_m)=(\boldsymbol{\alpha}_1, \boldsymbol{\alpha}_2, \cdots, \boldsymbol{\alpha}_m)\boldsymbol{P}$, 则

$$m=R(\boldsymbol{\beta}_1, \boldsymbol{\beta}_2, \cdots, \boldsymbol{\beta}_m)\leqslant R(\boldsymbol{P})\leqslant m,$$

所以, $R(\boldsymbol{P})=m$, 故 $\boldsymbol{P}$ 是可逆矩阵.

例 3 证明:向量组 $\boldsymbol{\alpha}_1=\begin{pmatrix}1\\2\\-1\\0\end{pmatrix}$, $\boldsymbol{\alpha}_2=\begin{pmatrix}1\\-1\\1\\1\end{pmatrix}$, $\boldsymbol{\alpha}_3=\begin{pmatrix}-1\\2\\1\\1\end{pmatrix}$, $\boldsymbol{\alpha}_4=\begin{pmatrix}-1\\-1\\0\\1\end{pmatrix}$ 与向量组 $\boldsymbol{\beta}_1=\begin{pmatrix}2\\1\\0\\1\end{pmatrix}$, $\boldsymbol{\beta}_2=\begin{pmatrix}0\\1\\2\\2\end{pmatrix}$, $\boldsymbol{\beta}_3=\begin{pmatrix}-2\\1\\1\\2\end{pmatrix}$, $\boldsymbol{\beta}_4=\begin{pmatrix}1\\3\\1\\2\end{pmatrix}$ 都是 $\mathbf{R}^4$ 的基,并求 $\boldsymbol{\alpha}_1, \boldsymbol{\alpha}_2, \boldsymbol{\alpha}_3, \boldsymbol{\alpha}_4$ 到 $\boldsymbol{\beta}_1, \boldsymbol{\beta}_2, \boldsymbol{\beta}_3, \boldsymbol{\beta}_4$ 的过渡矩阵 $\boldsymbol{P}$.

证明 令 $\boldsymbol{A}=(\boldsymbol{\alpha}_1, \boldsymbol{\alpha}_2, \boldsymbol{\alpha}_3, \boldsymbol{\alpha}_4)$, $\boldsymbol{B}=(\boldsymbol{\beta}_1, \boldsymbol{\beta}_2, \boldsymbol{\beta}_3, \boldsymbol{\beta}_4)$, 因为

$$|\boldsymbol{A}|=\begin{vmatrix}1&1&-1&-1\\2&-1&2&-1\\-1&1&1&0\\0&1&1&1\end{vmatrix}\neq 0, \quad |\boldsymbol{B}|=\begin{vmatrix}2&0&-2&1\\1&1&1&3\\0&2&1&1\\1&2&2&2\end{vmatrix}\neq 0,$$

则这两个向量组均线性无关,则它们都是 $\mathbf{R}^4$ 的基.

设 $\boldsymbol{B}=\boldsymbol{AP}$, 则 $\boldsymbol{P}=\boldsymbol{A}^{-1}\boldsymbol{B}$,即

$$(\boldsymbol{A}\vdots\boldsymbol{B})=\left(\begin{array}{cccc:cccc}1&1&-1&-1&2&0&-2&1\\2&-1&2&-1&1&1&1&3\\-1&1&1&0&0&2&1&1\\0&1&1&1&1&2&2&2\end{array}\right)$$

$$\rightarrow\left(\begin{array}{cccc:cccc}1&0&0&0&1&0&0&1\\0&1&0&0&1&1&0&1\\0&0&1&0&0&1&1&1\\0&0&0&1&0&0&1&0\end{array}\right)=(\boldsymbol{E}\vdots\boldsymbol{A}^{-1}\boldsymbol{B})=(\boldsymbol{E}\vdots\boldsymbol{P}).$$

解得由基 $\boldsymbol{\alpha}_1, \boldsymbol{\alpha}_2, \cdots, \boldsymbol{\alpha}_m$ 到 $\boldsymbol{\beta}_1, \boldsymbol{\beta}_2, \cdots, \boldsymbol{\beta}_m$ 的过渡矩阵为

$$\boldsymbol{P}=\begin{pmatrix}1&0&0&1\\1&1&0&1\\0&1&1&1\\0&0&1&0\end{pmatrix}.$$

例 4 设 $\boldsymbol{\alpha}_1$，$\boldsymbol{\alpha}_2$，$\boldsymbol{\alpha}_3$ 是三维向量空间 $\mathbf{R}^3$ 的一组基，求由基 $\boldsymbol{\alpha}_1,\frac{1}{2}\boldsymbol{\alpha}_2,\frac{1}{3}\boldsymbol{\alpha}_3$ 到 $\boldsymbol{\alpha}_1+\boldsymbol{\alpha}_2$，$\boldsymbol{\alpha}_2+\boldsymbol{\alpha}_3$，$\boldsymbol{\alpha}_3+\boldsymbol{\alpha}_1$ 的过渡矩阵 $\boldsymbol{P}$.

解 按定义求由基 $\boldsymbol{\alpha}_1$，$\frac{1}{2}\boldsymbol{\alpha}_2,\frac{1}{3}\boldsymbol{\alpha}_3$ 到 $\boldsymbol{\alpha}_1+\boldsymbol{\alpha}_2$，$\boldsymbol{\alpha}_2+\boldsymbol{\alpha}_3$，$\boldsymbol{\alpha}_3+\boldsymbol{\alpha}_1$ 的过渡矩阵，即求使 $(\boldsymbol{\alpha}_1+\boldsymbol{\alpha}_2,\ \boldsymbol{\alpha}_2+\boldsymbol{\alpha}_3,\ \boldsymbol{\alpha}_3+\boldsymbol{\alpha}_1)=\left(\boldsymbol{\alpha}_1,\frac{1}{2}\boldsymbol{\alpha}_2,\frac{1}{3}\boldsymbol{\alpha}_3\right)\boldsymbol{P}$ 成立的矩阵 $\boldsymbol{P}$.

由矩阵的乘法与相等得

$$(\boldsymbol{\alpha}_1+\boldsymbol{\alpha}_2,\ \boldsymbol{\alpha}_2+\boldsymbol{\alpha}_3,\ \boldsymbol{\alpha}_3+\boldsymbol{\alpha}_1)=\left(\boldsymbol{\alpha}_1,\frac{1}{2}\boldsymbol{\alpha}_2,\frac{1}{3}\boldsymbol{\alpha}_3\right)\begin{pmatrix}1&0&1\\2&2&0\\0&3&3\end{pmatrix},$$

则过渡矩阵 $\boldsymbol{P}=\begin{pmatrix}1&0&1\\2&2&0\\0&3&3\end{pmatrix}$.

例 5 设 $\boldsymbol{A}=(\boldsymbol{\alpha}_1,\ \boldsymbol{\alpha}_2,\ \boldsymbol{\alpha}_3)=\begin{pmatrix}2&2&-1\\2&-1&2\\-1&2&2\end{pmatrix}$，$\boldsymbol{B}=(\boldsymbol{\beta}_1,\boldsymbol{\beta}_2)=\begin{pmatrix}1&4\\0&3\\-4&2\end{pmatrix}$，验证 $\boldsymbol{\alpha}_1$，$\boldsymbol{\alpha}_2$，$\boldsymbol{\alpha}_3$ 是 $\mathbf{R}^3$ 的一组基，并将 $\boldsymbol{\beta}_1$，$\boldsymbol{\beta}_2$ 用这组基线性表示.

解 对矩阵 $(\boldsymbol{A}\vdots\boldsymbol{B})$ 施行初等行变换，若 $\boldsymbol{A}$ 变成 $\boldsymbol{E}$，则 $\boldsymbol{\alpha}_1$，$\boldsymbol{\alpha}_2$，$\boldsymbol{\alpha}_3$ 为 $\mathbf{R}^3$ 的一组基，即

$$(\boldsymbol{A}\vdots\boldsymbol{B})=\left(\begin{array}{ccc|cc}2&2&-1&1&4\\2&-1&2&0&3\\-1&2&2&-4&2\end{array}\right)\rightarrow\left(\begin{array}{ccc|cc}1&0&0&\frac{2}{3}&\frac{4}{3}\\0&1&0&-\frac{2}{3}&1\\0&0&1&-1&\frac{2}{3}\end{array}\right).$$

可见，$\boldsymbol{\alpha}_1$，$\boldsymbol{\alpha}_2$，$\boldsymbol{\alpha}_3$ 是 $\mathbf{R}^3$ 的一组基，且

$$\boldsymbol{\beta}_1=\frac{2}{3}\boldsymbol{\alpha}_1-\frac{2}{3}\boldsymbol{\alpha}_2-\boldsymbol{\alpha}_3,\quad \boldsymbol{\beta}_2=\frac{4}{3}\boldsymbol{\alpha}_1+\boldsymbol{\alpha}_2+\frac{2}{3}\boldsymbol{\alpha}_3.$$

例 6 设向量组 $\boldsymbol{\alpha}_1=\begin{pmatrix}1\\0\\1\end{pmatrix}$，$\boldsymbol{\alpha}_2=\begin{pmatrix}0\\1\\1\end{pmatrix}$，$\boldsymbol{\alpha}_3=\begin{pmatrix}1\\3\\5\end{pmatrix}$ 不能用向量组 $\boldsymbol{\beta}_1=\begin{pmatrix}1\\1\\1\end{pmatrix}$，$\boldsymbol{\beta}_2=\begin{pmatrix}1\\2\\3\end{pmatrix}$，$\boldsymbol{\beta}_3=\begin{pmatrix}3\\4\\a\end{pmatrix}$ 线性表示.

(1) 求 a 的值；

(2) 将 $\boldsymbol{\beta}_1$，$\boldsymbol{\beta}_2$，$\boldsymbol{\beta}_3$ 用 $\boldsymbol{\alpha}_1$，$\boldsymbol{\alpha}_2$，$\boldsymbol{\alpha}_3$ 线性表示.

解 (1) 注意到向量组都是三维向量，若 $\boldsymbol{\beta}_1$，$\boldsymbol{\beta}_2$，$\boldsymbol{\beta}_3$ 线性无关，则任一三维向量组均可由它们线性表示，与题目矛盾，于是

$$|\boldsymbol{\beta}_1,\boldsymbol{\beta}_2,\boldsymbol{\beta}_3|=\begin{vmatrix}1&1&3\\1&2&4\\1&3&a\end{vmatrix}=a-5=0,$$

得 $a=5$. 容易看出，当 $a=5$ 时，$\boldsymbol{\alpha}_1$ 不能由 $\boldsymbol{\beta}_1$，$\boldsymbol{\beta}_2$，$\boldsymbol{\beta}_3$ 线性表示.

(2) 令

$$\begin{aligned}\boldsymbol{C}&=(\boldsymbol{\alpha}_1,\boldsymbol{\alpha}_2,\boldsymbol{\alpha}_3,\boldsymbol{\beta}_1,\boldsymbol{\beta}_2,\boldsymbol{\beta}_3)\\&=\begin{pmatrix}1&0&1&1&1&3\\0&1&3&1&2&4\\1&1&5&1&3&5\end{pmatrix}\to\begin{pmatrix}1&0&0&2&1&5\\0&1&0&4&2&10\\0&0&1&-1&0&-2\end{pmatrix},\end{aligned}$$

则

$$\boldsymbol{\beta}_1=2\boldsymbol{\alpha}_1+4\boldsymbol{\alpha}_2-\boldsymbol{\alpha}_3,\quad \boldsymbol{\beta}_2=\boldsymbol{\alpha}_1+2\boldsymbol{\alpha}_2,\quad \boldsymbol{\beta}_3=5\boldsymbol{\alpha}_1+10\boldsymbol{\alpha}_2-2\boldsymbol{\alpha}_3.$$

例 7 设 $m\times n$ 矩阵 $\boldsymbol{A}$ 与 $n\times m$ 矩阵 $\boldsymbol{B}$ 满足 $\boldsymbol{AB}=\boldsymbol{E}$，并且 $m<n$，求证 $\boldsymbol{B}$ 的列向量线性无关.

证明 由于 $R(\boldsymbol{B})\leqslant\boldsymbol{B}$ 的列数 m，$R(\boldsymbol{B})\geqslant R(\boldsymbol{AB})=R(\boldsymbol{E}_m)=m$，则 $R(\boldsymbol{B})=m=\boldsymbol{B}$ 的列数，所以 $\boldsymbol{B}$ 的列向量线性无关.

习 题 3.6

1. 求向量组

$$\boldsymbol{\alpha}_1=\begin{pmatrix}1\\1\\4\end{pmatrix},\quad \boldsymbol{\alpha}_2=\begin{pmatrix}1\\-1\\-2\end{pmatrix},\quad \boldsymbol{\alpha}_3=\begin{pmatrix}2\\0\\2\end{pmatrix},\quad \boldsymbol{\alpha}_4=\begin{pmatrix}-1\\2\\5\end{pmatrix}$$

的一组基底和维数.

2. 证明$\boldsymbol{\alpha}_1=\begin{pmatrix}1\\2\\3\end{pmatrix}$，$\boldsymbol{\alpha}_2=\begin{pmatrix}-4\\5\\6\end{pmatrix}$，$\boldsymbol{\alpha}_3=\begin{pmatrix}7\\-8\\9\end{pmatrix}$是$\mathbf{R}^3$的一个基，求$\boldsymbol{\beta}=\begin{pmatrix}5\\-12\\3\end{pmatrix}$在这个基下的坐标.

3. 设$\boldsymbol{\alpha}_1=\begin{pmatrix}1\\1\\0\\1\end{pmatrix}$，$\boldsymbol{\alpha}_2=\begin{pmatrix}2\\1\\3\\1\end{pmatrix}$，$\boldsymbol{\alpha}_3=\begin{pmatrix}1\\1\\0\\0\end{pmatrix}$，$\boldsymbol{\alpha}_4=\begin{pmatrix}0\\1\\-1\\-1\end{pmatrix}$，$\boldsymbol{\beta}=\begin{pmatrix}0\\0\\0\\1\end{pmatrix}$. 求$\boldsymbol{\beta}$在基$\boldsymbol{\alpha}_1$，$\boldsymbol{\alpha}_2$，$\boldsymbol{\alpha}_3$，$\boldsymbol{\alpha}_4$下的坐标.

4. 证明向量组$\boldsymbol{\alpha}_1=\begin{pmatrix}-2\\1\\3\end{pmatrix}$，$\boldsymbol{\alpha}_2=\begin{pmatrix}-1\\0\\1\end{pmatrix}$，$\boldsymbol{\alpha}_3=\begin{pmatrix}-2\\-5\\-1\end{pmatrix}$与向量组$\boldsymbol{\beta}_1=\begin{pmatrix}1\\1\\1\end{pmatrix}$，$\boldsymbol{\beta}_2=\begin{pmatrix}1\\2\\3\end{pmatrix}$，$\boldsymbol{\beta}_3=\begin{pmatrix}2\\0\\1\end{pmatrix}$都是$\mathbf{R}^3$的基，并求$\boldsymbol{\alpha}_1$，$\boldsymbol{\alpha}_2$，$\boldsymbol{\alpha}_3$到$\boldsymbol{\beta}_1$，$\boldsymbol{\beta}_2$，$\boldsymbol{\beta}_3$的过渡矩阵.

5. 设$\boldsymbol{\alpha}_1$，$\boldsymbol{\alpha}_2$，$\boldsymbol{\alpha}_3$与$\boldsymbol{\beta}_1$，$\boldsymbol{\beta}_2$，$\boldsymbol{\beta}_3$是$\mathbf{R}^3$的两组基，且$\boldsymbol{\beta}_1$，$\boldsymbol{\beta}_2$，$\boldsymbol{\beta}_3$到$\boldsymbol{\alpha}_1$，$\boldsymbol{\alpha}_2$，$\boldsymbol{\alpha}_3$的过渡矩阵为$\boldsymbol{P}=\begin{pmatrix}1&1&1\\1&1&0\\1&0&0\end{pmatrix}$，如果$\boldsymbol{\alpha}$在$\boldsymbol{\beta}_1$，$\boldsymbol{\beta}_2$，$\boldsymbol{\beta}_3$下的坐标为$(2,-1,3)$，求$\boldsymbol{\alpha}$在$\boldsymbol{\alpha}_1$，$\boldsymbol{\alpha}_2$，$\boldsymbol{\alpha}_3$下的坐标.

自 测 题 3

1. 试问k取何值时，方程组有唯一解，无穷多解，无解？

(1) $\begin{cases}kx_1+x_2=k^2,\\x_1+kx_2=1;\end{cases}$　　(2) $\begin{cases}x_1+x_2-x_3=1,\\2x_1+(k+2)x_2-3x_3=3,\\3kx_2-(k+2)x_3=3.\end{cases}$

2. 求下列齐次线性方程组的通解和一个基础解系.

(1) $\begin{pmatrix}2&5&3&4\\3&4&2&6\\4&17&11&8\end{pmatrix}\begin{pmatrix}x_1\\x_2\\x_3\\x_4\end{pmatrix}=\begin{pmatrix}0\\0\\0\end{pmatrix}$；　　(2) $\begin{cases}x_1-x_2+5x_3-x_4=0,\\x_1+x_2-2x_3+3x_4=0,\\3x_1-x_2+8x_3+x_4=0,\\x_1+3x_2-9x_3+7x_4=0.\end{cases}$

3. 求下列线性方程组的通解.

(1) $\begin{cases}x_1+x_2-3x_3-x_4=0,\\3x_1-x_2-3x_3+4x_4=4,\\x_1+5x_2-9x_3-8x_4=-4;\end{cases}$　　(2) $\begin{cases}3x_1+2x_2+x_3=1,\\5x_1+3x_2+3x_3=2,\\7x_1+4x_2+5x_3=3,\\x_1+x_2-x_3=0.\end{cases}$

4. 判断下列向量组的线性相关性，若线性相关，求出其一个最大线性无关组.

(1) $\boldsymbol{\alpha}_1=\begin{pmatrix}0\\1\\2\end{pmatrix}$，$\boldsymbol{\alpha}_2=\begin{pmatrix}1\\0\\-1\end{pmatrix}$，$\boldsymbol{\alpha}_3=\begin{pmatrix}1\\1\\1\end{pmatrix}$；

(2) $\boldsymbol{\alpha}_1=\begin{pmatrix}3\\4\\-2\\5\end{pmatrix}$，$\boldsymbol{\alpha}_2=\begin{pmatrix}2\\-5\\0\\-3\end{pmatrix}$，$\boldsymbol{\alpha}_3=\begin{pmatrix}5\\0\\-1\\2\end{pmatrix}$，$\boldsymbol{\alpha}_4=\begin{pmatrix}3\\3\\-3\\5\end{pmatrix}$.

5. 问 b 取何值时，向量 $\boldsymbol{\beta}=\begin{pmatrix}3\\7\\b\\2\end{pmatrix}$ 可由 $\boldsymbol{\alpha}_1=\begin{pmatrix}1\\2\\1\\1\end{pmatrix}$，$\boldsymbol{\alpha}_2=\begin{pmatrix}1\\1\\1\\2\end{pmatrix}$ 线性表示？

6. 已知 $\boldsymbol{\alpha}_1=\begin{pmatrix}1\\4\\0\\2\end{pmatrix}$，$\boldsymbol{\alpha}_2=\begin{pmatrix}2\\7\\1\\3\end{pmatrix}$，$\boldsymbol{\alpha}_3=\begin{pmatrix}0\\1\\-1\\a\end{pmatrix}$，$\boldsymbol{\beta}=\begin{pmatrix}3\\10\\b\\4\end{pmatrix}$. 问：

(1) a, b 取何值时，$\boldsymbol{\beta}$ 不可由 $\boldsymbol{\alpha}_1$，$\boldsymbol{\alpha}_2$，$\boldsymbol{\alpha}_3$ 线性表示？

(2) a, b 取何值时，$\boldsymbol{\beta}$ 可由 $\boldsymbol{\alpha}_1$，$\boldsymbol{\alpha}_2$，$\boldsymbol{\alpha}_3$ 线性表示？并写出此线性表示式.

7. 设 x_1，x_2，x_3 为互不相同的 3 个数，试证向量组 $\boldsymbol{\alpha}_1=\begin{pmatrix}1\\x_1\\x_1^2\end{pmatrix}$，$\boldsymbol{\alpha}_2=\begin{pmatrix}1\\x_2\\x_2^2\end{pmatrix}$，$\boldsymbol{\alpha}_3=\begin{pmatrix}1\\x_3\\x_3^2\end{pmatrix}$ 线性无关.

8. 问 b 取何值时，向量组 $\boldsymbol{\alpha}_1=\begin{pmatrix}1\\b\\1\end{pmatrix}$，$\boldsymbol{\alpha}_2=\begin{pmatrix}1\\1\\1\end{pmatrix}$，$\boldsymbol{\alpha}_3=\begin{pmatrix}3\\7\\b\end{pmatrix}$ 线性相关？

9. 设向量组 $\boldsymbol{\alpha}_1$，$\boldsymbol{\alpha}_2$，$\boldsymbol{\alpha}_3$ 线性无关，又 $\boldsymbol{\beta}_1=\boldsymbol{\alpha}_1-\boldsymbol{\alpha}_2$，$\boldsymbol{\beta}_2=\boldsymbol{\alpha}_2-\boldsymbol{\alpha}_3$，$\boldsymbol{\beta}_3=\boldsymbol{\alpha}_3-\boldsymbol{\alpha}_1$，讨论向量组 $\boldsymbol{\beta}_1$，$\boldsymbol{\beta}_2$，$\boldsymbol{\beta}_3$ 的线性相关性.

10. 设向量组 $\boldsymbol{\alpha}_1$，$\boldsymbol{\alpha}_2$，$\boldsymbol{\alpha}_3$ 线性无关，证明向量组 $\boldsymbol{\beta}_1=2\boldsymbol{\alpha}_1+\boldsymbol{\alpha}_2$，$\boldsymbol{\beta}_2=\boldsymbol{\alpha}_2+5\boldsymbol{\alpha}_3$，$\boldsymbol{\beta}_3=4\boldsymbol{\alpha}_3+3\boldsymbol{\alpha}_1$ 也线性无关.

11. 设四元非齐次线性方程组 $\boldsymbol{Ax}=\boldsymbol{b}$，$R(\boldsymbol{A})=3$，$\boldsymbol{\alpha}_1$，$\boldsymbol{\alpha}_2$，$\boldsymbol{\alpha}_3$ 为其解向量，且 $\boldsymbol{\alpha}_1=\begin{pmatrix}1\\9\\9\\7\end{pmatrix}$，$\boldsymbol{\alpha}_2+\boldsymbol{\alpha}_3=\begin{pmatrix}1\\9\\9\\8\end{pmatrix}$，求此方程组的一般解.

12. 已知 $\boldsymbol{\alpha}_1=\begin{pmatrix}1\\2\\3\\4\end{pmatrix}$，$\boldsymbol{\alpha}_2=\begin{pmatrix}1\\1\\1\\1\end{pmatrix}$，$\boldsymbol{\alpha}_3=\begin{pmatrix}-1\\0\\1\\3\end{pmatrix}$ 是四元非齐次线性方程组 $\boldsymbol{Ax}=\boldsymbol{b}$ 的 3 个解，且 $R(\boldsymbol{A})=2$，求该非齐次线性方程组的通解.

13. 求由向量组 $\boldsymbol{\alpha}_1=\begin{pmatrix}1\\1\\1\end{pmatrix}$，$\boldsymbol{\alpha}_2=\begin{pmatrix}1\\0\\-1\end{pmatrix}$，$\boldsymbol{\alpha}_3=\begin{pmatrix}1\\0\\1\end{pmatrix}$ 到向量组 $\boldsymbol{\beta}_1=\begin{pmatrix}1\\2\\1\end{pmatrix}$，$\boldsymbol{\beta}_2=\begin{pmatrix}2\\3\\4\end{pmatrix}$，$\boldsymbol{\beta}_3=\begin{pmatrix}3\\4\\3\end{pmatrix}$ 的过渡矩阵 $\boldsymbol{P}$.

14. 设向量组 $\boldsymbol{\alpha}_1,\boldsymbol{\alpha}_2,\boldsymbol{\alpha}_3$ 和 $\boldsymbol{\beta}_1,\boldsymbol{\beta}_2,\boldsymbol{\beta}_3$ 是 $\mathbf{R}^3$ 的两个基，且有 $\boldsymbol{\beta}_1=\boldsymbol{\alpha}_1+\boldsymbol{\alpha}_2$，$\boldsymbol{\beta}_2=\boldsymbol{\alpha}_1+\boldsymbol{\alpha}_3$，$\boldsymbol{\beta}_3=\boldsymbol{\alpha}_2+\boldsymbol{\alpha}_3$. 求：

(1) 从基 $\boldsymbol{\alpha}_1,\boldsymbol{\alpha}_2,\boldsymbol{\alpha}_3$ 到基 $\boldsymbol{\beta}_1,\boldsymbol{\beta}_2,\boldsymbol{\beta}_3$ 的过渡矩阵和从基 $\boldsymbol{\beta}_1,\boldsymbol{\beta}_2,\boldsymbol{\beta}_3$ 到基 $\boldsymbol{\alpha}_1,\boldsymbol{\alpha}_2,\boldsymbol{\alpha}_3$ 的过渡矩阵 $\boldsymbol{P}$；

(2) 已知某向量 $\boldsymbol{x}$ 在基 $\boldsymbol{\alpha}_1,\boldsymbol{\alpha}_2,\boldsymbol{\alpha}_3$ 下的坐标为 $(1,3,2)^{\mathrm{T}}$，求此向量 $\boldsymbol{x}$ 在基 $\boldsymbol{\beta}_1,\boldsymbol{\beta}_2,\boldsymbol{\beta}_3$ 下的坐标.

15. 设向量组Ⅰ：$\boldsymbol{\alpha}_1=\begin{pmatrix}1\\0\\2\end{pmatrix}$，$\boldsymbol{\alpha}_2=\begin{pmatrix}1\\1\\2\end{pmatrix}$，$\boldsymbol{\alpha}_3=\begin{pmatrix}1\\-1\\a+2\end{pmatrix}$ 和向量组Ⅱ：$\boldsymbol{\beta}_1=\begin{pmatrix}1\\2\\a+3\end{pmatrix}$，$\boldsymbol{\beta}_2=\begin{pmatrix}2\\1\\a+6\end{pmatrix}$，$\boldsymbol{\beta}_3=\begin{pmatrix}2\\1\\a+4\end{pmatrix}$. 问：(1) 当 a 为何值时，向量组Ⅰ与Ⅱ等价？(2) 当 a 为何值时，向量组Ⅰ与Ⅱ不等价？

第 4 章　相似矩阵与二次型

本章将对矩阵作更深入的研究，其中介绍正交阵及方阵的特征值和特征向量；同时还要讨论两个方阵之间的另一种关系——相似关系；线性变换的矩阵为对角矩阵的充要条件；从而进一步讨论二次型及其标准形.

4.1　向量的内积与正交

4.1.1　向量的内积

两个几何向量的点积(内积、数量积)定义为

$$\boldsymbol{\alpha}\cdot\boldsymbol{\beta}=|\boldsymbol{\alpha}||\boldsymbol{\beta}|\cos(\widehat{\boldsymbol{\alpha},\boldsymbol{\beta}}).$$

其中，$|\boldsymbol{\alpha}|$，$|\boldsymbol{\beta}|$分别为向量$\boldsymbol{\alpha}$，$\boldsymbol{\beta}$的长度.

若$\boldsymbol{\alpha}=a_x\boldsymbol{i}+a_y\boldsymbol{j}+a_z\boldsymbol{k}$，$\boldsymbol{\beta}=b_x\boldsymbol{i}+b_y\boldsymbol{j}+b_z\boldsymbol{k}$，则

$$|\boldsymbol{\alpha}|=\sqrt{\boldsymbol{\alpha}\cdot\boldsymbol{\alpha}}=\sqrt{a_x^2+a_y^2+a_z^2},$$
$$|\boldsymbol{\beta}|=\sqrt{\boldsymbol{\beta}\cdot\boldsymbol{\beta}}=\sqrt{b_x^2+b_y^2+b_z^2}.$$

向量的点积可以由向量的坐标计算得到，即

$$\boldsymbol{\alpha}\cdot\boldsymbol{\beta}=a_xb_x+a_yb_y+a_zb_z.$$

当$\boldsymbol{\alpha}$，$\boldsymbol{\beta}$均为非零向量时，两向量的夹角

$$\theta=(\widehat{\boldsymbol{\alpha},\boldsymbol{\beta}})=\arccos\frac{\boldsymbol{\alpha}\cdot\boldsymbol{\beta}}{|\boldsymbol{\alpha}||\boldsymbol{\beta}|}\quad(0\leqslant\theta\leqslant\pi).$$

把这些概念推广到向量空间 $\mathbf{R}^n$ 中去.

定义 1　在 n 维向量空间 $\mathbf{R}^n$ 中，设向量$\boldsymbol{\alpha}=(a_1,a_2,\cdots,a_n)^{\mathrm{T}}$，$\boldsymbol{\beta}=(b_1,b_2,\cdots,b_n)^{\mathrm{T}}$，则称

$$[\boldsymbol{\alpha}, \boldsymbol{\beta}] = \boldsymbol{\alpha}^{\mathrm{T}}\boldsymbol{\beta} = (a_1, a_2, \cdots, a_n)\begin{pmatrix} b_1 \\ b_2 \\ \vdots \\ b_n \end{pmatrix} = a_1b_1 + a_2b_2 + \cdots + a_nb_n$$

为向量 $\boldsymbol{\alpha}$ 与 $\boldsymbol{\beta}$ 的**内积**.

定义了内积的向量空间 $\mathbf{R}^n$ 称为**欧氏空间**.

性质 设 $\boldsymbol{\alpha}, \boldsymbol{\beta}, \boldsymbol{\gamma}$ 都是 n 维向量,则

(1) $[\boldsymbol{\alpha}, \boldsymbol{\beta}] = [\boldsymbol{\beta}, \boldsymbol{\alpha}]$;

(2) $[k\boldsymbol{\alpha}, \boldsymbol{\beta}] = k[\boldsymbol{\alpha}, \boldsymbol{\beta}]$($k$ 为实数);

(3) $[\boldsymbol{\alpha}+\boldsymbol{\beta}, \boldsymbol{\gamma}] = [\boldsymbol{\alpha}, \boldsymbol{\gamma}]+[\boldsymbol{\beta}, \boldsymbol{\gamma}]$.

证明 $[\boldsymbol{\alpha}+\boldsymbol{\beta}, \boldsymbol{\gamma}] = (\boldsymbol{\alpha}+\boldsymbol{\beta})^{\mathrm{T}}\boldsymbol{\gamma} = (\boldsymbol{\alpha}^{\mathrm{T}}+\boldsymbol{\beta}^{\mathrm{T}})\boldsymbol{\gamma} = \boldsymbol{\alpha}^{\mathrm{T}}\boldsymbol{\gamma}+\boldsymbol{\beta}^{\mathrm{T}}\boldsymbol{\gamma} = [\boldsymbol{\alpha}, \boldsymbol{\gamma}]+[\boldsymbol{\beta}, \boldsymbol{\gamma}]$.

(4) $[\boldsymbol{\alpha}, \boldsymbol{\alpha}] \geqslant 0$,且$[\boldsymbol{\alpha}, \boldsymbol{\alpha}] = 0$ 的充分必要条件是 $\boldsymbol{\alpha} = \mathbf{0}$.

定义 2 设 $\boldsymbol{\alpha} = (a_1, a_2, \cdots, a_n)^{\mathrm{T}}$,称

$$\|\boldsymbol{\alpha}\| = \sqrt{[\boldsymbol{\alpha}, \boldsymbol{\alpha}]} = \sqrt{a_1^2 + a_2^2 + \cdots + a_n^2}$$

为向量 $\boldsymbol{\alpha}$ 的**长度**(又称**模**或**范数**). 当 $\|\boldsymbol{\alpha}\| = 1$ 时,称 $\boldsymbol{\alpha}$ 为**单位向量**. 容易看出,任一 n 维非零向量 $\boldsymbol{\alpha}$,$\dfrac{\boldsymbol{\alpha}}{\|\boldsymbol{\alpha}\|}$ 是与 $\boldsymbol{\alpha}$ 平行的单位向量.

例 1 对于 $\forall \boldsymbol{\alpha} \in \mathbf{R}^n (\boldsymbol{\alpha} \neq 0)$,证明$\left\| \dfrac{\boldsymbol{\alpha}}{\|\boldsymbol{\alpha}\|} \right\| = 1$.

证明 $\left\| \dfrac{\boldsymbol{\alpha}}{\|\boldsymbol{\alpha}\|} \right\|^2 = \left[\dfrac{\boldsymbol{\alpha}}{\|\boldsymbol{\alpha}\|}, \dfrac{\boldsymbol{\alpha}}{\|\boldsymbol{\alpha}\|} \right] = \dfrac{1}{\|\boldsymbol{\alpha}\|^2}[\boldsymbol{\alpha}, \boldsymbol{\alpha}] = \dfrac{\|\boldsymbol{\alpha}\|^2}{\|\boldsymbol{\alpha}\|^2} = 1$.

称$\dfrac{\boldsymbol{\alpha}}{\|\boldsymbol{\alpha}\|}$为 $\boldsymbol{\alpha}$ 的单位化(规范化)向量.

定义 3 设 $\boldsymbol{\alpha}, \boldsymbol{\beta}$ 都是 n 维向量,当$[\boldsymbol{\alpha}, \boldsymbol{\beta}] = 0$ 时,称 $\boldsymbol{\alpha}$ 与 $\boldsymbol{\beta}$ **正交**.

显然,若 $\boldsymbol{\alpha} = \mathbf{0}$,那么 $\boldsymbol{\alpha}$ 与任何向量都正交.

4.1.2 正交向量组

定义 4 设 $\boldsymbol{\alpha}_1, \boldsymbol{\alpha}_2, \cdots, \boldsymbol{\alpha}_m (m \leqslant n)$ 是一个不含零向量的 n 维向量组,如果其中任意两个不同向量都是正交的,即

$$[\boldsymbol{\alpha}_i, \boldsymbol{\alpha}_j] = 0 \quad (i \neq j;\ i, j = 1, 2, \cdots, m),$$

称该向量组为**正交向量组**.

仅含一个非零向量的向量组也称为正交向量组.

定理 1　$\mathbf{R}^n$ 中正交向量组 $\boldsymbol{\alpha}_1, \boldsymbol{\alpha}_2, \cdots, \boldsymbol{\alpha}_m (m \leqslant n)$ 一定线性无关.

证明　设存在一组数 $x_1, x_2, \cdots, x_m$，使

$$x_1\boldsymbol{\alpha}_1 + x_2\boldsymbol{\alpha}_2 + \cdots + x_m\boldsymbol{\alpha}_m = \mathbf{0}.$$

两边与 $\boldsymbol{\alpha}_k$ 作内积，有

$$x_1[\boldsymbol{\alpha}_1, \boldsymbol{\alpha}_k] + \cdots + x_i[\boldsymbol{\alpha}_i, \boldsymbol{\alpha}_k] + \cdots + x_m[\boldsymbol{\alpha}_m, \boldsymbol{\alpha}_k] = [\mathbf{0}, \boldsymbol{\alpha}_k].$$

当 $i \neq k$ 时，$[\boldsymbol{\alpha}_i, \boldsymbol{\alpha}_k] = 0$；当 $i = k$ 时，$[\boldsymbol{\alpha}_i, \boldsymbol{\alpha}_k] \neq 0$. 同时，$[\mathbf{0}, \boldsymbol{\alpha}_k] = 0$，则 $x_k[\boldsymbol{\alpha}_k, \boldsymbol{\alpha}_k] = 0$，得 $x_k = 0\ (k = 1, 2, \cdots, m)$. 故 $\boldsymbol{\alpha}_1, \boldsymbol{\alpha}_2, \cdots, \boldsymbol{\alpha}_m$ 线性无关.

说明　正交向量组是线性无关的向量组，但线性无关的向量组却不一定是正交向量组.

例如，$\boldsymbol{\alpha}_1 = \begin{pmatrix}1\\0\\0\end{pmatrix}, \boldsymbol{\alpha}_2 = \begin{pmatrix}1\\1\\0\end{pmatrix}, \boldsymbol{\alpha}_3 = \begin{pmatrix}1\\1\\1\end{pmatrix}$ 是线性无关的向量组，但由于

$$[\boldsymbol{\alpha}_1, \boldsymbol{\alpha}_2] = 1, \quad [\boldsymbol{\alpha}_2, \boldsymbol{\alpha}_3] = 2, \quad [\boldsymbol{\alpha}_1, \boldsymbol{\alpha}_3] = 1,$$

因此，它不是正交向量组.

例 2　已知 $\boldsymbol{\alpha}_1 = \begin{pmatrix}1\\1\\-1\\1\end{pmatrix}, \boldsymbol{\alpha}_2 = \begin{pmatrix}1\\-1\\1\\1\end{pmatrix}, \boldsymbol{\alpha}_3 = \begin{pmatrix}1\\1\\1\\1\end{pmatrix}$，求与 $\boldsymbol{\alpha}_1, \boldsymbol{\alpha}_2, \boldsymbol{\alpha}_3$ 都正交的单位向量.

解　设所求的向量为 $\boldsymbol{x} = \begin{pmatrix}x_1\\x_2\\x_3\\x_4\end{pmatrix}$，根据题意有

$$\begin{cases}[\boldsymbol{x}, \boldsymbol{\alpha}_1] = 0,\\ [\boldsymbol{x}, \boldsymbol{\alpha}_2] = 0,\\ [\boldsymbol{x}, \boldsymbol{\alpha}_3] = 0,\end{cases}$$

即 $\begin{cases}x_1 + x_2 - x_3 + x_4 = 0,\\ x_1 - x_2 + x_3 + x_4 = 0,\\ x_1 + x_2 + x_3 + x_4 = 0.\end{cases}$

解此方程组,得基础解系 $\boldsymbol{\xi}=\begin{pmatrix}1\\0\\0\\-1\end{pmatrix}$,

单位化,得 $\boldsymbol{x}=\pm\frac{1}{\sqrt{2}}\begin{pmatrix}1\\0\\0\\-1\end{pmatrix}$ 为所求的向量.

定义 5 在欧氏空间 $\mathbf{R}^n$ 中,若 $\boldsymbol{\alpha}_1, \boldsymbol{\alpha}_2, \cdots, \boldsymbol{\alpha}_n$ 满足:

$$[\boldsymbol{\alpha}_i, \boldsymbol{\alpha}_j]=\begin{cases}1, & i=j,\\ 0, & i\neq j,\end{cases}$$

则称向量组 $\boldsymbol{\alpha}_1, \boldsymbol{\alpha}_2, \cdots, \boldsymbol{\alpha}_n$ 是**两两正交的单位向量组**.

例如,在 $\mathbf{R}^3$ 中,$\boldsymbol{\xi}_1=\frac{1}{\sqrt{2}}\begin{pmatrix}1\\-1\\0\end{pmatrix}$,$\boldsymbol{\xi}_2=\frac{1}{\sqrt{3}}\begin{pmatrix}1\\1\\1\end{pmatrix}$,$\boldsymbol{\xi}_3=\frac{1}{\sqrt{6}}\begin{pmatrix}1\\1\\-2\end{pmatrix}$;$\boldsymbol{i}=\begin{pmatrix}1\\0\\0\end{pmatrix}$,$\boldsymbol{j}=\begin{pmatrix}0\\1\\0\end{pmatrix}$,$\boldsymbol{k}=\begin{pmatrix}0\\0\\1\end{pmatrix}$ 都是两两正交的单位向量组.

下面介绍由线性无关向量组出发构造一个与其等价的正交单位向量组的方法.

设在 $\mathbf{R}^3$ 中,$\boldsymbol{\alpha}_1, \boldsymbol{\alpha}_2, \boldsymbol{\alpha}_3$ 为线性无关向量组,先取 $\boldsymbol{\beta}_1=\boldsymbol{\alpha}_1$. 令 $\boldsymbol{\beta}_2=\boldsymbol{\alpha}_2+k\boldsymbol{\beta}_1$,使 $[\boldsymbol{\beta}_2, \boldsymbol{\beta}_1]=0$, 即

$$[\boldsymbol{\alpha}_2+k\boldsymbol{\beta}_1, \boldsymbol{\beta}_1]=0,$$

有

$$[\boldsymbol{\alpha}_2, \boldsymbol{\beta}_1]+k[\boldsymbol{\beta}_1, \boldsymbol{\beta}_1]=0.$$

由于 $\boldsymbol{\beta}_1\neq\mathbf{0}$,解得 $k=-\frac{[\boldsymbol{\alpha}_2, \boldsymbol{\beta}_1]}{[\boldsymbol{\beta}_1, \boldsymbol{\beta}_1]}$,则 $\boldsymbol{\beta}_2=\boldsymbol{\alpha}_2-\frac{[\boldsymbol{\alpha}_2, \boldsymbol{\beta}_1]}{[\boldsymbol{\beta}_1, \boldsymbol{\beta}_1]}\boldsymbol{\beta}_1$,由于 $\boldsymbol{\alpha}_1, \boldsymbol{\alpha}_2$ 线性无关,则 $\boldsymbol{\beta}_2\neq\mathbf{0}$.

令 $\boldsymbol{\beta}_3=\boldsymbol{\alpha}_3+k_1\boldsymbol{\beta}_1+k_2\boldsymbol{\beta}_2$,使 $[\boldsymbol{\beta}_3, \boldsymbol{\beta}_1]=0$, $[\boldsymbol{\beta}_3, \boldsymbol{\beta}_2]=0$, 解得

$$k_1=-\frac{[\boldsymbol{\alpha}_3, \boldsymbol{\beta}_1]}{[\boldsymbol{\beta}_1, \boldsymbol{\beta}_1]},\quad k_2=-\frac{[\boldsymbol{\alpha}_3, \boldsymbol{\beta}_2]}{[\boldsymbol{\beta}_2, \boldsymbol{\beta}_2]},$$

$$\boldsymbol{\beta}_3=\boldsymbol{\alpha}_3-\frac{[\boldsymbol{\alpha}_3, \boldsymbol{\beta}_1]}{[\boldsymbol{\beta}_1, \boldsymbol{\beta}_1]}\boldsymbol{\beta}_1-\frac{[\boldsymbol{\alpha}_3, \boldsymbol{\beta}_2]}{[\boldsymbol{\beta}_2, \boldsymbol{\beta}_2]}\boldsymbol{\beta}_2,$$

$\boldsymbol{\beta}_1, \boldsymbol{\beta}_2, \boldsymbol{\beta}_3$ 就是 $\mathbf{R}^3$ 的一组正交向量组. 利用数学归纳法可以证明下面的定理 2.

定理 2 设 $\boldsymbol{\alpha}_1, \boldsymbol{\alpha}_2, \cdots, \boldsymbol{\alpha}_m$ 是一组线性无关向量组，令

$$\boldsymbol{\beta}_1 = \boldsymbol{\alpha}_1;$$

$$\boldsymbol{\beta}_2 = \boldsymbol{\alpha}_2 - \frac{[\boldsymbol{\alpha}_2, \boldsymbol{\beta}_1]}{[\boldsymbol{\beta}_1, \boldsymbol{\beta}_1]}\boldsymbol{\beta}_1;$$

$$\vdots$$

$$\boldsymbol{\beta}_m = \boldsymbol{\alpha}_m - \frac{[\boldsymbol{\alpha}_m, \boldsymbol{\beta}_1]}{[\boldsymbol{\beta}_1, \boldsymbol{\beta}_1]}\boldsymbol{\beta}_1 - \frac{[\boldsymbol{\alpha}_m, \boldsymbol{\beta}_2]}{[\boldsymbol{\beta}_2, \boldsymbol{\beta}_2]}\boldsymbol{\beta}_2 - \cdots - \frac{[\boldsymbol{\alpha}_m, \boldsymbol{\beta}_{m-1}]}{[\boldsymbol{\beta}_{m-1}, \boldsymbol{\beta}_{m-1}]}\boldsymbol{\beta}_{m-1},$$

则 $\boldsymbol{\beta}_1, \boldsymbol{\beta}_2, \cdots, \boldsymbol{\beta}_m$ 是正交向量组，可以证明 $\boldsymbol{\beta}_1, \boldsymbol{\beta}_2, \cdots, \boldsymbol{\beta}_m$ 与 $\boldsymbol{\alpha}_1, \boldsymbol{\alpha}_2, \cdots, \boldsymbol{\alpha}_m$ 等价.

以上从线性无关向量组出发构造正交向量组的方法称为**施密特正交化法**.

再将 $\boldsymbol{\beta}_1, \boldsymbol{\beta}_2, \cdots, \boldsymbol{\beta}_m$ 单位化，得 $\boldsymbol{p}_k = \dfrac{\boldsymbol{\beta}_k}{\|\boldsymbol{\beta}_k\|}(k = 1, 2, \cdots, m)$，即得两两正交的单位向量组 $\boldsymbol{p}_1, \boldsymbol{p}_2, \cdots, \boldsymbol{p}_m$.

例 3 试用施密特正交化法求与线性无关的向量组 $\boldsymbol{\alpha}_1 = \begin{pmatrix} 1 \\ 2 \\ -1 \end{pmatrix}$，$\boldsymbol{\alpha}_2 = \begin{pmatrix} -1 \\ 3 \\ 1 \end{pmatrix}$，$\boldsymbol{\alpha}_3 = \begin{pmatrix} 4 \\ -1 \\ 0 \end{pmatrix}$ 等价的正交、单位向量组.

解 取 $\boldsymbol{\beta}_1 = \boldsymbol{\alpha}_1 = \begin{pmatrix} 1 \\ 2 \\ -1 \end{pmatrix}$,

$$\boldsymbol{\beta}_2 = \boldsymbol{\alpha}_2 - \frac{[\boldsymbol{\alpha}_2, \boldsymbol{\beta}_1]}{[\boldsymbol{\beta}_1, \boldsymbol{\beta}_1]}\boldsymbol{\beta}_1 = \begin{pmatrix} -1 \\ 3 \\ 1 \end{pmatrix} - \frac{4}{6}\begin{pmatrix} 1 \\ 2 \\ -1 \end{pmatrix} = \frac{5}{3}\begin{pmatrix} -1 \\ 1 \\ 1 \end{pmatrix},$$

$$\begin{aligned}\boldsymbol{\beta}_3 &= \boldsymbol{\alpha}_3 - \frac{[\boldsymbol{\alpha}_3, \boldsymbol{\beta}_1]}{[\boldsymbol{\beta}_1, \boldsymbol{\beta}_1]}\boldsymbol{\beta}_1 - \frac{[\boldsymbol{\alpha}_3, \boldsymbol{\beta}_2]}{[\boldsymbol{\beta}_2, \boldsymbol{\beta}_2]}\boldsymbol{\beta}_2 \\ &= \begin{pmatrix} 4 \\ -1 \\ 0 \end{pmatrix} - \frac{2}{6}\begin{pmatrix} 1 \\ 2 \\ -1 \end{pmatrix} - \frac{-\frac{25}{3}}{\frac{25}{3}} \cdot \frac{5}{3}\begin{pmatrix} -1 \\ 1 \\ 1 \end{pmatrix} = \begin{pmatrix} 2 \\ 0 \\ 2 \end{pmatrix}.\end{aligned}$$

再分别将 $\boldsymbol{\beta}_1, \boldsymbol{\beta}_2, \boldsymbol{\beta}_3$ 单位化，得

$$\|\boldsymbol{\beta}_1\| = \sqrt{6}, \quad \|\boldsymbol{\beta}_2\| = \frac{5}{\sqrt{3}}, \quad \|\boldsymbol{\beta}_3\| = 2\sqrt{2};$$

$$\boldsymbol{p}_1 = \frac{\boldsymbol{\beta}_1}{\|\boldsymbol{\beta}_1\|} = \frac{1}{\sqrt{6}}\begin{pmatrix}1\\2\\-1\end{pmatrix}, \quad \boldsymbol{p}_2 = \frac{\boldsymbol{\beta}_2}{\|\boldsymbol{\beta}_2\|} = \frac{1}{\sqrt{3}}\begin{pmatrix}-1\\1\\1\end{pmatrix}, \quad \boldsymbol{p}_3 = \frac{\boldsymbol{\beta}_3}{\|\boldsymbol{\beta}_3\|} = \frac{1}{\sqrt{2}}\begin{pmatrix}1\\0\\1\end{pmatrix}.$$

注意 在本例的计算过程中，$\boldsymbol{\beta}_2$ 的分量是分数，为了计算方便，也可以取 $\overline{\boldsymbol{\beta}_2} = \begin{pmatrix}-1\\1\\1\end{pmatrix}$ 来代替 $\boldsymbol{\beta}_2 = \frac{5}{3}\begin{pmatrix}-1\\1\\1\end{pmatrix}$. 此时，$\boldsymbol{\beta}_1$ 与 $\overline{\boldsymbol{\beta}_2}$ 仍正交，再令

$$\begin{aligned}\boldsymbol{\beta}_3 &= \boldsymbol{\alpha}_3 - \frac{[\boldsymbol{\alpha}_3, \boldsymbol{\beta}_1]}{[\boldsymbol{\beta}_1, \boldsymbol{\beta}_1]}\boldsymbol{\beta}_1 - \frac{[\boldsymbol{\alpha}_3, \bar{\boldsymbol{\beta}}_2]}{[\bar{\boldsymbol{\beta}}_2, \bar{\boldsymbol{\beta}}_2]}\bar{\boldsymbol{\beta}}_2 \\ &= \begin{pmatrix}4\\-1\\0\end{pmatrix} - \frac{1}{3}\begin{pmatrix}1\\2\\-1\end{pmatrix} + \frac{5}{3}\begin{pmatrix}-1\\1\\1\end{pmatrix} = \begin{pmatrix}2\\0\\2\end{pmatrix} = 2\begin{pmatrix}1\\0\\1\end{pmatrix} = 2\overline{\boldsymbol{\beta}_3}.\end{aligned}$$

然后再将 $\boldsymbol{\beta}_1, \bar{\boldsymbol{\beta}}_2, \bar{\boldsymbol{\beta}}_3$ 单位化，得到与 $\boldsymbol{\alpha}_1, \boldsymbol{\alpha}_2, \boldsymbol{\alpha}_3$ 等价的正交、单位向量组 $\boldsymbol{p}_1, \boldsymbol{p}_2, \boldsymbol{p}_3$.

4.1.3 正交矩阵

定义 6 $\boldsymbol{A}$ 是 n 阶方阵且满足 $\boldsymbol{A}^{\mathrm{T}}\boldsymbol{A}=\boldsymbol{E}$，则称 $\boldsymbol{A}$ 是**正交矩阵**，简称**正交阵**.

由定义可以得出，n 阶方阵 $\boldsymbol{A}$ 是正交矩阵 $\Longleftrightarrow \boldsymbol{A}^{\mathrm{T}}\boldsymbol{A} = \boldsymbol{E}_n \Longleftrightarrow \boldsymbol{A}^{-1}$ 存在，且 $\boldsymbol{A}^{-1} = \boldsymbol{A}^{\mathrm{T}} \Longleftrightarrow \boldsymbol{A}\boldsymbol{A}^{\mathrm{T}} = \boldsymbol{E}_n$.

正交矩阵有下列性质：

(1) 若 $\boldsymbol{A}$ 是正交矩阵，则 $|\boldsymbol{A}| = 1$ 或 $|\boldsymbol{A}| = -1$；

(2) 若 $\boldsymbol{A}, \boldsymbol{B}$ 是 n 阶正交矩阵，则 $\boldsymbol{AB}$ 为正交矩阵；

(3) 若 $\boldsymbol{A}$ 是正交矩阵，则 $\boldsymbol{A}^{-1}$ 和 $\boldsymbol{A}^*$ 为正交矩阵.

证明 (1) 因为 $\boldsymbol{A}^{\mathrm{T}}\boldsymbol{A} = \boldsymbol{E}$，则 $|\boldsymbol{A}^{\mathrm{T}}\boldsymbol{A}| = |\boldsymbol{A}^{\mathrm{T}}||\boldsymbol{A}| = |\boldsymbol{A}|^2 = 1$，$|\boldsymbol{A}| = \pm 1$.

(2) 因为 $\boldsymbol{A}, \boldsymbol{B}$ 都是正交矩阵，则 $\boldsymbol{A}^{\mathrm{T}} = \boldsymbol{A}^{-1}$，$\boldsymbol{B}^{\mathrm{T}} = \boldsymbol{B}^{-1}$，$\boldsymbol{A}^{\mathrm{T}}\boldsymbol{A} = \boldsymbol{E}$，$\boldsymbol{B}^{\mathrm{T}}\boldsymbol{B} = \boldsymbol{E}$，有 $(\boldsymbol{AB})^{\mathrm{T}}(\boldsymbol{AB}) = (\boldsymbol{B}^{\mathrm{T}}\boldsymbol{A}^{\mathrm{T}})(\boldsymbol{AB}) = \boldsymbol{B}^{\mathrm{T}}(\boldsymbol{A}^{\mathrm{T}}\boldsymbol{A})\boldsymbol{B} = \boldsymbol{E}$.

(3) 因为 $\boldsymbol{A}$ 可逆，所以 $(\boldsymbol{A}^{-1})^{\mathrm{T}}\boldsymbol{A}^{-1} = (\boldsymbol{A}^{\mathrm{T}})^{-1}\boldsymbol{A}^{-1} = (\boldsymbol{A}\boldsymbol{A}^{\mathrm{T}})^{-1} = \boldsymbol{E}$，$\boldsymbol{A}^{-1} = \frac{1}{|\boldsymbol{A}|}\boldsymbol{A}^*$，有 $\boldsymbol{A}^* = |\boldsymbol{A}|\boldsymbol{A}^{-1} = |\boldsymbol{A}|\boldsymbol{A}^{\mathrm{T}}$，从而

$$\boldsymbol{A}^{*\mathrm{T}}\boldsymbol{A}^* = |\boldsymbol{A}|(\boldsymbol{A}^{\mathrm{T}})^{\mathrm{T}} \cdot |\boldsymbol{A}|\boldsymbol{A}^{\mathrm{T}} = |\boldsymbol{A}|^2\boldsymbol{A}\boldsymbol{A}^{\mathrm{T}} = \boldsymbol{E}.$$

例 4　试证矩阵 $\boldsymbol{A}=\begin{pmatrix}\cos\theta & -\sin\theta\\ \sin\theta & \cos\theta\end{pmatrix}$为正交矩阵.

证明　因为 $\boldsymbol{A}^{\mathrm{T}}\boldsymbol{A}=\begin{pmatrix}\cos\theta & \sin\theta\\ -\sin\theta & \cos\theta\end{pmatrix}\begin{pmatrix}\cos\theta & -\sin\theta\\ \sin\theta & \cos\theta\end{pmatrix}=\begin{pmatrix}1 & 0\\ 0 & 1\end{pmatrix}=\boldsymbol{E}$,

$$\boldsymbol{A}\boldsymbol{A}^{\mathrm{T}}=\begin{pmatrix}\cos\theta & -\sin\theta\\ \sin\theta & \cos\theta\end{pmatrix}\begin{pmatrix}\cos\theta & \sin\theta\\ -\sin\theta & \cos\theta\end{pmatrix}=\begin{pmatrix}1 & 0\\ 0 & 1\end{pmatrix}=\boldsymbol{E},$$

所以 $\boldsymbol{A}$ 为正交矩阵.

定理 3　设 $\boldsymbol{A}=\begin{bmatrix}a_{11} & a_{12} & \cdots & a_{1n}\\ a_{21} & a_{22} & \cdots & a_{2n}\\ \vdots & \vdots & & \vdots\\ a_{n1} & a_{n2} & \cdots & a_{nn}\end{bmatrix}$是正交矩阵，则其列向量组

$$\boldsymbol{\alpha}_1=\begin{bmatrix}a_{11}\\ a_{21}\\ \vdots\\ a_{n1}\end{bmatrix},\quad \boldsymbol{\alpha}_2=\begin{bmatrix}a_{12}\\ a_{22}\\ \vdots\\ a_{n2}\end{bmatrix},\quad \cdots,\quad \boldsymbol{\alpha}_n=\begin{bmatrix}a_{1n}\\ a_{2n}\\ \vdots\\ a_{nn}\end{bmatrix}$$

均是单位正交向量组.

证明　因为 $\boldsymbol{A}$ 为正交矩阵，所以

$$\boldsymbol{A}^{\mathrm{T}}\boldsymbol{A}=\begin{bmatrix}\boldsymbol{\alpha}_1^{\mathrm{T}}\\ \boldsymbol{\alpha}_2^{\mathrm{T}}\\ \vdots\\ \boldsymbol{\alpha}_n^{\mathrm{T}}\end{bmatrix}(\boldsymbol{\alpha}_1,\boldsymbol{\alpha}_2,\cdots,\boldsymbol{\alpha}_n)=\begin{bmatrix}\boldsymbol{\alpha}_1^{\mathrm{T}}\boldsymbol{\alpha}_1 & \boldsymbol{\alpha}_1^{\mathrm{T}}\boldsymbol{\alpha}_2 & \cdots & \boldsymbol{\alpha}_1^{\mathrm{T}}\boldsymbol{\alpha}_n\\ \boldsymbol{\alpha}_2^{\mathrm{T}}\boldsymbol{\alpha}_1 & \boldsymbol{\alpha}_2^{\mathrm{T}}\boldsymbol{\alpha}_2 & \cdots & \boldsymbol{\alpha}_2^{\mathrm{T}}\boldsymbol{\alpha}_n\\ \vdots & \vdots & & \vdots\\ \boldsymbol{\alpha}_n^{\mathrm{T}}\boldsymbol{\alpha}_1 & \boldsymbol{\alpha}_n^{\mathrm{T}}\boldsymbol{\alpha}_2 & \cdots & \boldsymbol{\alpha}_n^{\mathrm{T}}\boldsymbol{\alpha}_n\end{bmatrix}=\boldsymbol{E}.$$

即 $\boldsymbol{A}$ 的 n 个列向量满足

$$\boldsymbol{\alpha}_i^{\mathrm{T}}\boldsymbol{\alpha}_j=\begin{cases}1, & i=j,\\ 0, & i\neq j\end{cases}\quad(i,j=1,2,\cdots,n).$$

即 $\boldsymbol{A}$ 的 n 个列向量 $\boldsymbol{\alpha}_1,\boldsymbol{\alpha}_2,\cdots,\boldsymbol{\alpha}_n$ 为单位正交向量组.

考虑到 $\boldsymbol{A}^{\mathrm{T}}\boldsymbol{A}=\boldsymbol{E}$ 与 $\boldsymbol{A}\boldsymbol{A}^{\mathrm{T}}=\boldsymbol{E}$ 等价，所以上述结论对 $\boldsymbol{A}$ 的行向量亦成立.

此定理告诉我们：若 $\boldsymbol{A}$ 为正交矩阵，则其每一列、每一行均为单位向量，且两个不同列(行)的列(行)向量内积为零，即 $\boldsymbol{A}$ 是正交矩阵的充分必要条件是 $\boldsymbol{A}$ 的 n 个列(行)向量均是单位正交向量组.

例如，方阵$\boldsymbol{A}=\begin{pmatrix}-\frac{1}{\sqrt{2}} & \frac{1}{\sqrt{3}} & \frac{1}{\sqrt{6}}\\ \frac{1}{\sqrt{2}} & \frac{1}{\sqrt{3}} & \frac{1}{\sqrt{6}}\\ 0 & \frac{1}{\sqrt{3}} & -\frac{2}{\sqrt{6}}\end{pmatrix}$. 令$\boldsymbol{\alpha}_1=\frac{1}{\sqrt{2}}\begin{pmatrix}-1\\1\\0\end{pmatrix}$，$\boldsymbol{\alpha}_2=\frac{1}{\sqrt{3}}\begin{pmatrix}1\\1\\1\end{pmatrix}$，$\boldsymbol{\alpha}_3=\frac{1}{\sqrt{6}}\begin{pmatrix}1\\1\\-2\end{pmatrix}$，则$\boldsymbol{A}=(\boldsymbol{\alpha}_1,\boldsymbol{\alpha}_2,\boldsymbol{\alpha}_3)$. 可见，$\|\boldsymbol{\alpha}_1\|=1$，$\|\boldsymbol{\alpha}_2\|=1$，$\|\boldsymbol{\alpha}_3\|=1$，且$[\boldsymbol{\alpha}_1,\boldsymbol{\alpha}_2]=0$，$[\boldsymbol{\alpha}_1,\boldsymbol{\alpha}_3]=0$，$[\boldsymbol{\alpha}_2,\boldsymbol{\alpha}_3]=0$，则$\boldsymbol{A}$为正交矩阵.

又如，方阵$\boldsymbol{B}=\begin{pmatrix}1 & 0 & -1\\ 0 & 0 & 0\\ 1 & 0 & 1\end{pmatrix}$. 令$\boldsymbol{\beta}_1=\begin{pmatrix}1\\0\\1\end{pmatrix}$，$\boldsymbol{\beta}_2=\begin{pmatrix}0\\0\\0\end{pmatrix}$，$\boldsymbol{\beta}_3=\begin{pmatrix}-1\\0\\1\end{pmatrix}$，则$\boldsymbol{B}=(\boldsymbol{\beta}_1,\boldsymbol{\beta}_2,\boldsymbol{\beta}_3)$. 虽然$[\boldsymbol{\beta}_1,\boldsymbol{\beta}_2]=0$，$[\boldsymbol{\beta}_1,\boldsymbol{\beta}_3]=0$，$[\boldsymbol{\beta}_2,\boldsymbol{\beta}_3]=0$. 但因为$\|\boldsymbol{\beta}_1\|=\sqrt{2}\neq 1$，则$\boldsymbol{B}$不是正交矩阵.

习 题 4.1

1. 设$\boldsymbol{\alpha}=\begin{pmatrix}1\\2\\2\\3\end{pmatrix}$，$\boldsymbol{\beta}=\begin{pmatrix}3\\1\\5\\1\end{pmatrix}$. 求 (1) $[\boldsymbol{\alpha},\boldsymbol{\beta}]$；(2) $\|\boldsymbol{\alpha}\|$，并将$\boldsymbol{\alpha}$单位化.

2. 设$\boldsymbol{\alpha}=\begin{pmatrix}1\\1\\2\end{pmatrix}$，$\boldsymbol{\beta}=\begin{pmatrix}1\\-1\\1\end{pmatrix}$，求$[\boldsymbol{\alpha}+2\boldsymbol{\beta},\boldsymbol{\beta}]$.

3. 已知$[\boldsymbol{\alpha},\boldsymbol{\beta}]=2$，$\|\boldsymbol{\beta}\|=1$，$[\boldsymbol{\alpha},\boldsymbol{\gamma}]=3$，$[\boldsymbol{\beta},\boldsymbol{\gamma}]=-1$. 求内积$[2\boldsymbol{\alpha}+\boldsymbol{\beta},\boldsymbol{\beta}-3\boldsymbol{\gamma}]$.

4. 确定k，使得$\boldsymbol{\alpha}$与$\boldsymbol{\beta}$正交，其中

(1) $\boldsymbol{\alpha}=\begin{pmatrix}1\\k\\-3\end{pmatrix}$，$\boldsymbol{\beta}=\begin{pmatrix}2\\-5\\4\end{pmatrix}$；　(2) $\boldsymbol{\alpha}=\begin{pmatrix}2\\3k\\-4\\1\\5\end{pmatrix}$，$\boldsymbol{\beta}=\begin{pmatrix}6\\-1\\3\\7\\2k\end{pmatrix}$.

5. 判断下列向量是否为正交向量组.

(1) $\boldsymbol{\alpha}_1=\begin{pmatrix}1\\1\\1\end{pmatrix}$，$\boldsymbol{\alpha}_2=\begin{pmatrix}1\\1\\0\end{pmatrix}$，$\boldsymbol{\alpha}_3=\begin{pmatrix}1\\0\\0\end{pmatrix}$；　(2) $\boldsymbol{\alpha}_1=\begin{pmatrix}a_1\\0\\0\end{pmatrix}$，$\boldsymbol{\alpha}_2=\begin{pmatrix}0\\a_2\\0\end{pmatrix}$，$\boldsymbol{\alpha}_3=\begin{pmatrix}0\\0\\a_3\end{pmatrix}$；

(3) $\boldsymbol{\alpha}_1=\begin{pmatrix}4\\1\\-2\\3\end{pmatrix}$, $\boldsymbol{\alpha}_2=\begin{pmatrix}3\\-5\\2\\-1\end{pmatrix}$, $\boldsymbol{\alpha}_3=\begin{pmatrix}0\\1\\2\\-1\end{pmatrix}$.

6. 求一个与 $\boldsymbol{\alpha}_1=(1,-2,3)^{\mathrm{T}}$, $\boldsymbol{\alpha}_2=(1,1,0)^{\mathrm{T}}$ 都正交的单位向量.

7. 用施密特正交化法将向量组 $\boldsymbol{\alpha}_1=(1,1,1)^{\mathrm{T}}$, $\boldsymbol{\alpha}_2=(-1,0,-1)^{\mathrm{T}}$, $\boldsymbol{\alpha}_3=(-1,2,3)^{\mathrm{T}}$ 正交化,单位化.

8. 判断下列矩阵是否为正交矩阵. 如果是正交矩阵,求其行列式的值.

(1) $\boldsymbol{A}=\begin{pmatrix}1&\frac{1}{2}&\frac{1}{3}\\-\frac{1}{2}&1&\frac{1}{2}\\\frac{1}{3}&\frac{1}{2}&-1\end{pmatrix}$;　　(2) $\boldsymbol{B}=\begin{pmatrix}\frac{2}{3}&-\frac{2}{3}&\frac{1}{3}\\\frac{2}{3}&\frac{1}{3}&-\frac{2}{3}\\\frac{1}{3}&\frac{2}{3}&\frac{2}{3}\end{pmatrix}$.

9. 试证 $\boldsymbol{A}=\begin{pmatrix}\frac{1}{\sqrt{2}}&-\frac{1}{\sqrt{6}}&\frac{1}{\sqrt{3}}\\-\frac{1}{2}&\frac{1}{2\sqrt{3}}&\sqrt{\frac{2}{3}}\\\frac{1}{2}&\frac{\sqrt{3}}{2}&0\end{pmatrix}$ 是正交矩阵,并求其逆矩阵.

10. 设 $\boldsymbol{A}=(a_{ij})_{3\times3}$ 是正交矩阵,且 $a_{33}=-1$, $\boldsymbol{b}=(0,0,1)^{\mathrm{T}}$,求矩阵方程 $\boldsymbol{Ax}=\boldsymbol{b}$ 的解 $\boldsymbol{x}$.

4.2 方阵的特征值与特征向量

在理论研究和实际应用中,常常要求把一个矩阵化成与之相似的对角矩阵或其他形式的矩阵. 这一问题与矩阵的特征值与特征向量的概念是密切相关的.

引例 设矩阵 $\boldsymbol{A}=\begin{pmatrix}3&-1\\-1&3\end{pmatrix}$, $\boldsymbol{x}=\begin{pmatrix}x_1\\x_2\end{pmatrix}$. 问 λ 为何值时,方程 $\boldsymbol{Ax}=\lambda\boldsymbol{x}$ 只有零解或非零解?

解 由于 $\boldsymbol{Ax}=\lambda\boldsymbol{x}$,有 $\lambda\boldsymbol{x}-\boldsymbol{Ax}=\boldsymbol{0}$, $(\lambda\boldsymbol{E}-\boldsymbol{A})\boldsymbol{x}=\boldsymbol{0}$, 即

$$\begin{pmatrix}\lambda-3&1\\1&\lambda-3\end{pmatrix}\begin{pmatrix}x_1\\x_2\end{pmatrix}=\begin{pmatrix}0\\0\end{pmatrix}.$$

解此齐次线性方程组.

由
$$\begin{vmatrix}\lambda-3&1\\1&\lambda-3\end{vmatrix}=\lambda^2-6\lambda+8=(\lambda-2)(\lambda-4),$$

当 $\lambda_1 \neq 2$ 且 $\lambda_2 \neq 4$ 时，方程只有零解；

当 $\lambda = 2$ 或 $\lambda = 4$ 时，方程有非零解.

且当 $\lambda = 2$ 时，解齐次线性方程组 $(2\boldsymbol{E} - \boldsymbol{A})\boldsymbol{x} = \boldsymbol{0}$，即 $\begin{pmatrix} -1 & 1 \\ 1 & -1 \end{pmatrix}\begin{pmatrix} x_1 \\ x_2 \end{pmatrix} = \begin{pmatrix} 0 \\ 0 \end{pmatrix}$，得同解方程组 $x_1 = x_2$.

令 $x_2 = k_1 (k_1 \in \mathbf{R})$，有 $\begin{pmatrix} x_1 \\ x_2 \end{pmatrix} = k_1 \begin{pmatrix} 1 \\ 1 \end{pmatrix}$，得基础解系 $\boldsymbol{p}_1 = \begin{pmatrix} 1 \\ 1 \end{pmatrix}$.

当 $\lambda = 4$ 时，解齐次线性方程组 $(4\boldsymbol{E} - \boldsymbol{A})\boldsymbol{x} = \boldsymbol{0}$，即 $\begin{pmatrix} 1 & 1 \\ 1 & 1 \end{pmatrix}\begin{pmatrix} x_1 \\ x_2 \end{pmatrix} = \begin{pmatrix} 0 \\ 0 \end{pmatrix}$，得同解方程组 $x_1 = -x_2$.

令 $x_2 = k_2 (k_2 \in \mathbf{R})$，有 $\begin{pmatrix} x_1 \\ x_2 \end{pmatrix} = k_2 \begin{pmatrix} -1 \\ 1 \end{pmatrix}$，得基础解系 $\boldsymbol{p}_2 = \begin{pmatrix} -1 \\ 1 \end{pmatrix}$.

4.2.1 特征值与特征向量的概念

定义 1 设有 n 阶方阵 $\boldsymbol{A}$，数 λ 和 n 维非零列向量 $\boldsymbol{x}$，使方程

$$\boldsymbol{A}\boldsymbol{x} = \lambda \boldsymbol{x} \tag{1}$$

成立，则称数 λ 为 $\boldsymbol{A}$ 的一个**特征值**，相应的非零向量 $\boldsymbol{x}$ 称为 $\boldsymbol{A}$ 的属于特征值 λ 的**特征向量**.

式(1)也可写成

$$\lambda \boldsymbol{x} - \boldsymbol{A}\boldsymbol{x} = \boldsymbol{0},$$

即

$$(\lambda \boldsymbol{E} - \boldsymbol{A})\boldsymbol{x} = \boldsymbol{0}. \tag{2}$$

式(2)说明特征向量 $\boldsymbol{x}$ 的坐标 $x_1, x_2, \cdots, x_n$ 是齐次线性方程组(2)的非零解.

定理 1 对应于矩阵 $\boldsymbol{A}$ 的两个不同特征值 λ_1, λ_2，$\boldsymbol{A}$ 的特征向量 $\boldsymbol{x}_1$ 与 $\boldsymbol{x}_2$ 线性无关.

证明 用反证法. 已知 $\lambda_1 \neq \lambda_2$，假设 $\boldsymbol{x}_1$ 与 $\boldsymbol{x}_2$ 线性相关，不妨设

$$\boldsymbol{x}_2 = k\boldsymbol{x}_1 \quad (k \neq 0).$$

按假设 $\boldsymbol{A}\boldsymbol{x}_1 = \lambda_1 \boldsymbol{x}_1$，$\boldsymbol{A}\boldsymbol{x}_2 = \lambda_2 \boldsymbol{x}_2$，后者为 $\boldsymbol{A}(k\boldsymbol{x}_1) = \lambda_2 k \boldsymbol{x}_1$，约去 k，得 $\boldsymbol{A}\boldsymbol{x}_1 = \lambda_2 \boldsymbol{x}_1$，把它与 $\boldsymbol{A}\boldsymbol{x}_1 = \lambda_1 \boldsymbol{x}_1$ 相减，得 $\boldsymbol{0} = (\lambda_2 - \lambda_1)\boldsymbol{x}_1$.

因此，必有 $\lambda_2 - \lambda_1 = 0$ 或 $\boldsymbol{x}_1 = \boldsymbol{0}$，但已设 $\lambda_2 \neq \lambda_1$，且 $\boldsymbol{x}$ 为非零向量，故得矛盾结果，定理得证.

这个定理告诉我们，一个特征向量(或它与非零数乘)只能属于一个特征值；但

是，反过来一个特征值却可能有两个以上线性无关的特征向量.

4.2.2 方阵的特征值与特征向量的求法

为了确定矩阵 **A** 的特征值和特征向量，将式(2)改写为

$$\begin{pmatrix} \lambda_1-a_{11} & -a_{12} & \cdots & -a_{1n} \\ -a_{21} & \lambda-a_{22} & \cdots & -a_{2n} \\ \vdots & \vdots & & \vdots \\ -a_{n1} & -a_{n2} & \cdots & \lambda-a_{nn} \end{pmatrix} \begin{pmatrix} x_1 \\ x_2 \\ \vdots \\ x_n \end{pmatrix} = \begin{pmatrix} 0 \\ 0 \\ \vdots \\ 0 \end{pmatrix} \tag{3}$$

的形式，由于特征向量 $\boldsymbol{x}=(x_1, x_2, \cdots, x_n)^{\mathrm{T}}\neq\boldsymbol{0}$，故齐次线性方程组(3)必有非零解，于是系数行列式

$$|\lambda\boldsymbol{E}-\boldsymbol{A}| = \begin{vmatrix} \lambda_1-a_{11} & -a_{12} & \cdots & -a_{1n} \\ -a_{21} & \lambda-a_{22} & \cdots & -a_{2n} \\ \vdots & \vdots & & \vdots \\ -a_{n1} & -a_{n2} & \cdots & \lambda-a_{nn} \end{vmatrix} = 0. \tag{4}$$

定义 2 设方阵 $\boldsymbol{A}=(a_{ij})_{n\times n}$，称含参数 λ 的方阵 $\lambda\boldsymbol{E}-\boldsymbol{A}$ 为 **A** 的**特征矩阵**. 称该方阵的行列式

$$f(\lambda) = |\lambda\boldsymbol{E}-\boldsymbol{A}| = \begin{vmatrix} \lambda_1-a_{11} & -a_{12} & \cdots & -a_{1n} \\ -a_{21} & \lambda-a_{22} & \cdots & -a_{2n} \\ \vdots & \vdots & & \vdots \\ -a_{n1} & -a_{n2} & \cdots & \lambda-a_{nn} \end{vmatrix}. \tag{5}$$

即 $f(\lambda)=\lambda^n+b_1\lambda^{n-1}+\cdots+b_n$ 为方阵 **A** 的**特征多项式**，$f(\lambda)=|\lambda\boldsymbol{E}-\boldsymbol{A}|=0$ 为方阵 **A** 的**特征方程**.

因此，确定矩阵 **A** 的特征值就归结为求特征方程的根. 我们知道，一个 n 次方程有 n 个实根或复根(包括重根)，所以一个 n 阶矩阵方程也有 n 个实的特征值或复的特征值.

定理 2 数 λ_0 是方阵 **A** 的特征值，等价于 $|\lambda_0\boldsymbol{E}-\boldsymbol{A}|=0$.

非零向量 $\boldsymbol{x}_0$ 为 **A** 的属于 λ_0 的特征向量的充要条件是 $\boldsymbol{x}_0$ 是齐次方程组 $(\lambda_0\boldsymbol{E}-\boldsymbol{A})\boldsymbol{x}=\boldsymbol{0}$ 的非零解.

由上面的分析得到求特征值和特征向量的步骤：

第一步，先求 **A** 的全部特征值，即求特征方程 $|\lambda\boldsymbol{E}-\boldsymbol{A}|=0$ 的全部根，它们就

是方阵 $\boldsymbol{A}$ 的全部特征值.

第二步,求出 $\boldsymbol{A}$ 的全部特征向量,即对每一个特征值 λ_k,解出齐次方程组的全部非零解 $x_1, x_2, \cdots, x_n$,即求齐次方程组 $(\lambda_k\boldsymbol{E}-\boldsymbol{A})\boldsymbol{x}=\boldsymbol{0}$ 的基础解系:$\boldsymbol{p}_1, \boldsymbol{p}_2, \cdots, \boldsymbol{p}_s$,则 $\boldsymbol{p}_1, \boldsymbol{p}_2, \cdots, \boldsymbol{p}_s$ 就是方阵 $\boldsymbol{A}$ 的属于 λ_k 的 s 个线性无关的特征向量.其全部特征向量就是 $k_1\boldsymbol{p}_1+k_2\boldsymbol{p}_2+\cdots+k_s\boldsymbol{p}_s$,其中,$k_1, k_2, \cdots, k_s$ 是不全为零的数.

例 1 求下列方阵 $\boldsymbol{A}$ 的特征值与特征向量.

(1) $\boldsymbol{A}=\begin{pmatrix}1&1&1\\1&-1&1\\1&-1&1\end{pmatrix}$; (2) $\boldsymbol{A}=\begin{pmatrix}3&2&4\\2&0&2\\4&2&3\end{pmatrix}$.

解 (1) 先求特征值 λ.

$$|\lambda\boldsymbol{E}-\boldsymbol{A}|=\begin{vmatrix}\lambda-1&-1&-1\\-1&\lambda+1&-1\\-1&1&\lambda-1\end{vmatrix}=\begin{vmatrix}\lambda-1&-1&-1\\-1&\lambda+1&-1\\0&-\lambda&\lambda\end{vmatrix}$$

$$=\begin{vmatrix}\lambda-1&-2&-1\\-1&\lambda&-1\\0&0&\lambda\end{vmatrix}=\lambda(\lambda+1)(\lambda-2)\xlongequal{\text{令}}0,$$

得特征值为 $\lambda_1=-1, \lambda_2=0, \lambda_3=2$.

再解齐次线性方程组 $(\lambda_i\boldsymbol{E}-\boldsymbol{A})\boldsymbol{x}=\boldsymbol{0}\ (i=1, 2, 3)$.求基础解系,即为特征向量.

当 $\lambda_1=-1$ 时,解齐次线性方程组 $(-\boldsymbol{E}-\boldsymbol{A})\boldsymbol{x}=\boldsymbol{0}$.

$$-\boldsymbol{E}-\boldsymbol{A}=\begin{pmatrix}-2&-1&-1\\-1&0&-1\\-1&1&-2\end{pmatrix}\to\begin{pmatrix}1&0&1\\0&1&-1\\0&0&0\end{pmatrix}.$$

得同解方程组为

$$\begin{cases}x_1=-x_3,\\x_2=x_3.\end{cases}$$

令 $x_3=k_1(k_1\in\mathbf{R})$,通解为 $\begin{pmatrix}x_1\\x_2\\x_3\end{pmatrix}=k_1\begin{pmatrix}-1\\1\\1\end{pmatrix}$,可得基础解系 $\boldsymbol{p}_1=\begin{pmatrix}-1\\1\\1\end{pmatrix}$.

$\boldsymbol{p}_1$ 是 $\boldsymbol{A}$ 的属于特征值 $\lambda_1=-1$ 时的特征向量,而 $\boldsymbol{A}$ 的属于 $\lambda_1=-1$ 的全部特

征向量为 $k_1 \boldsymbol{p}_1 (k_1 \neq 0)$.

当 $\lambda_2 = 0$ 时,解齐次线性方程组 $(0\boldsymbol{E} - \boldsymbol{A})\boldsymbol{x} = \boldsymbol{0}$,即 $-\boldsymbol{A}\boldsymbol{x} = \boldsymbol{0}$.

$$-\boldsymbol{A} = \begin{pmatrix} -1 & -1 & -1 \\ -1 & 1 & -1 \\ -1 & 1 & -1 \end{pmatrix} \to \begin{pmatrix} 1 & 1 & 1 \\ 0 & 2 & 0 \\ 0 & 0 & 0 \end{pmatrix} \to \begin{pmatrix} 1 & 0 & 1 \\ 0 & 1 & 0 \\ 0 & 0 & 0 \end{pmatrix}.$$

得同解方程组为

$$\begin{cases} x_1 = -x_3, \\ x_2 = 0. \end{cases}$$

令 $x_3 = k_2 (k_2 \in \mathbf{R})$,通解为 $\begin{pmatrix} x_1 \\ x_2 \\ x_3 \end{pmatrix} = k_2 \begin{pmatrix} -1 \\ 0 \\ 1 \end{pmatrix}$,可得基础解系 $\boldsymbol{p}_2 = \begin{pmatrix} -1 \\ 0 \\ 1 \end{pmatrix}$.

$\boldsymbol{p}_2$ 是 $\boldsymbol{A}$ 的属于特征值 $\lambda_2 = 0$ 时的特征向量,而 $\boldsymbol{A}$ 的属于 $\lambda_2 = 0$ 的全部特征向量是 $k_2 \boldsymbol{p}_2 (k_2 \neq 0)$.

当 $\lambda_3 = 2$ 时,解齐次线性方程 $(2\boldsymbol{E} - \boldsymbol{A})\boldsymbol{x} = \boldsymbol{0}$.

$$2\boldsymbol{E} - \boldsymbol{A} = \begin{pmatrix} 1 & -1 & -1 \\ -1 & 3 & -1 \\ -1 & 1 & 1 \end{pmatrix} \to \begin{pmatrix} 1 & -1 & -1 \\ 0 & 1 & -1 \\ 0 & 0 & 0 \end{pmatrix} \to \begin{pmatrix} 1 & 0 & -2 \\ 0 & 1 & -1 \\ 0 & 0 & 0 \end{pmatrix}.$$

得同解方程组为

$$\begin{cases} x_1 = 2x_3, \\ x_2 = x_3. \end{cases}$$

令 $x_3 = k_3 (k_3 \in \mathbf{R})$,通解为 $\begin{pmatrix} x_1 \\ x_2 \\ x_3 \end{pmatrix} = k_3 \begin{pmatrix} 2 \\ 1 \\ 1 \end{pmatrix}$,可得基础解系 $\boldsymbol{p}_3 = \begin{pmatrix} 2 \\ 1 \\ 1 \end{pmatrix}$.

$\boldsymbol{p}_3$ 是 $\boldsymbol{A}$ 的属于特征值 $\lambda_3 = 2$ 时的特征向量,而 $\boldsymbol{A}$ 的属于 $\lambda_3 = 2$ 的全部特征向量是 $k_3 \boldsymbol{p}_3 (k_3 \neq 0)$.

(2) 先求特征值.

$$|\lambda\boldsymbol{E} - \boldsymbol{A}| = \begin{vmatrix} \lambda-3 & -2 & -4 \\ -2 & \lambda & -2 \\ -4 & -2 & \lambda-3 \end{vmatrix} = \begin{vmatrix} \lambda-3 & -2 & -4 \\ -2 & \lambda & -2 \\ 0 & -2(1+\lambda) & \lambda+1 \end{vmatrix}$$

$$= (\lambda+1)\begin{vmatrix} \lambda-3 & -2 & -4 \\ -2 & \lambda & -2 \\ 0 & -2 & 1 \end{vmatrix} = (\lambda+1)\begin{vmatrix} \lambda-3 & -10 & -4 \\ -2 & \lambda-4 & -2 \\ 0 & 0 & 1 \end{vmatrix}$$

$$= (\lambda+1)(\lambda^2-7\lambda-8) = (\lambda-8)(\lambda+1)^2 \overset{令}{=\!=} 0,$$

得特征值为 $\lambda_1 = 8$, $\lambda_2 = \lambda_3 = -1$(二重根).

再求特征向量.

当 $\lambda_1 = 8$ 时,解齐次线性方程组 $(8\boldsymbol{E}-\boldsymbol{A})\boldsymbol{x} = \boldsymbol{0}$.

$$8\boldsymbol{E}-\boldsymbol{A} = \begin{pmatrix} 5 & -2 & -4 \\ -2 & 8 & -2 \\ -4 & -2 & 5 \end{pmatrix} \to \begin{pmatrix} 1 & -4 & 1 \\ 0 & -18 & 9 \\ 0 & 18 & -9 \end{pmatrix} \to \begin{pmatrix} 1 & -2 & 0 \\ 0 & -2 & 1 \\ 0 & 0 & 0 \end{pmatrix}.$$

得同解方程组为

$$\begin{cases} x_1 = 2x_2, \\ x_3 = 2x_2. \end{cases}$$

令 $x_2 = k_1 (k_1 \in \mathbf{R})$,通解为 $\begin{pmatrix} x_1 \\ x_2 \\ x_3 \end{pmatrix} = k_1 \begin{pmatrix} 2 \\ 1 \\ 2 \end{pmatrix}$,基础解系 $\boldsymbol{p}_1 = \begin{pmatrix} 2 \\ 1 \\ 2 \end{pmatrix}$ 是 $\boldsymbol{A}$ 的属于 $\lambda = 8$ 的特征向量,而 $\boldsymbol{A}$ 的属于 $\lambda = 8$ 的全部特征向量是 $k_1\boldsymbol{p}_1 (k_1 \neq 0)$.

当 $\lambda_2 = \lambda_3 = -1$ 时,解齐次线性方程组 $(-\boldsymbol{E}-\boldsymbol{A})\boldsymbol{x} = \boldsymbol{0}$.

$$-\boldsymbol{E}-\boldsymbol{A} = \begin{pmatrix} -4 & -2 & -4 \\ -2 & -1 & -2 \\ -4 & -2 & -4 \end{pmatrix} \to \begin{pmatrix} 2 & 1 & 2 \\ 0 & 0 & 0 \\ 0 & 0 & 0 \end{pmatrix}.$$

得同解方程组 $x_2 = -2x_1 - 2x_3$.

令 $x_1 = k_2$, $x_3 = k_3 (k_2, k_3 \in \mathbf{R})$,通解为 $\begin{pmatrix} x_1 \\ x_2 \\ x_3 \end{pmatrix} = k_2 \begin{pmatrix} 1 \\ -2 \\ 0 \end{pmatrix} + k_3 \begin{pmatrix} 0 \\ -2 \\ 1 \end{pmatrix}$,得 $\boldsymbol{A}$ 的属于 $\lambda = -1$ 的特征向量为 $\boldsymbol{p}_2 = \begin{pmatrix} 1 \\ -2 \\ 0 \end{pmatrix}$, $\boldsymbol{p}_3 = \begin{pmatrix} 0 \\ -2 \\ 1 \end{pmatrix}$,而 $\boldsymbol{A}$ 的属于 $\lambda = -1$ 的全部特征向量为 $k_2\boldsymbol{p}_2 + k_3\boldsymbol{p}_3 (k_2, k_3$ 不全为零).

说明 （1）不难看出上述两题中 $\boldsymbol{p}_1, \boldsymbol{p}_2, \boldsymbol{p}_3$ 线性无关.

（2）如何保证 $\boldsymbol{p}_1, \boldsymbol{p}_2, \boldsymbol{p}_3$ 线性无关呢？首先，不同的特征值对应的特征向量必线性无关；其次，对于二重根 $\lambda=-1$ 对应齐次线性方程组的全部非零解中，有两个自由未知量 x_1, x_3，我们取 (x_1, x_3) 的如下两种取法 $k_2(1, 0)$，$k_3(0, 1)$ 对应得到 $\boldsymbol{p}_2=\begin{pmatrix}1\\-2\\0\end{pmatrix}$，$\boldsymbol{p}_3=\begin{pmatrix}0\\-2\\1\end{pmatrix}$ 必线性无关.

这是因为，$\begin{pmatrix}1\\0\end{pmatrix}$，$\begin{pmatrix}0\\1\end{pmatrix}$ 线性无关，扩充维数后，得到 $\boldsymbol{p}_2, \boldsymbol{p}_3$ 也线性无关. 由此可以看到，只要取自由未知量所组成的向量线性无关就行了.

4.2.3 特征值与特征向量的基本性质

性质 1 n 阶方阵 $\boldsymbol{A}$ 与它的转置方阵 $\boldsymbol{A}^{\mathrm{T}}$ 有相同的特征值.

证明 因为 $|\lambda\boldsymbol{E}-\boldsymbol{A}|=|(\lambda\boldsymbol{E}-\boldsymbol{A})^{\mathrm{T}}|=|(\lambda\boldsymbol{E})^{\mathrm{T}}-\boldsymbol{A}^{\mathrm{T}}|=|\lambda\boldsymbol{E}-\boldsymbol{A}^{\mathrm{T}}|$，所以方阵 $\boldsymbol{A}$ 与 $\boldsymbol{A}^{\mathrm{T}}$ 有相同的特征多项式，故 $\boldsymbol{A}$ 与 $\boldsymbol{A}^{\mathrm{T}}$ 有相同的特征值.

性质 2 设 λ_1, λ_2 是 n 阶方阵 $\boldsymbol{A}$ 的两个不同的特征值. $\boldsymbol{p}_1, \boldsymbol{p}_2, \cdots, \boldsymbol{p}_t$ 是对应于 λ_1 的线性无关的特征向量；$\boldsymbol{q}_1, \boldsymbol{q}_2, \cdots, \boldsymbol{q}_s$ 是对应于 λ_2 的线性无关的特征向量，则 $\boldsymbol{p}_1, \boldsymbol{p}_2, \cdots, \boldsymbol{p}_t, \boldsymbol{q}_1, \boldsymbol{q}_2, \cdots, \boldsymbol{q}_s$ 线性无关.

性质 3 设 n 阶方阵 $\boldsymbol{A}$ 有 n 个特征值为 $\lambda_1, \lambda_2, \cdots, \lambda_n$，则

（1）$a_{11}+a_{22}+\cdots+a_{nn}=\lambda_1+\lambda_2+\cdots+\lambda_n$；

（2）$|\boldsymbol{A}|=\lambda_1\lambda_2\cdots\lambda_n$.

证明 当 $n=2$ 时，$\boldsymbol{A}=\begin{pmatrix}a_{11} & a_{12}\\ a_{21} & a_{22}\end{pmatrix}$.

$$f(\lambda)=|\lambda\boldsymbol{E}-\boldsymbol{A}|=\begin{vmatrix}\lambda-a_{11} & -a_{12}\\ -a_{21} & \lambda-a_{22}\end{vmatrix} \tag{1}$$

$$=\lambda^2-(a_{11}+a_{22})\lambda+(a_{11}a_{22}-a_{12}a_{21}).$$

又
$$f(\lambda)=(\lambda-\lambda_1)(\lambda-\lambda_2)=\lambda^2-(\lambda_1+\lambda_2)\lambda+\lambda_1\lambda_2. \tag{2}$$

比较式(1)，式(2)，有

$$a_{11}+a_{22}=\lambda_1+\lambda_2, \quad |\boldsymbol{A}|=\lambda_1\lambda_2.$$

对于任意 n 阶矩阵 $\boldsymbol{A}$，上述证法仍成立，即 $f(\lambda)=|\lambda\boldsymbol{E}-\boldsymbol{A}|$. 利用行列式的性质，得 $f(0)=(-1)^n|\boldsymbol{A}|$，且

$$f(\lambda)=\begin{vmatrix}\lambda-a_{11} & -a_{12} & \cdots & -a_{1n}\\ -a_{21} & \lambda-a_{22} & \cdots & -a_{2n}\\ \vdots & \vdots & & \vdots\\ -a_{n1} & -a_{n2} & \cdots & \lambda-a_{nn}\end{vmatrix}$$

$$=\lambda^n-(a_{11}+a_{22}+\cdots+a_{nn})\lambda^{n-1}+\cdots+(-1)^n\,|\boldsymbol{A}|.$$

由于 $\boldsymbol{A}$ 的所有特征值为 $\lambda_1,\lambda_2,\cdots,\lambda_n$,故又有

$$\begin{aligned}f(\lambda)&=(\lambda-\lambda_1)(\lambda-\lambda_2)\cdots(\lambda-\lambda_n)\\&=\lambda^n-(\lambda_1+\lambda_2+\cdots+\lambda_n)\lambda^{n-1}+\cdots+(-1)^n\lambda_1\lambda_2\cdots\lambda_n.\end{aligned}$$

比较以上两式右端 λ^{n-1} 的系数及常数项可得性质 3.

推论 n 阶方阵 $\boldsymbol{A}$ 可逆的充要条件是 $\boldsymbol{A}$ 的 n 个特征值全不为零.

性质 4 设存在多项式 $f(x)=a_nx^n+a_{n-1}x^{n-1}+\cdots+a_1x+a_0$,$\lambda$ 是方阵 $\boldsymbol{A}$ 的一个特征值,$\boldsymbol{x}$ 是其对应的一个特征向量,则 $f(\lambda)=a_n\lambda^n+a_{n-1}\lambda^{n-1}+\cdots+a_1\lambda+a_0$ 是矩阵多项式 $f(\boldsymbol{A})=a_n\boldsymbol{A}^n+a_{n-1}\boldsymbol{A}^{n-1}+\cdots+a_1\boldsymbol{A}+a_0\boldsymbol{E}$ 的一个特征值,$\boldsymbol{x}$ 仍是其对应的一个特征向量.

证明 已知 $\boldsymbol{E}$ 的特征值为 1,$\boldsymbol{A}$ 的特征值为 λ,即 $\boldsymbol{Ax}=\lambda\boldsymbol{x}$,$a_1\boldsymbol{A}$ 的特征值为 $a_1\lambda$,即 $a_1\boldsymbol{Ax}=a_1\lambda\boldsymbol{x}$,$a_2\boldsymbol{A}^2$ 的特征值为 $a_2\lambda^2$,即 $a_2\boldsymbol{A}^2\boldsymbol{x}=a_2\lambda\boldsymbol{Ax}=a_2\lambda^2\boldsymbol{x}$.

同理可知,$a_k\boldsymbol{A}^k$ 的特征值为 $a_k\lambda^k$,$\cdots$,$a_n\boldsymbol{A}^n$ 的特征值为 $a_n\lambda^n$.

所以 $f(\boldsymbol{A})=a_n\boldsymbol{A}^n+a_{n-1}\boldsymbol{A}^{n-1}+\cdots+a_1\boldsymbol{A}+a_0\boldsymbol{E}$ 的特征值为

$$f(\lambda)=a_n\lambda^n+a_{n-1}\lambda^{n-1}+\cdots+a_1\lambda+a_0.$$

例 2 已知 n 阶方阵 $\boldsymbol{A}$ 为可逆矩阵,λ 是 $\boldsymbol{A}$ 的一个特征值,相应的特征向量为 $\boldsymbol{x}$,求 $\boldsymbol{A}^{-1}$,$\boldsymbol{A}^*$ 的一个特征值与特征向量.

解 已知 $\boldsymbol{Ax}=\lambda\boldsymbol{x}$,因为 $\boldsymbol{A}$ 可逆,所以 $\lambda\neq0$.

方程两边左乘 $\boldsymbol{A}^{-1}$,得 $\boldsymbol{x}=\lambda\boldsymbol{A}^{-1}\boldsymbol{x}$,则 $\boldsymbol{A}^{-1}\boldsymbol{x}=\dfrac{1}{\lambda}\boldsymbol{x}$,故 $\dfrac{1}{\lambda}$ 是 $\boldsymbol{A}^{-1}$ 的一个特征值,对应的特征向量仍然是 $\boldsymbol{x}$.

由于 $\boldsymbol{A}^{-1}=\dfrac{1}{|\boldsymbol{A}|}\boldsymbol{A}^*$,则有 $\dfrac{1}{|\boldsymbol{A}|}\boldsymbol{A}^*\boldsymbol{x}=\dfrac{1}{\lambda}\boldsymbol{x}$,得 $\boldsymbol{A}^*\boldsymbol{x}=\dfrac{|\boldsymbol{A}|}{\lambda}\boldsymbol{x}$,所以 $\dfrac{|\boldsymbol{A}|}{\lambda}$ 是 $\boldsymbol{A}^*$ 的一个特征值,对应的特征向量仍然是 $\boldsymbol{x}$.

例 3 已知 n 阶方阵 $\boldsymbol{A}$ 满足 $\boldsymbol{A}^2=\boldsymbol{A}$,证明 $\boldsymbol{A}$ 的特征值只能是 0 或 1.

证明 **方法 1** 由 $\boldsymbol{A}^2-\boldsymbol{A}=\boldsymbol{O}$,得 $-\boldsymbol{A}(\boldsymbol{E}-\boldsymbol{A})=\boldsymbol{O}$,有 $|0\boldsymbol{E}-\boldsymbol{A}|\,|\boldsymbol{E}-\boldsymbol{A}|=0$,可知 $\boldsymbol{A}$ 的特征值只能是 0 或 1,故 $\lambda=0$ 或 $\lambda=1$.

方法 2 设 λ 是方阵 $\boldsymbol{A}$ 的特征值，则 $\varphi(\boldsymbol{A})=\boldsymbol{A}^2-\boldsymbol{A}$，其特征值为 $\varphi(\lambda)=\lambda^2-\lambda=\lambda(\lambda-1)$，由于 $\varphi(\boldsymbol{A})=\boldsymbol{O}$，所以 $\lambda(\lambda-1)=0$，故 $\boldsymbol{A}$ 的特征值只能是 0 或 1.

方法 3 设 λ 是方阵 $\boldsymbol{A}$ 的特征值，则 $\boldsymbol{A}\boldsymbol{x}=\lambda\boldsymbol{x}$，$\boldsymbol{A}^2\boldsymbol{x}=\lambda^2\boldsymbol{x}$，因为 $\boldsymbol{A}^2=\boldsymbol{A}$，有 $\lambda^2\boldsymbol{x}=\lambda\boldsymbol{x}$，$\lambda^2=\lambda$，所以 $\lambda(\lambda-1)=0$，故 $\boldsymbol{A}$ 的特征值只能是 0 或 1.

例 4 求证 n 阶方阵 $\boldsymbol{A}$ 所对应的行列式 $|\boldsymbol{A}|=0$ 的充分必要条件是 $\boldsymbol{A}$ 的一个特征值 $\lambda=0$.

证明 充分性. $\lambda=0$ 是 $\boldsymbol{A}$ 的一个特征值，有

$$|\lambda\boldsymbol{E}-\boldsymbol{A}|=|0\boldsymbol{E}-\boldsymbol{A}|=|-\boldsymbol{A}|=0,$$

则 $|\boldsymbol{A}|=0$.

必要性. $|\boldsymbol{A}|=0$，则 $R(\boldsymbol{A})<n$，可知齐次线性方程组 $\boldsymbol{A}\boldsymbol{x}=\boldsymbol{0}$ 有非零解，则 $\boldsymbol{A}\boldsymbol{x}=0\boldsymbol{x}=\boldsymbol{0}$，故 $\lambda=0$ 是 $\boldsymbol{A}$ 的一个特征值.

例 5 设 n 阶方阵 $\boldsymbol{A}$ 是正交矩阵，且 $|\boldsymbol{A}|=-1$，证明 $\boldsymbol{A}$ 有特征值 -1.

证明 因为

$$\begin{aligned}|-\boldsymbol{E}-\boldsymbol{A}|&=|-\boldsymbol{A}^{\mathrm{T}}\boldsymbol{A}-\boldsymbol{A}|=|(-\boldsymbol{A}^{\mathrm{T}}-\boldsymbol{E})\boldsymbol{A}|=|(-\boldsymbol{E}-\boldsymbol{A}^{\mathrm{T}})||\boldsymbol{A}|\\&=-|(-\boldsymbol{E}-\boldsymbol{A})^{\mathrm{T}}|=-|-\boldsymbol{E}-\boldsymbol{A}|,\end{aligned}$$

则 $2|-\boldsymbol{E}-\boldsymbol{A}|=0$，即 $|-\boldsymbol{E}-\boldsymbol{A}|=0$，所以 $\boldsymbol{A}$ 的特征值为 -1.

例 6 设 $\boldsymbol{A}$，$\boldsymbol{B}$ 都是 n 阶方阵，且 $\boldsymbol{A}$ 可逆，证明 $\boldsymbol{AB}$ 与 $\boldsymbol{BA}$ 有相同的特征值 .

证明 因为 $\boldsymbol{E}=\boldsymbol{A}^{-1}\boldsymbol{E}\boldsymbol{A}$，$|\boldsymbol{A}^{-1}||\boldsymbol{A}|=1$，则

$$\begin{aligned}|\lambda\boldsymbol{E}-\boldsymbol{AB}|&=|\boldsymbol{A}^{-1}||\lambda\boldsymbol{E}-\boldsymbol{AB}||\boldsymbol{A}|=|\boldsymbol{A}^{-1}(\lambda\boldsymbol{E}-\boldsymbol{AB})\boldsymbol{A}|\\&=|\lambda\boldsymbol{A}^{-1}\boldsymbol{E}\boldsymbol{A}-\boldsymbol{A}^{-1}\boldsymbol{ABA}|=|\lambda\boldsymbol{E}-\boldsymbol{BA}|,\end{aligned}$$

所以，$\boldsymbol{AB}$ 与 $\boldsymbol{BA}$ 有相同的特征值.

习 题 4.2

1. 求下列方阵的特征值与所对应的特征向量.

(1) $\begin{pmatrix}6&2&4\\2&3&2\\4&2&6\end{pmatrix}$；　(2) $\begin{pmatrix}2&1&1\\0&1&-1\\0&1&3\end{pmatrix}$；

(3) $\begin{pmatrix}2&-2&0\\-2&1&-2\\0&-2&0\end{pmatrix}$；　(4) $\begin{pmatrix}3&1&0\\-4&-1&0\\-8&-4&-1\end{pmatrix}$.

2. 设 $\boldsymbol{A}$ 是 n 阶方阵，$\boldsymbol{A}^2=\boldsymbol{E}$，证明 $\boldsymbol{A}$ 的特征值是 1 或 −1.

3. 已知 $\boldsymbol{p}=\begin{pmatrix}1\\1\\-1\end{pmatrix}$ 是矩阵 $\boldsymbol{A}=\begin{pmatrix}2&-1&2\\5&a&3\\-1&b&-2\end{pmatrix}$ 的一个特征向量，求参数 a，b 及特征向量 $\boldsymbol{p}$ 所对应的特征值.

4. 设 λ 是方阵 $\boldsymbol{A}$ 的特征值，证明：(1) $k\lambda$ 是 $k\boldsymbol{A}$ 的特征值；(2) λ^3 是 $\boldsymbol{A}^3$ 的特征值.

5. 设方阵 $\boldsymbol{A}$ 有特征值 $\lambda_1=2$，$\lambda_2=-1$，$\boldsymbol{x}_1=(1,-2,2)^{\mathrm{T}}$ 和 $\boldsymbol{x}_2(-2,-1,-2)^{\mathrm{T}}$ 分别是对应的特征向量.

(1) 证明 $\boldsymbol{x}_1+\boldsymbol{x}_2$ 不是 $\boldsymbol{A}$ 的特征向量；

(2) 试将向量 $\boldsymbol{\beta}=(3,4,-6)^{\mathrm{T}}$ 表示成 $\boldsymbol{x}_1$ 和 $\boldsymbol{x}_2$ 的线性组合，并求 $\boldsymbol{A\beta}$.

6. 设 n 阶方阵 $\boldsymbol{A}$ 满足 $\boldsymbol{A}^2-3\boldsymbol{A}+2\boldsymbol{E}=\boldsymbol{O}$，证明 $\boldsymbol{A}$ 的特征值只能是 1 或 2.

7. 设 n 阶方阵 $\boldsymbol{A}$ 满足 $\boldsymbol{A}^2+2\boldsymbol{A}+\boldsymbol{E}=\boldsymbol{O}$，求 $\boldsymbol{A}$ 的特征值.

8. 已知三阶方阵 $\boldsymbol{A}$ 的特征值为 1，−1，2.

(1) 求 $|\boldsymbol{A}|$，$\boldsymbol{A}^{-1}$ 与 $\boldsymbol{A}^{\mathrm{T}}$ 的特征值；

(2) 设矩阵 $\boldsymbol{B}=\boldsymbol{A}^3-5\boldsymbol{A}^2$，求矩阵 $\boldsymbol{B}$ 的特征值；

(3) 求 $|\boldsymbol{A}^{-1}+\boldsymbol{E}|$.

9. (1) 设三阶方阵 $\boldsymbol{A}$ 的特征值为 1,2,2，$\boldsymbol{E}$ 为三阶单位矩阵，求行列式 $|4\boldsymbol{A}^{-1}-\boldsymbol{E}|$ 的值；

(2) 设三阶方阵 $\boldsymbol{A}$ 的特征值为 $\frac{1}{2}$，$\frac{1}{2}$，$\frac{1}{3}$，$\boldsymbol{E}$ 为三阶单位矩阵，求行列式 $\left|\left(\frac{1}{2}\boldsymbol{A}^2\right)^{-1}12\boldsymbol{A}^*-\boldsymbol{E}\right|$ 的值.

10. 设方阵 $\boldsymbol{A}$ 有一个特征值为 $\lambda=2$，证明 $\boldsymbol{B}=\boldsymbol{A}^2-\boldsymbol{A}+2\boldsymbol{E}$ 有一个特征值 4.

4.3 相似矩阵

第 3 章讨论了两个矩阵的等价关系，现在进一步讨论两个矩阵的相似关系. 矩阵的相似关系可以用来简化矩阵的计算，我们重点研究矩阵的对角化问题.

4.3.1 相似矩阵及其性质

定义 1 设 $\boldsymbol{A}$，$\boldsymbol{B}$ 为 n 阶方阵，如果存在一个可逆矩阵 $\boldsymbol{C}$，使 $\boldsymbol{C}^{-1}\boldsymbol{AC}=\boldsymbol{B}$，则称 $\boldsymbol{A}$ **相似于** $\boldsymbol{B}$，$\boldsymbol{C}^{-1}\boldsymbol{AC}$ 称为对 $\boldsymbol{A}$ 的**相似变换**，$\boldsymbol{C}$ 称为把 $\boldsymbol{A}$ 变为 $\boldsymbol{B}$ 的**相似变换矩阵**.

相似矩阵具有以下性质：

若 $\boldsymbol{A}$ 与 $\boldsymbol{B}$ 相似，则

性质 1 $|\lambda\boldsymbol{E}-\boldsymbol{A}|=|\lambda\boldsymbol{E}-\boldsymbol{B}|$.

即相似矩阵的特征多项式相同，从而 $\boldsymbol{A}$ 与 $\boldsymbol{B}$ 的特征值也相同.

证明 $|\lambda\boldsymbol{E}-\boldsymbol{B}|=|\lambda\boldsymbol{E}-\boldsymbol{C}^{-1}\boldsymbol{AC}|=|\lambda\boldsymbol{C}^{-1}\boldsymbol{EC}-\boldsymbol{C}^{-1}\boldsymbol{AC}|$

$$= |C^{-1}(\lambda E - A)C| = |C^{-1}||\lambda E - A||C| = |\lambda E - A|.$$

性质 2 相似矩阵的对应的行列式的值相等，即

$$|B| = |C^{-1}AC| = |C^{-1}||A||C| = |A|.$$

性质 3 相似矩阵的秩相等，即 $R(A) = R(B)$.

性质 4 如果 n 阶方阵 A 与对角阵

$$\Lambda = \begin{pmatrix} \lambda_1 & & & \\ & \lambda_2 & & \\ & & \ddots & \\ & & & \lambda_n \end{pmatrix}$$

相似，则 $\lambda_1, \lambda_2, \cdots, \lambda_n$ 就是 A 的 n 个特征值.

证明 因为 $\lambda_1, \lambda_2, \cdots, \lambda_n$ 是对角阵 Λ 的 n 个特征值，且 A 相似于 Λ，由性质 1 可知，$\lambda_1, \lambda_2, \cdots, \lambda_n$ 也是 A 与 B 的 n 个特征值，且根据特征值性质 3 可得

$$\sum_{i=1}^{n} a_{ii} = \sum_{i=1}^{n} b_{ii} = \sum_{i=1}^{n} \lambda_i, \quad |A| = |B| = \lambda_1\lambda_2\cdots\lambda_n.$$

性质 5 A^m 相似于 B^m（m 为正整数）.

证明 由于 $B=C^{-1}AC$，则

$$\begin{aligned} B^m &= (C^{-1}AC)^m = (C^{-1}AC)(C^{-1}AC)\cdots(C^{-1}AC) \\ &= C^{-1}A(CC^{-1})A(CC^{-1})A\cdots(CC^{-1})AC = C^{-1}A^mC, \end{aligned}$$

所以 A^m 相似于 B^m.

性质 6 设多项式 $f(x) = a_nx^n + a_{n-1}x^{n-1} + \cdots + a_1x + a_0$，则 $f(A)$ 相似于 $f(B)$.

证明 由于 $B = C^{-1}AC$，则

$$\begin{aligned} C^{-1}f(A)C &= C^{-1}(a_nA^n + a_{n-1}A^{n-1} + \cdots + a_1A + a_0E)C \\ &= a_nC^{-1}A^nC + a_{n-1}C^{-1}A^{n-1}C + \cdots + a_1C^{-1}AC + a_0E \\ &= a_nB^n + a_{n-1}B^{n-1} + \cdots + a_1B + a_0E = f(B), \end{aligned}$$

所以 $f(A)$ 相似于 $f(B)$.

例 1 设 $A = \begin{pmatrix} 1 & 0 & 0 \\ 0 & 2 & 1 \\ 0 & 1 & a \end{pmatrix}$，$B = \begin{pmatrix} 1 & -1 & 0 \\ 0 & b & 2 \\ 0 & 0 & 1 \end{pmatrix}$，且 A 相似于 B，求：

(1) 参数 a, b； (2) $|5E - A|$.

解 (1) 由相似矩阵的性质,有

$$\begin{cases}|\boldsymbol{A}|=|\boldsymbol{B}|,\\ \sum_{i=1}^{3}a_{ii}=\sum_{i=1}^{3}b_{ii}=\sum_{i=1}^{3}\lambda_i,\end{cases}\quad \text{即}\quad \begin{cases}2a-1=b,\\ 3+a=2+b.\end{cases}$$

解得 $a=2$, $b=3$.

(2) $|5\boldsymbol{E}-\boldsymbol{A}|=|5\boldsymbol{E}-\boldsymbol{B}|=\begin{vmatrix}4 & 0 & 0\\ 0 & 3 & -1\\ 0 & -1 & 3\end{vmatrix}=32.$

例 2 设 $\boldsymbol{A}=\begin{pmatrix}2 & 0 & 0\\ 0 & 0 & 1\\ 0 & 1 & x\end{pmatrix}$, $\boldsymbol{\Lambda}=\begin{pmatrix}2 & 0 & 0\\ 0 & y & 0\\ 0 & 0 & -1\end{pmatrix}$, $\boldsymbol{A}$ 相似于 $\boldsymbol{\Lambda}$,求:

(1) x, y; (2) $|\boldsymbol{A}+3\boldsymbol{E}|$.

解 (1) 由相似矩阵的性质,有

$$\begin{cases}2+x=1+y,\\ -2=-2y,\end{cases}$$

解得 $x=0$, $y=1$.

(2) **方法 1** $|\boldsymbol{A}+3\boldsymbol{E}|=|\boldsymbol{\Lambda}+3\boldsymbol{E}|=\begin{vmatrix}5 & & \\ & 4 & \\ & & 2\end{vmatrix}=40.$

方法 2 $\boldsymbol{A}$ 的特征值为 2, 1, −1; $\boldsymbol{A}+3\boldsymbol{E}$ 的特征值为 5, 4, 2,则

$$|\boldsymbol{A}+3\boldsymbol{E}|=5\times 4\times 2=40.$$

例 3 已知 n 阶方阵 $\boldsymbol{A}$, $\boldsymbol{B}$ 满足 $\boldsymbol{A}$ 相似于 $\boldsymbol{B}$,求证:(1) $k\boldsymbol{A}-\boldsymbol{E}$ 相似于 $k\boldsymbol{B}-\boldsymbol{E}$; (2) 若 $\boldsymbol{A}$, $\boldsymbol{B}$ 可逆,则 $\boldsymbol{A}^{-1}$ 相似于 $\boldsymbol{B}^{-1}$, $\boldsymbol{A}^*$ 相似于 $\boldsymbol{B}^*$.

证明 已知 $\boldsymbol{A}$ 相似于 $\boldsymbol{B}$,则 $\boldsymbol{B}=\boldsymbol{C}^{-1}\boldsymbol{A}\boldsymbol{C}$,

$$k\boldsymbol{B}-\boldsymbol{E}=k\boldsymbol{C}^{-1}\boldsymbol{A}\boldsymbol{C}-\boldsymbol{E}=\boldsymbol{C}^{-1}k\boldsymbol{A}\boldsymbol{C}-\boldsymbol{C}^{-1}\boldsymbol{E}\boldsymbol{C}=\boldsymbol{C}^{-1}(k\boldsymbol{A}-\boldsymbol{E})\boldsymbol{C},$$

故 $k\boldsymbol{A}-\boldsymbol{E}$ 相似于 $k\boldsymbol{B}-\boldsymbol{E}$.

(2) 由 $\boldsymbol{B}^{-1}=(\boldsymbol{C}^{-1}\boldsymbol{A}\boldsymbol{C})^{-1}=\boldsymbol{C}^{-1}\boldsymbol{A}^{-1}\boldsymbol{C}$,故 $\boldsymbol{A}^{-1}$ 相似于 $\boldsymbol{B}^{-1}$;

由 $|\boldsymbol{B}|=|\boldsymbol{A}|$,则 $\boldsymbol{B}^*=|\boldsymbol{B}|\boldsymbol{B}^{-1}=|\boldsymbol{A}|\boldsymbol{C}^{-1}\boldsymbol{A}^{-1}\boldsymbol{C}=\boldsymbol{C}^{-1}|\boldsymbol{A}|\boldsymbol{A}^{-1}\boldsymbol{C}=\boldsymbol{C}^{-1}\boldsymbol{A}^*\boldsymbol{C}$, 故 $\boldsymbol{A}^*$ 相似于 $\boldsymbol{B}^*$.

例 4 设三阶方阵 $\boldsymbol{A}$, $\boldsymbol{B}$,且 $\boldsymbol{A}$ 相似于 $\boldsymbol{B}$, $\boldsymbol{A}^{-1}$ 的特征值为 1, 2, 3,求 $|6\boldsymbol{B}-\boldsymbol{E}|$.

解 若 $\boldsymbol{A}$ 的特征值为 λ，则 $\boldsymbol{A}^{-1}$ 的特征值为 $\frac{1}{\lambda}$，所以 $\boldsymbol{A}$ 的特征值为 $1, \frac{1}{2}, \frac{1}{3}$.

由于 $\boldsymbol{A}$ 相似于 $\boldsymbol{B}$，则 $\boldsymbol{A}$ 与 $\boldsymbol{B}$ 有相同的特征值，由相似矩阵的性质可知，$6\boldsymbol{B}-\boldsymbol{E}$ 的特征值为

$$6\times1-1=5,\quad 6\times\frac{1}{2}-1=2,\quad 6\times\frac{1}{3}-1=1,$$

故 $|6\boldsymbol{B}-\boldsymbol{E}|=5\times2\times1=10$.

4.3.2 方阵与对角阵相似的充分必要条件

定义 2 若存在可逆矩阵 $\boldsymbol{C}$，使 $\boldsymbol{C}^{-1}\boldsymbol{A}\boldsymbol{C}=\boldsymbol{\Lambda}$，其中 $\boldsymbol{\Lambda}=\mathrm{diag}(\lambda_1, \lambda_2, \cdots, \lambda_n)$，即方阵 $\boldsymbol{A}$ 相似于对角阵，则称方阵 $\boldsymbol{A}$ 可对角化.

定理 n 阶方阵 $\boldsymbol{A}$ 相似于对角阵的充分必要条件是 $\boldsymbol{A}$ 有 n 个线性无关的特征向量.

证明 因为 n 阶方阵 $\boldsymbol{A}$ 相似于 $\boldsymbol{\Lambda}=\mathrm{diag}(\lambda_1, \lambda_2, \cdots, \lambda_n)$，$\boldsymbol{A}$ 对每一个特征值 λ_k，有对应的特征向量 $\boldsymbol{x}_k(k=1, 2, \cdots, n)$. 由 $\boldsymbol{A}\boldsymbol{x}_k=\lambda_k\boldsymbol{x}_k(k=1, 2, \cdots, n)$，则

$$(\boldsymbol{A}\boldsymbol{x}_1, \boldsymbol{A}\boldsymbol{x}_2, \cdots, \boldsymbol{A}\boldsymbol{x}_n)=(\lambda_1\boldsymbol{x}_1, \lambda_2\boldsymbol{x}_2, \cdots, \lambda_n\boldsymbol{x}_n)$$

$$=(\boldsymbol{x}_1, \boldsymbol{x}_2, \cdots, \boldsymbol{x}_n)\begin{pmatrix}\lambda_1 & 0 & \cdots & 0\\ 0 & \lambda_2 & \cdots & 0\\ \vdots & \vdots & & \vdots\\ 0 & 0 & \cdots & \lambda_n\end{pmatrix}.$$

令 $\boldsymbol{C}=(\boldsymbol{x}_1, \boldsymbol{x}_2, \cdots, \boldsymbol{x}_n)$，$\boldsymbol{\Lambda}=\mathrm{diag}(\lambda_1, \lambda_2, \cdots, \lambda_n)$，因为 n 阶方阵 $\boldsymbol{A}$ 中 λ_k 所对应的特征向量 $\boldsymbol{x}_k\neq\boldsymbol{0}$，则 $\boldsymbol{C}$ 是可逆矩阵，由 $\boldsymbol{A}\boldsymbol{C}=\boldsymbol{C}\boldsymbol{\Lambda}$，得 $\boldsymbol{C}^{-1}\boldsymbol{A}\boldsymbol{C}=\boldsymbol{\Lambda}$.

推论 1 设 $\boldsymbol{A}$ 与 $\boldsymbol{C}$ 都是 n 阶方阵，$\boldsymbol{C}$ 是可逆矩阵，则 $\boldsymbol{C}^{-1}\boldsymbol{A}\boldsymbol{C}=\boldsymbol{\Lambda}$ 当且仅当方阵 $\boldsymbol{C}$ 的第 k 列 $\boldsymbol{x}_k$ 是方阵 $\boldsymbol{A}$ 对应于特征值 $\lambda_k(k=1, 2, \cdots, n)$ 的特征向量，即

$$\boldsymbol{C}=(\boldsymbol{x}_1, \boldsymbol{x}_2, \cdots, \boldsymbol{x}_n).$$

推论 2 若 $\boldsymbol{A}$ 有 n 个不同的特征值，则 $\boldsymbol{A}$ 一定可以对角化.

例 5 求与下列方阵相似的对角阵.

$$(1)\ \boldsymbol{A}=\begin{pmatrix}3 & 1\\ 5 & -1\end{pmatrix};\quad (2)\ \boldsymbol{A}=\begin{pmatrix}4 & 6 & 0\\ -3 & -5 & 0\\ 3 & 6 & 1\end{pmatrix};\quad (3)\ \boldsymbol{A}=\begin{pmatrix}-1 & 1 & 0\\ -4 & 3 & 0\\ 1 & 0 & 2\end{pmatrix}.$$

解 (1) $|\lambda\boldsymbol{E}-\boldsymbol{A}|=\begin{vmatrix}\lambda-3 & -1\\ -5 & \lambda+1\end{vmatrix}=\lambda^2-2\lambda-8=(\lambda-4)(\lambda+2)\overset{\text{令}}{=\!=}0$,

得特征值 $\lambda_1=4$, $\lambda_2=-2$,

当 $\lambda_1=4$ 时,解 $(4\boldsymbol{E}-\boldsymbol{A})\boldsymbol{x}=\boldsymbol{0}$,

$$4\boldsymbol{E}-\boldsymbol{A}=\begin{pmatrix}1 & -1\\ -5 & 5\end{pmatrix}\rightarrow\begin{pmatrix}1 & -1\\ 0 & 0\end{pmatrix}.$$

得同解方程组 $x_1=x_2$,特征向量 $\boldsymbol{p}_1=\begin{pmatrix}1\\1\end{pmatrix}$.

当 $\lambda_2=-2$ 时,解 $(-2\boldsymbol{E}-\boldsymbol{A})\boldsymbol{x}=\boldsymbol{0}$,

$$-2\boldsymbol{E}-\boldsymbol{A}=\begin{pmatrix}-5 & -1\\ -5 & -1\end{pmatrix}\rightarrow\begin{pmatrix}5 & 1\\ 0 & 0\end{pmatrix}.$$

得同解方程组 $5x_1=-x_2$,特征向量 $\boldsymbol{p}_2=\begin{pmatrix}1\\-5\end{pmatrix}$.

若取 $\boldsymbol{C}=(\boldsymbol{p}_1,\ \boldsymbol{p}_2)=\begin{pmatrix}1 & 1\\ 1 & -5\end{pmatrix}$,则 $\boldsymbol{C}^{-1}\boldsymbol{AC}=\boldsymbol{\Lambda}_1$, $\boldsymbol{\Lambda}_1=\begin{pmatrix}4 & 0\\ 0 & -2\end{pmatrix}$. 所以 $\boldsymbol{A}$ 相似于 $\boldsymbol{\Lambda}$($\boldsymbol{C}$ 的选取不唯一),即若取 $\boldsymbol{C}=(\boldsymbol{p}_2,\ \boldsymbol{p}_1)=\begin{pmatrix}1 & 1\\ -5 & 1\end{pmatrix}$,则 $\boldsymbol{C}^{-1}\boldsymbol{AC}=\boldsymbol{\Lambda}_2$, $\boldsymbol{\Lambda}_2=\begin{pmatrix}-2 & 0\\ 0 & 4\end{pmatrix}$,所以 $\boldsymbol{A}$ 相似于 $\boldsymbol{\Lambda}_2$.

(2) $|\lambda\boldsymbol{E}-\boldsymbol{A}|=\begin{vmatrix}\lambda-4 & -6 & 0\\ 3 & \lambda+5 & 0\\ -3 & -6 & \lambda-1\end{vmatrix}=(\lambda+2)(\lambda-1)^2=0$.

得特征值 $\lambda_1=\lambda_2=1$(二重根),$\lambda_3=-2$.

当 $\lambda_1=\lambda_2=1$ 时,解 $(\boldsymbol{E}-\boldsymbol{A})\boldsymbol{x}=\boldsymbol{0}$,

$$\boldsymbol{E}-\boldsymbol{A}=\begin{pmatrix}-3 & -6 & 0\\ 3 & 6 & 0\\ -3 & -6 & 0\end{pmatrix}\rightarrow\begin{pmatrix}1 & 2 & 0\\ 0 & 0 & 0\\ 0 & 0 & 0\end{pmatrix}.$$

得同解方程组 $\begin{cases}x_1=-2x_2,\\ x_3=x_3,\end{cases}$ 特征向量 $\boldsymbol{p}_1=\begin{pmatrix}-2\\1\\0\end{pmatrix}$, $\boldsymbol{p}_2=\begin{pmatrix}0\\0\\1\end{pmatrix}$.

当 $\lambda_3=-2$ 时，解 $(-2\boldsymbol{E}-\boldsymbol{A})\boldsymbol{x}=\boldsymbol{0}$，

$$-2\boldsymbol{E}-\boldsymbol{A}=\begin{pmatrix}-6 & -6 & 0\\ 3 & 3 & 0\\ -3 & -6 & -3\end{pmatrix}\to\begin{pmatrix}1 & 1 & 0\\ 0 & 1 & 1\\ 0 & 0 & 0\end{pmatrix}.$$

得同解方程组 $\begin{cases}x_1=-x_2,\\ x_3=-x_2,\end{cases}$ 特征向量 $\boldsymbol{p}_3=\begin{pmatrix}1\\ -1\\ 1\end{pmatrix}$.

容易验证 $\boldsymbol{p}_1,\boldsymbol{p}_2,\boldsymbol{p}_3$ 线性无关.

令 $\boldsymbol{C}=(\boldsymbol{p}_1,\boldsymbol{p}_2,\boldsymbol{p}_3)=\begin{pmatrix}-2 & 0 & 1\\ 1 & 0 & -1\\ 0 & 1 & 1\end{pmatrix}$，使 $\boldsymbol{C}^{-1}\boldsymbol{AC}=\boldsymbol{\Lambda}=\begin{pmatrix}1 & 0 & 0\\ 0 & 1 & 0\\ 0 & 0 & -2\end{pmatrix}$，则 $\boldsymbol{A}$ 相似于 $\boldsymbol{\Lambda}$.

此例说明了 $\boldsymbol{A}$ 的特征值不全相异时，$\boldsymbol{A}$ 也可能与对角矩阵相似.

(3) $|\lambda\boldsymbol{E}-\boldsymbol{A}|=\begin{vmatrix}\lambda+1 & -1 & 0\\ 4 & \lambda-3 & 0\\ -1 & 0 & \lambda-2\end{vmatrix}=(\lambda-2)(\lambda^2-2\lambda+1)$

$$=(\lambda-2)(\lambda-1)^2=0.$$

得特征值 $\lambda_1=2,\ \lambda_2=\lambda_3=1$.

当 $\lambda_1=2$ 时，解 $(2\boldsymbol{E}-\boldsymbol{A})\boldsymbol{x}=\boldsymbol{0}$，

$$2\boldsymbol{E}-\boldsymbol{A}=\begin{pmatrix}3 & -1 & 0\\ 4 & -1 & 0\\ -1 & 0 & 0\end{pmatrix}\to\begin{pmatrix}1 & 0 & 0\\ 0 & 1 & 0\\ 0 & 0 & 0\end{pmatrix}.$$

得同解方程组 $\begin{cases}x_1=0,\\ x_2=0,\end{cases}$ 取 $x_3=1$，得特征向量 $\boldsymbol{p}_1=\begin{pmatrix}0\\ 0\\ 1\end{pmatrix}$.

当 $\lambda_2=\lambda_3=1$ 时，解 $\boldsymbol{E}-\boldsymbol{A}=\boldsymbol{0}$，

$$\boldsymbol{E}-\boldsymbol{A}=\begin{pmatrix}2 & -1 & 0\\ 4 & -2 & 0\\ -1 & 0 & -1\end{pmatrix}\to\begin{pmatrix}1 & 0 & 1\\ 0 & 1 & 2\\ 0 & 0 & 0\end{pmatrix}.$$

得同解方程组$\begin{cases} x_1=-x_3, \\ x_2=-2x_3, \end{cases}$ 取$x_3=1$，得特征向量$\boldsymbol{p}_2=-\begin{pmatrix}-1\\-2\\1\end{pmatrix}$，则$\boldsymbol{A}$不可对角化.

这是因为方阵$\boldsymbol{A}$对应于$\lambda=1$的线性无关特征向量个数不等于特征值1的代数重数2，故$\boldsymbol{A}$不可对角化.

例6 设三阶方阵$\boldsymbol{A}$的特征值$\lambda_1=0$，$\lambda_2=1$，$\lambda_3=-3$对应的特征向量分别为$\boldsymbol{p}_1=\begin{pmatrix}0\\2\\1\end{pmatrix}$，$\boldsymbol{p}_2=\begin{pmatrix}-2\\1\\1\end{pmatrix}$，$\boldsymbol{p}_3=\begin{pmatrix}0\\1\\-1\end{pmatrix}$，求$\boldsymbol{A}$.

解 因不同的特征值所对应的特征向量一定线性无关，则存在可逆矩阵$\boldsymbol{C}=(\boldsymbol{p}_1, \boldsymbol{p}_2, \boldsymbol{p}_3)$，使

$$\boldsymbol{A}=\boldsymbol{C\Lambda C}^{-1}.$$

其中，$\boldsymbol{C}=\begin{pmatrix}0&-2&0\\2&1&1\\1&1&-1\end{pmatrix}$，$\boldsymbol{\Lambda}=\begin{pmatrix}0&&\\&1&\\&&-3\end{pmatrix}$，$\boldsymbol{C}^{-1}=\dfrac{1}{6}\begin{pmatrix}2&2&2\\-3&0&0\\-1&2&-4\end{pmatrix}$.

则

$$\boldsymbol{A}=\boldsymbol{C\Lambda C}^{-1}=\begin{pmatrix}0&-2&0\\2&1&1\\1&1&-1\end{pmatrix}\begin{pmatrix}0&0&0\\0&1&0\\0&0&-3\end{pmatrix}\cdot\frac{1}{6}\begin{pmatrix}2&2&2\\-3&0&0\\-1&2&-4\end{pmatrix}$$

$$=\frac{1}{6}\begin{pmatrix}0&-2&0\\0&1&-3\\0&1&3\end{pmatrix}\begin{pmatrix}2&2&2\\-3&0&0\\-1&2&-4\end{pmatrix}=\begin{pmatrix}1&0&0\\0&-1&2\\-1&1&-2\end{pmatrix}.$$

一个方阵具备什么条件才能对角化，这是一个复杂的问题. 对此我们不进行一般性的讨论，下节仅讨论$\boldsymbol{A}$为实对称矩阵的情况.

习 题 4.3

1. 已知矩阵$\boldsymbol{A}=\begin{pmatrix}1&-2&-4\\-2&x&-2\\-4&-2&1\end{pmatrix}$与矩阵$\boldsymbol{B}=\begin{pmatrix}5&0&0\\0&y&0\\0&0&-4\end{pmatrix}$相似，求$x$，$y$的值.

2. 求与下列矩阵相似的对角阵.

(1) $\boldsymbol{A}=\begin{pmatrix}2&2&-2\\2&5&-4\\-2&-4&5\end{pmatrix}$； (2) $\boldsymbol{B}=\begin{pmatrix}1&1&-2\\4&0&4\\1&-1&4\end{pmatrix}$.

3. 下列矩阵 $\boldsymbol{A}$ 可对角化吗？若可对角化，求出可逆矩阵 $\boldsymbol{C}$，使$\boldsymbol{C}^{-1}\boldsymbol{AC}$为对角阵.

(1) $\boldsymbol{A}=\begin{pmatrix}1&2&2\\1&2&-1\\-1&1&4\end{pmatrix}$； (2) $\boldsymbol{A}=\begin{pmatrix}-3&1&-1\\-7&5&-1\\-6&6&-2\end{pmatrix}$.

4. 若 $bc>0$，证明矩阵 $\boldsymbol{A}=\begin{pmatrix}a&b\\c&d\end{pmatrix}$ 可对角化.

5. 设方阵 $\boldsymbol{A}$ 满足 $\boldsymbol{Ax}_1=\boldsymbol{x}_1$，$\boldsymbol{Ax}_2=\boldsymbol{0}$，$\boldsymbol{Ax}_3=-\boldsymbol{x}_3$，其中，$\boldsymbol{x}_1=(1,2,2)^{\mathrm{T}}$，$\boldsymbol{x}_2=(0,-1,1)^{\mathrm{T}}$，$\boldsymbol{x}_3=(0,0,1)^{\mathrm{T}}$，求 $\boldsymbol{A}$ 与 $\boldsymbol{A}^5$.

6. 设三阶方阵 $\boldsymbol{A}$ 相似于矩阵 $\boldsymbol{B}=\begin{pmatrix}1&-1&0\\2&2&0\\0&0&3\end{pmatrix}$，求 $|\boldsymbol{A}|$.

4.4 实对称矩阵的对角化

我们已经知道方阵不一定可对角化，但实对称矩阵必定可对角化.

4.4.1 实对称矩阵的性质

性质 1 实对称矩阵的特征值必为实数.

性质 2 实对称矩阵不同的特征值所对应的特征向量必正交.

证明 若 λ_1，λ_2 是实对称矩阵 $\boldsymbol{A}$ 的两个特征值，$\boldsymbol{p}_1$，$\boldsymbol{p}_2$ 是对应的特征向量，当 $\lambda_1\neq\lambda_2$，则 $\boldsymbol{p}_1$，$\boldsymbol{p}_2$ 正交.

因为$\lambda_1\boldsymbol{p}_1=\boldsymbol{Ap}_1$，$\lambda_2\boldsymbol{p}_2=\boldsymbol{Ap}_2$，故

$$\lambda_1\boldsymbol{p}_1^{\mathrm{T}}=(\lambda_1\boldsymbol{p}_1)^{\mathrm{T}}=(\boldsymbol{Ap}_1)^{\mathrm{T}}=\boldsymbol{p}_1^{\mathrm{T}}\boldsymbol{A}^{\mathrm{T}}=\boldsymbol{p}_1^{\mathrm{T}}\boldsymbol{A}.$$

所以 $\lambda_1\boldsymbol{p}_1^{\mathrm{T}}\boldsymbol{p}_2=\boldsymbol{p}_1^{\mathrm{T}}\boldsymbol{Ap}_2=\boldsymbol{p}_1^{\mathrm{T}}(\lambda_2\boldsymbol{p}_2)=\lambda_2\boldsymbol{p}_1^{\mathrm{T}}\boldsymbol{p}_2$.

由上式可得 $(\lambda_1-\lambda_2)\boldsymbol{p}_1^{\mathrm{T}}\boldsymbol{p}_2=\boldsymbol{0}$，则 $\boldsymbol{p}_1^{\mathrm{T}}\boldsymbol{p}_2=\boldsymbol{0}$.

可知 $\boldsymbol{p}_1$ 与 $\boldsymbol{p}_2$ 正交.

性质 3 实对称矩阵 $\boldsymbol{A}$ 正交相似于对角阵 $\boldsymbol{\Lambda}$，而 $\boldsymbol{\Lambda}$ 的主对角线上的元素是 $\boldsymbol{A}$ 的特征值且全为实数. 其中，λ_k 在 $\boldsymbol{\Lambda}$ 的主对角线上出现的次数一定等于对应于 λ_k 的线性无关的特征向量的个数.

这就是说，对称阵不仅相似于对角阵，而且正交相似于对角阵.

定理 设 $\boldsymbol{A}$ 为 n 阶实对称矩阵,则必有正交矩阵 $\boldsymbol{P}$,使

$$\boldsymbol{P}^{-1}\boldsymbol{A}\boldsymbol{P}=\boldsymbol{\Lambda}=\mathrm{diag}(\lambda_1, \lambda_2, \cdots, \lambda_n).$$

其中,$\lambda_1, \lambda_2, \cdots, \lambda_n$ 是 $\boldsymbol{A}$ 的特征值.

4.4.2 实对称矩阵对角化的步骤

第一步,求出 n 阶对称矩阵 $\boldsymbol{A}$ 的全部不同的特征值 $\lambda_1, \lambda_2, \cdots, \lambda_t$,其中,$\lambda_k$ 的重数为 $s_k(k=1, 2, \cdots, t)$,且 $\sum\limits_{k=1}^{t} s_k=n$.

第二步,求出 $\boldsymbol{A}$ 对应的特征值 $\lambda_k(k=1, 2, \cdots, t)$ 的线性无关的特征向量,即基础解系:$\boldsymbol{\xi}_1, \boldsymbol{\xi}_2, \cdots, \boldsymbol{\xi}_{s_k}$.

第三步,将属于同一特征值的特征向量正交化、单位化.

第四步,将 n 个两两正交、单位化后的特征向量 $\boldsymbol{p}_1, \boldsymbol{p}_2, \cdots, \boldsymbol{p}_n$ 依次排列构成正交矩阵 $\boldsymbol{P}$,使 $\boldsymbol{P}=(\boldsymbol{p}_1, \boldsymbol{p}_2, \cdots, \boldsymbol{p}_n)$,则

$$\boldsymbol{P}^{-1}\boldsymbol{A}\boldsymbol{P}=\boldsymbol{\Lambda}=\begin{pmatrix}\lambda_1 & & & \\ & \lambda_2 & & \\ & & \ddots & \\ & & & \lambda_n\end{pmatrix}.$$

例 1 设方阵 $\boldsymbol{A}$ 是实对称矩阵,$\lambda=1, 2, 3$ 是其特征值,$\boldsymbol{\alpha}_1=\begin{pmatrix}1\\1\\1\end{pmatrix}$,$\boldsymbol{\alpha}_2=\begin{pmatrix}1\\-1\\0\end{pmatrix}$ 是 $\lambda=1, \lambda=2$ 的特征向量,求 $\lambda=3$ 的特征向量.

解 设 $\lambda=3$ 的特征向量是 $\boldsymbol{\alpha}_3=\begin{pmatrix}x_1\\x_2\\x_3\end{pmatrix}$,由性质 2,有

$$\begin{cases}x_1+x_2+x_3=0,\\ x_1-x_2\qquad\ =0,\end{cases}\quad 则\quad \begin{cases}x_1=x_2,\\ x_3=-2x_2.\end{cases}$$

解得基础解系为 $\boldsymbol{\alpha}_3=\begin{pmatrix}1\\1\\-2\end{pmatrix}$. 则 $k\boldsymbol{\alpha}_3(k\neq 0)$ 是 $\lambda=3$ 的全部特征向量.

例 2 求下列实对称矩阵 $\boldsymbol{A}$ 的正交矩阵 $\boldsymbol{P}$，使 $\boldsymbol{P}^{-1}\boldsymbol{A}\boldsymbol{P}=\boldsymbol{\Lambda}$.

(1) $\boldsymbol{A}=\begin{pmatrix}1&-2&0\\-2&2&-2\\0&-2&3\end{pmatrix}$；　(2) $\boldsymbol{A}=\begin{pmatrix}2&2&-2\\2&5&-4\\-2&-4&5\end{pmatrix}$.

解 (1) 因为 $|\lambda\boldsymbol{E}-\boldsymbol{A}|=\begin{vmatrix}\lambda-1&2&0\\2&\lambda-2&2\\0&2&\lambda-3\end{vmatrix}$

$$=(\lambda-1)\begin{vmatrix}\lambda-2&2\\2&\lambda-3\end{vmatrix}-2\begin{vmatrix}2&0\\2&\lambda-3\end{vmatrix}$$

$$=(\lambda-1)(\lambda^2-5\lambda+2)-4(\lambda-3)$$

$$=\lambda^3-6\lambda^2+3\lambda+10=(\lambda+1)(\lambda-2)(\lambda-5)=0,$$

得 $\boldsymbol{A}$ 的特征值 $\lambda_1=-1$, $\lambda_2=2$, $\lambda_3=5$.

当 $\lambda_1=-1$ 时，解 $(-\boldsymbol{E}-\boldsymbol{A})\boldsymbol{x}=\boldsymbol{0}$,

$$-\boldsymbol{E}-\boldsymbol{A}=\begin{pmatrix}-2&2&0\\2&-3&2\\0&2&-4\end{pmatrix}\to\begin{pmatrix}1&0&-2\\0&1&-2\\0&0&0\end{pmatrix}.$$

得同解方程组 $\begin{cases}x_1=2x_3,\\x_2=2x_3,\end{cases}$ 基础解系 $\boldsymbol{\xi}_1=\begin{pmatrix}2\\2\\1\end{pmatrix}$.

当 $\lambda_2=2$ 时，解 $(2\boldsymbol{E}-\boldsymbol{A})\boldsymbol{x}=\boldsymbol{0}$,

$$2\boldsymbol{E}-\boldsymbol{A}=\begin{pmatrix}1&2&0\\2&0&2\\0&2&-1\end{pmatrix}\to\begin{pmatrix}1&0&1\\0&2&-1\\0&0&0\end{pmatrix}.$$

得同解方程组 $\begin{cases}x_1=-x_3,\\2x_2=x_3,\end{cases}$ 基础解系 $\boldsymbol{\xi}_2=\begin{pmatrix}2\\-1\\-2\end{pmatrix}$.

当 $\lambda_3=5$ 时，解 $(5\boldsymbol{E}-\boldsymbol{A})\boldsymbol{x}=\boldsymbol{0}$,

$$5\boldsymbol{E}-\boldsymbol{A}=\begin{pmatrix}4&2&0\\2&3&2\\0&2&2\end{pmatrix}\to\begin{pmatrix}2&1&0\\0&1&1\\0&0&0\end{pmatrix}.$$

得同解方程组$\begin{cases}2x_1=-x_2,\\x_3=-x_2,\end{cases}$基础解系 $\boldsymbol{\xi}_3=\begin{pmatrix}1\\-2\\2\end{pmatrix}$.

实对称矩阵不同的特征值对应的特征向量两两正交. 再将 $\boldsymbol{\xi}_1$, $\boldsymbol{\xi}_2$, $\boldsymbol{\xi}_3$ 单位化得

$$\boldsymbol{p}_1=\frac{\boldsymbol{\xi}_1}{\|\boldsymbol{\xi}_1\|}=\frac{1}{3}\begin{pmatrix}2\\2\\1\end{pmatrix},\quad \boldsymbol{p}_2=\frac{\boldsymbol{\xi}_2}{\|\boldsymbol{\xi}_2\|}=\frac{1}{3}\begin{pmatrix}2\\-1\\-2\end{pmatrix},\quad \boldsymbol{p}_3=\frac{\boldsymbol{\xi}_3}{\|\boldsymbol{\xi}_3\|}=\frac{1}{3}\begin{pmatrix}1\\-2\\2\end{pmatrix}.$$

令
$$\boldsymbol{P}=(\boldsymbol{p}_1,\boldsymbol{p}_2,\boldsymbol{p}_3)=\frac{1}{3}\begin{pmatrix}2&2&1\\2&-1&-2\\1&-2&2\end{pmatrix},$$

则 $\boldsymbol{P}$ 为正交矩阵,且 $\boldsymbol{P}^{-1}\boldsymbol{AP}=\boldsymbol{\Lambda}=\begin{pmatrix}-1&0&0\\0&2&0\\0&0&5\end{pmatrix}$.

(2) 因为 $|\lambda\boldsymbol{E}-\boldsymbol{A}|=\begin{vmatrix}\lambda-2&-2&2\\-2&\lambda-5&4\\2&4&\lambda-5\end{vmatrix}=(\lambda-1)^2(\lambda-10)$.

解得 $\boldsymbol{A}$ 的特征值为 $\lambda_1=\lambda_2=1$, $\lambda_3=10$.

当 $\lambda_1=\lambda_2=1$ 时,解 $(\boldsymbol{E}-\boldsymbol{A})\boldsymbol{x}=\boldsymbol{0}$,

$$\boldsymbol{E}-\boldsymbol{A}=\begin{pmatrix}-1&-2&2\\-2&-4&4\\2&4&-4\end{pmatrix}\to\begin{pmatrix}1&2&-2\\0&0&0\\0&0&0\end{pmatrix}.$$

得同解方程组 $x_1=-2x_2+2x_3$,其基础解系 $\boldsymbol{\xi}_1=\begin{pmatrix}-2\\1\\0\end{pmatrix}$, $\boldsymbol{\xi}_2=\begin{pmatrix}2\\0\\1\end{pmatrix}$.

当 $\lambda_3=10$ 时,解 $(10\boldsymbol{E}-\boldsymbol{A})\boldsymbol{x}=\boldsymbol{0}$,

$$10\boldsymbol{E}-\boldsymbol{A}=\begin{pmatrix}8&-2&2\\-2&5&4\\2&4&9\end{pmatrix}\to\begin{pmatrix}2&-5&-4\\0&1&1\\0&0&0\end{pmatrix}\to\begin{pmatrix}2&0&1\\0&1&1\\0&0&0\end{pmatrix}.$$

得同解方程组$\begin{cases}2x_1=-x_3,\\x_2=-x_3,\end{cases}$其基础解系 $\boldsymbol{\xi}_3=\begin{pmatrix}1\\2\\-2\end{pmatrix}$.

将属于同一特征值的特征向量正交化和单位化，

$$\boldsymbol{\beta}_1=\boldsymbol{\xi}_1,\quad \boldsymbol{\beta}_2=\boldsymbol{\xi}_2-\frac{(\boldsymbol{\xi}_2,\boldsymbol{\beta}_1)}{(\boldsymbol{\beta}_1,\boldsymbol{\beta}_1)}\boldsymbol{\beta}_1=\begin{pmatrix}2\\0\\1\end{pmatrix}-\frac{-4}{5}\begin{pmatrix}-2\\1\\0\end{pmatrix}=\frac{1}{5}\begin{pmatrix}2\\4\\5\end{pmatrix}.$$

取$\bar{\boldsymbol{\beta}}_2=\begin{pmatrix}2\\4\\5\end{pmatrix}$，单位化得

$$\boldsymbol{p}_1=\frac{1}{\sqrt{5}}\begin{pmatrix}-2\\1\\0\end{pmatrix},\quad \boldsymbol{p}_2=\frac{1}{3\sqrt{5}}\begin{pmatrix}2\\4\\5\end{pmatrix},\quad \boldsymbol{p}_3=\frac{1}{3}\begin{pmatrix}1\\2\\-2\end{pmatrix}.$$

$$\boldsymbol{P}=(\boldsymbol{p}_1,\boldsymbol{p}_2,\boldsymbol{p}_3)=\begin{pmatrix}-\frac{2}{\sqrt{5}}&\frac{2}{3\sqrt{5}}&\frac{1}{3}\\\frac{1}{\sqrt{5}}&\frac{4}{3\sqrt{5}}&\frac{2}{3}\\0&\frac{5}{3\sqrt{5}}&-\frac{2}{3}\end{pmatrix},$$

则 $\boldsymbol{P}^{-1}\boldsymbol{A}\boldsymbol{P}=\begin{pmatrix}1&0&0\\0&1&0\\0&0&10\end{pmatrix}$.

说明 在例 2(2)中，当 $\lambda=1$ 时，解$(\boldsymbol{E}-\boldsymbol{A})\boldsymbol{x}=\boldsymbol{0}$，其同解方程组为 $x_1+2x_2-2x_3=0$. 可取线性无关的特征向量

$$\boldsymbol{\xi}_1=\begin{pmatrix}2\\1\\2\end{pmatrix},\quad \boldsymbol{\xi}_2=\begin{pmatrix}-2\\2\\1\end{pmatrix},$$

$\boldsymbol{\xi}_1$ 与 $\boldsymbol{\xi}_2$ 正交，只需要单位化，则 $\boldsymbol{P}=\frac{1}{3}\begin{pmatrix}2 & -2 & 1\\ 1 & 2 & 2\\ 2 & 1 & -2\end{pmatrix}$.

例 3 已知三阶实对称矩阵 $\boldsymbol{A}$ 的特征值分别为 $\lambda_1, \lambda_2, \lambda_3$，$\lambda_1=2$，$\lambda_2=3$，相应的特征向量分别为 $\boldsymbol{x}_1=\begin{pmatrix}-1\\ 1\\ 0\end{pmatrix}$，$\boldsymbol{x}_2=\begin{pmatrix}1\\ 1\\ 1\end{pmatrix}$，且 $R(\boldsymbol{A})=2$，求 λ_3 的值及矩阵 $\boldsymbol{A}$.

解 因为 $R(\boldsymbol{A})=2$，$\boldsymbol{A}$ 有三个不同的特征值，而 $|\boldsymbol{A}|=\lambda_1\lambda_2\lambda_3=0$，所以 $\lambda_3=0$.

设 $\boldsymbol{A}$ 取 $\lambda_3=0$ 对应的特征向量为 $\boldsymbol{x}_3=\begin{pmatrix}x_1\\ x_2\\ x_3\end{pmatrix}$.

$\boldsymbol{x}_1, \boldsymbol{x}_2, \boldsymbol{x}_3$ 两两正交，有

$$\begin{cases}-x_1+x_2=0,\\ x_1+x_2+x_3=0,\end{cases}$$

解得 $\boldsymbol{x}_3=\begin{pmatrix}1\\ 1\\ -2\end{pmatrix}$.

令 $\boldsymbol{C}=\begin{pmatrix}-1 & 1 & 1\\ 1 & 1 & 1\\ 0 & 1 & -2\end{pmatrix}$，使 $\boldsymbol{C}^{-1}\boldsymbol{AC}=\boldsymbol{\Lambda}=\begin{pmatrix}2 & 0 & 0\\ 0 & 3 & 0\\ 0 & 0 & 0\end{pmatrix}$，

则

$$\boldsymbol{A}=\boldsymbol{C\Lambda C}^{-1}=\begin{pmatrix}-1 & 1 & 1\\ 1 & 1 & 1\\ 0 & 1 & -2\end{pmatrix}\begin{pmatrix}2 & & \\ & 3 & \\ & & 0\end{pmatrix}\frac{1}{6}\begin{pmatrix}-3 & 3 & 0\\ 2 & 2 & 2\\ 1 & 1 & -2\end{pmatrix}=\begin{pmatrix}2 & 0 & 1\\ 0 & 2 & 1\\ 1 & 1 & 1\end{pmatrix}.$$

习 题 4.4

1. 求正交矩阵 $\boldsymbol{P}$，使 $\boldsymbol{P}^{-1}\boldsymbol{AP}$ 为对角矩阵，其中 $\boldsymbol{A}$ 分别为下列矩阵.

(1) $\boldsymbol{A}=\begin{pmatrix}1 & 2 & 2\\ 2 & 1 & 2\\ 2 & 2 & 1\end{pmatrix}$；　　(2) $\boldsymbol{A}=\begin{pmatrix}3 & -2 & 0\\ -2 & 2 & -2\\ 0 & -2 & 1\end{pmatrix}$；

(3) $\boldsymbol{A}=\begin{pmatrix}0 & -2 & 2\\ -2 & -3 & 4\\ 2 & 4 & -3\end{pmatrix}$；　　　(4) $\boldsymbol{A}=\begin{pmatrix}1 & 2 & 4\\ 2 & -2 & 2\\ 4 & 2 & 1\end{pmatrix}$.

2. 已知 1，1，-1 是三阶实对称矩阵 $\boldsymbol{A}$ 的 3 个特征值. $\boldsymbol{A}$ 的属于 $\lambda_1=\lambda_2=1$ 的特征向量为 $\boldsymbol{p}_1=\begin{pmatrix}1\\1\\1\end{pmatrix}$，$\boldsymbol{p}_2=\begin{pmatrix}2\\2\\1\end{pmatrix}$. 求矩阵 $\boldsymbol{A}$.

3. 设三阶对称矩阵 $\boldsymbol{A}$ 的特征值 $\lambda_1=1$，$\lambda_2=0$，$\lambda_3=-1$，对应的特征向量为

$$\boldsymbol{p}_1=\begin{pmatrix}1\\2\\2\end{pmatrix},\quad \boldsymbol{p}_2=\begin{pmatrix}2\\-2\\1\end{pmatrix},\quad \boldsymbol{p}_3=\begin{pmatrix}-2\\-1\\2\end{pmatrix},$$

求 $\boldsymbol{A}$.

4. 设三阶实对称方阵 $\boldsymbol{A}$ 的特征值为 6，3，3，与特征值 6 对应的特征向量为 $\boldsymbol{\alpha}_1=(1,1,1)^{\mathrm{T}}$，求矩阵 $\boldsymbol{A}$.

5. 已知 $\boldsymbol{A}$ 为三阶实对称矩阵，$R(\boldsymbol{A})=2$，且 $\boldsymbol{A}\begin{pmatrix}1 & 1\\ 0 & 0\\ -1 & 1\end{pmatrix}=\begin{pmatrix}-1 & 1\\ 0 & 0\\ 1 & 1\end{pmatrix}$. 求(1) $\boldsymbol{A}$ 的所有特征值与特征向量；(2) 矩阵 $\boldsymbol{A}$.

6. 如果 $\boldsymbol{A}$ 为 n 阶实对称矩阵，$\boldsymbol{B}$ 为 n 阶正交矩阵，求证 $\boldsymbol{B}^{-1}\boldsymbol{AB}$ 为 n 阶实对称矩阵.

4.5　二次型及其矩阵表示

二次型起源于解析几何中化二次曲线为标准形的问题. 这类问题不但在数学上，而且在工程实践中均有广泛应用.

4.5.1　问题的引出

在平面解析几何中，标准方程为 $Ax^2+By^2=1$；

$x^2+y^2=R^2$ 的图形为圆；

$\dfrac{x^2}{a^2}+\dfrac{y^2}{b^2}=1$ 的图形为椭圆；

$\dfrac{x^2}{a^2}-\dfrac{y^2}{b^2}=1$ 的图形为双曲线.

但对于一般二次曲线 $ax^2+bxy+cy^2=d$ 的图形就看不出来了.

例如，二次曲线 $x^2+xy+y^2=1$ 引入坐标变换

$$\begin{cases} x = \dfrac{x'}{\sqrt{2}} - \dfrac{y'}{\sqrt{2}}, \\ y = \dfrac{x'}{\sqrt{2}} + \dfrac{y'}{\sqrt{2}}, \end{cases}$$

得 $3x'^2 + y'^2 = 2$ 为椭圆方程.

可见，对于一般二次曲线 $ax^2 + bxy + cy^2 = d$，只要适当选择角度 θ,作旋转变换

$$\begin{cases} x = x'\cos\theta - y'\sin\theta, \\ y = x'\sin\theta + y'\cos\theta, \end{cases}$$

就可将曲线方程化为标准方程：$Ax'^2 + By'^2 = D$ 为二次齐次式(只含平方项)的图形.

二次曲面也有此类的问题.在数学的其他分支以及物理、力学和工程技术中也有类似的问题,且其变量个数往往不止两个,下面作一般讨论.

4.5.2 基本概念

定义 1 含有 n 个变量 $x_1, x_2, \cdots, x_n$ 的二次齐次多项式

$$\begin{aligned} f(x_1, x_2, \cdots, x_n) &= a_{11}x_1^2 + 2a_{12}x_1x_2 + 2a_{13}x_1x_3 + \cdots + 2a_{1n}x_1x_n + \\ &\quad a_{22}x_2^2 + 2a_{23}x_2x_3 + \cdots + 2a_{2n}x_2x_n + \cdots + \\ &\quad a_{n-1,n-1}x_{n-1}^2 + 2a_{n-1,n}x_{n-1}x_n + a_{nn}x_n^2 \\ &= \sum_{i=1}^{n} a_{ii}x_i^2 + 2\sum_{1\leqslant i<j\leqslant n} a_{ij}x_ix_j \end{aligned} \tag{1}$$

称为 **n 元二次型**(或**二次齐次式**).

若式(1)中交叉项 $x_ix_j\,(i\neq j)$ 的系数全部为零,即

$$a_{ij} = 0 \quad (i, j = 1, 2, \cdots, n;\ i \neq j), \tag{2}$$

$f(x_1, x_2, \cdots, x_n) = a_{11}x_1^2 + a_{22}x_2^2 + \cdots + a_{nn}x_n^2$ 称为 $x_1, x_2, \cdots, x_n$ 的**标准二次型**(或**二次型的标准形**).

注意 式(1)中,每一项中变量的次方之和均为 2.

例如,$f(x_1, x_2, x_3) = x_1^2 + x_1x_2 + 3x_3^2$ 是二次型;

$f(x_1, x_2, x_3) = x_1^2 + \sqrt{x_1x_2} + 4x_2$ 不是二次型.

4.5.3 二次型的矩阵与二次型的秩

下面为了讨论化二次型为标准形的方法,引入矩阵这个工具.

例 1 将二次型 $f(x_1, x_2, x_3) = x_1^2 + 2x_2^2 + 5x_3^2 + 2x_1x_2 + 2x_1x_3 + 6x_2x_3$ 用矩阵表示.

解 $f(x_1, x_2, x_3)$

$$= x_1^2 + x_1x_2 + x_1x_3 + x_2x_1 + 2x_2^2 + 3x_2x_3 + x_3x_1 + 3x_3x_2 + 5x_3^2$$

$$= x_1(x_1 + x_2 + x_3) + x_2(x_1 + 2x_2 + 3x_3) + x_3(x_1 + 3x_2 + 5x_3)$$

$$= (x_1, x_2, x_3)\begin{pmatrix} x_1 + x_2 + x_3 \\ x_1 + 2x_2 + 3x_3 \\ x_1 + 3x_2 + 5x_3 \end{pmatrix} = (x_1, x_2, x_3)\begin{pmatrix} 1 & 1 & 1 \\ 1 & 2 & 3 \\ 1 & 3 & 5 \end{pmatrix}\begin{pmatrix} x_1 \\ x_2 \\ x_3 \end{pmatrix}$$

$$= \boldsymbol{x}^{\mathrm{T}}\boldsymbol{A}\boldsymbol{x}.$$

其中，$\boldsymbol{x} = \begin{pmatrix} x_1 \\ x_2 \\ x_3 \end{pmatrix}$，$\boldsymbol{A} = \begin{pmatrix} 1 & 1 & 1 \\ 1 & 2 & 3 \\ 1 & 3 & 5 \end{pmatrix}$. 可见二次型可以用矩阵表示.

给出了二次型 $f(x_1, x_2, x_3)$，可得到对称矩阵

$$\boldsymbol{A} = \begin{pmatrix} 1 & 1 & 1 \\ 1 & 2 & 3 \\ 1 & 3 & 5 \end{pmatrix}.$$

反之，若给出一个对称矩阵 $\boldsymbol{A} = \begin{pmatrix} 1 & 1 & 1 \\ 1 & 2 & 3 \\ 1 & 3 & 5 \end{pmatrix}$，也可得出一个二次型

$$f(x_1, x_2, x_3) = x_1^2 + 2x_2^2 + 5x_3^2 + 2x_1x_2 + 2x_1x_3 + 6x_2x_3.$$

所以二次型

$$f(x_1, x_2, x_3) = x_1^2 + 2x_2^2 + 5x_3^2 + 2x_1x_2 + 2x_1x_3 + 6x_2x_3$$

与对称矩阵

$$\boldsymbol{A} = \begin{pmatrix} 1 & 1 & 1 \\ 1 & 2 & 3 \\ 1 & 3 & 5 \end{pmatrix}$$

一一对应，$\boldsymbol{x}^{\mathrm{T}}\boldsymbol{A}\boldsymbol{x}$ 为 $f(x_1, x_2, x_3)$的**矩阵表达式**.

现在推广到一般由式(1)所示的 n 个变量的二次型，可写成

$$f(x_1, x_2, \cdots, x_n) = (x_1, x_2, \cdots, x_n)\begin{pmatrix} a_{11} & a_{12} & \cdots & a_{1n} \\ a_{21} & a_{22} & \cdots & a_{2n} \\ \vdots & \vdots & & \vdots \\ a_{n1} & a_{n2} & \cdots & a_{nn} \end{pmatrix}\begin{pmatrix} x_1 \\ x_2 \\ \vdots \\ x_n \end{pmatrix} = \boldsymbol{x}^{\mathrm{T}}\boldsymbol{A}\boldsymbol{x}. \tag{3}$$

其中，$\boldsymbol{x}=\begin{pmatrix}x_1\\x_2\\\vdots\\x_n\end{pmatrix}$，$\boldsymbol{A}=\begin{pmatrix}a_{11}&a_{12}&\cdots&a_{1n}\\a_{21}&a_{22}&\cdots&a_{2n}\\\vdots&\vdots&&\vdots\\a_{n1}&a_{n2}&\cdots&a_{nn}\end{pmatrix}$，且 $a_{ij}=a_{ji}$，于是 $f(x_1, x_2, \cdots, x_n)$ 与对称矩阵 $\boldsymbol{A}$ 一一对应.

称式(3)为二次型 $f(x_1, x_2, \cdots, x_n)$ 的**矩阵表达式**；称 $\boldsymbol{A}$ 为二次型 $f(x_1, x_2, \cdots, x_n)$ 的**矩阵**；$\boldsymbol{A}$ 的秩为**二次型的秩**.

说明 对称矩阵 $\boldsymbol{A}$ 的写法如下：

(1) $\boldsymbol{A}$ 一定是方阵.

(2) 矩阵 $\boldsymbol{A}$ 对角线上的元素 a_{ii} 恰好是 $x_i^2(i=1, 2, \cdots, n)$ 的系数.

(3) x_ix_j 的系数的一半分给 a_{ij}，一半分给 a_{ji}，可保证 $a_{ij}=a_{ji}(i\neq j;\ i, j=1, 2, \cdots, n)$. $\boldsymbol{x}^{\mathrm{T}}\boldsymbol{A}\boldsymbol{x}$ 是 $f(x_1, x_2, \cdots, x_n)$ 的矩阵表达式.

例 2 将下列二次型写成矩阵形式，并求它们的秩.

(1) $f_1(x_1, x_2, x_3)=x_1^2+4x_2^2+x_3^2-4x_1x_2-8x_1x_3-4x_2x_3$；

(2) $f_2(x_1, x_2, x_3, x_4)=x_1x_2+4x_1x_3-6x_2x_3+9x_3x_4$；

(3) $f_3(x_1, x_2, x_3, x_4)=x_1^2-x_2^2-x_3^2+x_4^2$.

解 (1) $f_1(x_1, x_2, x_3)=(x_1, x_2, x_3)\begin{pmatrix}1&-2&-4\\-2&4&-2\\-4&-2&1\end{pmatrix}\begin{pmatrix}x_1\\x_2\\x_3\end{pmatrix}=\boldsymbol{x}^{\mathrm{T}}\boldsymbol{A}\boldsymbol{x}$.

因为

$$\boldsymbol{A}=\begin{pmatrix}1&-2&-4\\-2&4&-2\\-4&-2&1\end{pmatrix}\to\begin{pmatrix}1&-2&-4\\0&0&-10\\0&-10&5\end{pmatrix}\to\begin{pmatrix}1&-2&-4\\0&-2&1\\0&0&1\end{pmatrix},$$

所以 $R(\boldsymbol{A})=3$，故二次型 f_1 的秩为 3.

(2) $f_2(x_1, x_2, x_3, x_4)=(x_1, x_2, x_3, x_4)\begin{pmatrix}0&\frac{1}{2}&2&0\\\frac{1}{2}&0&-3&0\\2&-3&0&\frac{9}{2}\\0&0&\frac{9}{2}&0\end{pmatrix}\begin{pmatrix}x_1\\x_2\\x_3\\x_4\end{pmatrix}$

$$=\boldsymbol{x}^{\mathrm{T}}\boldsymbol{A}\boldsymbol{x},$$

因为 $R(\boldsymbol{A})=4$,故二次型 f_2 的秩为 4.

(3) $$f_3(x_1,x_2,x_3,x_4)=(x_1,x_2,x_3,x_4)\begin{pmatrix}1&&&\\&-1&&\\&&-1&\\&&&1\end{pmatrix}\begin{pmatrix}x_1\\x_2\\x_3\\x_4\end{pmatrix}$$

$$=\boldsymbol{x}^{\mathrm{T}}\boldsymbol{A}\boldsymbol{x},$$

因为 $R(\boldsymbol{A})=4$,故二次型的 f_3 的秩为 4.

由 $f_3(x_1,x_2,x_3,x_4)$可知,标准二次型(平方和形式)的对称矩阵是对角矩阵,其秩就是主对角线上不为零的元素的个数.也就是说,标准二次型的秩就是其平方项的项数.此结论很重要,表明由标准二次型可直接看出二次型的秩.

习 题 4.5

1. 写出下列二次型的矩阵表达式,并求它们的秩.

(1) $f(x_1,x_2,x_3)=x_1^2+2x_1x_2+4x_1x_3+3x_2^2+x_2x_3+7x_3^2$;

(2) $f(x_1,x_2,x_3,x_4)=4x_1x_2+4x_1x_3+x_1x_4$;

(3) $f(x_1,x_2,x_3)=3x_1^2+x_2^2+5x_3^2+4x_1x_2-8x_1x_3-4x_2x_3$.

2. 写出下列对称矩阵所对应的二次型.

(1) $\boldsymbol{A}=\begin{pmatrix}1&-1&0\\-1&2&1\\0&1&3\end{pmatrix}$; (2) $\boldsymbol{A}=\begin{pmatrix}3&2&-4\\2&1&-2\\-4&-2&5\end{pmatrix}$;

(3) $\boldsymbol{A}=\begin{pmatrix}2&-1&3&0\\-1&0&2&-\frac{3}{2}\\3&2&0&0\\0&-\frac{3}{2}&0&\sqrt{3}\end{pmatrix}$.

4.6 化实二次型为标准形

4.5 节讲过,一般二次曲线 $ax^2+bxy+by^2=d$ 经过旋转变换

$$\begin{cases}x=x'\cos\theta-y'\sin\theta,\\y=x'\sin\theta+y'\cos\theta,\end{cases}\tag{1}$$

即 $$\begin{pmatrix} x \\ y \end{pmatrix} = \begin{pmatrix} \cos\theta & -\sin\theta \\ \sin\theta & \cos\theta \end{pmatrix} \begin{pmatrix} x' \\ y' \end{pmatrix},$$

可以化为标准形 $Ax'^2 + By'^2 = D$. 其系数矩阵

$$\begin{pmatrix} \cos\theta & -\sin\theta \\ \sin\theta & \cos\theta \end{pmatrix}$$

是满秩的,则方程组(1)是满秩线性变换.

4.6.1 一个二次型的满秩线性变换

下面讨论如何通过满秩线性变换

$$\begin{cases} x_1 = c_{11}y_1 + c_{12}y_2 + \cdots + c_{1n}y_n, \\ x_2 = c_{21}y_1 + c_{22}y_2 + \cdots + c_{2n}y_n, \\ \quad\vdots \\ x_n = c_{n1}y_1 + c_{n2}y_2 + \cdots + c_{nn}y_n, \end{cases} \tag{2}$$

使二次型 $f(x_1, x_2, \cdots, x_n)$ 经过变换后化为只含平方项的标准形.

若记 $\boldsymbol{x} = \begin{pmatrix} x_1 \\ x_2 \\ \vdots \\ x_n \end{pmatrix}$, $\boldsymbol{C} = \begin{pmatrix} c_{11} & c_{12} & \cdots & c_{1n} \\ c_{21} & c_{22} & \cdots & c_{2n} \\ \vdots & \vdots & & \vdots \\ c_{n1} & c_{n2} & \cdots & c_{nn} \end{pmatrix}$, $\boldsymbol{y} = \begin{pmatrix} y_1 \\ y_2 \\ \vdots \\ y_n \end{pmatrix}$, 则 $\boldsymbol{x}=\boldsymbol{C}\boldsymbol{y}$ 仍为二次型,

这是因为

$$f = \boldsymbol{x}^{\mathrm{T}}\boldsymbol{A}\boldsymbol{x} = (\boldsymbol{C}\boldsymbol{y})^{\mathrm{T}}\boldsymbol{A}(\boldsymbol{C}\boldsymbol{y}) = \boldsymbol{y}^{\mathrm{T}}(\boldsymbol{C}^{\mathrm{T}}\boldsymbol{A}\boldsymbol{C})\boldsymbol{y} = \boldsymbol{y}^{\mathrm{T}}\boldsymbol{\Lambda}\boldsymbol{y}.$$

其中,$\boldsymbol{\Lambda} = \boldsymbol{C}^{\mathrm{T}}\boldsymbol{A}\boldsymbol{C}$.

$$f = \boldsymbol{y}^{\mathrm{T}}\boldsymbol{\Lambda}\boldsymbol{y} = k_1y_1^2 + k_2y_2^2 + \cdots + k_ny_n^2, \tag{3}$$

称式(3)为二次型的标准形.

即 $$f = (y_1, y_2, \cdots, y_n)\begin{pmatrix} k_1 & 0 & \cdots & 0 \\ 0 & k_2 & \cdots & 0 \\ \vdots & \vdots & & \vdots \\ 0 & 0 & \cdots & k_n \end{pmatrix}\begin{pmatrix} y_1 \\ y_2 \\ \vdots \\ y_n \end{pmatrix}.$$

定理 1 如果二次型 $f = \boldsymbol{x}^{\mathrm{T}}\boldsymbol{A}\boldsymbol{x}$,经过满秩线性变换后,化为标准形 $f = \boldsymbol{y}^{\mathrm{T}}\boldsymbol{\Lambda}\boldsymbol{y}$,

则标准形式中所含平方项的个数等于二次型 f 的秩.

证明 设 $\boldsymbol{x}^{\mathrm{T}}\boldsymbol{A}\boldsymbol{x}$ 的秩 $R(\boldsymbol{A})=r$,又设 $\boldsymbol{x}^{\mathrm{T}}\boldsymbol{A}\boldsymbol{x}$ 经过满秩线性变换 $\boldsymbol{x}=\boldsymbol{C}\boldsymbol{y}$,化为标准形

$$k_1y_1^2+k_2y_2^2+\cdots+k_my_m^2,$$

其中,$k_i\neq 0\ (i=1, 2, \cdots, m)$,这个标准形的矩阵为

$$\boldsymbol{\Lambda}=\begin{pmatrix} k_1 & & & & & & \\ & k_2 & & & & & \\ & & \ddots & & & & \\ & & & k_m & & & \\ & & & & 0 & & \\ & & & & & \ddots & \\ & & & & & & 0 \end{pmatrix}.$$

$\boldsymbol{\Lambda}$ 中对角线上不为零的元素个数为

$$m=R(\boldsymbol{\Lambda})=R(\boldsymbol{C}^{\mathrm{T}}\boldsymbol{A}\boldsymbol{C})=R(\boldsymbol{A})=r.$$

定理 1 表明:二次型的标准形虽不唯一,但标准形所含平方项的项数唯一.

4.6.2 用正交变换法化二次型为标准形

如果在满秩线性变换 $\boldsymbol{x}=\boldsymbol{C}\boldsymbol{y}$ 中,$\boldsymbol{C}$ 是正交矩阵,则称它是**正交线性变换矩阵**,简称**正交线性变换**. 由于 $\boldsymbol{A}$ 为 n 阶实对称矩阵,则必存在正交矩阵 $\boldsymbol{P}$,使

$$\boldsymbol{P}^{-1}\boldsymbol{A}\boldsymbol{P}=\boldsymbol{P}^{\mathrm{T}}\boldsymbol{A}\boldsymbol{P}=\boldsymbol{\Lambda}=\mathrm{diag}(\lambda_1, \lambda_2, \cdots, \lambda_n).$$

其中,$\lambda_1, \lambda_2, \cdots, \lambda_n$ 为 $\boldsymbol{A}$ 的特征值.

故对于任意正交变换 $\boldsymbol{x}=\boldsymbol{P}\boldsymbol{y}$,使

$$\begin{aligned} f &= \boldsymbol{x}^{\mathrm{T}}\boldsymbol{A}\boldsymbol{x}=\boldsymbol{y}^{\mathrm{T}}(\boldsymbol{P}^{\mathrm{T}}\boldsymbol{A}\boldsymbol{P})\boldsymbol{y}=\boldsymbol{y}^{\mathrm{T}}\boldsymbol{\Lambda}\boldsymbol{y} \\ &= (y_1, y_2, \cdots, y_n)\begin{pmatrix} \lambda_1 & & & \\ & \lambda_2 & & \\ & & \ddots & \\ & & & \lambda_n \end{pmatrix}\begin{pmatrix} y_1 \\ y_2 \\ \vdots \\ y_n \end{pmatrix} \\ &= \lambda_1y_1^2+\lambda_2y_2^2+\cdots+\lambda_ny_n^2. \end{aligned}$$

其中,$\boldsymbol{P}$ 的列向量是 $\boldsymbol{A}$ 的相应于特征值的 n 个两两正交的单位特征向量.

定理 2(主轴定理) 对二次型 $f=\boldsymbol{x}^{\mathrm{T}}\boldsymbol{A}\boldsymbol{x}$,存在正交变换 $\boldsymbol{x}=\boldsymbol{P}\boldsymbol{y}$,使

$$f=\lambda_1 y_1^2+\lambda_2 y_2^2+\cdots+\lambda_n y_n^2.$$

其中，λ_1，λ_2，$\cdots$，λ_n 为 $\boldsymbol{A}$ 的特征值，$\boldsymbol{P}$ 的列向量是 $\boldsymbol{A}$ 对应于特征值的 n 个两两正交的单位特征向量.

例 1　用正交变换化二次型 $f(x_1, x_2, x_3)=x_1^2+x_2^2+2x_3^2+2x_1x_3+2x_2x_3$ 为标准形，并求出所用的正交矩阵 $\boldsymbol{P}$.

解　第一步，写出二次型 f 的矩阵

$$\boldsymbol{A}=\begin{pmatrix}1&0&1\\0&1&1\\1&1&2\end{pmatrix}.$$

第二步，求 $\boldsymbol{A}$ 的特征值.

$$|\lambda\boldsymbol{E}-\boldsymbol{A}|=\begin{vmatrix}\lambda-1&0&-1\\0&\lambda-1&-1\\-1&-1&\lambda-2\end{vmatrix}=(\lambda-1)\begin{vmatrix}\lambda-1&-1\\-1&\lambda-2\end{vmatrix}-\begin{vmatrix}0&-1\\\lambda-1&-1\end{vmatrix}$$
$$=\lambda(\lambda-1)(\lambda-3)=0.$$

得特征值 $\lambda_1=0$, $\lambda_2=1$, $\lambda_3=3$.

第三步，求特征向量.

对于 $\lambda_1=0$，解 $(0\boldsymbol{E}-\boldsymbol{A})\boldsymbol{x}=\boldsymbol{0}$，得基础解系（即特征向量）$\boldsymbol{\xi}_1=(1, 1, -1)^{\mathrm{T}}$.

对于 $\lambda_2=1$，解 $(\boldsymbol{E}-\boldsymbol{A})\boldsymbol{x}=\boldsymbol{0}$，得基础解系 $\boldsymbol{\xi}_2=(1, -1, 0)^{\mathrm{T}}$.

对于 $\lambda_3=3$，解 $(3\boldsymbol{E}-\boldsymbol{A})\boldsymbol{x}=\boldsymbol{0}$，得基础解系 $\boldsymbol{\xi}_3=(1, 1, 2)^{\mathrm{T}}$.

第四步，每个基础解系单位化.

由于 $\boldsymbol{\xi}_1$，$\boldsymbol{\xi}_2$，$\boldsymbol{\xi}_3$ 是属于 $\boldsymbol{A}$ 的三个不同特征值 λ_1，λ_2，λ_3 的特征向量，所以它们必然正交，故只要对它们单位化.

有
$$\boldsymbol{p}_1=\frac{1}{\sqrt{3}}\begin{pmatrix}1\\1\\-1\end{pmatrix},\quad \boldsymbol{p}_2=\frac{1}{\sqrt{2}}\begin{pmatrix}1\\-1\\0\end{pmatrix},\quad \boldsymbol{p}_3=\frac{1}{\sqrt{6}}\begin{pmatrix}1\\1\\2\end{pmatrix}.$$

于是所得正交矩阵为

$$\boldsymbol{P}=(\boldsymbol{p}_1, \boldsymbol{p}_2, \boldsymbol{p}_3)=\begin{pmatrix}\frac{1}{\sqrt{3}}&\frac{1}{\sqrt{2}}&\frac{1}{\sqrt{6}}\\\frac{1}{\sqrt{3}}&\frac{-1}{\sqrt{2}}&\frac{1}{\sqrt{6}}\\-\frac{1}{\sqrt{3}}&0&\frac{2}{\sqrt{6}}\end{pmatrix},\quad \boldsymbol{P}^{-1}\boldsymbol{A}\boldsymbol{P}=\boldsymbol{\Lambda}=\begin{pmatrix}0&0&0\\0&1&0\\0&0&3\end{pmatrix}.$$

即二次型在新变量下的标准形为

$$f=\boldsymbol{x}^{\mathrm{T}}\boldsymbol{A}\boldsymbol{x}=y_2^2+3y_3^2.$$

说明 (1) $\boldsymbol{P}$ 的列向量顺序应和 $\boldsymbol{\Lambda}$ 的主对角元素的顺序一致，若取 $\boldsymbol{P}=(\boldsymbol{p}_2, \boldsymbol{p}_1, \boldsymbol{p}_3)$，则 $\boldsymbol{P}^{-1}\boldsymbol{A}\boldsymbol{P}=\boldsymbol{\Lambda}=\begin{pmatrix}1&0&0\\0&0&0\\0&0&3\end{pmatrix}$，即 $f=y_1^2+3y_3^2$.

(2) 一个二次型经正交变换化为标准形，所取正交变换不唯一，标准形也不唯一.

例 2 已知二次型 $f(x_1, x_2, x_3)=(1-a)x_1^2+(1-a)x_2^2+2x_3^2+2(1+a)x_1x_2$ 的秩为 2. 求

(1) a 的值；

(2) 正交变换 $\boldsymbol{x}=\boldsymbol{P}\boldsymbol{y}$，将 $f(x_1, x_2, x_3)$ 化成标准形.

解 (1) 二次型 $f(x_1, x_2, x_3)$ 的矩阵为 $\boldsymbol{A}=\begin{pmatrix}1-a&1+a&0\\1+a&1-a&0\\0&0&2\end{pmatrix}$，由于二次型的秩为 2，所以 $R(\boldsymbol{A})=2$，则

$$|\boldsymbol{A}|=\begin{vmatrix}1-a&1+a&0\\1+a&1-a&0\\0&0&2\end{vmatrix}=2[(1-a)^2-(1+a)^2]=-8a=0,$$

解得 $a=0$.

(2) 由于 $\boldsymbol{A}=\begin{pmatrix}1&1&0\\1&1&0\\0&0&2\end{pmatrix}$，其特征方程为

$$|\lambda\boldsymbol{E}-\boldsymbol{A}|=\begin{vmatrix}\lambda-1&-1&0\\-1&\lambda-1&0\\0&0&\lambda-2\end{vmatrix}=\lambda(\lambda-2)^2=0,$$

得 $\boldsymbol{A}$ 的特征值为 $\lambda_1=\lambda_2=2$, $\lambda_3=0$.

当 $\lambda_1=\lambda_2=2$ 时，解方程 $(2\boldsymbol{E}-\boldsymbol{A})\boldsymbol{x}=\boldsymbol{0}$，

$$2\boldsymbol{E}-\boldsymbol{A}=\begin{pmatrix}1&-1&0\\-1&1&0\\0&0&0\end{pmatrix}\to\begin{pmatrix}1&-1&0\\0&0&0\\0&0&0\end{pmatrix},$$

得同解方程组$\begin{cases} x_1 = x_2, \\ x_3 = x_3, \end{cases}$特征向量 $\boldsymbol{\xi}_1 = \begin{pmatrix} 1 \\ 1 \\ 0 \end{pmatrix}$，$\boldsymbol{\xi}_2 = \begin{pmatrix} 0 \\ 0 \\ 1 \end{pmatrix}$.

当 $\lambda_3 = 0$ 时，解方程 $-\boldsymbol{Ax} = \boldsymbol{0}$，

$$-\boldsymbol{A} = \begin{pmatrix} -1 & -1 & 0 \\ -1 & -1 & 0 \\ 0 & 0 & -2 \end{pmatrix} \to \begin{pmatrix} 1 & 1 & 0 \\ 0 & 0 & 1 \\ 0 & 0 & 0 \end{pmatrix},$$

得同解方程组$\begin{cases} x_1 = -x_2, \\ x_3 = 0, \end{cases}$特征向量 $\boldsymbol{\xi}_3 = \begin{pmatrix} -1 \\ 1 \\ 0 \end{pmatrix}$.

$\boldsymbol{\xi}_1$，$\boldsymbol{\xi}_2$，$\boldsymbol{\xi}_3$ 是正交向量组，将其单位化得

$$\boldsymbol{p}_1 = \frac{1}{\sqrt{2}}\begin{pmatrix} 1 \\ 1 \\ 0 \end{pmatrix}, \quad \boldsymbol{p}_2 = \begin{pmatrix} 0 \\ 0 \\ 1 \end{pmatrix}, \quad \boldsymbol{p}_3 = \frac{1}{\sqrt{2}}\begin{pmatrix} -1 \\ 1 \\ 0 \end{pmatrix}.$$

得正交矩阵 $\boldsymbol{P} = \frac{1}{\sqrt{2}}\begin{pmatrix} 1 & 0 & -1 \\ 1 & 0 & 1 \\ 0 & \sqrt{2} & 0 \end{pmatrix}$.

令 $\boldsymbol{x} = \boldsymbol{Py}$，有 $f(x_1, x_2, x_3) = 2y_1^2 + 2y_2^2$.

例 3 用正交变换化二次型 $f(x_1, x_2, x_3) = x_1^2 + 4x_2^2 + x_3^2 - 4x_1x_2 - 8x_1x_3 - 4x_2x_3$ 为标准形，并求出所用的正交矩阵 $\boldsymbol{P}$.

解 $f(x_1, x_2, x_3)$的矩阵为

$$\boldsymbol{A} = \begin{pmatrix} 1 & -2 & -4 \\ -2 & 4 & -2 \\ -4 & -2 & 1 \end{pmatrix}.$$

其特征方程为

$$|\lambda\boldsymbol{E} - \boldsymbol{A}| = \begin{vmatrix} \lambda-1 & 2 & 4 \\ 2 & \lambda-4 & 2 \\ 4 & 2 & \lambda-1 \end{vmatrix} = \begin{vmatrix} \lambda-1 & 2 & 4 \\ 2 & \lambda-4 & 2 \\ 0 & 10-2\lambda & \lambda-5 \end{vmatrix}$$
$$= (\lambda+4)(\lambda-5)^2 = 0.$$

得 $\boldsymbol{A}$ 的特征值为 $\lambda_1=-4$, $\lambda_2=\lambda_3=5$.

当 $\lambda_1=-4$ 时,解方程 $(-4\boldsymbol{E}-\boldsymbol{A})\boldsymbol{x}=\boldsymbol{0}$,得基础解系 $\boldsymbol{\xi}_1=(2, 1, 2)^{\mathrm{T}}$.

当 $\lambda_2=\lambda_3=5$ 时,解方程 $(5\boldsymbol{E}-\boldsymbol{A})\boldsymbol{x}=\boldsymbol{0}$,得同解方程 $2x_1+x_2+2x_3=0$,即 $x_2=-2x_1-2x_3$.

取自由未知量 (x_1, x_3) 为 $\begin{pmatrix}1\\0\end{pmatrix}$, $\begin{pmatrix}1\\-1\end{pmatrix}$,得基础解系 $\boldsymbol{\xi}_2=(1, -2, 0)^{\mathrm{T}}$, $\boldsymbol{\xi}_3=(1, 0, -1)^{\mathrm{T}}$.

由于 $\lambda_1=-4$ 是单根,故不必正交化,只要单位化即可,即

$$\boldsymbol{p}_1=\frac{1}{3}\begin{pmatrix}2\\1\\2\end{pmatrix}.$$

由于 $\lambda=5$ 是二重根,故先正交化(施密特正交化):

$$\boldsymbol{\beta}_1=\boldsymbol{\xi}_2=\begin{pmatrix}1\\-2\\0\end{pmatrix},$$

$$\boldsymbol{\beta}_2=\boldsymbol{\xi}_3-\frac{(\boldsymbol{\xi}_3, \boldsymbol{\beta}_1)}{(\boldsymbol{\beta}_1, \boldsymbol{\beta}_1)}\boldsymbol{\beta}_1=\begin{pmatrix}1\\0\\-1\end{pmatrix}-\frac{1}{5}\begin{pmatrix}1\\-2\\0\end{pmatrix}=\frac{1}{5}\begin{pmatrix}4\\2\\-5\end{pmatrix}=\frac{1}{5}\overline{\boldsymbol{\beta}}_2.$$

再单位化 $$\boldsymbol{p}_2=\frac{1}{\sqrt{5}}\begin{pmatrix}1\\-2\\0\end{pmatrix}, \quad \boldsymbol{p}_3=\frac{1}{3\sqrt{5}}\begin{pmatrix}4\\2\\-5\end{pmatrix}.$$

所求正交矩阵

$$\boldsymbol{P}=(\boldsymbol{p}_1, \boldsymbol{p}_2, \boldsymbol{p}_3)=\begin{pmatrix}\frac{2}{3} & \frac{1}{\sqrt{5}} & \frac{4}{3\sqrt{5}}\\ \frac{1}{3} & \frac{-2}{\sqrt{5}} & \frac{2}{3\sqrt{5}}\\ \frac{2}{3} & 0 & -\frac{\sqrt{5}}{3}\end{pmatrix}, \quad \boldsymbol{P}^{-1}\boldsymbol{A}\boldsymbol{P}=\boldsymbol{\Lambda}=\begin{pmatrix}-4 & 0 & 0\\ 0 & 5 & 0\\ 0 & 0 & 5\end{pmatrix}.$$

得 $$f=-4y_1^2+5y_2^2+5y_3^2. \tag{4}$$

例 4 设实二次型 $f(x_1, x_2, x_3)=2x_1^2+ax_2^2-4x_1x_2-4x_2x_3$ 经正交变换 $\boldsymbol{x}=\boldsymbol{P}\boldsymbol{y}$,化为标准形 $f=y_1^2+by_2^2+4y_3^2$. 求(1)参数 a, b;(2)所用的正交矩阵 $\boldsymbol{P}$.

解 (1) f 的矩阵 $\boldsymbol{A}$ 的特征值为 $1, b, 4$.

$$\boldsymbol{A}=\begin{vmatrix}2 & -2 & 0\\ -2 & a & -2\\ 0 & -2 & 0\end{vmatrix}.$$

即存在可逆正交矩阵 $\boldsymbol{P}$,有

$$\boldsymbol{P}^{-1}\boldsymbol{A}\boldsymbol{P}=\boldsymbol{\Lambda}=\begin{vmatrix}1 & & \\ & b & \\ & & 4\end{vmatrix}.$$

根据特征值的性质,有

$$\begin{cases}\sum_{i=1}^{3}a_{ii}=\sum_{i=1}^{3}\lambda_i,\\ |\boldsymbol{A}|=|\boldsymbol{\Lambda}|,\end{cases}\quad 即\quad \begin{cases}2+a=5+b,\\ -8=4b.\end{cases}$$

解得 $a=1, b=-2$.

则 $$\boldsymbol{A}=\begin{pmatrix}2 & -2 & 0\\ -2 & 1 & -2\\ 0 & -2 & 0\end{pmatrix}.$$

(2) 求所用的正交矩阵为

$$|\lambda\boldsymbol{E}-\boldsymbol{A}|=\begin{pmatrix}\lambda-2 & 2 & 0\\ 2 & \lambda-1 & 2\\ 0 & 2 & \lambda\end{pmatrix}=(\lambda-2)\begin{vmatrix}\lambda-1 & 2\\ 2 & \lambda\end{vmatrix}-2\begin{vmatrix}2 & 0\\ 2 & \lambda\end{vmatrix}$$
$$=(\lambda-2)(\lambda^2-\lambda-4)-4\lambda$$
$$=\lambda^3-3\lambda^2-6\lambda+8=(\lambda-1)(\lambda+2)(\lambda-4).$$

得特征值 $\lambda_1=1, \lambda_2=-2, \lambda_3=4$.

当 $\lambda=1$ 时,解方程 $(\boldsymbol{E}-\boldsymbol{A})\boldsymbol{x}=\boldsymbol{0}$,

$$\boldsymbol{E}-\boldsymbol{A}=\begin{pmatrix}-1 & 2 & 0\\ 2 & 0 & 2\\ 0 & 2 & 1\end{pmatrix}\to\begin{pmatrix}1 & -2 & 0\\ 0 & 4 & 2\\ 0 & 0 & 0\end{pmatrix}\to\begin{pmatrix}1 & -2 & 0\\ 0 & 2 & 1\\ 0 & 0 & 0\end{pmatrix}.$$

得同解方程组 $\begin{cases}x_1=2x_2,\\ x_3=-2x_2.\end{cases}$ 令 $x_2=1$,得基础解系 $\boldsymbol{\xi}_1=\begin{pmatrix}2\\ 1\\ -2\end{pmatrix}$.

当 $\lambda=-2$ 时，解方程 $(-2\boldsymbol{E}-\boldsymbol{A})\boldsymbol{x}=\boldsymbol{0}$，

$$-2\boldsymbol{E}-\boldsymbol{A}=\begin{pmatrix}-4&2&0\\2&-3&2\\0&2&-2\end{pmatrix}\to\begin{pmatrix}-2&1&0\\0&-2&2\\0&0&0\end{pmatrix}\to\begin{pmatrix}-2&1&0\\0&-1&1\\0&0&0\end{pmatrix}.$$

得同解方程组 $\begin{cases}2x_1=x_2,\\x_3=x_2.\end{cases}$ 令 $x_2=2$，得基础解系 $\boldsymbol{\xi}_2=\begin{pmatrix}1\\2\\2\end{pmatrix}$.

当 $\lambda=4$ 时，解方程 $(4\boldsymbol{E}-\boldsymbol{A})\boldsymbol{x}=\boldsymbol{0}$，

$$4\boldsymbol{E}-\boldsymbol{A}=\begin{pmatrix}2&2&0\\2&3&2\\0&2&4\end{pmatrix}\to\begin{pmatrix}1&1&0\\0&1&2\\0&0&0\end{pmatrix}\to\begin{pmatrix}1&0&-2\\0&1&2\\0&0&0\end{pmatrix}.$$

得同解方程组 $\begin{cases}x_1=2x_3,\\x_2=-2x_3.\end{cases}$ 令 $x_3=1$，得基础解系 $\boldsymbol{\xi}_3=\begin{pmatrix}2\\-2\\1\end{pmatrix}$.

将三个基础解系（特征向量）$\boldsymbol{\xi}_1$，$\boldsymbol{\xi}_2$，$\boldsymbol{\xi}_3$ 单位化得

$$\boldsymbol{p}_1=\frac{\boldsymbol{\xi}_1}{\|\boldsymbol{\xi}_1\|}=\frac{1}{3}\begin{pmatrix}2\\1\\-2\end{pmatrix},\quad \boldsymbol{p}_2=\frac{\boldsymbol{\xi}_2}{\|\boldsymbol{\xi}_2\|}=\frac{1}{3}\begin{pmatrix}1\\2\\2\end{pmatrix},\quad \boldsymbol{p}_3=\frac{\boldsymbol{\xi}_3}{\|\boldsymbol{\xi}_3\|}=\frac{1}{3}\begin{pmatrix}2\\-2\\1\end{pmatrix}.$$

所用的正交矩阵为 $\boldsymbol{P}=(\boldsymbol{p}_1,\boldsymbol{p}_2,\boldsymbol{p}_3)=\frac{1}{3}\begin{pmatrix}2&1&2\\1&2&-2\\-2&2&1\end{pmatrix}$.

例 5 设 $\boldsymbol{A}=\begin{pmatrix}0&-1&4\\-1&3&a\\4&a&0\end{pmatrix}$，存在正交矩阵 $\boldsymbol{P}$，使 $\boldsymbol{P}^{\mathrm{T}}\boldsymbol{A}\boldsymbol{P}$ 为对角矩阵，若 $\boldsymbol{P}$ 的第 1 列为 $\frac{1}{\sqrt{6}}\begin{pmatrix}1\\2\\1\end{pmatrix}$，求 a，λ_1 的值.

解 由题意知，$\boldsymbol{\eta}_1=\frac{1}{\sqrt{6}}\begin{pmatrix}1\\2\\1\end{pmatrix}$ 是矩阵 $\boldsymbol{A}$ 的特征向量，假设 $\boldsymbol{\eta}_1$ 对应的特征值为

λ_1，则 $\boldsymbol{A\eta}_1=\lambda_1\boldsymbol{\eta}_1$，即

$$\begin{pmatrix}0&-1&4\\-1&3&a\\4&a&0\end{pmatrix}\frac{1}{\sqrt{6}}\begin{pmatrix}1\\2\\1\end{pmatrix}=\frac{\lambda_1}{\sqrt{6}}\begin{pmatrix}1\\2\\1\end{pmatrix},$$

故 $\begin{pmatrix}2\\a+5\\2a+4\end{pmatrix}=\begin{pmatrix}\lambda_1\\2\lambda_1\\\lambda_1\end{pmatrix}$，解得 $\lambda_1=2,\ a=-1$.

4.6.3 用配方法化二次型为标准形

由于二次型的形式多种多样，不妨设它含有一个交叉项 x_ix_j，这又可以分成两种情形. 以下通过例子来进行讨论.

1. 同时含有平方项 x_i^2 与交叉项 x_ix_j 的情形

例 6 用配方法将 $f(x_1,x_2,x_3)=x_1^2+4x_2^2+x_3^2-4x_1x_2-8x_1x_3-4x_2x_3$ 经可逆线性变换化为标准形(本节例 3).

解

$$\begin{aligned}&f(x_1,x_2,x_3)\\&=(x_1-2x_2-4x_3)^2-15\left[x_3^2+\frac{4}{3}x_2x_3+\left(\frac{2}{3}x_2\right)^2\right]+\frac{20}{3}x_2^2\\&=(x_1-2x_2-4x_3)^2-15\left(\frac{2}{3}x_2+x_3\right)^2+\frac{20}{3}x_2^2.\end{aligned}$$

令 $\begin{cases}y_1=x_1-2x_2-4x_3,\\y_2=\dfrac{2}{3}x_2+x_3,\\y_3=x_2,\end{cases}$ 即 $\begin{pmatrix}y_1\\y_2\\y_3\end{pmatrix}=\begin{pmatrix}1&-2&-4\\0&\dfrac{2}{3}&1\\0&1&0\end{pmatrix}\begin{pmatrix}x_1\\x_2\\x_3\end{pmatrix}$，

则二次型的标准形为 $f=y_1^2-15y_2^2+\dfrac{20}{3}y_3^2$. (5)

所求的可逆线性变换为

$$\begin{cases}x_1=y_1+4y_2-\dfrac{2}{3}y_3,\\x_2=y_3,\\x_3=y_2-\dfrac{2}{3}y_3,\end{cases}\quad 即\quad \begin{pmatrix}x_1\\x_2\\x_3\end{pmatrix}=\begin{pmatrix}1&4&-\dfrac{2}{3}\\0&0&1\\0&1&-\dfrac{2}{3}\end{pmatrix}\begin{pmatrix}y_1\\y_2\\y_3\end{pmatrix}.$$

故 $\boldsymbol{x}=\boldsymbol{Cy}$.

2. 仅含有交叉项 $x_ix_j(i\neq j)$ 的情形

例 7 用配方法化二次型 $f(x_1,x_2,x_3)=2x_1x_2+4x_1x_3$ 为标准形，并求出

所作的可逆线性变换.

解　令$\begin{cases} x_1 = y_1 + y_2, \\ x_2 = y_1 - y_2, \\ x_3 = y_3, \end{cases}$

则
$$\begin{aligned} f(x_1, x_2, x_3) &= 2y_1^2 - 2y_2^2 + 4y_1y_3 + 4y_2y_3 \\ &= 2(y_1^2 + 2y_1y_3 + y_3^2) - 2y_2^2 + 4y_2y_3 - 2y_3^2 \\ &= 2(y_1 + y_3)^2 - 2(y_2 - y_3)^2. \end{aligned}$$

令$\begin{cases} z_1 = y_1 + y_3, \\ z_2 = y_2 - y_3, \\ z_3 = y_3, \end{cases}$即$\begin{cases} y_1 = z_1 - z_3, \\ y_2 = z_2 + z_3, \\ y_3 = z_3. \end{cases}$

则二次型的标准形为 $f = 2z_1^2 - 2z_2^2$.

$$\begin{pmatrix} x_1 \\ x_2 \\ x_3 \end{pmatrix} = \begin{pmatrix} 1 & 1 & 0 \\ 1 & -1 & 0 \\ 0 & 0 & 1 \end{pmatrix} \begin{pmatrix} y_1 \\ y_2 \\ y_3 \end{pmatrix}, \quad \begin{pmatrix} y_1 \\ y_2 \\ y_3 \end{pmatrix} = \begin{pmatrix} 1 & 0 & -1 \\ 0 & 1 & 1 \\ 0 & 0 & 1 \end{pmatrix} \begin{pmatrix} z_1 \\ z_2 \\ z_3 \end{pmatrix}.$$

$$\begin{pmatrix} x_1 \\ x_2 \\ x_3 \end{pmatrix} = \begin{pmatrix} 1 & 1 & 0 \\ 1 & -1 & 0 \\ 0 & 0 & 1 \end{pmatrix} \begin{pmatrix} 1 & 0 & -1 \\ 0 & 1 & 1 \\ 0 & 0 & 1 \end{pmatrix} \begin{pmatrix} z_1 \\ z_2 \\ z_3 \end{pmatrix} = \begin{pmatrix} 1 & 1 & 0 \\ 1 & -1 & -2 \\ 0 & 0 & 1 \end{pmatrix} \begin{pmatrix} z_1 \\ z_2 \\ z_3 \end{pmatrix}.$$

所用的可逆线性变换为$\begin{cases} x_1 = z_1 + z_2, \\ x_2 = z_1 - z_2 - 2z_3, \\ x_3 = \qquad\qquad z_3, \end{cases}$即 $\boldsymbol{x} = \boldsymbol{C}\boldsymbol{z}$.

配方法小结　消去二次型 $f(x_1, x_2, \cdots, x_n)$中的交叉项.

(1) 若二次型中含有 x_i 的平方项,先把含有 x_i 的项集中,然后按 x_i 配成平方项,再对其余变量继续使用“集中配方”,直到都配成平方项为止.

(2) 若二次型中不含有平方项,则先作线性变换,化成含有平方项的二次型,再按含有平方项的情形进行配方.

(3) 二次型通过满秩线性变换化为标准形,其满秩线性变换不唯一,其标准形也不唯一,解题时,可设二次型的标准形为

$$f(x_1, x_2, \cdots, x_n) = d_1y_1^2 + \cdots + d_ty_t^2 - d_{t+1}y_{t+1}^2 \cdots - d_sy_s^2,$$

令
$$z_i = \sqrt{d_i}y_i \quad (i = 1, 2, \cdots, s),$$

上式变为

$$f(x_1, x_2, \cdots, x_n) = z_1^2 + z_2^2 + \cdots + z_t^2 - z_{t+1}^2 \cdots - z_s^2. \tag{6}$$

则称式(6)为实二次型 $f(x_1, x_2, \cdots, x_n)$ 的规范形，其平方项系数为 1，−1，0.

如本节例 3 中，$f(x_1, x_2, x_3) = x_1^2 + 4x_2^2 + x_3^2 - 4x_1x_2 - 8x_1x_3 - 4x_2x_3$.

经正交变换 $\begin{pmatrix} x_1 \\ x_2 \\ x_3 \end{pmatrix} = \begin{pmatrix} \frac{2}{3} & \frac{1}{\sqrt{5}} & \frac{4}{3\sqrt{5}} \\ \frac{1}{3} & -\frac{2}{\sqrt{5}} & \frac{2}{3\sqrt{5}} \\ \frac{2}{3} & 0 & -\frac{\sqrt{5}}{3} \end{pmatrix} \begin{pmatrix} y_1 \\ y_2 \\ y_3 \end{pmatrix}$，

化成的标准形为

$$f(x_1, x_2, x_3) = g_1(y_1, y_2, y_3) = -4y_1^2 + 5y_2^2 + 5y_3^2. \tag{7}$$

用配方法，得可逆线性变换

$$\begin{pmatrix} x_1 \\ x_2 \\ x_3 \end{pmatrix} = \begin{pmatrix} 1 & 4 & -\frac{2}{3} \\ 0 & 0 & 1 \\ 0 & 1 & -\frac{2}{3} \end{pmatrix} \begin{pmatrix} y_1 \\ y_2 \\ y_3 \end{pmatrix}.$$

化成的标准形为

$$f(x_1, x_2, x_3) = g_2(y_1, y_2, y_3) = y_1^2 - 15y_2^2 + \frac{20}{3}y_3^2. \tag{8}$$

只要找到一个满秩线性变换，化二次型为某一个标准形即可. 因此，不同的做法可得到不同的答案. 既然一个二次型的标准形不唯一，满秩线性变换也不唯一，那么一个二次型的标准形有什么共同特点呢？

对式(4)、式(5)可作可逆线性变换

$$(1)\begin{cases} z_1 = \sqrt{5}y_2, \\ z_2 = 2y_1, \\ z_3 = \sqrt{5}y_3, \end{cases} \quad (2)\begin{cases} z_1 = y_1, \\ z_2 = \sqrt{15}y_2, \\ z_3 = \sqrt{\frac{20}{3}}y_3. \end{cases}$$

$$f = z_1^2 - z_2^2 + z_3^2. \tag{9}$$

称式(9)为二次型的规范形.

定理 3(惯性定理) 任何实二次型可以经过一个适当的可逆线性变换化成标准形,且标准形中的正系数、负系数、零系数的个数是唯一的. 二次型的标准形中正系数的项数 p 称为二次型的**正惯性指数**,负系数的项数$(r-p)$称为**负惯性指数**.

由惯性定理知,二次型的规范形是唯一的.

$$f(x_1, x_2, \cdots, x_n)=z_1^2+\cdots+z_p^2-z_{p+1}^2-\cdots-z_r^2.$$

其中,r 为 f 的**秩**. 由惯性定理知,一个实二次型 $f(x_1, x_2, \cdots, x_n)$虽然经过不同的满秩线性变换可以化为不同的标准形,但在这些标准形中正平方项的项数是相同的,负平方项的项数也是相同的.

需要说明的是,本节强调满秩线性变换,是因为对二次型 f 施行满秩线性变换不改变二次型 f 的秩,所以 f 的标准形由它的秩唯一确定,也就是说,f 的标准形的项数、正系数、负系数的个数都是定数.

例 8 已知二次型 $f(x_1, x_2, x_3)=x_1^2+3x_2^2+x_3^2+2x_1x_2+2x_1x_3+2x_2x_3$,求 f 的正惯性指数.

解 对二次型进行配方得

$$\begin{aligned}f(x_1, x_2, x_3)&=(x_1+x_2+x_3)^2-x_2^2-x_3^2-2x_2x_3+3x_2^2+x_3^2+2x_2x_3\\&=(x_1+x_2+x_3)^2+2x_2^2,\end{aligned}$$

令$\begin{cases}x_1+x_2+x_3=y_1,\\x_2=y_2,\end{cases}$得标准型 $y_1^2+2y_2^2$,则 f 的正惯性指数为 2.

4.6.4 正定二次型

定义 设实二次型$f(x_1, x_2, \cdots, x_n)=\boldsymbol{x}^{\mathrm{T}}\boldsymbol{A}\boldsymbol{x}$,其中,$\boldsymbol{A}$为实对称矩阵,如果对于任意非零向量 $\boldsymbol{x}=(x_1, x_2, \cdots, x_n)^{\mathrm{T}}$ 都有 $f(x_1, x_2, \cdots, x_n)=\boldsymbol{x}^{\mathrm{T}}\boldsymbol{A}\boldsymbol{x}>0$ $(\geqslant 0)$,则称 $f(x_1, x_2, \cdots, x_n)$ 为**正定(半正定)二次型**,称相应的系数矩阵 $\boldsymbol{A}$ 为**正定(半正定)矩阵**;如果都有 $f(x_1, x_2, \cdots, x_n)=\boldsymbol{x}^{\mathrm{T}}\boldsymbol{A}\boldsymbol{x}<0(\leqslant 0)$,则称 $f(x_1, x_2, \cdots, x_n)$为负定(半负定)二次型,称相应的系数矩阵 $\boldsymbol{A}$ 为**负定(半负定)矩阵**. 这两种二次型统称为**定号二次型**.

推论 1 实二次型 $f(x_1, x_2, \cdots, x_n)=\boldsymbol{x}^{\mathrm{T}}\boldsymbol{A}\boldsymbol{x}$ 正定(负定)的充分必要条件是其标准形中 n 个系数为正实数(负实数).

推论 2 二次型 $f(x_1, x_2, \cdots, x_n)$中对应系数矩阵 $\boldsymbol{A}$ 正定(负定)的充分必要条件是 $\boldsymbol{A}$ 的 n 个特征值全为正数(负数).

例 9 试用特征值判定下列二次型的正定性.

(1) $f(x_1, x_2, x_3) = 2x_1^2 + 4x_2^2 + 5x_3^2 - 4x_1x_3$;

(2) $f(x_1, x_2, x_3) = 2x_1^2 + x_2^2 - 4x_1x_2 - 4x_2x_3$;

(3) $f(x_1, x_2, x_3) = -x_1^2 - x_2^2 - 3x_3^2 - 2x_1x_3 - 2x_2x_3$.

解 (1) f 的实对称矩阵为

$$\boldsymbol{A} = \begin{pmatrix} 2 & 0 & -2 \\ 0 & 4 & 0 \\ -2 & 0 & 5 \end{pmatrix}.$$

其特征方程为

$$|\lambda \boldsymbol{E} - \boldsymbol{A}| = \begin{vmatrix} \lambda-2 & 0 & 2 \\ 0 & \lambda-4 & 0 \\ 2 & 0 & \lambda-5 \end{vmatrix} = (\lambda-4)(\lambda-1)(\lambda-6) = 0.$$

得特征值为 $\lambda_1 = 4, \lambda_2 = 1, \lambda_3 = 6$,均大于零,故 $f(x_1, x_2, x_3)$ 为正定.

(2) f 的实对称矩阵为

$$\boldsymbol{A} = \begin{pmatrix} 2 & -2 & 0 \\ -2 & 1 & -2 \\ 0 & -2 & 0 \end{pmatrix}.$$

其特征方程为

$$|\lambda \boldsymbol{E} - \boldsymbol{A}| = \begin{vmatrix} \lambda-2 & 2 & 0 \\ 2 & \lambda-1 & 2 \\ 0 & 2 & \lambda \end{vmatrix} = (\lambda-1)(\lambda-4)(\lambda+2) = 0.$$

得特征值为 $\lambda_1 = 1, \lambda_2 = 4, \lambda_3 = -2$,有正有负,故 $f(x_1, x_2, x_3)$ 为不定.

(3) $f(x_1, x_2, x_3)$的实对称矩阵为

$$\boldsymbol{A} = \begin{pmatrix} -1 & 0 & -1 \\ 0 & -1 & -1 \\ -1 & -1 & -3 \end{pmatrix}.$$

其特征方程为

$$|\lambda \boldsymbol{E} - \boldsymbol{A}| = \begin{vmatrix} \lambda+1 & 0 & 1 \\ 0 & \lambda+1 & 1 \\ 1 & 1 & \lambda+3 \end{vmatrix} = (\lambda+1)(\lambda^2 + 4\lambda + 1)$$

$$= (\lambda+1)\left(\lambda-\frac{-4+\sqrt{16-4}}{2}\right)\left(\lambda-\frac{-4-\sqrt{16-4}}{2}\right)$$

$$= (\lambda+1)[\lambda-(-2+\sqrt{3})][\lambda-(-2-\sqrt{3})] = 0.$$

得特征值为 $\lambda_1=-1<0$, $\lambda_2=-2+\sqrt{3}<0$, $\lambda_3=-2-\sqrt{3}<0$，故 $f(x_1, x_2, x_3)$ 为负定.

定理 4 实对称矩阵 $\mathbf{A}=(a_{ij})_{n\times n}$ 为正定的充分必要条件是它的**顺序主子行列式**都大于零，即

$$a_{11}>0,\quad \begin{vmatrix} a_{11} & a_{12} \\ a_{21} & a_{22} \end{vmatrix}>0,\quad \begin{vmatrix} a_{11} & a_{12} & a_{13} \\ a_{21} & a_{22} & a_{23} \\ a_{31} & a_{32} & a_{33} \end{vmatrix}>0,\ \cdots,\ \begin{vmatrix} a_{11} & a_{12} & \cdots & a_{1n} \\ a_{21} & a_{22} & \cdots & a_{2n} \\ \vdots & \vdots & & \vdots \\ a_{n1} & a_{n2} & \cdots & a_{nn} \end{vmatrix}>0.$$

$\mathbf{A}$ 为负定的充分必要条件是奇数阶顺序主子式为负，偶数阶顺序主子式为正，即

$$(-1)^k \begin{vmatrix} a_{11} & a_{12} & \cdots & a_{1k} \\ a_{21} & a_{22} & \cdots & a_{2k} \\ \vdots & \vdots & & \vdots \\ a_{k1} & a_{k2} & \cdots & a_{kk} \end{vmatrix}>0 \quad (k=1, 2, \cdots, n).$$

例 10 判断下列二次型是正定的还是负定的.

(1) $f(x_1, x_2, x_3)=5x_1^2+4x_2^2+6x_3^2-4x_1x_2-4x_1x_3$；

(2) $f(x_1, x_2, x_3)=x_1^2+x_2^2+7x_3^2+6x_1x_3+2x_2x_3$.

解 (1) 二次型的矩阵为

$$\mathbf{A}=\begin{pmatrix} 5 & -2 & -2 \\ -2 & 4 & 0 \\ -2 & 0 & 6 \end{pmatrix}.$$

由于它的顺序主子行列式

$$5>0,\quad \begin{vmatrix} 5 & -2 \\ -2 & 4 \end{vmatrix}>0,\quad \begin{vmatrix} 5 & -2 & -2 \\ -2 & 4 & 0 \\ -2 & 0 & 6 \end{vmatrix}>0,$$

故 $\mathbf{A}$ 为正定，所对应的二次型也是正定的.

(2) 二次型的矩阵为

$$\boldsymbol{A}=\begin{pmatrix}1&0&3\\0&1&1\\3&1&7\end{pmatrix}.$$

由于它的顺序主子行列式

$$1>0,\quad \begin{vmatrix}1&0\\0&1\end{vmatrix}>0,\quad \begin{vmatrix}1&0&3\\0&1&1\\3&1&7\end{vmatrix}<0,$$

故给出的二次型既不是正定的,也不是负定的.

例 11 求使二次型 $f(x_1, x_2, x_3)=x_1^2+x_2^2+5x_2^2+2\lambda x_1x_2-2x_1x_3+4x_2x_3$ 为正定的所有实数 λ 的值.

解 二次型的矩阵为

$$\boldsymbol{A}=\begin{pmatrix}1&\lambda&-1\\\lambda&1&2\\-1&2&5\end{pmatrix}.$$

要使二次型为正定只需使其顺序主子行列式为正,即

$$1>0,\quad \begin{vmatrix}1&\lambda\\\lambda&1\end{vmatrix}=1-\lambda^2>0,$$

得$-1<\lambda<1$.

$$\begin{vmatrix}1&\lambda&-1\\\lambda&1&2\\-1&2&5\end{vmatrix}=\begin{vmatrix}1&\lambda&-1\\0&1-\lambda^2&2+\lambda\\0&2+\lambda&4\end{vmatrix}=-5\lambda\left(\lambda+\frac{4}{5}\right)>0.$$

由 $\lambda\left(\lambda+\frac{4}{5}\right)<0$,得$-\frac{4}{5}<\lambda<0$. 因此,当$-\frac{4}{5}<\lambda<0$时,二次型为正定二次型.

例 12 设$\boldsymbol{A}$是 n 阶正定矩阵,$\boldsymbol{E}$是 n 阶单位矩阵,证明$\boldsymbol{A}+\boldsymbol{E}$的行列式大于 1.

证明 设$\boldsymbol{A}$有n个特征值为$\lambda_i(i=1, 2, \cdots, n)$,则$\boldsymbol{A}+\boldsymbol{E}$的所有特征值为$\lambda_i+1\ (i=1, 2, \cdots, n)$.

由于$\boldsymbol{A}$是n阶正定矩阵,所以$\lambda_i>0\ (i=1, 2, \cdots, n)$. 则$\lambda_i+1>1\ (i=1,$

2, …, n),故 $|\boldsymbol{A}+\boldsymbol{E}|=\prod_{i=1}^{n}(\lambda_i+1)>1$.

习 题 4.6

1. 用正交变换法化下列二次型为标准形,并求出相应的正交变换.

(1) $f(x_1, x_2, x_3)=2x_1^2+3x_2^2+4x_2x_3+3x_3^2$;

(2) $f(x_1, x_2, x_3)=2x_1^2+x_2^2-4x_1x_2-4x_2x_3$;

(3) $f(x_1, x_2, x_3)=3x_1^2+6x_2^2+3x_3^2-4x_1x_2-8x_1x_3-4x_2x_3$.

2. 用配方法化下列二次型为标准形,并求相应的满秩线性变换.

(1) $f=x_1^2-x_3^2+2x_1x_2+2x_2x_3$;

(2) $f=2x_1x_2-2x_3x_4$;

(3) $f=x_1^2+2x_2^2-x_3^2+4x_1x_2-4x_1x_3-4x_2x_3$.

3. 判断下列二次型是正定的还是负定的.

(1) $f(x_1, x_2, x_3)=3x_1^2+x_2^2+8x_3^2+2x_1x_2-4x_2x_3$;

(2) $f(x_1, x_2, x_3)=x_1^2+x_2^2+x_3^2+2x_1x_2+4x_1x_3+4x_2x_3$.

4. 求 λ 的值,使下列二次型为正定的.

(1) $f(x_1, x_2, x_3)=5x_1^2+x_2^2+\lambda x_3^2+4x_1x_2-2x_1x_3-2x_2x_3$;

(2) $f(x_1, x_2, x_3)=\lambda(x_1^2+x_2^2+x_3^2)+2x_1x_2-2x_2x_3+2x_1x_3$.

5. 设二次型 $f(x_1, x_2, x_3)=\boldsymbol{x}^{\mathrm{T}}\boldsymbol{A}\boldsymbol{x}$ 中 $\boldsymbol{A}=\begin{pmatrix}1 & -2 & -4\\ -2 & a & -2\\ -4 & -2 & 1\end{pmatrix}$,经正交变换 $\boldsymbol{x}=\boldsymbol{P}\boldsymbol{y}$ 化为标准形 $5y_1^2-4y_2^2+by_3^2$,求 a, b 和正交矩阵 $\boldsymbol{P}$.

6. 已知二次型 $f(x_1, x_2, x_3)=2x_1^2+3x_2^2+3x_3^3+2ax_2x_3$ $(a>0)$经正交变换化为标准形 $f=y_1^2+2y_2^2+5y_3^2$,求 a 及所用的正交变换矩阵 $\boldsymbol{P}$.

自 测 题 4

1. 把向量组 $\boldsymbol{\alpha}_1=\begin{pmatrix}1\\1\\1\end{pmatrix}$, $\boldsymbol{\alpha}_2=\begin{pmatrix}-1\\0\\-1\end{pmatrix}$, $\boldsymbol{\alpha}_3=\begin{pmatrix}-1\\2\\3\end{pmatrix}$ 正交化、单位化.

2. 写出下列二次型的矩阵表达式,并求它们的秩.

(1) $f_1(x_1, x_2, x_3)=2x_1^2-3x_2^2+x_3^2-2x_1x_2+x_1x_3+6x_2x_3$;

(2) $f_2(x_1, x_2, x_3)=x_1x_2-x_2x_3$.

3. 写出下列对称矩阵对应的二次型.

(1) $\boldsymbol{A}=\begin{pmatrix}1 & 0 & 1\\ 0 & -1 & 0\\ 1 & 0 & 1\end{pmatrix}$; (2) $\boldsymbol{A}=\begin{pmatrix}1 & 2 & 3\\ 2 & 2 & 1\\ 3 & 1 & 3\end{pmatrix}$.

4. 用配方法化下列实二次型为标准形,并写出所作的满秩线性变换.

(1) $f_1(x_1, x_2, x_3)=x_1^2-3x_2^2+x_3^2-2x_1x_2+x_1x_3+6x_2x_3$;

(2) $f_2(x_1, x_2, x_3, x_4)=x_1x_2-x_3x_4$.

5. 设对称矩阵

$$\boldsymbol{A}=\begin{pmatrix}1 & -2 & 2\\ -2 & -2 & 4\\ 2 & 4 & -2\end{pmatrix},$$

求正交矩阵 $\boldsymbol{P}$, 使 $\boldsymbol{P}^{-1}\boldsymbol{AP}=\boldsymbol{\Lambda}$ 为对角矩阵.

6. 将下列实二次型经正交变换化成标准形,并求正交变换矩阵 $\boldsymbol{P}$.

(1) $f(x_1, x_2, x_3)=x_1^2+x_2^2+6x_3^2+4x_1x_2+6x_1x_3+6x_2x_3$;

(2) $f(x_1, x_2, x_3)=x_1^2+x_2^2-2x_3^2-4x_1x_2+2x_1x_3+2x_2x_3$;

(3) $f(x_1, x_2, x_3)=8x_1^2-7x_2^2+8x_3^2+8x_1x_2-2x_1x_3+8x_2x_3$.

7. 判定下列二次型的正定性.

(1) $f(x, y, z)=-5x^2-6y^2-4z^2+4xy+4xz$;

(2) $f(x_1, x_2, x_3, x_4)=x_1^2+3x_2^2+9x_3^2+19x_4^2-2x_1x_2+4x_1x_3+2x_1x_4-6x_2x_4-12x_3x_4$.

8. (1) 已知三阶方阵 $\boldsymbol{A}$ 的特征值为 1, 2, 3,求 $|\boldsymbol{A}^3+3\boldsymbol{A}^2-5\boldsymbol{A}|$.

(2) 设 $\boldsymbol{A}$ 为 n 阶方阵, $|\boldsymbol{A}|=2$, $\boldsymbol{E}$ 为 n 阶单位矩阵,若 $\boldsymbol{A}$ 的特征值为 $\lambda_k(\lambda_k\neq 0)(k=1,2,\cdots,n)$,计算 $|(\boldsymbol{A}^*)^2+\boldsymbol{E}|$ 的值.

9. 设 $\boldsymbol{A}$ 为三阶方阵,已知方阵 $\boldsymbol{E}-\boldsymbol{A}$, $\boldsymbol{E}+\boldsymbol{A}$, $3\boldsymbol{E}-\boldsymbol{A}$ 都不可逆,问 $\boldsymbol{A}$ 是否相似于对角矩阵?为什么?

10. 设 $\boldsymbol{A}$ 为三阶方阵,有 3 个不同的特征值 λ_1, λ_2, λ_3 对应的特征向量 $\boldsymbol{\alpha}_1$, $\boldsymbol{\alpha}_2$, $\boldsymbol{\alpha}_3$,令 $\boldsymbol{\beta}=\boldsymbol{\alpha}_1+\boldsymbol{\alpha}_2+\boldsymbol{\alpha}_3$,证明 $\boldsymbol{\beta}$, $\boldsymbol{A\beta}$, $\boldsymbol{A}^2\boldsymbol{\beta}$ 线性无关.

11. 设 $\boldsymbol{A}$ 为 n 阶正交矩阵,(1)向量 $\boldsymbol{\alpha}\in\mathbf{R}^n$,求证 $\|\boldsymbol{A\alpha}\|=\|\boldsymbol{\alpha}\|$;(2)向量组 $\boldsymbol{\alpha}_1$, $\boldsymbol{\alpha}_2$, $\cdots$, $\boldsymbol{\alpha}_n$ 为 $\mathbf{R}^n$ 的一组正交基,求证 $\boldsymbol{A\alpha}_1$, $\boldsymbol{A\alpha}_2$, $\cdots$, $\boldsymbol{A\alpha}_n$ 也是 $\mathbf{R}^n$ 的一组正交基.

参 考 答 案

习 题 1.1

1. (1) 5； (2) 24； (3) 8； (4) x^4-y^4.

2. (1) $x_1=-\frac{c}{a}$，$x_2=-\frac{c}{b}$； (2) $x_1=3$，$x_2=-1$，$x_3=2$.

习 题 1.2

1. (1) -8； (2) -3； (3) 33； (4) $a(b-a)^3$； (5) $(a+b+c)^3$；
(6) $4abcdef$； (7) 62； (8) 0； (9) -480； (10) -12.

习 题 1.3

1. (1) $14a_1a_2a_3$； (2) -726； (3) 432； (4) 160； (5) -70；
(6) -9； (7) -270； (8) x^2y^2.

2. (1) 1，2，3； (2) ±1，±3. **3.** -3 **4.** $x=1$，2，3.

5. (1) 0；(2) 64；(3) -40.

习 题 1.4

1. (1) $x_1=2$，$x_2=3$，$x_3=4$； (2) $x_1=1$，$x_2=0$，$x_3=0$；
(3) $x_1=-1$，$x_2=-1$，$x_3=0$，$x_4=1$.

2. (1) $\lambda=1$ 或 $\lambda=-2$； (2) $\lambda=0$ 或 $\lambda=2$ 或 $\lambda=3$.

自 测 题 1

1. (1) -60； (2) $b^2(b^2-4a^2)$； (3) 18； (4) -10； (5) 2 000； (6) 27.

2. -2. **3.** -4,24.

4. (1) $x=a$，$y=b$，$z=c$； (2) $x_1=\frac{73}{139}$，$x_2=\frac{185}{139}$，$x_3=\frac{579}{139}$，$x_4=-\frac{142}{139}$.

5. $k=1$ 或 $k=3$. **6.** $k\neq2$. **7.** $y=3-\frac{3}{2}x+2x^2-\frac{1}{2}x^3$.

习 题 2.1

1. $a=2$，$b=1$，$c=3$，$d=-1$.

2. (1) $\boldsymbol{A}^{\mathrm{T}}=\begin{pmatrix}4&1&5\\0&3&7\\1&0&6\end{pmatrix}$； (2) $\boldsymbol{B}^{\mathrm{T}}=\begin{pmatrix}1&6&7\\7&9&7\\8&4&5\\2&5&3\end{pmatrix}$； (3) $\boldsymbol{\alpha}^{\mathrm{T}}=\begin{pmatrix}2\\0\\-1\\8\end{pmatrix}$；

(4) $\boldsymbol{\beta}^{\mathrm{T}}=(8,2,-3,4)$.

3. (1) 是； (2) 不是.

4. (1) $\boldsymbol{A}$为非奇异矩阵； (2) $\boldsymbol{B}$为奇异矩阵； (3) $\boldsymbol{C}$不是方阵，则不存在是否奇异的问题.

习 题 2.2

1. $2\boldsymbol{A}+\boldsymbol{B}=\begin{pmatrix}7&-1&9\\6&12&10\end{pmatrix}$， $\boldsymbol{A}-\boldsymbol{B}=\begin{pmatrix}-1&-8&6\\-3&6&2\end{pmatrix}$，

$\boldsymbol{A}\boldsymbol{B}^{\mathrm{T}}=\begin{pmatrix}-14&18\\29&12\end{pmatrix}$， $\boldsymbol{A}^{\mathrm{T}}\boldsymbol{B}=\begin{pmatrix}10&10&0\\15&-15&15\\31&25&3\end{pmatrix}$.

2. $\boldsymbol{X}=\begin{pmatrix}4&\frac{3}{2}&-1\\-1&\frac{5}{2}&1\\\frac{7}{2}&\frac{11}{2}&\frac{5}{2}\end{pmatrix}$.

3. (1) $\begin{pmatrix}8&23\\19&19\\2&6\end{pmatrix}$； (2) 22； (3) $\begin{pmatrix}2&1&1\\3&1&2\\11&6&5\end{pmatrix}$； (4) $\begin{pmatrix}19&24&17\\2&7&6\\12&25&20\end{pmatrix}$；

(5) $\begin{pmatrix}a_1^2&a_1a_2&a_1a_3&a_1a_4\\a_2a_1&a_2^2&a_2a_3&a_2a_4\\a_3a_1&a_3a_2&a_3^2&a_3a_4\\a_4a_1&a_4a_2&a_4a_3&a_4^2\end{pmatrix}$； (6) $\begin{pmatrix}\cos 2t&-\sin 2t\\\sin 2t&\cos 2t\end{pmatrix}$；

(7) $a_{11}x^2+a_{22}y^2+a_{33}z^2+2a_{12}xy+2a_{13}xz+2a_{23}yz$.

4. $\begin{pmatrix}92.8&81.5&96.2&61.8\\88.8&83.5&94.4&71.2\\96.4&74.3&96.7&72.9\end{pmatrix}$.

5. $\boldsymbol{AB}-\boldsymbol{AC}=\boldsymbol{A}(\boldsymbol{B}-\boldsymbol{C})=\boldsymbol{AE}=\boldsymbol{A}$. **6.** 72.

7. 证明 $\boldsymbol{A}^{\mathrm{T}}=\boldsymbol{A}$, $\boldsymbol{A}^2=\boldsymbol{A}\boldsymbol{A}^{\mathrm{T}}=\boldsymbol{O}$，比较两边$(i,j)$元素得$\boldsymbol{A}=\boldsymbol{O}$. $a_{i1}^2+a_{i2}^2+\cdots+a_{in}^2=0$，则$a_{ij}=0(i,j=1,2,\cdots,n)$.

9. E.　　**10.** $\begin{cases} x_1 = 7z_1 + 12z_2 + 6z_3, \\ x_2 = z_1 + 6z_2 - 14z_3, \\ x_3 = -3z_1 + z_2 - 20z_3. \end{cases}$　　**12.** $\begin{pmatrix} 0 & 0 \\ 0 & 0 \end{pmatrix}$.

习　题　2.3

1. (1) 原式$=\begin{pmatrix} \boldsymbol{D}_{21} & \boldsymbol{D}_{22} \\ \boldsymbol{D}_{11} & \boldsymbol{D}_{12} \end{pmatrix}=\left(\begin{array}{cc:cc} 3 & 1 & 1 & 1 \\ 3 & 2 & 1 & 2 \\ \hdashline 1 & 1 & 1 & 1 \\ 1 & 2 & 1 & 1 \end{array}\right)$;

(2) 原式$=\begin{pmatrix} \boldsymbol{D}_{21} & \boldsymbol{D}_{22} \\ \boldsymbol{D}_{21}+\boldsymbol{D}_{11} & \boldsymbol{D}_{22}+\boldsymbol{D}_{12} \end{pmatrix}=\left(\begin{array}{cc:cc} 3 & 1 & 1 & 1 \\ 3 & 2 & 1 & 2 \\ \hdashline 4 & 2 & 2 & 2 \\ 4 & 4 & 2 & 3 \end{array}\right)$;

(3) 原式$=\begin{pmatrix} \boldsymbol{CD}_{11} & \boldsymbol{CD}_{12} \\ \boldsymbol{D}_{21} & \boldsymbol{D}_{22} \end{pmatrix}=\left(\begin{array}{cc:cc} 2 & 2 & 2 & 2 \\ 2 & 4 & 2 & 2 \\ \hdashline 3 & 1 & 1 & 1 \\ 3 & 2 & 1 & 2 \end{array}\right)$;

(4) 原式$=\begin{pmatrix} \boldsymbol{D}_{11}\boldsymbol{A}+\boldsymbol{D}_{12}\boldsymbol{B} & \boldsymbol{D}_{12}\boldsymbol{C} \\ \boldsymbol{D}_{21}\boldsymbol{A}+\boldsymbol{D}_{22}\boldsymbol{B} & \boldsymbol{D}_{22}\boldsymbol{C} \end{pmatrix}=\left(\begin{array}{cc:cc} 1 & 2 & 2 & 2 \\ 2 & 2 & 2 & 2 \\ \hdashline 1 & 4 & 2 & 2 \\ 1 & 5 & 2 & 4 \end{array}\right)$.

2. $\boldsymbol{AB}=\begin{pmatrix} 1 & 0 & 1 & 0 \\ 0 & 1 & 0 & 1 \\ 0 & 2 & 3 & 3 \\ 0 & 0 & 3 & 1 \end{pmatrix}$.　　**3.** $\boldsymbol{A}^4=\begin{pmatrix} 625 & 0 & 0 & 0 \\ 0 & 625 & 0 & 0 \\ 0 & 0 & 16 & 64 \\ 0 & 0 & 0 & 16 \end{pmatrix}$, $|\boldsymbol{A}|^6=10^{12}$.

4. $\begin{pmatrix} 2^{k-1} & 2^{k-1} & 0 & 0 \\ 2^{k-1} & 2^{k-1} & 0 & 0 \\ 0 & 0 & 1 & 0 \\ 0 & 0 & k & 1 \end{pmatrix}$.

5. -12.

习　题　2.4

1. $\begin{pmatrix} 3 & 1 & 2 & -1 \\ 1 & 2 & 1 & 2 \\ 2 & 1 & 2 & -1 \end{pmatrix}$; $\begin{pmatrix} 1 & 2 & 1 & 2 \\ -6 & -2 & -4 & 2 \\ 2 & 1 & 2 & -1 \end{pmatrix}$; $\begin{pmatrix} 1 & 2 & 1 & 2 \\ 3 & 1 & 2 & -1 \\ 5 & 7 & 5 & 5 \end{pmatrix}$.

2. $\boldsymbol{E}(1,3)\boldsymbol{A}\boldsymbol{E}[2,3(k)]$.

3. (1) $\begin{pmatrix}1 & -2 & 3 & -1\\ 0 & 1 & 1 & -2\\ 0 & 0 & 7 & -10\end{pmatrix}$, $\begin{pmatrix}1 & 0 & 0 & \frac{15}{7}\\ 0 & 1 & 0 & -\frac{4}{7}\\ 0 & 0 & 1 & -\frac{10}{7}\end{pmatrix}$;

(2) $\begin{pmatrix}1 & 5 & -1 & -1 & -1\\ 0 & -7 & 2 & 4 & 4\\ 0 & 0 & 0 & 0 & 0\\ 0 & 0 & 0 & 0 & 0\end{pmatrix}$, $\begin{pmatrix}1 & \frac{3}{2} & 0 & 1 & 1\\ 0 & -\frac{7}{2} & 1 & 2 & 2\\ 0 & 0 & 0 & 0 & 0\\ 0 & 0 & 0 & 0 & 0\end{pmatrix}$.

4. (1) $\boldsymbol{B}=\begin{pmatrix}1 & 3 & 3 & 8\\ 0 & 1 & 7 & 8\\ 0 & 0 & 0 & 0\end{pmatrix}$; (2) $\boldsymbol{B}=\begin{pmatrix}1 & 0 & 0\\ 0 & 1 & 0\\ 0 & -1 & 1\end{pmatrix}\begin{pmatrix}1 & 0 & 0\\ 0 & 1 & 0\\ 2 & 0 & 1\end{pmatrix}\begin{pmatrix}0 & 1 & 0\\ 1 & 0 & 0\\ 0 & 0 & 1\end{pmatrix}\boldsymbol{A}$.

习 题 2.5

1. (1) $R(\boldsymbol{A})=3$; (2) $R(\boldsymbol{B})=3$. **2.** (1) $R(\boldsymbol{A})=3$; (2) $R(\boldsymbol{B})=3$.
3. (1) 是; (2) 不是. **4.** 3, 2, 2. **5.** $a=5$, $b=1$.

习 题 2.6

1. (1) $\boldsymbol{A}^{-1}=\begin{pmatrix}-3 & 2\\ 2 & -1\end{pmatrix}$; (2) $\boldsymbol{A}^{-1}=\begin{pmatrix}1 & 0 & -1\\ 0 & 1 & 0\\ 0 & 0 & 1\end{pmatrix}$; (3) $\frac{1}{2}\begin{pmatrix}d & -b & 0\\ -c & a & 0\\ 0 & 0 & 1\end{pmatrix}$.

2. (1) $\boldsymbol{A}^{-1}=\frac{1}{10}\begin{pmatrix}5 & 1 & 1\\ 5 & 5 & -5\\ -5 & 1 & 1\end{pmatrix}$; (2) $\boldsymbol{A}^{-1}=\begin{pmatrix}1 & -4 & -3\\ 1 & -5 & -3\\ -1 & 6 & 4\end{pmatrix}$; (3) $\boldsymbol{A}$ 不可逆.

3. (1) $\boldsymbol{X}=\begin{pmatrix}6 & 4 & 5\\ 2 & 1 & 2\\ 3 & 3 & 3\end{pmatrix}$; (2) $\boldsymbol{X}=\frac{1}{7}\begin{pmatrix}-5 & 2 & -6\\ -19 & 9 & 8\end{pmatrix}$;

(3) $\boldsymbol{X}=\boldsymbol{A}^{-1}\boldsymbol{C}\boldsymbol{B}^{-1}=\begin{pmatrix}0 & 1\\ 1 & 0\end{pmatrix}\begin{pmatrix}1 & 2 & 3\\ 4 & 5 & 6\end{pmatrix}\frac{1}{3}\begin{pmatrix}0 & 1 & 1\\ 0 & 1 & -2\\ -3 & 2 & -1\end{pmatrix}=\begin{pmatrix}-6 & 7 & -4\\ -3 & 3 & -2\end{pmatrix}$.

4. $\boldsymbol{X}=(\boldsymbol{A}+\boldsymbol{B}-\boldsymbol{E})^{-1}=\begin{pmatrix}1 & 0 & 0\\ 0 & \frac{1}{2} & 0\\ 0 & 0 & \frac{1}{3}\end{pmatrix}$. **5.** -2.

6. $|(3\boldsymbol{A})^{-1}-2\boldsymbol{A}^*|=\left|\frac{1}{3}\boldsymbol{A}^{-1}-2|\boldsymbol{A}|\boldsymbol{A}^{-1}\right|=\left|-\frac{2}{3}\boldsymbol{A}^{-1}\right|$

$$=\left(-\frac{2}{3}\right)^3|\boldsymbol{A}^{-1}|=-\frac{8}{27}\cdot\frac{1}{|\boldsymbol{A}|}=-\frac{16}{27}.$$

7. $\boldsymbol{X}=(\boldsymbol{A}^*-\boldsymbol{E})^{-1}\boldsymbol{A}^{-1}=(\boldsymbol{A}\boldsymbol{A}^*-\boldsymbol{A})^{-1}=(|\boldsymbol{A}|\boldsymbol{E}-\boldsymbol{A})^{-1}=(8\boldsymbol{E}-\boldsymbol{A})^{-1}=\frac{1}{6}\begin{pmatrix}1&1&1\\0&1&1\\0&0&1\end{pmatrix}.$

8. $\boldsymbol{A}^{11}=\frac{1}{3}\begin{pmatrix}1+2^{13}&4+2^{13}\\-1-2^{11}&-4-2^{11}\end{pmatrix}.$ 9. $\boldsymbol{A}=\frac{1}{2}\begin{vmatrix}4&0&0\\-2&2&0\\1&-1&2\end{vmatrix}.$ 10. $4\begin{pmatrix}1&1&1\\1&1&1\\1&1&1\end{pmatrix}.$

11. (1) 提示：$\boldsymbol{AB}-4\boldsymbol{A}-2\boldsymbol{B}=0$，有$(\boldsymbol{A}-2\boldsymbol{E})(\boldsymbol{B}-4\boldsymbol{E})=8\boldsymbol{E}$，$(\boldsymbol{A}-2\boldsymbol{E})^{-1}=\frac{\boldsymbol{B}-4\boldsymbol{E}}{8}$；

(2) $\frac{2}{3}\begin{pmatrix}1&2&0\\-3&0&0\\0&0&-3\end{pmatrix}.$ 12. $\frac{\boldsymbol{A}-\boldsymbol{E}}{2}$，$\frac{\boldsymbol{A}+2\boldsymbol{E}}{4}.$

自 测 题 2

1. $\begin{pmatrix}-7&2&9\\1&0&1\\1&6&12\end{pmatrix}$，$\begin{pmatrix}29&5&8\\5&9&0\\8&0&5\end{pmatrix}.$

2. $R(\boldsymbol{A}_1)=3$，$\boldsymbol{A}_1$ 可逆，$R(\boldsymbol{A}_2)=3<4$，$\boldsymbol{A}_2$ 不可逆.

3. $\boldsymbol{A}^{-1}=\begin{pmatrix}-3&4&0&0&0\\1&-1&0&0&0\\0&0&\frac{5}{2}&-\frac{1}{2}&0\\0&0&-\frac{3}{2}&\frac{1}{2}&0\\0&0&0&0&\frac{1}{8}\end{pmatrix}$，$\boldsymbol{A}^{-1}\boldsymbol{B}^{\mathrm{T}}=\begin{pmatrix}-3&-6&1\\1&2&0\\\frac{7}{2}&\frac{3}{2}&0\\-\frac{3}{2}&-\frac{1}{2}&0\\0&0&\frac{1}{8}\end{pmatrix}.$

4. $\boldsymbol{A}=-\frac{1}{37}\begin{pmatrix}10&-7\\-11&4\end{pmatrix}$，$\boldsymbol{B}^{-1}=\begin{pmatrix}7&-3&-3\\-1&1&0\\-1&0&1\end{pmatrix}.$ 5. $\begin{pmatrix}x_1\\x_2\\x_3\end{pmatrix}=\begin{pmatrix}-6\\\frac{13}{2}\\-2\end{pmatrix}.$ 6. 3.

7. (1) $\boldsymbol{X}=\frac{1}{2}\begin{pmatrix}-6&14&-1\\1&-7&6\end{pmatrix}$； (2) $\boldsymbol{X}=\begin{pmatrix}1&8&-3\\-1&5&2\\1&2&0\end{pmatrix}$； (3) $\boldsymbol{X}=\begin{pmatrix}6&3&0\\-2&6&0\\0&0&12\end{pmatrix}.$

8. $A^{-1}=\frac{1}{2}(E-A)$, $(A-2E)^{-1}=-\frac{1}{4}(A+E)$.

9. $(A-2E)^{-1}=A^2+2A+4E$, $(A-E)^{-1}=\frac{1}{8}(A^2+A+E)$.

10. (1) $|(4A)^{-1}|=\frac{1}{128}$, $|(A^{-1})^*|=|A^{-1}|^2=\frac{1}{|A|^2}=\frac{1}{4}$,

$|A^*-(3A)^{-1}|=\left|\frac{5}{3}A^{-1}\right|=\frac{125}{54}$; (2) $|A+B|=12$.

11. $X=\begin{pmatrix}2&-4&0&0\\-2&-2&0&0\\0&0&2&2\\0&0&-1&2\end{pmatrix}$. 12. 提示：$R(A)\leqslant 3$, $R(B)\leqslant 3$, $R(AB)\leqslant 3$.

习 题 3.1

1. $(4, 2, 1, 2)^{\mathrm{T}}$, $-7(1, 3, -1, -2)^{\mathrm{T}}$. 2. $(1, 2, 3, 4)^{\mathrm{T}}$.

3. (1) $x_1=-\frac{3}{2}$, $x_2=5$, $x_3=3$; (2) $x_1=\frac{2}{3}$, $x_2=-\frac{2}{3}$, $x_3=\frac{1}{3}$, $x_4=-\frac{1}{3}$.

习 题 3.2

1. (1) 不正确,只须存在一组不全为零的数 k_1, k_2, k_3 使得 $k_1\boldsymbol{\alpha}_1+k_2\boldsymbol{\alpha}_2+k_3\boldsymbol{\alpha}_3=\mathbf{0}$;

(2) 正确;

(3) 不正确,$\boldsymbol{\alpha}_1$ 不定可由 $\boldsymbol{\alpha}_2$, $\boldsymbol{\alpha}_3$ 线性表示,如 $\boldsymbol{\alpha}_1=\begin{pmatrix}1\\1\\1\end{pmatrix}$, $\boldsymbol{\alpha}_2=\begin{pmatrix}0\\1\\2\end{pmatrix}$, $\boldsymbol{\alpha}_3=\begin{pmatrix}0\\2\\4\end{pmatrix}$,则 $\boldsymbol{\alpha}_1$ 不能由 $\boldsymbol{\alpha}_2$, $\boldsymbol{\alpha}_3$ 线性表示;

(4) 正确,因为 $\boldsymbol{\alpha}_1$, $\boldsymbol{\alpha}_1$, $\boldsymbol{\alpha}_3$ 线性相关.

2. (1) $\boldsymbol{\beta}=\boldsymbol{\alpha}_1+2\boldsymbol{\alpha}_2-4\boldsymbol{\alpha}_3+3\boldsymbol{\alpha}_4$; (2) $\boldsymbol{\beta}=\frac{1}{4}(5\boldsymbol{\alpha}_1+\boldsymbol{\alpha}_2-\boldsymbol{\alpha}_3-\boldsymbol{\alpha}_4)$.

3. $\boldsymbol{\beta}$ 不可由 $\boldsymbol{\alpha}_1$, $\boldsymbol{\alpha}_2$, $\boldsymbol{\alpha}_3$, $\boldsymbol{\alpha}_4$ 线性表示.

4. (1) $a=-1$, $b\neq 0$;

(2) $a\neq -1$, b 任取值,$\boldsymbol{\beta}=\frac{1}{a+1}[-2b\boldsymbol{\alpha}_1+(a+b+1)\boldsymbol{\alpha}_2+b\boldsymbol{\alpha}_3]$.

当 $a=-1, b=0$ 时,方程组有无穷多解.

$\boldsymbol{\beta}=(-2k_1+k_2)\boldsymbol{\alpha}_1+(1+k_1-2k_2)\boldsymbol{\alpha}_2+k_1\boldsymbol{\alpha}_3+k_2\boldsymbol{\alpha}_4$, $k_1, k_2\in\mathbf{R}$.

5. (1) 秩为 4,线性无关; (2) 秩为 3,线性相关.

6. (1) 当 $k\neq 5$ 时,$\boldsymbol{\alpha}_1$, $\boldsymbol{\alpha}_2$, $\boldsymbol{\alpha}_3$ 线性无关; (2) 当 $k=5$ 时,$\boldsymbol{\alpha}_1$, $\boldsymbol{\alpha}_2$, $\boldsymbol{\alpha}_3$ 线性相关.

7. (1) 线性相关; (2) 线性无关. 8. $2a-3b\neq 0$.

9. $\boldsymbol{B}=(\boldsymbol{\alpha}_1, \boldsymbol{\alpha}_2, \boldsymbol{\alpha}_3)\begin{pmatrix}1&1&1\\1&2&3\\1&4&9\end{pmatrix}=\boldsymbol{AC}$, $|\boldsymbol{B}|=|\boldsymbol{A}||\boldsymbol{C}|=2$.

习 题 3.3

1. 令 $\boldsymbol{A}=(\boldsymbol{\alpha}_1, \boldsymbol{\alpha}_2, \boldsymbol{\alpha}_3)$, $\boldsymbol{B}=(\boldsymbol{\beta}_1, \boldsymbol{\beta}_2, \boldsymbol{\beta}_3, \boldsymbol{\beta}_4)$,验证 $R(\boldsymbol{A}\vdots\boldsymbol{B})=R(\boldsymbol{A})=R(\boldsymbol{B})$,因 $R(\boldsymbol{A}\vdots\boldsymbol{B})=R(\boldsymbol{B}\vdots\boldsymbol{A})$,两个向量组等价.

2. $a=2$, $b=5$.

3. (1) 最大线性无关组不唯一. 当 $\boldsymbol{\alpha}_1$, $\boldsymbol{\alpha}_5$ 为最大线性无关组时 $\boldsymbol{\alpha}_2=-\boldsymbol{\alpha}_1+2\boldsymbol{\alpha}_5$, $\boldsymbol{\alpha}_3=-\boldsymbol{\alpha}_1-2\boldsymbol{\alpha}_5$, $\boldsymbol{\alpha}_4=3\boldsymbol{\alpha}_1+\boldsymbol{\alpha}_5$;

   (2) $\boldsymbol{\alpha}_1$, $\boldsymbol{\alpha}_2$, $\boldsymbol{\alpha}_4$ 为最大线性无关组, $\boldsymbol{\alpha}_3=2\boldsymbol{\alpha}_1-\boldsymbol{\alpha}_2+0\boldsymbol{\alpha}_4$.

4. (1) $R(\boldsymbol{\alpha}_1, \boldsymbol{\alpha}_2, \boldsymbol{\alpha}_3)=2$, $R(\boldsymbol{\alpha}_1, \boldsymbol{\alpha}_2, \boldsymbol{\alpha}_4)=3$, $\boldsymbol{\alpha}_1$, $\boldsymbol{\alpha}_2$, $\boldsymbol{\alpha}_3$ 线性相关, $\boldsymbol{\alpha}_1$, $\boldsymbol{\alpha}_2$, $\boldsymbol{\alpha}_4$ 线性无关.

   (2) $\boldsymbol{\alpha}_1$, $\boldsymbol{\alpha}_2$, $\boldsymbol{\alpha}_4$ 最大无关组为其自身, $\boldsymbol{\alpha}_1$, $\boldsymbol{\alpha}_2$, $\boldsymbol{\alpha}_3$, $\boldsymbol{\alpha}_4$, $\boldsymbol{\alpha}_5$ 的一个最大线性无关组为 $\boldsymbol{\alpha}_1$, $\boldsymbol{\alpha}_2$, $\boldsymbol{\alpha}_4$ 或 $\boldsymbol{\alpha}_1$, $\boldsymbol{\alpha}_3$, $\boldsymbol{\alpha}_4$.

习 题 3.4

1. 当 $k=1$ 时,方程组的一般解为 $\begin{cases}x_1=-2x_3,\\x_2=0,\end{cases}$ 其中 x_3 为自由未知量,令 $x_3=C$, $\begin{cases}x_1=-2C;\\x_2=0,\\x_3=C;\end{cases}$ 当 $k=3$ 时,一般解为 $\begin{cases}x_1=-x_2,\\x_3=-2x_2,\end{cases}$ 其中 x_2 为自由未知量,令 $x_2=-C$, $\begin{cases}x_1=C,\\x_2=-C,\\x_3=2C\end{cases}$ $(C\in\mathbf{R})$.

2. (1) 通解 $\boldsymbol{x}=k_1\boldsymbol{\xi}_1+k_2\boldsymbol{\xi}_2$,其中一个基础解系 $\boldsymbol{\xi}_1=\begin{pmatrix}-5\\3\\14\\0\end{pmatrix}$, $\boldsymbol{\xi}_2=\begin{pmatrix}1\\-1\\0\\2\end{pmatrix}$;

   (2) 通解 $\boldsymbol{x}=k\boldsymbol{\xi}$,其中一个基础解系 $\boldsymbol{\xi}=\begin{pmatrix}1\\1\\0\\-1\end{pmatrix}$.

3. $t=2$, $0\boldsymbol{\alpha}_1-2k\boldsymbol{\alpha}_2+0\boldsymbol{\alpha}_3+k\boldsymbol{\alpha}_4=\mathbf{0}(k\in\mathbf{R}, k\neq 0)$.

习 题 3.5

1. $\begin{pmatrix}1&1&1\\1&-1&1\\2&1&-3\end{pmatrix}\begin{pmatrix}x_1\\x_2\\x_3\end{pmatrix}=\begin{pmatrix}1\\0\\2\end{pmatrix}$；$x_1\begin{pmatrix}1\\1\\2\end{pmatrix}+x_2\begin{pmatrix}1\\-1\\1\end{pmatrix}+x_3\begin{pmatrix}1\\1\\-3\end{pmatrix}=\begin{pmatrix}1\\0\\2\end{pmatrix}$.

2. 当$k\neq 1$且$k\neq -2$时，方程组有唯一解；当$k=1$时，方程组有无穷多解；当$k=-2$时，方程组无解.

3. 当$k\neq 1$时，方程组有唯一解；当$k=1$时，方程组有无穷多解.

4. 当$k\neq 1$且$k\neq 10$时，线性方程组有唯一解；当$k=10$时，线性方程组无解；当$k=1$时，线性方程组有无穷多解：

$$\begin{pmatrix}x_1\\x_2\\x_3\end{pmatrix}=\begin{pmatrix}1\\0\\0\end{pmatrix}+k_1\begin{pmatrix}-2\\1\\0\end{pmatrix}+k_2\begin{pmatrix}2\\0\\1\end{pmatrix}.$$

5. $R(\overline{\mathbf{A}})=3\neq R(\mathbf{A})$.

6. (1) $\begin{pmatrix}x_1\\x_2\\x_3\\x_4\end{pmatrix}=\frac{1}{7}\begin{pmatrix}6\\-5\\0\\0\end{pmatrix}+k_1\begin{pmatrix}1\\5\\7\\0\end{pmatrix}+k_2\begin{pmatrix}1\\-9\\0\\7\end{pmatrix}$ 或 $\begin{pmatrix}x_1\\x_2\\x_3\\x_4\end{pmatrix}=\begin{pmatrix}1\\0\\1\\0\end{pmatrix}+k_1\begin{pmatrix}1\\5\\7\\0\end{pmatrix}+k_2\begin{pmatrix}2\\0\\9\\5\end{pmatrix}$；

(2) $\begin{pmatrix}x_1\\x_2\\x_3\\x_4\end{pmatrix}=\begin{pmatrix}0\\0\\1\\0\end{pmatrix}+k_1\begin{pmatrix}1\\0\\2\\0\end{pmatrix}+k_2\begin{pmatrix}0\\1\\1\\0\end{pmatrix}$； (3) $\begin{pmatrix}x_1\\x_2\\x_3\\x_4\end{pmatrix}=\begin{pmatrix}1\\-2\\0\\0\end{pmatrix}+k_1\begin{pmatrix}-9\\1\\7\\0\end{pmatrix}+k_2\begin{pmatrix}1\\-1\\0\\2\end{pmatrix}$.

7. 当$a\neq -4$时，表示法唯一；当$a=-4$且$3b-c\neq 1$时，不可表示；当$a=-4$且$3b-c=1$时，表示法不唯一.

8. $\begin{cases}3x_1-2x_2+2x_3=0,\\x_1-x_2+x_4=0.\end{cases}$ **9.** $x=k\begin{pmatrix}3\\3\\3\\-1\end{pmatrix}+\begin{pmatrix}4\\2\\3\\1\end{pmatrix}$.

10. $\boldsymbol{x}=\dfrac{\boldsymbol{\alpha}_1+\boldsymbol{\alpha}_2}{2}+k[(\boldsymbol{\alpha}_1+\boldsymbol{\alpha}_2)-(\boldsymbol{\alpha}_2+\boldsymbol{\alpha}_3)]=\dfrac{1}{2}\begin{pmatrix}1\\1\\0\\2\end{pmatrix}+k\begin{pmatrix}0\\1\\-1\\-1\end{pmatrix}$ $(k\in\mathbf{R})$.

11. $\begin{pmatrix}x_1\\x_2\\x_3\\x_4\end{pmatrix}=\begin{pmatrix}1\\1\\1\\1\end{pmatrix}+k\begin{pmatrix}1\\-1\\-1\\0\end{pmatrix}$ 或 $\begin{pmatrix}x_1\\x_2\\x_3\\x_4\end{pmatrix}=\begin{pmatrix}0\\2\\2\\1\end{pmatrix}+k\begin{pmatrix}1\\-1\\-1\\0\end{pmatrix}$.

习 题 3.6

1. 可取 $\boldsymbol{\alpha}_1$, $\boldsymbol{\alpha}_2$,维数为 2. 2. $(-2, 0, 1)$. 3. $(1, 0, -1, 0)$.

4. $\boldsymbol{P}=\frac{1}{2}\begin{pmatrix}7&14&15\\-18&-34&-40\\1&2&3\end{pmatrix}$. 5. $(3, -4, 3)$.

自 测 题 3

1. (1) 当 $k\neq\pm1$ 时,有唯一解;当 $k=-1$ 时,无解;当 $k=1$ 时,有无穷多解;

(2) 当 $k\neq0,1$ 时,有唯一解;当 $k=0$ 时,无解;当 $k=1$ 时,有无穷多解.

2. (1) 通解 $\begin{pmatrix}x_1\\x_2\\x_3\\x_4\end{pmatrix}=k_1\begin{pmatrix}2\\-5\\7\\0\end{pmatrix}+k_2\begin{pmatrix}-2\\0\\0\\1\end{pmatrix}$,一个基础解系 $\boldsymbol{\xi}_1=\begin{pmatrix}2\\-5\\7\\0\end{pmatrix}$, $\boldsymbol{\xi}_2=\begin{pmatrix}-2\\0\\0\\1\end{pmatrix}$;

(2) 通解 $\begin{pmatrix}x_1\\x_2\\x_3\\x_4\end{pmatrix}=k_1\begin{pmatrix}-3\\7\\2\\0\end{pmatrix}+k_2\begin{pmatrix}-1\\-2\\0\\1\end{pmatrix}$,一个基础解系 $\boldsymbol{\xi}_1=\begin{pmatrix}-3\\7\\2\\0\end{pmatrix}$, $\boldsymbol{\xi}_2=\begin{pmatrix}-1\\-2\\0\\1\end{pmatrix}$.

3. (1) 通解 $\begin{pmatrix}x_1\\x_2\\x_3\\x_4\end{pmatrix}=\begin{pmatrix}1\\-1\\0\\0\end{pmatrix}+k_1\begin{pmatrix}3\\3\\2\\0\end{pmatrix}+k_2\begin{pmatrix}-3\\7\\0\\4\end{pmatrix}$; (2) 通解 $\begin{pmatrix}x_1\\x_2\\x_3\end{pmatrix}=\begin{pmatrix}1\\-1\\0\end{pmatrix}+k\begin{pmatrix}-3\\4\\1\end{pmatrix}$.

4. (1) $\boldsymbol{\alpha}_1$, $\boldsymbol{\alpha}_2$ 为一个最大线性无关组,$\boldsymbol{\alpha}_3=\boldsymbol{\alpha}_1+\boldsymbol{\alpha}_2$;

(2) $\boldsymbol{\alpha}_1$, $\boldsymbol{\alpha}_2$, $\boldsymbol{\alpha}_4$ 为一个最大线性无关组,$\boldsymbol{\alpha}_3=2\boldsymbol{\alpha}_1+\boldsymbol{\alpha}_2-\boldsymbol{\alpha}_4$.

5. $b=3$.

6. (1) $b\neq2$; (2) 当 $b=2$,且 $a\neq1$ 时,$\boldsymbol{\beta}=-\boldsymbol{\alpha}_1+2\boldsymbol{\alpha}_2$;

(3) 当 $b=2$ 且 $a=1$ 时,$\boldsymbol{\beta}=-(2k+1)\boldsymbol{\alpha}_1+(k+2)\boldsymbol{\alpha}_2+k\boldsymbol{\alpha}_3$, $k\in\mathbf{R}$.

8. 当 $b=3$ 或 $b=1$ 时,向量组线性相关;当 $b\neq3$ 且 $b\neq1$ 时,向量组线性无关.

11. $\begin{pmatrix}x_1\\x_2\\x_3\\x_4\end{pmatrix}=k\begin{pmatrix}1\\9\\9\\6\end{pmatrix}+\begin{pmatrix}1\\9\\9\\7\end{pmatrix}$.　12. $k_1\begin{pmatrix}0\\1\\2\\3\end{pmatrix}+k_2\begin{pmatrix}2\\2\\2\\1\end{pmatrix}+\begin{pmatrix}1\\2\\3\\4\end{pmatrix}$　$(k_1,k_2\in\mathbf{R})$.

13. $\boldsymbol{P}=\begin{pmatrix}2&3&4\\0&-1&0\\-1&0&-1\end{pmatrix}$.

14. (1) $\begin{pmatrix}1&1&0\\1&0&1\\0&1&1\end{pmatrix}$, $\frac{1}{2}\begin{pmatrix}1&1&-1\\1&-1&1\\-1&1&1\end{pmatrix}$;　(2) $(1,0,2)^{\mathrm{T}}$.

15. (1)当 $a\neq-1$ 时,向量组Ⅰ与Ⅱ等价;(2)当 $a=-1$ 时,向量组Ⅰ与Ⅱ不等价.

习　题　4.1

1. (1) $(\boldsymbol{\alpha},\boldsymbol{\beta})=18$;　(2) $\|\boldsymbol{\alpha}\|=3\sqrt{2}$, $\left(\frac{\sqrt{2}}{6},\frac{\sqrt{2}}{3},\frac{\sqrt{2}}{3},\frac{\sqrt{2}}{2}\right)$.

2. 8.　3. -10.　4. -2, -1.

5. (1) 不是;　(2) 是;　(3) 不是.　6. $\pm\frac{1}{\sqrt{3}}(1,-1,-1)$.

7. $\frac{1}{\sqrt{3}}\begin{pmatrix}1\\1\\1\end{pmatrix}$, $\frac{1}{\sqrt{6}}\begin{pmatrix}-1\\2\\-1\end{pmatrix}$, $\frac{1}{\sqrt{2}}\begin{pmatrix}-1\\0\\1\end{pmatrix}$.

8. (1) $\boldsymbol{A}$ 不是正交矩阵;　(2) $\boldsymbol{B}$ 是正交矩阵, $|\boldsymbol{B}|=1$.

9. $\boldsymbol{A}^{-1}=\boldsymbol{A}^{\mathrm{T}}=\begin{pmatrix}\frac{1}{\sqrt{2}}&-\frac{1}{2}&\frac{1}{2}\\-\frac{1}{\sqrt{6}}&\frac{1}{2\sqrt{3}}&\sqrt{\frac{3}{2}}\\\frac{1}{\sqrt{3}}&\sqrt{\frac{2}{3}}&0\end{pmatrix}$.

10. 设 $\boldsymbol{A}=\begin{pmatrix}a_{11}&a_{12}&0\\a_{21}&a_{22}&0\\0&0&-1\end{pmatrix}$, $\boldsymbol{x}=\boldsymbol{A}^{-1}\boldsymbol{b}=\boldsymbol{A}^{\mathrm{T}}\boldsymbol{b}=\begin{pmatrix}0\\0\\-1\end{pmatrix}$.

习　题　4.2

1. (1) $\lambda_1=\lambda_2=2$,特征向量 $k_1(1,-2,0)^{\mathrm{T}}+k_2(1,0,-1)^{\mathrm{T}}(k_1,k_2\in\mathbf{R})$; $\lambda_3=11$,特征向量 $k(2,1,2)^{\mathrm{T}}(k\in\mathbf{R})$;

(2) $\lambda_1=\lambda_2=\lambda_3=2$,特征向量 $k_1(1,\ 0,\ 0)^{\mathrm{T}}+k_2(0,\ -1,\ 1)^{\mathrm{T}}(k_1,\ k_2\in\mathbf{R})$;

(3) $\lambda_1=1$,特征向量 $k_1(-2,\ -1,\ 2)^{\mathrm{T}}$; $\lambda_2=4$,特征向量 $k_2(2,\ -2,\ 1)^{\mathrm{T}}$; $\lambda_3=-2$,特征向量 $k_3(1,\ 2,\ 2)^{\mathrm{T}}(k_1,\ k_2,\ k_3\in\mathbf{R})$;

(4) $\lambda_1=\lambda_2=1$,特征向量 $k_1(1,\ -2,\ 0)^{\mathrm{T}}$; $\lambda_3=-1$,特征向量 $k_3(0,\ 0,\ 1)^{\mathrm{T}}(k_1,\ k_3\in\mathbf{R})$.

2. 由 $\boldsymbol{A}^2=\boldsymbol{E}$,得 $(\boldsymbol{A}-\boldsymbol{E})(\boldsymbol{A}+\boldsymbol{E})=\boldsymbol{O}$,于是有 $|\boldsymbol{A}-\boldsymbol{E}||\boldsymbol{A}+\boldsymbol{E}|=0$,得 $|\boldsymbol{A}-\boldsymbol{E}|=0$ 及 $|\boldsymbol{A}+\boldsymbol{E}|=0$,从而知 $\boldsymbol{A}$ 的特征值为 1 或 -1.

3. $a=-3,\ b=0,\ \lambda=-1$

4. (1) $k\boldsymbol{A}\boldsymbol{x}=k\lambda\boldsymbol{x}$; (2) $\boldsymbol{A}^2\boldsymbol{x}=\lambda\boldsymbol{A}\boldsymbol{x}=\lambda^2\boldsymbol{x},\ \boldsymbol{A}^3\boldsymbol{x}=\lambda^2\boldsymbol{A}\boldsymbol{x}=\lambda^3\boldsymbol{x}$.

5. (1) $\boldsymbol{A}\boldsymbol{x}_1=\lambda_1\boldsymbol{x}_1,\ \boldsymbol{A}\boldsymbol{x}_2=\lambda_2\boldsymbol{x}_2,\ \boldsymbol{A}(\boldsymbol{x}_1+\boldsymbol{x}_2)\neq\lambda(\boldsymbol{x}_1+\boldsymbol{x}_2)$;

(2) $\boldsymbol{\beta}=-\boldsymbol{x}_1-2\boldsymbol{x}_2,\ \boldsymbol{A}\boldsymbol{\beta}=-\boldsymbol{A}\boldsymbol{x}_1-2\boldsymbol{A}\boldsymbol{x}_2=-\lambda_1\boldsymbol{x}_1-2\lambda_2\boldsymbol{x}_2=(-6,\ 2,\ 0)^{\mathrm{T}}$.

6. 提示:$f(\boldsymbol{A})=\boldsymbol{A}^2-3\boldsymbol{A}+2\boldsymbol{E}=\boldsymbol{O},\ f(\lambda)=\lambda^2-3\lambda+2=(\lambda-1)(\lambda-2)=0,\ \lambda=1$ 或 $\lambda=2$.

7. 提示:$(\boldsymbol{A}+\boldsymbol{E})^2=\boldsymbol{O}$,则 $|-\boldsymbol{E}-\boldsymbol{A}|=0$,故 $\boldsymbol{A}$ 的特征值为 -1.

8. (1) $|\boldsymbol{A}|=-2$, $\boldsymbol{A}^{-1}$ 的特征值为 $1,\ -1,\ \dfrac{1}{2}$, $\boldsymbol{A}^{\mathrm{T}}$ 的特征值为 $1,\ -1,\ 2$. (2) 提示:$\boldsymbol{B}=\boldsymbol{A}^3-5\boldsymbol{A}^2$ 的特征值为 $\lambda^3-5\lambda^2$,得 $1-5,\ -1-5,\ 8-5\times4$,即 $-4,\ -6,\ -12$. (3) 0.

9. (1) 3; (2) 350.

习 题 4.3

1. $x=4,\ y=-5$.

2. (1) $\boldsymbol{C}=\begin{pmatrix}-2&2&1\\1&0&2\\0&1&-2\end{pmatrix},\ \boldsymbol{\Lambda}=\begin{pmatrix}1&0&0\\0&1&0\\0&0&10\end{pmatrix}$;

(2) $\boldsymbol{C}=\begin{pmatrix}-1&0&-1\\3&2&0\\1&1&1\end{pmatrix},\ \boldsymbol{\Lambda}=\begin{pmatrix}0&0&0\\0&2&0\\0&0&3\end{pmatrix}$.

3. (1) 可以对角化 $\boldsymbol{C}=(\boldsymbol{p}_1,\ \boldsymbol{p}_2,\ \boldsymbol{p}_3)$, $\boldsymbol{C}^{-1}\boldsymbol{A}\boldsymbol{C}=\begin{pmatrix}1&&\\&3&\\&&3\end{pmatrix}$; (2) 不可对角化.

4. $|\lambda\boldsymbol{E}-\boldsymbol{A}|=\lambda^2-(a+d)\lambda+(ad-bc)=0$,因为判别式 $\Delta=(a-d)^2+4bc>0$,所以 $\boldsymbol{A}$ 有两个互异的特征值,一定可以对角化.

5. 令 $\boldsymbol{C}=(\boldsymbol{x}_1,\ \boldsymbol{x}_2,\ \boldsymbol{x}_3)$,则 $\boldsymbol{C}$ 可逆, $\boldsymbol{C}^{-1}\boldsymbol{A}\boldsymbol{C}=\boldsymbol{\Lambda}=\mathrm{diag}(1,\ 0,\ -1)$.

$\boldsymbol{A}=\boldsymbol{C}\boldsymbol{\Lambda}\boldsymbol{C}^{-1}=\begin{pmatrix}1&0&0\\2&0&0\\6&-1&-1\end{pmatrix}$,可见 $\lambda_i^5=\lambda_i,\ \boldsymbol{A}^5\boldsymbol{x}=\lambda_i^5\boldsymbol{x}=\lambda\boldsymbol{x}=\boldsymbol{A}\boldsymbol{x}\ (i=1,\ 2,\ 3),\ \boldsymbol{A}^5=\boldsymbol{A}$.

6. 由题意可知,存在可逆矩阵 $\boldsymbol{C}$,使得 $\boldsymbol{C}^{-1}\boldsymbol{A}\boldsymbol{C}=\boldsymbol{B}$. 两边取行列式,得 $|\boldsymbol{C}^{-1}||\boldsymbol{A}||\boldsymbol{C}|=|\boldsymbol{B}|,\ |\boldsymbol{C}^{-1}||\boldsymbol{C}|=1$,则 $|\boldsymbol{A}|=|\boldsymbol{B}|=12$.

习　题　4.4

1. (1) $\boldsymbol{P}=\begin{pmatrix}-\frac{1}{\sqrt{2}} & -\frac{1}{\sqrt{6}} & \frac{1}{\sqrt{3}}\\ \frac{1}{\sqrt{2}} & -\frac{1}{\sqrt{6}} & \frac{1}{\sqrt{3}}\\ 0 & \frac{2}{\sqrt{6}} & \frac{1}{\sqrt{3}}\end{pmatrix}$，$\boldsymbol{P}^{-1}\boldsymbol{AP}=\begin{pmatrix}-1 & 0 & 0\\ 0 & -1 & 0\\ 0 & 0 & 5\end{pmatrix}$，不唯一；

(2) $\boldsymbol{P}=\frac{1}{3}\begin{pmatrix}2 & 2 & 1\\ 1 & -2 & 2\\ -2 & 1 & 2\end{pmatrix}$，$\boldsymbol{P}^{-1}\boldsymbol{AP}=\begin{pmatrix}2 & 0 & 0\\ 0 & 5 & 0\\ 0 & 0 & -1\end{pmatrix}$，不唯一；

(3) $\boldsymbol{P}=\begin{pmatrix}\frac{2}{\sqrt{5}} & \frac{2\sqrt{5}}{15} & \frac{1}{3}\\ -\frac{1}{\sqrt{5}} & \frac{4\sqrt{5}}{15} & \frac{2}{3}\\ 0 & \frac{\sqrt{5}}{3} & -\frac{2}{3}\end{pmatrix}$，$\boldsymbol{P}^{-1}\boldsymbol{AP}=\begin{pmatrix}1 & 0 & 0\\ 0 & 1 & 0\\ 0 & 0 & -8\end{pmatrix}$，不唯一；

(4) $\boldsymbol{P}=\begin{pmatrix}\frac{1}{\sqrt{5}} & \frac{4\sqrt{5}}{15} & \frac{2}{3}\\ -\frac{2}{\sqrt{5}} & \frac{2\sqrt{5}}{15} & \frac{1}{3}\\ 0 & -\frac{\sqrt{5}}{3} & \frac{2}{3}\end{pmatrix}$，$\boldsymbol{P}^{-1}\boldsymbol{AP}=\begin{pmatrix}-3 & 0 & 0\\ 0 & -3 & 0\\ 0 & 0 & 6\end{pmatrix}$，不唯一.

2. $\boldsymbol{A}=\begin{pmatrix}1 & 2 & -1\\ 1 & 2 & 1\\ 1 & 1 & 0\end{pmatrix}\begin{pmatrix}1 & 0 & 0\\ 0 & 1 & 0\\ 0 & 0 & -1\end{pmatrix}\cdot\frac{1}{2}\begin{pmatrix}-1 & -1 & 4\\ 1 & 1 & -2\\ -1 & 1 & 0\end{pmatrix}=\begin{pmatrix}0 & 1 & 0\\ 1 & 0 & 0\\ 0 & 0 & 1\end{pmatrix}$.

3. $\boldsymbol{A}=\frac{1}{3}\begin{pmatrix}-1 & 0 & 2\\ 0 & 1 & 2\\ 2 & 2 & 0\end{pmatrix}$.　**4.** $\begin{pmatrix}4 & 1 & 1\\ 1 & 4 & 1\\ 1 & 1 & 4\end{pmatrix}$.

5. $\lambda_1=-1$，$\lambda_2=1$，$\lambda_3=0$，$x_1=\begin{pmatrix}1\\ 0\\ -1\end{pmatrix}$，$x_2=\begin{pmatrix}1\\ 0\\ 1\end{pmatrix}$，$x_3=\begin{pmatrix}0\\ 1\\ 0\end{pmatrix}$，$\boldsymbol{A}=\begin{pmatrix}0 & 0 & 1\\ 0 & 0 & 0\\ 1 & 0 & 0\end{pmatrix}$.

6. 因为 $\boldsymbol{A}^{\mathrm{T}}=\boldsymbol{A}$，$\boldsymbol{B}^{-1}=\boldsymbol{B}^{\mathrm{T}}$，所以 $(\boldsymbol{B}^{-1}\boldsymbol{AB})^{\mathrm{T}}=\boldsymbol{B}^{\mathrm{T}}\boldsymbol{A}^{\mathrm{T}}(\boldsymbol{B}^{-1})^{\mathrm{T}}=\boldsymbol{B}^{\mathrm{T}}\boldsymbol{AB}$.

习 题 4.5

1. (1) $f(x_1, x_2, x_3)=(x_1, x_2, x_3)\begin{pmatrix}1 & 1 & 2\\ 1 & 3 & \frac{1}{2}\\ 2 & \frac{1}{2} & 7\end{pmatrix}\begin{pmatrix}x_1\\ x_2\\ x_3\end{pmatrix}$, $R(\mathbf{A})=3$;

(2) $f(x_1, x_2, x_3, x_4)=(x_1, x_2, x_3, x_4)\begin{pmatrix}0 & 2 & 2 & \frac{1}{2}\\ 2 & 0 & 0 & 0\\ 2 & 0 & 0 & 0\\ \frac{1}{2} & 0 & 0 & 0\end{pmatrix}\begin{pmatrix}x_1\\ x_2\\ x_3\\ x_4\end{pmatrix}$, $R(\mathbf{A})=2$;

(3) $f(x_1, x_2, x_3)=(x_1, x_2, x_3)\begin{pmatrix}3 & 2 & -4\\ 2 & 1 & -2\\ -4 & -2 & 5\end{pmatrix}\begin{pmatrix}x_1\\ x_2\\ x_3\end{pmatrix}$, $R(\mathbf{A})=3$;

2. (1) $f(x_1, x_2, x_3)=x_1^2+2x_2^2+3x_3^2-2x_1x_2+2x_2x_3$;

(2) $f(x_1, x_2, x_3)=3x_1^2+x_2^2+5x_3^2+4x_1x_2-8x_1x_3-4x_2x_3$;

(3) $f(x_1, x_2, x_3, x_4)=2x_1^2+\sqrt{3}x_4^2-2x_1x_2+6x_1x_3+4x_2x_3-3x_2x_4$.

习 题 4.6

1. (1) $\begin{pmatrix}x_1\\ x_2\\ x_3\end{pmatrix}=\begin{pmatrix}1 & 0 & 0\\ 0 & -\frac{1}{\sqrt{2}} & \frac{1}{\sqrt{2}}\\ 0 & \frac{1}{\sqrt{2}} & \frac{1}{\sqrt{2}}\end{pmatrix}\begin{pmatrix}y_1\\ y_2\\ y_3\end{pmatrix}$,得 $f=2y_1^2+y_2^2+5y_3^2$;

(2) $\begin{pmatrix}x_1\\ x_2\\ x_3\end{pmatrix}=\begin{pmatrix}\frac{2}{3} & \frac{1}{3} & \frac{2}{3}\\ -\frac{2}{3} & \frac{2}{3} & \frac{1}{3}\\ \frac{1}{3} & \frac{2}{3} & -\frac{2}{3}\end{pmatrix}\begin{pmatrix}y_1\\ y_2\\ y_3\end{pmatrix}$,得 $f=4y_1^2-2y_2^2+y_3^2$;

(3) $\begin{pmatrix}x_1\\ x_2\\ x_3\end{pmatrix}=\begin{pmatrix}\frac{2}{3} & \frac{1}{\sqrt{5}} & -\frac{4\sqrt{5}}{15}\\ \frac{1}{3} & -\frac{2}{\sqrt{5}} & -\frac{2\sqrt{5}}{15}\\ \frac{2}{3} & 0 & \frac{\sqrt{5}}{3}\end{pmatrix}\begin{pmatrix}y_1\\ y_2\\ y_3\end{pmatrix}$,得 $f=-2y_1^2+7y_2^2+7y_3^2$.

2. (1) 令$\begin{cases} x_1 = y_1 - y_2 - y_3, \\ x_2 = y_2 + y_3, \\ x_3 = y_3, \end{cases}$ 得 $f = y_1^2 - y_2^2$(注:所求满秩变换不唯一,下同);

(2) 令$\begin{cases} x_1 = y_1 - y_2, \\ x_2 = y_1 + y_2, \\ x_3 = y_3 - y_4, \\ x_4 = y_3 + y_4, \end{cases}$ 得 $f = 2y_1^2 - 2y_2^2 - 2y_3^2 + 2y_4^2$;

(3) 令$\begin{cases} x_1 = y_1 - 2y_2, \\ x_2 = y_2 + y_3, \\ x_3 = y_3, \end{cases}$ 得 $f = y_1^2 - 2y_2^2 - 3y_3^2$.

3. (1) 正定; (2) 不是正定也不是负定.

4. (1) $\lambda > 2$; (2) $\lambda > 2$. **5.** $a = 4$, $b = 5$, $\boldsymbol{P} = \dfrac{1}{3\sqrt{2}}\begin{pmatrix} 3 & 2\sqrt{2} & 1 \\ 0 & \sqrt{2} & -4 \\ -3 & 2\sqrt{2} & 1 \end{pmatrix}$.

6. $a = 2$, $\boldsymbol{P} = \dfrac{1}{\sqrt{2}}\begin{pmatrix} 0 & \sqrt{2} & 0 \\ 1 & 0 & 1 \\ -1 & 0 & 1 \end{pmatrix}$.

自 测 题 4

1. $\dfrac{1}{\sqrt{6}}\begin{pmatrix} 1 \\ 2 \\ -1 \end{pmatrix}$, $\dfrac{1}{\sqrt{3}}\begin{pmatrix} -1 \\ 1 \\ 1 \end{pmatrix}$, $\dfrac{1}{\sqrt{2}}\begin{pmatrix} 1 \\ 0 \\ 1 \end{pmatrix}$.

2. (1) $(x_1, x_2, x_3)\begin{pmatrix} 2 & -1 & \frac{1}{2} \\ -1 & -3 & 3 \\ \frac{1}{2} & 3 & 1 \end{pmatrix}\begin{pmatrix} x_1 \\ x_2 \\ x_3 \end{pmatrix}$, $R(\boldsymbol{A}) = 3$;

(2) $(x_1, x_2, x_3)\begin{pmatrix} 0 & \frac{1}{2} & 0 \\ \frac{1}{2} & 0 & -\frac{1}{2} \\ 0 & -\frac{1}{2} & 0 \end{pmatrix}\begin{pmatrix} x_1 \\ x_2 \\ x_3 \end{pmatrix}$, $R(\boldsymbol{A}) = 2$.

3. (1) $f(x_1, x_2, x_3) = x_1^2 - x_2^2 + x_3^2 + 2x_1x_3$;

(2) $f(x_1, x_2, x_3) = x_1^2 + 2x_2^2 + 3x_3^2 + 4x_1x_2 + 6x_1x_3 + 2x_2x_3$.

4. (1) $\begin{pmatrix} y_1 \\ y_2 \\ y_3 \end{pmatrix} = \begin{pmatrix} 1 & -1 & \frac{1}{2} \\ 0 & 1 & -\frac{3}{4} \\ 0 & 0 & 1 \end{pmatrix} \begin{pmatrix} x_1 \\ x_2 \\ x_3 \end{pmatrix}$, $f = y_1^2 - 4y_2^2 + 3y_3^2$;

(2) $\begin{pmatrix} x_1 \\ x_2 \\ x_3 \\ x_4 \end{pmatrix} = \begin{pmatrix} 1 & 1 & 0 & 0 \\ 1 & -1 & 0 & 0 \\ 0 & 0 & 1 & 1 \\ 0 & 0 & 1 & -1 \end{pmatrix} \begin{pmatrix} y_1 \\ y_2 \\ y_3 \\ y_4 \end{pmatrix}$, $f = y_1^2 - y_2^2 - y_3^2 + y_4^2$.

5. $\boldsymbol{P} = \begin{pmatrix} -\frac{2}{\sqrt{5}} & \frac{2}{3\sqrt{5}} & \frac{1}{3} \\ \frac{1}{\sqrt{5}} & \frac{4}{3\sqrt{5}} & \frac{2}{3} \\ 0 & \frac{5}{3\sqrt{5}} & -\frac{1}{3} \end{pmatrix}$, $\boldsymbol{\Lambda} = \begin{pmatrix} 2 & 0 & 0 \\ 0 & 2 & 0 \\ 0 & 0 & -7 \end{pmatrix}$.

6. (1) $\boldsymbol{P} = \frac{1}{\sqrt{6}} \begin{pmatrix} -\sqrt{3} & -\sqrt{2} & 1 \\ \sqrt{3} & -\sqrt{2} & 1 \\ 0 & \sqrt{2} & 2 \end{pmatrix}$, $f = -y_1^2 + 9y_3^2$;

(2) $\boldsymbol{P} = \frac{1}{\sqrt{6}} \begin{pmatrix} \sqrt{2} & 1 & \sqrt{3} \\ \sqrt{2} & 1 & -\sqrt{3} \\ \sqrt{2} & -2 & 0 \end{pmatrix}$, $f = -3y_2^2 + 3y_3^2$;

(3) $\boldsymbol{P} = \begin{pmatrix} \frac{4}{\sqrt{17}} & -\frac{1}{\sqrt{306}} & \frac{1}{3\sqrt{2}} \\ \frac{1}{\sqrt{17}} & \frac{4}{\sqrt{306}} & \frac{4}{3\sqrt{2}} \\ 0 & \frac{17}{\sqrt{306}} & -\frac{1}{3\sqrt{2}} \end{pmatrix}$, $f = 9y_1^2 + 9y_2^2 - 9y_3^2$.

7. (1) 负定； (2) 正定. **8.** (1) -390； (2) $\prod_{k=1}^{n} \left(\frac{4}{\lambda_k^2} + 1 \right)$ $(\lambda_k \neq 0)$.

9. 因为 $|\boldsymbol{E} - \boldsymbol{A}| = |\boldsymbol{E} + \boldsymbol{A}| = |3\boldsymbol{E} - \boldsymbol{A}| = 0$, $\lambda = 1, -1, 3$,所以 $\boldsymbol{\Lambda} = \begin{pmatrix} 1 & 0 & 0 \\ 0 & -1 & 0 \\ 0 & 0 & 3 \end{pmatrix}$.